매트랩 개요와 응용 제3판

MATLAB®

AN INTRODUCTION WITH APPLICATIONS

THIRD EDITION

Amos Gilat 지음 / **황철호, 김종수, 장봉춘** 옮김

WILEY

ITC
INFO-TECH COREA

IT 대한민국은 ITC(Info Tech Corea)가 함께 하겠습니다.
www.itcpub.co.kr

역자 머리말

그동안 역자가 MATLAB 강의를 해 오면서 겪었던 어려움은 대략 두 가지였다. 첫째는 프로그래밍 경험이 전혀 없는 학생들을 한 학기 만에 일정 수준까지 올려놓아야 한다는 것이고, 둘째는 MATLAB 관련 책자가 대부분 사용자 설명서 관점의 책이거나 처음 사용자 교육용으로는 부담스러운 난이도의 책이어서 목표 지향형 공학 교재로는 적절치 않다는 것이었다. 특히 교재 선택의 어려움은 첫 번째 어려움을 더 가중시켰다. 한편, 일부 번역서들은 오역과 매끄럽지 못한 번역으로 원서보다 내용을 이해하기가 더 어려워서 학생들을 곤란하게 만들기도 하였다.

좋은 교재에 대한 대안으로서 좋은 번역서의 품질은 일차적으로 원서에 있다. 이 번역서의 원서는 저자가 서문에서 밝혔듯이 프로그래밍에 대한 사전 경험이 전혀 없는 학생들을 고려한 책이며, 프로그램 예제를 중심으로 알기 쉽게 설명을 하였고, 무엇보다 많은 과학 및 공학용 예제들을 포함하고 있어 이공계 프로그래밍 교육에 좋은 책이라고 생각된다.

이러한 원서의 장점이 제대로 전달될 수 있도록 의미 전달과 자연스러운 문맥을 위해 번역에 최선을 다하였다. 오역과 부자연스러운 번역으로 MATLAB 프로그래밍 교육이 방해받지 않도록 신중을 기하였으며, 번역하는 과정에서 뜻이 명확치 않거나 오해의 소지가 있는 부분들은 다소 중복의 문제가 있더라도 표현을 분명히 하고 필요한 경우 원서의 내용을 보완하기도 하였다. 특히 프로그램 코드에서의 오류와 수식에서의 오류가 발생하지 않도록 교정에 노력을 많이 기울였다. 그러나 이러한 노력에도 불구하고 번역상의 표현 미숙과 프로그램 코드 어딘가에 남아 있을지도 모를 오류에 걱정이 앞선다. 부디 이 번역서로 원서에서 의도했던 학습효과를 충분히 얻을 수 있게 되기를 간절히 바란다.

끝으로 오랜 번역기간에 속을 끓이면서도 격려해주시고 많은 도움 주신 도서출판

ITC의 최규학 사장님과 장성두 실장님, 최복락 부장님, 그리고 관계자 여러분들께 깊은 감사를 드린다. 번역 기간 동안 많은 것을 포기해야 했던 가족들에게 미안함과 고마움의 마음을 전하며 최규학 사장님과 함께 출간의 기쁨을 함께 하고 싶다.

2009. 2
오정골에서
대표역자 황철호

머리말

MATLAB은 전 세계적으로 대학과 연구소, 산업체의 학생, 엔지니어, 과학자들이 사용하는 과학기술용 계산을 위한 매우 인기 있는 언어이다. 이 소프트웨어는 강력하고 사용하기 쉽다는 점 때문에 널리 사용되고 있다. 대학 신입생들은 MATLAB을 고등학교 때 사용하던 그래픽 계산기 다음으로 사용할 도구로 생각할 수 있다.

이 책은 공학입문 과정의 신입생들에게 다년간 MATLAB을 가르치고 난 후에 집 필되었다. 집필 목표가 학생들에게 친절하고 이해하기 쉽게 소프트웨어를 가르치는 책을 쓰는 것이었으므로, 이 책은 단순하고 직접적인 언어를 사용하여 집필되었다. 책의 곳곳에서 긴 글보다는 글머리표(bullet)를 사용하여 특정 주제와 관련된 사실들과 세부사항들을 열거하였다. 이 책은 MATLAB의 새로운 사용자들이 부닥치는 문제들과 유사한 여러 분야(수학, 과학, 기타 공학 등)의 수많은 예제들을 포함하고 있다.

이 책 3판은 MATLAB 7.5(R2007b)에 맞도록 개정되었으며, 이 3판에 대한 그 밖의 수정/변경 사항은 다음과 같다. 스크립트 파일이 1장에서 소개되었다(이로 인해 2장과 3장의 문제를 스크립트 파일을 이용하여 풀 수 있게 되었다). 작업공간 창, save와 load 명령어, 에러 막대를 가진 그래프 그리기, 동시에 여러 개의 그림 창들을 사용하기 위한 설명 등이 추가되었다. 6장에 익명함수, 함수 함수, 함수 핸들, 서브함수와 중첩함수 등을 다루는 내용이 포함되도록 개정되었다. 추가로 각 장의 연습문제 뒷부분이 개정되었다. 많은 새로운 문제(반 이상)들이 추가되었으며, 이 문제들은 더 광범위한 주제들을 다루고 있다.

오하이오 주립대학교의 여러 동료들에게 고마움을 전하고 싶다. Richard Freuler 교수, Mark Walter 교수와 Walter Lampert 교수, 그리고 Mike Parke 박사 등이 책의 각 절들을 읽고 수정을 제안해 주었다. 또한 오하이오 주립대학교 1학년 공학프로그램의 Robert Gustafson 교수와 John Demel 교수, 그리고 John Merrill 박사의 참여와 지원에 감사드린다. 책 1판을 꼼꼼하게 검토해주고 귀중한 논평과 비평을 해준 Mike Lichtensteiger 교수(OSU)와 내 딸 Tal Gilat(Marquette 대학교)에게 특별히 고마움을 전한다. Brian Harper 교수(OSU)는 현재 3판의 연습문제 뒷부분에 중요한 기여를 해 주었다.

휴스턴 대학교의 Betty Barr와 캘리포니아 대학교의 Andrei G. Chakhovskoi 등을 포함하여 책을 만드는 여러 단계마다 1판을 검토해줬던 모든 분들께 감사의 뜻을 전하고 싶다. 마지막으로 3판의 출판을 지원해준 John Wiley & Sons의 모든 분들께도 감사드리고 싶다.

부디 이 책이 큰 도움이 되어서 MATLAB 사용자들이 즐겁게 MATLAB을 사용할 수 있게 되기를 진심으로 기원한다.

Amos Gilat
Columbus, Ohio
November, 2007
gilat.l@osu.edu

차례

제 5 장   2차원 그래프 / 131

제8장 다항식, 커브 피팅과 보간법 / 261

제9장 3차원 그래프 / 297

서론

MATLAB은 과학기술용 계산을 위한 강력한 언어이다. MATLAB이란 이름은 MATrix LABoratory의 약자인데, 이는 MATLAB의 기본 데이터 요소가 'matrix(행렬)'이기 때문이다. MATLAB은 수학계산, 모델링과 시뮬레이션, 데이터 해석 및 처리, 가시화와 그래픽, 알고리즘 개발 등에 사용될 수 있다.

MATLAB은 대학교에서 수학과 과학, 특히 공학의 기초과정에서 고급과정까지 널리 사용되고 있다. 산업체에서는 연구와 개발, 디자인에 사용되고 있다. 표준 MATLAB 프로그램은 일반 문제들의 풀이에 사용할 수 있는 툴(tool), 즉 함수들을 가지고 있으며, 추가로 특정 타입의 문제 풀이를 위해 설계된 특별한 프로그램들의 모음인 툴박스(toolbox)들을 선택사양으로 갖고 있다. 예를 들어 신호처리와 기호 계산, 제어 시스템 등에 대한 툴박스들이 있다.

최근까지 대부분의 MATLAB 사용자들은 FORTRAN이나 C와 같은 프로그래밍 언어들을 이용하다가 MATLAB이 대중적이 됨에 따라 MATLAB으로 전환한 사람들이다. 따라서 MATLAB에 대한 대다수 문헌들은 컴퓨터 프로그래밍에 대한 지식을 전제로 하고 있으며, MATLAB에 대한 책들은 흔히 특정 분야에 전문화된 응용이나 고급 주제들을 다루고 있다. 그러나 지난 몇 년 동안, MATLAB은 대학생들이 배우는 첫 번째(그리고 때로는 유일한) 컴퓨터 프로그램으로서 대학생들에게 소개되고 있다. 이런 학생들을 위해 컴퓨터 프로그래밍에 사전 경험이 전혀 없음을 전제로 하여 MATLAB을 가르치는 책이 필요하였다.

이 책의 목적

MATLAB 개요와 응용은 MATLAB을 처음으로 사용하며 컴퓨터 프로그래밍의 경험이 거의 또는 전혀 없는 학생들을 대상으로 한 책이다. 공대 신입생 강좌나

MATLAB 교육을 위한 워크샵에서 교재로 사용할 수 있으며, 과학과 공학의 고급과정에서 MATLAB을 문제풀이용 도구로 사용하는 경우 이 책을 참고서로 사용할 수도 있다. 또한 학생이나 현장의 엔지니어들이 MATLAB을 독학하는 데 사용할 수도 있다. 추가로, 강좌에서 MATLAB은 사용하지만 폭넓게 다룰 시간이 없는 경우 이 책을 보충교재나 보조교재로 사용할 수 있다.

이 책에서 다루는 내용

MATLAB은 방대한 프로그램이며, 따라서 책 한 권으로 MATLAB의 모든 것을 다루는 것은 불가능하다. 이 책은 주로 MATLAB의 기초에 초점을 맞추고 있다. 일단 이러한 기초들을 잘 이해하면, 도움말 메뉴의 정보를 이용하여 고급 내용들을 쉽게 배울 수 있을 것으로 생각된다.

이 책에서 제시한 내용들의 순서는 다년간 공학입문 강좌에서 MATLAB을 가르치면서 얻은 경험에 근거하여 신중하게 선택되었다. 매 장마다 학생들이 책을 따라갈 수 있도록 적절한 순서로 내용들을 제시하였다. 각 내용들은 한 장에서 완전하게 제시된 후, 그 다음에 오는 장들에서 사용된다.

첫 번째 장은 MATLAB의 기본 구조 및 특징들을 기술하며, 간단한 스칼라 산술연산에 MATLAB을 사용하는 방법을 계산기를 사용하듯이 기술한다. 장 뒷부분에서 스크립트 파일을 소개한다. 스크립트 파일로 간단한 MATLAB 프로그램을 작성하고 저장하며 실행할 수 있다. 다음 두 장은 배열에 대한 내용을 다룬다. MATLAB의 기본 데이터 요소는 배열로서, 배열 크기를 미리 지정할 필요가 없다. MATLAB을 매우 강력한 프로그램으로 만드는 이 개념을 선형대수와 벡터 해석에 한정된 지식과 경험을 가진 학생들이 이해하기에는 조금 어려울 수 있다. 이 책은 배열의 개념을 서서히 도입한 다음, 넓은 범위에 걸쳐 자세히 설명한다. 2장은 배열의 생성 방법을 기술하며, 3장은 배열에 대한 수학연산을 다룬다.

기본 내용에 이어, 스크립트 파일과 데이터의 입출력에 관련된 고급 내용들이 4장에서 제시된다. 5장에서는 2차원 그래프를 다룬다. 사용자정의 함수와 함수 파일들에 대해서는 6장에서 다룬다. 함수 파일은 의도적으로 스크립트 파일에 대한 내용과 분리하여 다루었는데, 이렇게 하는 것이 다른 컴퓨터 프로그램의 유사한 개념에 익숙하지 않은 학생들에게는 이해가 더 쉽다는 것이 입증되었다. MATLAB에 의한 프로그래밍은 7장에서 다루며, 조건문과 루프를 가진 흐름 제어를 포함한다.

다음 세 장은 고급 주제들을 다룬다. 8장은 MATLAB이 다항식 계산의 수행에 어떻게 사용되는지, 그리고 MATLAB이 커브 피팅과 보간법에 어떻게 사용되는지를 기술한다. 2차원 그래프에 대한 5장 내용의 연장인 3차원 그래프는 9장에서 다룬다. 10장은 수치해석을 위한 MATLAB의 응용을 다루며, 비선형방정식의 풀이와 함수의 최소 또는 최대값 구하기, 수치 적분, 1차 상미분방정식의 풀이 등을 포함한다. 11장은 기호연산에 MATLAB을 어떻게 사용하는지를 매우 자세히 다룬다.

전형적인 장의 구조

각 장에서 내용들은 개념을 쉽게 이해할 수 있는 순서대로 서서히 소개가 된다. 본문과 예제를 통하여 MATLAB의 사용 예를 광범위하게 보여준다. 1 ~ 3장의 일부 긴 예제들에는 프로그램예제라는 제목이 붙어 있다. 책에서 MATLAB의 사용 예는 모두 다른 글자체와 회색 배경으로 인쇄되어 있다. 추가 설명은 흰색 배경을 가진 글상자 안에 있다. 이것은 학생들이 MATLAB 사용 경험을 얻기 위해 이러한 사용 예와 프로그램예제들을 실행할 것이라는 점을 염두에 둔 것이다. 추가로, 모든 장은 수학, 과학 및 공학 문제의 풀이를 위한 MATLAB 응용 예제들을 포함하고 있다. 각 예제는 문제에 대한 서술과 자세한 해를 포함하고 있다. 어떤 예제들은 장의 중간 부분에서 제시되기도 한다. 2장을 제외한 모든 장들의 끝부분에 여러 응용 예제들이 포함된 절이 있다. MATLAB에 의한 예제 풀이에는 많은 다른 방법들이 존재한다는 것을 명심해야 한다. 예제의 해는 많은 방법들 중에서 이해하기 쉬운 방법으로 작성되었다. 이것은 많은 경우 더 짧은 프로그램이나 때때로 기발한 프로그램을 작성하여 문제를 풀 수도 있다는 것을 의미한다. 학생들은 자신의 해를 작성하고 난 다음, 최종 결과와 비교할 것을 권장한다. 각 장의 끝에는 연습문제들이 있으며, 이 문제들은 수학과 과학의 일반적인 문제들과 공학의 여러 다른 분야의 문제들을 포함한다.

기호 계산

MATLAB은 본래 수치 계산을 위한 소프트웨어이다. 그러나 Symbolic Math Toolbox가 설치되면, 기호 수학연산을 수행할 수 있다. Symbolic Math Toolbox는 학생용 버전의 소프트웨어에 포함되어 있으며 표준 프로그램에 추가가 가능하다.

소프트웨어와 하드웨어

MATLAB 프로그램은 대부분의 다른 소프트웨어와 같이 지속적으로 개발되고 있으며 새로운 버전이 자주 출시된다. 이 책은 MATLAB, Version 7.5, Release 2007b를 다룬다. 그러나 이 책은 MATLAB의 기초를 다루며 따라서 버전에 따라 많이 변하지 않는다는 점을 강조한다. 이 책은 Windows 운영체제를 사용하는 컴퓨터의 MATLAB 사용을 다룬다. MATLAB을 다른 기종에서 사용할 때, 기본적으로는 모든 것이 같다. 다른 운영체제에서 MATLAB을 사용하는 경우에 대한 자세한 사항은 MATLAB 문서를 참조하라. MATLAB이 컴퓨터에 설치되어 있으며, 사용자는 기본적인 컴퓨터 운영 지식을 갖추고 있는 것을 전제로 한다.

책 내용의 순서

모든 내용을 모든 사람들에게 적합한 순서로 제시하는 교재를 쓰는 것은 아마도 불가능할 것이다. 이 책 내용의 순서는 MATLAB의 기본(배열과 배열 연산)을 먼저 다루고, 앞에서도 언급한 바와 같이, 책을 참고서로 사용하기 쉽도록 각 주제를 한 곳에서 완전하게 다루는 방식으로 되어 있다.

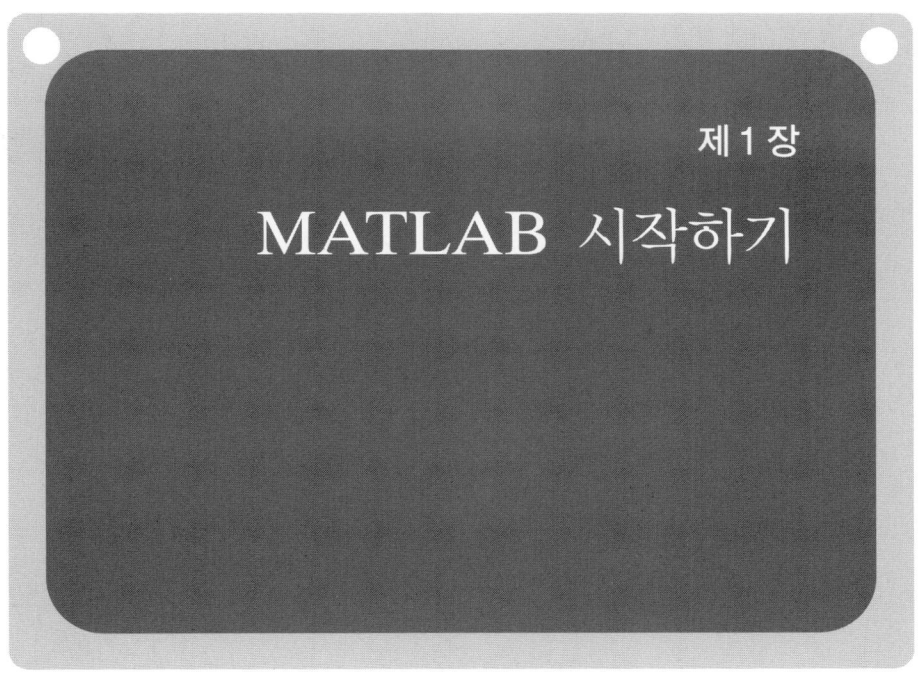

제 1 장

MATLAB 시작하기

이 장에서는 MATLAB에 있는 여러 창(window)들의 특성과 목적에 대해 먼저 기술하고, 명령어 창(Command Window)에 대해 자세히 소개한다. 또 스칼라의 산술연산에 MATLAB을 사용하는 방법을 계산기 사용법과 유사하게 보여줄 것이다. 여기에는 스칼라에 대한 기본적인 수학함수의 사용도 포함된다. 그다음 스칼라 변수들(할당 연산자)을 정의하는 방법과 이 변수들을 산술 계산에서 사용하는 방법에 대해 보여줄 것이다. 이 장 마지막 절에서는 스크립트(script) 파일에 대해 소개한다. 또한 간단한 MATLAB 프로그램을 작성하고 저장하며 실행시키는 방법에 대해 보여줄 것이다.

1.1 MATLAB 시작하기, MATLAB 창

컴퓨터에 MATLAB 소프트웨어가 설치되어 있고 사용자가 MATLAB을 실행시킬 수 있다고 가정한다. 일단 프로그램이 시작되면, 그림 1.1과 같은 MATLAB 데스크탑 창(window)이 열리며, 이 창에는 세 개의 작은 창, 즉 명령어 창(Command Window), 현재 디렉터리 창(Current Directory Window), 명령어기록 창(Command History Window)이 포함되어 있다. 이것이 MATLAB의 기본 화면이며, 여기에 포함된 세 창은 MATLAB의 여러 창들 중 일부이다. 표 1.1에

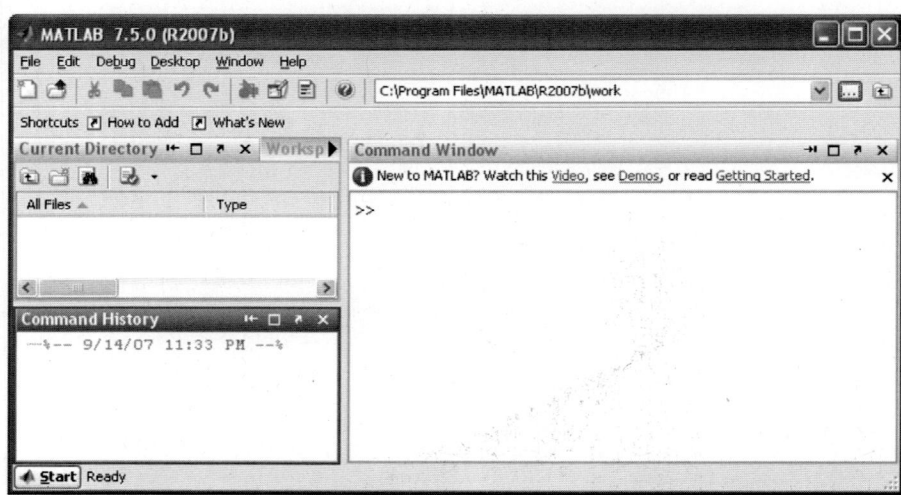

그림 1.1 MATLAB 데스크탑의 기본 모양

표 1.1 MATLAB 창의 종류와 목적

창(Window)	목적
명령어 창(Command Window)	메인 창으로 변수를 입력하고 프로그램을 실행함
그림 창(Figure Window)	그래프 명령어의 실행 결과가 표시됨
편집기 창(Editor Window)	스크립트 파일과 함수 파일을 생성하고 디버깅함
도움말 창(Help Window)	도움말 정보를 제공함
런치패드 창(Launch Pad Window)	도구(tool)와 데모, 문서에 대한 접근을 제공함
명령어기록 창(Command History Window)	명령어 창에서 입력된 명령어들을 기록함
작업공간 창(Workspace Window)	사용된 변수들에 대한 정보를 제공함
현재 디렉터리 창(Current Directory Window)	현재 디렉터리에 있는 파일들을 보여줌

MATLAB의 여러 창들과 각 창들의 목적이 기술되어 있다. 창의 왼쪽 하단부에 있는 Start 버튼을 이용하여 MATLAB의 여러 도구와 기능에 접근할 수 있다.

이 책 전체에 걸쳐 많이 사용되는 네 개의 창, 즉 명령어 창(Command Window), 그림 창(Figure Window), 편집기 창(Editor Window), 도움말 창(Help Window)에 대해 다음 페이지에서 간단히 기술할 것이다. 좀 더 자세한 설명은 각 창들이 사용되는 장에서 할 것이다. 명령어기록 창(Command History Window)과 현재 디렉터리 창(Current Directory Window), 작업공간 창(Workspace Window)에 대해서는 1.2절과 1.8.4절, 4.1절에서 각각 기술할 것이다.

명령어 창(Command Window): 명령어 창은 MATLAB의 메인 창이며 MATLAB이 시작될 때 열린다. 명령어 창 하나만 보이도록 하면 편리한데, 이것은 나머지 다른 창들을 모두 닫거나(닫을 창의 우측 상단부에 있는 x 표시를 누름), Desktop 메뉴에서 Desktop Layout을 선택하면 열리는 서브메뉴의 Command Window Only를 선택하면 된다. 명령어 창에서 작업하는 방법에 대해서는 1.2절에서 자세히 기술한다.

그림 창(Figure Window): 그림 창은 그래프 명령어가 실행되면 자동으로 열리며, 그래픽 명령어에 의해 생성된 그래프를 포함한다. 그림 1.2는 그림 창의 한 예이다. 그림 창에 대한 좀 더 자세한 설명은 5장에서 한다.

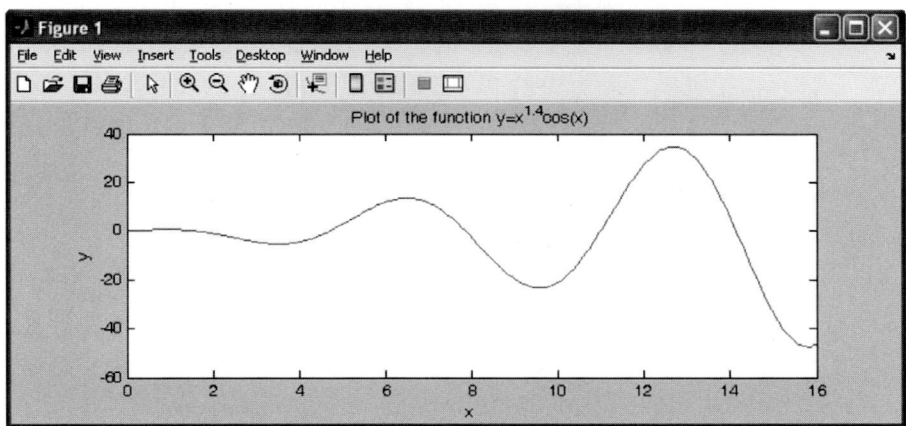

그림 1.2 그림 창(Figure Window)의 예

편집기 창(Editor Window): 편집기 창은 프로그램을 작성하고 편집하는 데 사용된다. 명령어 창(Command Window)의 File 메뉴로부터 편집기 창이 열린다. 그림 1.3은 편집기 창의 한 예이다. 편집기 창에 대해서는 편집기 창으로 스크립트 파일을

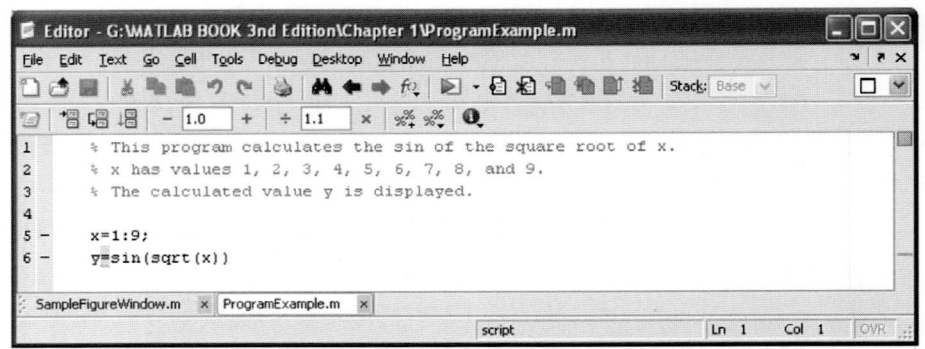

그림 1.3 편집기 창(Editor Window)의 예

만드는 1.8.2절과 함수 파일을 만드는 6장에서 좀 더 자세히 설명할 것이다.

도움말 창(Help Window): 도움말 창은 도움말 정보를 포함하고 있으며, 모든 MATLAB 창에 있는 툴바(toolbar)의 **Help** 메뉴를 이용하여 열 수 있다. 도움말 창은 대화식이며 MATLAB의 어떤 특징에 대해서도 도움말 창으로부터 관련 정보를 얻을 수 있다. 그림 1.4는 도움말 창을 나타낸 것이다.

MATLAB을 처음 실행하면, 그림 1.1과 같은 화면이 나타난다. 대부분의 초보자들은 명령어 창(Command Window)을 제외하고는 나머지 창들을 닫는 것이 더 편할 것이다(⊠ 버튼을 누르면 각 창을 닫을 수 있다). 닫힌 창들은 **Desktop** 메뉴에서 해당 창을 선택하면 다시 열 수 있다. **Desktop** 메뉴에서 **Desktop Layout**을 선택하고 다시 서브메뉴에서 **Default** 메뉴를 선택하면 그림 1.1과 같은 기본 화면형태로 표시된다. 그림 1.1의 여러 창들은 데스크탑 창 안에 결합(dock)되어 있다. 우측 상단 코너에 있는 ⬈ 버튼을 누르면 창을 분리(undock)하여 별도의 독립적인 창으로 만들 수 있으며, 이 창의 우측 상단 코너에 있는 ⬋ 버튼을 누르면 원래대로 데스크탑 창 안에 결합된다.

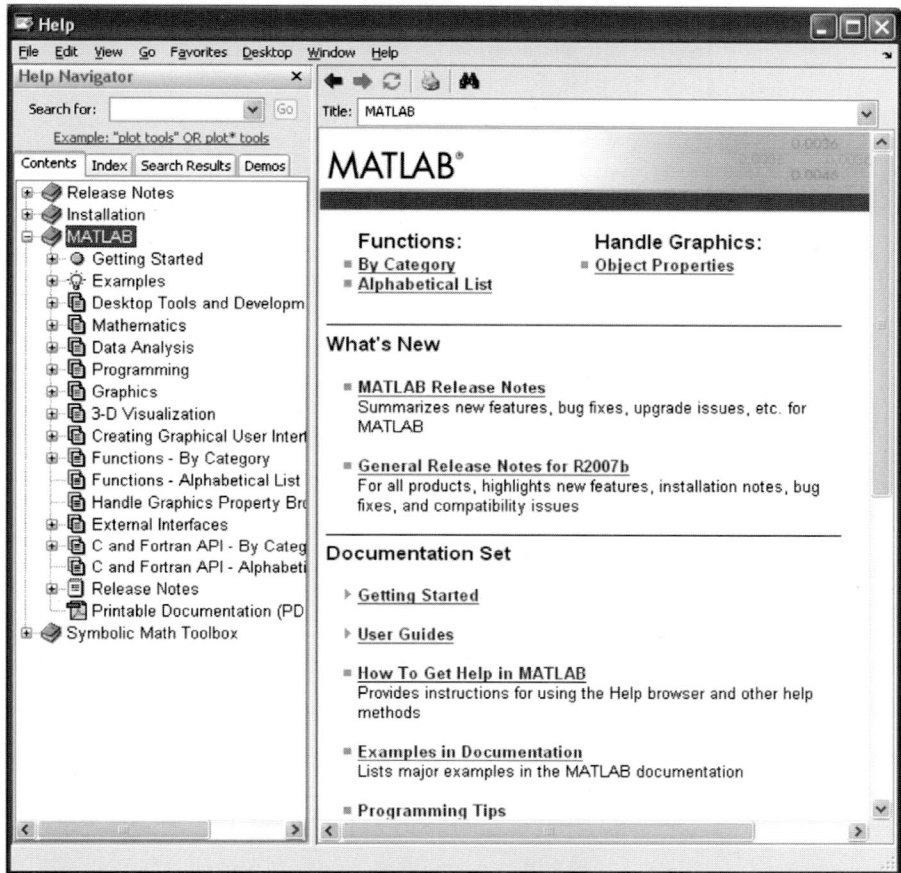

그림 1.4 도움말 창(Help Window)

1.2 명령어 창에서의 작업

명령어 창(Command Window)은 MATLAB의 메인 창으로 명령어의 실행이나 다른 창 열기, 사용자가 작성한 프로그램의 실행, 소프트웨어의 관리 등에 사용될 수 있다. 이 장 뒷부분에서 설명할 몇 가지 간단한 명령어가 포함된 명령어 창의 예를 그림 1.5에 나타내었다.

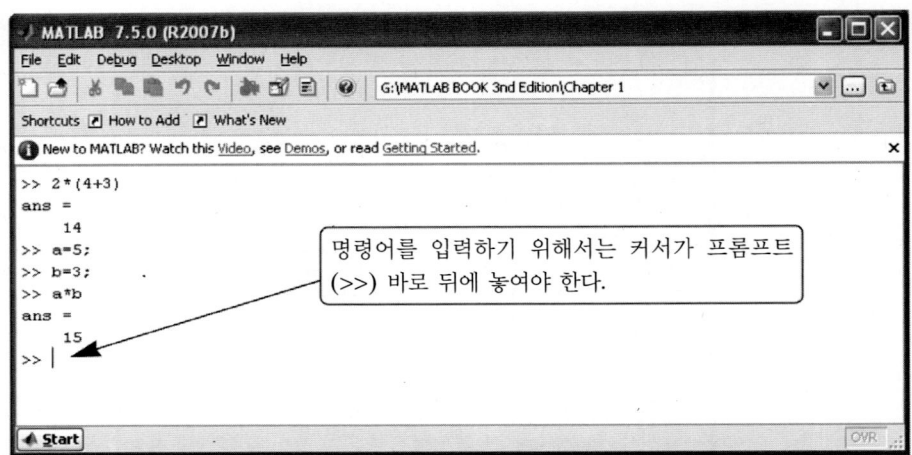

그림 1.5 명령어 창(Command Window)

명령어 창에서 작업할 때 유의할 점

- 명령어를 입력하기 위해서는 커서가 프롬프트(>>) 바로 뒤에 놓여야 한다.

- 명령어를 표시하고 **Enter** 키를 누르면, 명령어가 실행된다. 그러나 마지막 명령어만 실행되며, 이전에 실행된 다른 것들은 모두 변동이 없다.

- 명령어와 명령어 사이에 콤마(,)를 넣음으로써 여러 개의 명령어를 한 줄에 표시할 수 있으며, **Enter** 키를 누르면, 왼쪽에서 오른쪽 순서로 명령어가 수행된다.

- 명령어 창에서 이전 줄로 거슬러 올라가서 수정을 하여 다시 실행시키는 것은 불가능하다.

- 위쪽 방향키(↑)를 누르면 이전에 입력했던 명령어를 명령어 프롬프트(command prompt) 다음으로 다시 불러낼 수 있다. 명령어가 명령어 프롬프트 다음에 나타나면, 필요한 경우 명령어를 수정하고 실행시킬 수 있다. 아래쪽 방향키(↓)는 위쪽 방향키와 반대의 순서로 이전에 입력했던 명령어들을 불러낼 때 사용한다.

- 명령어가 너무 길어서 한 줄에 쓸 수 없는 경우, 마침표 세 개 ... (생략부호로 불림)를 찍고 **Enter** 키를 누르면 다음 줄에서 명령어를 이어 쓸 수 있다. 명령어는 총 4096 글자까지 줄을 바꿔가며 계속 이어서 쓸 수 있다.

세미콜론(;)

명령어 창에 명령어를 표시하고 **Enter** 키를 누르면, 명령어가 실행된다. 명령어가 만드는 어떠한 출력도 명령어 창에 표시된다. 만일 명령어 끝에 세미콜론(;)을 붙이면, 명령어의 출력은 표시되지 않는다. 세미콜론은 결과가 확실하거나 알려져 있을 때, 또는 결과가 상당히 많을 때 유용하다.

여러 명령어를 한 줄에 쓸 때 명령어와 명령어 사이에 콤마 대신 세미콜론을 쓰면, 어떤 명령어의 출력도 화면에 표시되지 않는다.

% 표시

기호 %(퍼센트 기호)를 명령어 줄 제일 앞에 쓰면 이 줄은 주석문(comment)으로 지정되게 되는데, 이것은 **Enter** 키를 눌렀을 때 이 줄이 실행되지 않음을 뜻한다. 같은 줄에서 명령어 다음에 % 기호와 텍스트(주석문)를 같이 쓸 수도 있는데 이때 주석문은 명령어의 수행에 전혀 영향을 미치지 않는다.

일반적으로는 명령어 창에서 주석문을 붙일 필요는 없다. 그러나 프로그램에서는 기술할 사항을 추가하거나 프로그램 설명을 위해 종종 주석문을 사용한다(4장과 6장 참조).

clc 명령어

clc 명령어(키보드로 clc를 치고 **Enter** 키를 누름)는 명령어 창을 지운다. 명령어 창에서 한동안 작업을 하면, 입력한 명령어와 결과의 출력으로 창의 내용이 상당히 길어질 수 있다. 이때 clc 명령어가 실행되면, 명령어 창의 내용이 깨끗이 지워진다. 이 명령어로 이전에 수행된 어떠한 것도 변하지는 않는다. 예를 들어, 어떤 변수들이 이전에 정의되었다면(1.6절 참조), clc 명령어를 실행한 후에도 여전히 이 변수들이 존재하며 사용도 가능하다. 또 위쪽 방향키(↑)를 이용하여 이전에 입력했던 명령어들도 불러낼 수 있다.

명령어기록 창

명령어기록 창(Command History Window)은 명령어 창에서 그동안 입력했던 명령어들의 목록을 보여주는데, 여기에는 이전 세션에서 입력되었던 명령어들도 포함된다. 명령어기록 창에 있는 명령어들은 명령어 창에서 다시 사용할 수 있다. 즉, 명령어기록 창에서 원하는 명령어를 마우스로 더블클릭하면 해당 명령어가 명령어 창에 다시 나타나므로 실행을 시킬 수 있다. 명령어기록 창에서 원하는 명령어를 명령어 창으로 드래깅(dragging)하고 필요하다면 수정한 후 실행시킬 수도 있다. 명령어기록 창의 목록을 지우려면, 지울 명령어들을 선택하고 키보드의 **delete** 키를 누르거나

Edit 메뉴에서 **Delete Selection**을 선택한다. 지우기 위해 선택한 명령어들 위에서 마우스 우측 버튼을 눌러 나온 팝업메뉴에서 **Delete Selection**을 선택해드 된다.

1.3 스칼라 산술연산

이 장에서는 숫자인 스칼라에 대한 산술연산에 대해서만 기술한다. 이 장 뒷부분에서 설명하겠지만, 계산기에서처럼 산술 계산에 수를 직접 사용하거나, 수를 변수에 먼저 할당한 후 이 변수들을 이용하여 계산할 수도 있다. 산술연산자들의 기호는 다음과 같다.

연산	기호	예
덧셈	+	$5 + 3$
뺄셈	−	$5 - 3$
곱셈	*	$5 * 3$
오른쪽 나눗셈	/	$5 / 3$
왼쪽 나눗셈	\	$5 \backslash 3 = 3 / 5$
지수연산	^	$5 \verb|^| 3$ ($5^3 = 125$를 의미함)

왼쪽 나눗셈을 제외한 나머지 기호들은 대부분의 계산기에서와 같다. 스칼라의 경우, 왼쪽 나눗셈(left division)은 오른쪽 나눗셈(right division)의 역수이지만, 배열에 대한 연산에 대해서는 왼쪽 나눗셈이 주로 사용된다. 배열연산에 대해서는 3장에서 다룰 것이다.

1.3.1 우선순위

MATLAB은 다음에 표시한 우선순위에 따라 계산을 수행한다. 이 순서는 대부분의 계산기에 사용되는 것과 같다.

우선순위	수학연산
첫 번째	괄호. 괄호가 중첩되어 있는 경우, 가장 안쪽의 괄호가 먼저 수행된다.
두 번째	거듭제곱
세 번째	곱하기, 나누기(우선순위가 동등함)
네 번째	더하기와 빼기

여러 연산이 포함된 식에서, 우선순위가 더 높은 연산이 더 낮은 연산보다 먼저 수행된다. 둘 이상의 연산이 같은 우선순위를 가지면, 왼쪽에서 오른쪽으로 식이 수행된다. 다음 절의 예에서 볼 수 있듯이, 계산 순서를 바꾸기 위해 괄호를 사용할 수 있다.

1.3.2 MATLAB을 계산기로 사용하기

MATLAB을 사용하는 가장 간단한 방법은 MATLAB을 계산기로 사용하는 것으로, 명령어 창에서 수식을 입력하고 Enter 키를 누르면 된다. MATLAB은 수식을 계산하고 다음 줄에 ans =과 수식의 계산결과를 표시하는 반응을 보인다. 프로그램 예제 1.1에 여러 가지 예를 나타내었다.

프로그램 예제 1.1 MATLAB을 계산기로 사용하기

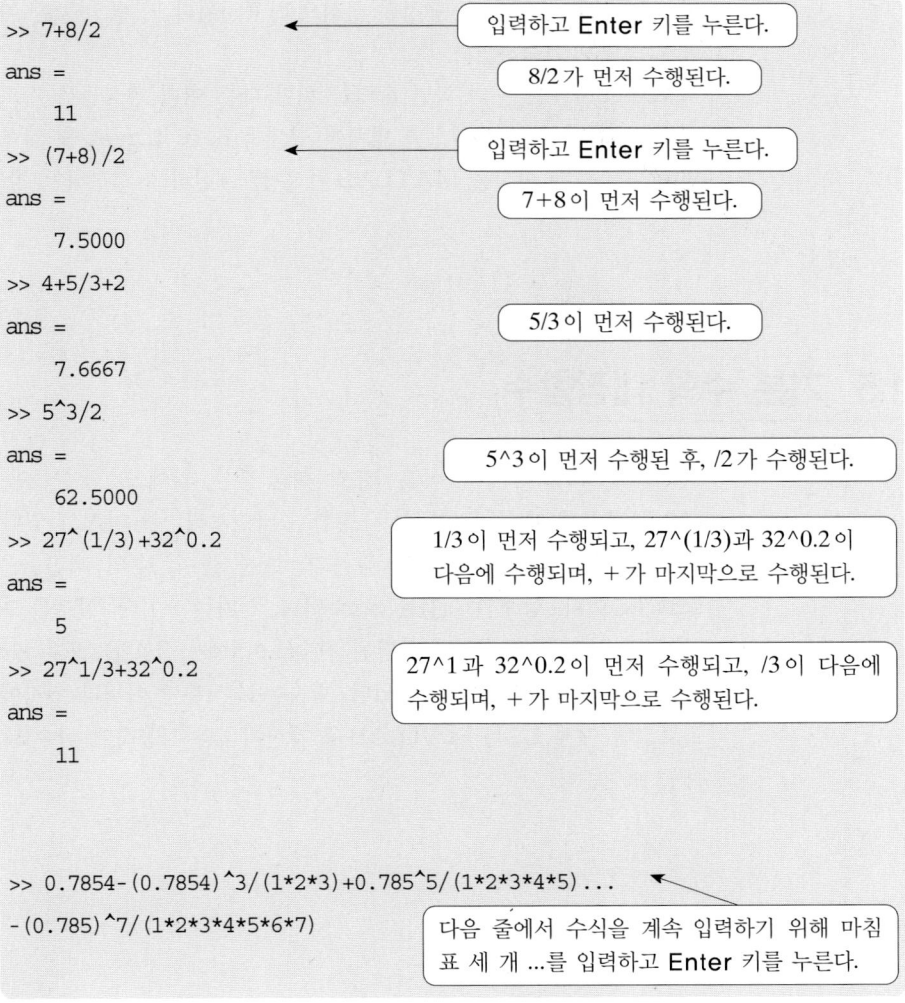

```
ans =
    0.7071
>>
```

마지막 수식은 sin(π/4)에 대한
Taylor 급수의 처음 네 항이다.

1.4 출력 형식

사용자는 **MATLAB**의 출력 형식을 제어할 수 있다. 프로그램 예제 1.1에서, 출력 형식은 소수점 이하 네 자리를 가진 고정소수점(short라고 부름)으로 수치 표현의 기본 형식이다. 형식은 format 명령어로 바꿀 수 있다. 일단 format 명령어가 실행되면, 이후의 모든 출력은 규정된 형식으로 표시된다. 실행 가능한 여러 형식들을 표 1.2에 나타내고 기술하였다.

MATLAB은 수의 화면 출력을 위한 다른 여러 형식들을 가지고 있다. 이 형식들에 대해 자세히 알고 싶으면 명령어 창에서 help format을 입력하면 된다. 수를 화면에 표시하는 형식은 **MATLAB**이 수를 계산하고 저장하는 방법에는 영향을 미치지 않는다.

1.5 기본 수학 내장함수

MATLAB에서 수식은 기초 산술연산 외에도 함수들을 포함할 수 있다. **MATLAB**은 매우 광범위한 내장함수 라이브러리를 가지고 있다. 함수는 이름과 괄호 속의 인자(argument)를 갖는다. 예를 들어, 수의 제곱근을 계산하는 함수는 sqrt(x)이다. 함수의 이름은 sqrt이며, 인자는 x이다. 함수를 이용할 때 인자는 숫자가 될 수도 있고 수치가 할당된 변수(1.6절에서 설명함), 또는 숫자와 변수로 이루어진 계산 가능한 수식일 수도 있다. 함수는 수식뿐만 아니라 인자에도 포함될 수 있다. 프로그램 예제 1.2는 **MATLAB**을 계산기처럼 사용하여 함수 sqrt(x)를 이용하는 예를 보여준다.

표 1.2 화면표시 형식

명령어	설명	예
format short	$0.001 \le$ 수 ≤ 1000인 수를 소수점 이하 네 자리수의 고정소수점으로 표시함. 그 외의 범위의 수는 short e 형식으로 표시함.	>> 290/7 ans = 41.4286
format long	$0.001 \le$ 수 ≤ 100인 수를 소수점 이하 14자리의 고정소수점으로 표시함. 그 외 범위의 수는 long e의 형식으로 표시함.	>> 290/7 ans = 41.42857142857143
format short e	소수점 이하 네 자리수의 과학적 표기법으로 표시함.	>> 290/7 ans = 4.1429e+001
format long e	소수점 이하 15 자리수의 과학적 표기법으로 표시함.	>> 290/7 ans = 4.142857142857143e+001
format short g	고정소수점 표시와 부동소수점 표시 중에서 가장 편리한 방법으로 표시하며, 유효숫자는 5개임.	>> 290/7 ans = 41.429
format long g	고정소수점 표시와 부동소수점 표시 중에서 가장 편리한 방법으로 표시하며, 유효숫자는 15개임.	>> 290/7 ans = 41.4285714285714
format bank	소수점 이하 두 자리까지만 표시함.	>> 290/7 ans = 41.43
format compact	화면에 많은 정보가 표시되도록 하기 위해 빈 줄을 제거함	
format loose	format compact와 반대로 빈 줄을 삽입함	

프로그램 예제 1.2 sqrt 내장함수 이용하기

```
>> sqrt(64)                                          인자가 숫자임
ans =
    8
>> sqrt(50+14*3)                                     인자가 수식임
ans =
    9.5917
```

```
>> sqrt(54+9*sqrt(100))                    인자가 함수를 포함하고 있음
ans =
    12
>> (15+600/4)/sqrt(121)                     수식에 함수가 포함되어 있음
ans =
    15
>>
```

흔히 사용되는 몇 가지 기본적인 **MATLAB** 수학 내장함수들의 목록을 표 1.3부터 표 1.5까지에 나타내었다. 도움말 창(Help Window)에서 종류별로 분류된 완전한 함수 목록을 볼 수 있다.

표 1.3 기본 수학함수들

함수	설명	예
sqrt(x)	제곱근	>> sqrt(81) ans = 9
nthroot(x,n)	실수 x의 실수 n제곱근. (x가 음수이면, n은 홀수 정수이어야 함)	>> nthroot(80,5) ans = 2.4022
exp(x)	지수함수(e^x)	>> exp(5) ans = 148.4132
abs(x)	절대값	>> abs(-24) ans = 24
log(x)	자연로그. 밑이 e인 로그(ln)	>> log(1000) ans = 6.9078
log10(x)	밑이 10인 로그	>> log10(1000) ans = 3.0000
factorial(x)	계승함수 $x!$ (x는 양의 정수이어야 함)	>> factorial(5) ans = 120

표 1.4 삼각함수들

함수	설명	예
sin(x) sind(x)	각 x의 사인(x는 라디안) 각 x의 사인(x는 도)	>> sin(pi/6) ans = 0.5000
cos(x) cosd(x)	각 x의 코사인(x는 라디안) 각 x의 코사인(x는 도)	>> cosd(30) ans = 0.8660
tan(x) tand(x)	각 x의 탄젠트(x는 라디안) 각 x의 탄젠트(x는 도)	>> tan(pi/6) ans = 0.5774
cot(x) cotd(x)	각 x의 코탄젠트(x는 라디안) 각 x의 코탄젠트(x는 도)	>> cotd(30) ans = 1.7321

표 1.5 어림함수들(Rounding functions)

함수	설명	예
round(x)	가장 가까운 정수로 반올림(사사오입)함	>> round(3.4) ans = 3
fix(x)	0쪽에 가까운 정수로 어림함	>> fix(2.6) ans = 2
ceil(x)	양의 무한대에 가까운 정수로 어림함	>> ceil(2.2) ans = 3
floor(x)	음의 무한대에 더 가까운 정수로 어림함	>> floor(-2.25) ans = -3
rem(x,y)	x를 y로 나눈 나머지를 돌려줌	>> rem(13,5) ans = 3
sign(x)	Signum 함수로서, $x > 0$이면 1을, $x < 0$이면 -1을, $x = 0$이면 0을 돌려줌	>> sign(5) ans = 1

라디안 단위의 각에 대한 역삼각함수는 `asin(x)`, `acos(x)`, `atan(x)`, `acot(x)`이며, 도(degree) 단위의 각에 대한 역삼각함수는 `asind(x)`, `acosd(x)`, `atand(x)`, `acotd(x)`이다. 쌍곡삼각함수(hyperbolic trigonometric function)는 `sinh(x)`, `cosh(x)`, `tanh(x)`, `coth(x)`이다. 표 1.4의 예에서 π 대신 pi를 사용했음을 알 수 있다(1.6.3절 참조).

1.6 스칼라 변수의 정의

변수(variable)는 한 개의 문자, 또는 여러 문자들(숫자 포함)의 조합으로 이루어진 이름으로서 수치 값이 할당된다. 일단 변수에 수치가 할당되고 나면, 변수는 수학식과 함수, 그리고 MATLAB의 어떠한 명령문과 명령어에서도 사용이 가능하다. 변수는 실제로는 메모리 위치의 이름이다. 새로운 변수가 정의되면, MATLAB은 배정받은 변수의 값이 저장될 적절한 메모리 공간을 할당한다. 변수가 사용될 때, 변수에 저장된 데이터가 사용된다. 변수에 새로운 값이 할당되면, 메모리 위치의 내용이 갱신된다. (1장에서는 스칼라인 수치값이 할당되는 변수들만을 고려한다. 배열 변수들의 할당과 원소 지정은 2장에서 설명한다.)

1.6.1 할당 연산자

MATLAB에서 등호(=) 기호는 할당 연산자(assignment operator)라 불린다. 할당 연산자는 값을 변수에 할당한다. 즉,

> variable_name = 수치값 또는 계산 가능한 식

- 할당 연산자의 좌변은 한 개의 변수이름만을 포함할 수 있다. 우변은 수 또는 계산 가능한 식이 될 수 있다. 계산 가능한 식에는 수와 이미 수치값을 할당받은 변수들이 포함될 수 있다. **Enter** 키를 누르면 우변의 수치값이 변수에 할당되며, MATLAB은 다음 두 줄에 걸쳐 변수와 할당된 값을 화면에 표시한다.

다음은 할당 연산자가 어떻게 작동하는지를 보여준다.

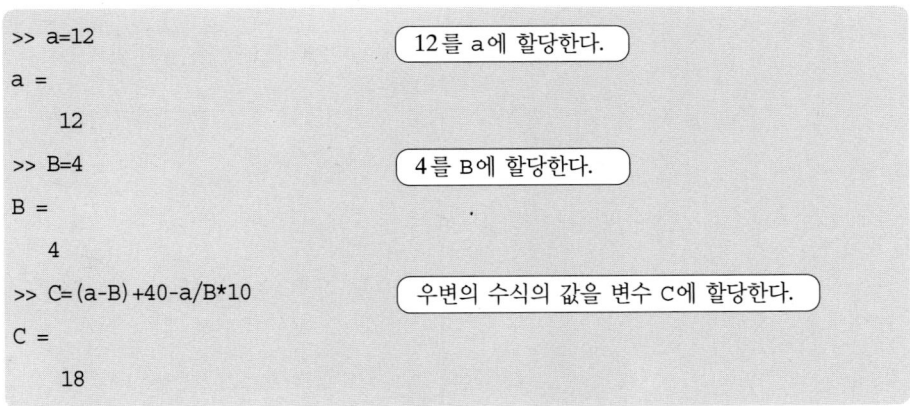

```
>> x=15                    수 15가 변수 x에 할당된다.
x =                        MATLAB이 변수와 할당된 값을 화면에
                           표시한다.
    15

>> x=3*x-12                새로운 값이 x에 할당된다. 새로운 값은 이전
x =                        의 x값에 3을 곱한 후 12를 뺀 값이다.

    33
>>
```

마지막 문장 $x = 3x - 12$는 할당 연산자와 등호 기호의 차이점을 잘 보여주고 있다. 만일 이 문장에서 = 기호가 같다는 것을 의미한다면, x에 대한 이 방정식의 풀이로부터 x 값은 6이 될 것이다.

이전에 정의된 변수들을 사용하여 새로운 변수를 정의하는 예를 다음에 나타낸다:

```
>> a=12                    12를 a에 할당한다.
a =

    12
>> B=4                     4를 B에 할당한다.
B =

    4
>> C=(a-B)+40-a/B*10       우변의 수식의 값을 변수 C에 할당한다.
C =

    18
```

- 세미콜론을 명령어 끝에 붙이면, **Enter** 키를 눌렀을 때 **MATLAB**은 변수와 변수의 할당 값을 화면에 표시하지 않는다(변수는 여전히 존재하며 메모리에 저장되어 있다).

- 변수가 이미 존재하는 경우, 변수이름을 표시하고 **Enter** 키를 누르면 다음 두 줄에 걸쳐 변수와 변수의 값을 화면에 표시한다.

예를 들어, 바로 앞의 예를 세미콜론을 이용하여 다시 반복하면 다음과 같다.

```
>> a=12;

>> B=4;

>> C=(a-B)+40-a/B*10;

>> C

C =

    18
```

변수 a, B, C가 정의되었지만, 각 문장 뒤의 세미콜론 때문에 변수와 변수 값이 화면에 출력되지 않는다.

변수이름을 입력함으로써 변수 C의 값이 출력된다.

- 같은 줄에 여러 개의 할당문을 쓸 수 있는데, 각 할당문은 콤마로 구분해야 한다 (콤마 뒤에 공백을 넣어도 된다). Enter 키를 누르면, 왼쪽에서 오른쪽으로 할당문이 실행되며 할당 결과가 화면에 출력된다. 콤마 대신에 세미콜론을 쓰면 변수는 화면에 출력되지 않는다. 예를 들어, 위 예의 변수 a, B, C에 대한 할당문을 다음과 같이 모두 한 줄에 쓸 수 있다.

```
>> a=12, B=4; C=(a-B)+40-a/B*10

a =

    12

C =

    18
```

변수 B는 할당문 뒤에 세미콜론이 붙어 있으므로 화면에 출력되지 않는다.

- 이미 존재하는 변수는 새로운 값을 다시 할당받을 수 있다. 예를 들면, 다음과 같다.

```
>> ABB=72;

>> ABB=9;

>> ABB

ABB =

     9

>>
```

변수 ABB에 값 72가 할당된다.

변수 ABB에 새로운 값 9가 할당된다.

변수이름을 입력하고 Enter 키를 누르면 변수의 현재 값이 화면에 표시된다.

- 일단 변수가 정의되고 나면, 변수는 함수의 인자(argument)로 사용될 수 있다. 예를 들면, 다음과 같다.

```
>> x=0.75;
>> E=sin(x)^2+cos(x)^2
E =
      1
>>
```

1.6.2 변수이름에 대한 규칙

변수이름은 다음 규칙에 따라 정할 수 있다.

- 변수는 문자로 시작해야 한다.

- 변수의 글자 길이는 63개(MATLAB 7의 경우)까지 가능하다(MATLAB 6.0의 경우에는 31개까지 가능하다).

- 변수는 문자, 숫자, 밑줄글자(_)를 포함할 수 있다.

- 변수는 구두점(즉, 마침표, 콤마, 세미콜론)을 포함할 수 없다.

- **MATLAB**은 대문자와 소문자를 구별한다. 예를 들어 AA, Aa, aA, aa는 네 개의 서로 다른 변수이름이다.

- 변수의 글자들 사이에 공백이 있어서는 안 된다(공백이 필요하면 밑줄글자를 사용한다).

- 내장함수 이름을 변수로 사용하지 않도록 한다(즉, cos, sin, exp, sqrt 등의 사용을 피한다). 일단 함수이름이 변수를 정의하는 데 사용되면, 그 함수는 다시 사용할 수 없다.

1.6.3 키워드와 미리 정의된 변수

여러 가지 목적으로 **MATLAB**에 의해 예약된 17개의 낱말들이 있는데, 이들은 키워드라 불리며 변수이름으로 사용할 수 없다. 이들 키워드는 다음과 같다.

```
break     case      catch     continue   else      elseif     end
for       function  global    if         otherwise  persistent
return    switch    try       while
```

명령어 창에서 키워드를 입력하면, 키워드는 파란색으로 표시된다. 만일 사용자가 키워드를 변수이름으로 사용하려고 하면 오류 메시지가 표시된다. 명령어 iskeyword 를 입력하면 화면에 키워드들이 출력된다.

MATLAB이 기동될 때, 자주 사용되는 많은 변수들이 미리 정의된다. 미리 정의되는 변수들 중 일부는 다음과 같다.

ans 특정변수에 할당되지 않은 마지막 수식의 값을 갖는 변수(프로그램 예제 1.1 참조)로서, 사용자가 수식의 결과 값을 변수에 할당하지 않으면, MATLAB은 자동으로 결과를 ans에 저장한다.

pi π = 3.1415926535897...

eps 두 수 사이의 최소 차이. $2^{\wedge}(-52)$과 같으며 대략 $2.2204e-015$이다.

inf 무한대에 사용된다.

i $\sqrt{-1}$로 정의되며 0 + 1.0000i 이다.

j i와 같다.

NaN Not-a-Number(수가 아님)를 나타낸다. 예를 들어, 0/0과 같이 MATLAB이 유효한 수치를 구할 수 없을 때 사용된다.

미리 정의된 변수들을 다른 임의의 값으로 다시 정의할 수도 있다. 변수 pi, eps, inf는 많은 응용프로그램에서 자주 사용되므로 대개는 다른 값으로 다시 정의하지 않는다. 그러나 미리 정의된 변수들 중에서 i와 j 같은 변수들은 응용프로그램에 복소수가 포함되지 않는 경우 (보통 루프와 관련하여) 가끔 다시 정의되기도 한다.

1.7 변수들의 관리에 유용한 명령어들

다음 명령어들은 생성된 변수들을 삭제하거나 변수들에 대한 정보를 얻기 위해 사용될 수 있다. 이들 명령어를 명령어 창(Command Window)에 표시하고 **Enter** 키를 누르면, 아래에 열거된 일을 수행하거나 정보를 제공한다.

명령어	결과
clear	메모리에서 모든 변수들을 제거한다.
clear x y z	메모리에서 변수 x, y, z만을 제거한다.
who	현재 메모리에 있는 변수들의 목록을 화면에 출력한다.
whos	현재 메모리에 있는 변수들의 이름과 크기, 바이트와 클래스에 대한 정보를 화면에 출력한다(4.1절 참조).

1.8 스크립트 파일

지금까지는 모든 명령어들이 명령어 창(Command Window)에서 표시되고 Enter 키가 눌려질 때 실행이 되었다. 모든 MATLAB 명령어를 이런 식으로 실행시킬 수는 있지만, 일련의 명령어들, 특히 서로 연관되어 있는 명령어들(프로그램)을 실행시키기 위해 명령어 창을 이용하는 것은 편리하지 않으며, 어려울 수도 있고 불가능할 수도 있다. 명령어 창의 명령어들은 저장할 수도 없고 다시 실행시킬 수도 없다. 더구나 명령어 창은 상호작용적이지 않다. 다시 말하면, Enter 키를 누를 때마다 해당 명령어만 실행되고 이전에 실행된 것들은 모두 변하지 않는다. 만일 이전에 실행한 명령어에서 변경이나 수정이 필요하고 이 명령어의 결과가 이어지는 명령어들에서 사용된다면, 모든 명령어를 다시 입력하고 다시 실행시켜야 한다.

MATLAB으로 명령어들을 실행시키는 다른 더 좋은 방법은 먼저 명령어들의 목록(프로그램)이 기록된 파일을 생성하고 저장한 후, 이 파일을 실행시키는 것이다. 파일이 실행되면, 파일에 담긴 명령어들이 파일에 기록된 순서대로 실행된다. 필요하다면, 파일의 명령어들을 수정하거나 변경할 수 있으며 저장해서 다시 실행시킬 수 있다. 이런 목적으로 사용되는 파일을 스크립트 파일(script file)이라고 한다.

중요 사항: 이 절에서는 간단한 프로그램을 실행하는 데 필요한 최소한의 것만 다룬다. 이렇게 함으로써 학생들이 이 장과 다음 두 장에서 제시되는 자료들을 연습할 때 명령어 창에서 반복적으로 명령어들을 입력하는 대신에 스크립트 파일을 사용할 수 있게 된다. 스크립트 파일은 4장에서 다시 논의할 것이며, 4장에서는 프로그램을 스크립트 파일로 작성하는 것과 MATLAB을 이해하는 데 필요한 많은 추가 주제들을 다룰 것이다.

1.8.1 스크립트 파일의 특징

- 스크립트 파일은 일련의 MATLAB 명령어들로서 프로그램이라고도 한다.

- 스크립트 파일을 실행시키면, MATLAB은 파일 내의 명령어들을 명령어 창에서 입력하는 것처럼 파일에 기록된 순서대로 실행시킨다.

- 스크립트 파일이 결과를 출력하는 명령어(예를 들면, 마지막에 세미콜론을 붙이지 않고 어떤 값을 변수에 할당하는 경우)를 포함하고 있다면, 출력은 명령어 창에 표시된다.

- 스크립트 파일은 편집(수정, 변경)이 가능하며 여러 번 실행시킬 수 있으므로 스크립트 파일을 이용하는 것이 편리하다.

- 스크립트 파일은 어떠한 텍스트 편집기에서도 작성과 편집이 가능하며, MATLAB 편집기로 붙여넣기를 할 수 있다.

- 스크립트 파일은 저장될 때 확장자 .m이 사용되므로 M-파일이라고도 한다.

1.8.2 스크립트 파일의 생성과 저장

MATLAB에서 스크립트 파일은 편집기/디버거 창(Editor/Debugger Window)에서 만들고 편집한다. 이 창은 명령어 창으로부터 열리며, **File** 메뉴에서 **New**를 선택한 후 **M-file**을 선택하면 된다. 열린 편집기/디버거 창을 그림 1.6에 나타내었다.

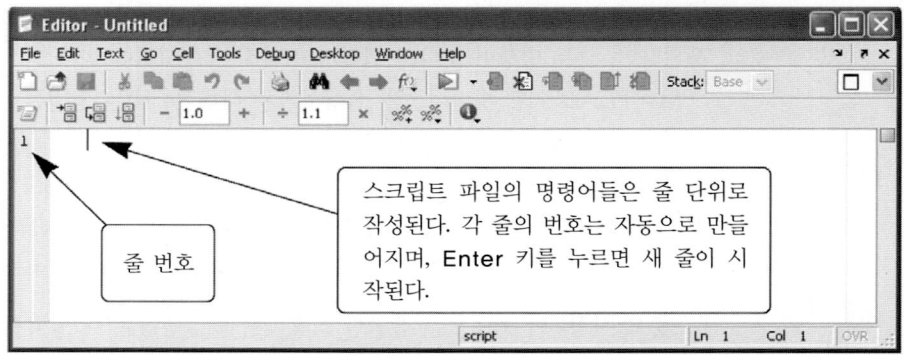

그림 1.6 편집기/디버거 창(Editor/Debugger Window)

일단 창이 열리면, 스크립트 파일의 명령어들은 줄 단위로 작성된다. MATLAB은 **Enter** 키를 누를 때마다 새 줄에 번호를 부여한다. 명령어들은 다른 어떤 텍스트 편집기나 워드프로세서 프로그램에서도 작성이 가능하며, 복사 후 편집기/디버거 창으로 붙여넣기 할 수 있다. 편집기/디버거 창에서 작성된 짧은 프로그램의 예를 그림 1.7에 나타내었다. 스크립트 파일의 처음 몇 줄은 전형적인 주석문(줄의 첫 글자가 %이므로 실행되지 않음)들로서 스크립트 파일에 저장된 프로그램에 대한 설명이다.

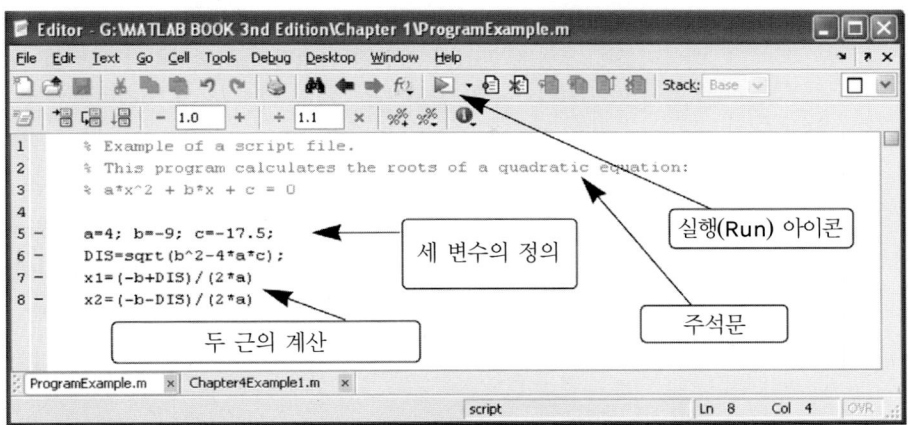

그림 1.7 편집기/디버거 창(Editor/Debugger Window)에서 작성된 프로그램

스크립트 파일을 실행시키기 위해서는 먼저 저장을 해야 한다. 파일 저장은 **File** 메뉴에서 **Save As...**를 선택하고, 저장위치(많은 학생들이 Drive(F:) 또는 (G:) 디렉 터리로 표시되는 플래시 드라이브에 저장함)를 선택한 후 파일이름을 입력하면 된다. 저 장할 때 MATLAB은 확장자 .m을 파일이름에 붙인다. 스크립트 파일의 이름에 대 한 규칙은 변수이름의 규칙을 따른다. 즉, 첫 글자는 문자로 시작해야 하며, 숫자와 밑 줄글자(_)를 포함할 수 있고 파일이름의 길이는 63개 글자까지 가능하다. 사용자가 정의한 변수들과 MATLAB에 의해 미리 정의된 변수들, 그리고 MATLAB 명령어 나 함수의 이름들은 스크립트 파일의 이름으로 사용하면 안 된다.

1.8.3 스크립트 파일의 실행

스크립트 파일은 편집기 창의 **Run** 아이콘(그림 1.7 참조)을 눌러서 편집기 창에서 직접 실행시키거나 명령어 창에서 파일이름을 기록하고 **Enter** 키를 눌러서 실행시킬 수 있다. 파일을 실행하기 위해서 MATLAB은 파일이 저장된 위치를 알아야 한다. 다음 절에서 설명하겠지만, 파일이 저장된 디렉터리가 MATLAB의 현재 디렉터리 이거나 탐색 경로(search path)에 포함되어 있으면, 파일이 실행된다.

1.8.4 현재 디렉터리

현재 디렉터리는 그림 1.8에서 보듯이 명령어 창의 데스크탑 툴바에 있는 **"Current Directory"** 필드에서 볼 수 있다. 현재 디렉터리와 스크립트 파일이 저장 된 디렉터리가 다른 상태에서 편집기 창의 **Run** 아이콘을 눌러 스크립트 파일을 실행시키려고 하면, 그림 1.9와 같은 대화상자가 열릴 것이다. 이 경우 사용자는 현재 디렉터리를 스크립트 파일이 저장된 디렉터리로 변경하거나 탐색 경로(search path)에 포함시켜야 한다. 일단 둘 이상의 서로 다른 현재 디렉터리가 한 세션(session)에서 사용되고 나면, 명령어 창의 **Current Directory** 필드에서 한 쪽 디렉터리로부터 다른 쪽 디렉터리로 쉽게 전환할 수 있다. **Desktop** 메뉴의 **Current Directory**를 선택하면 그림 1.10의 현재 디렉터리 창(Current Directory Window)이 열리며, 이 창에서 현재 디렉터리를 변경할 수도 있다. 파일이 저장된 드라이브와 폴더를 선택함으로써 현재 디렉터리를 변경할 수 있다.

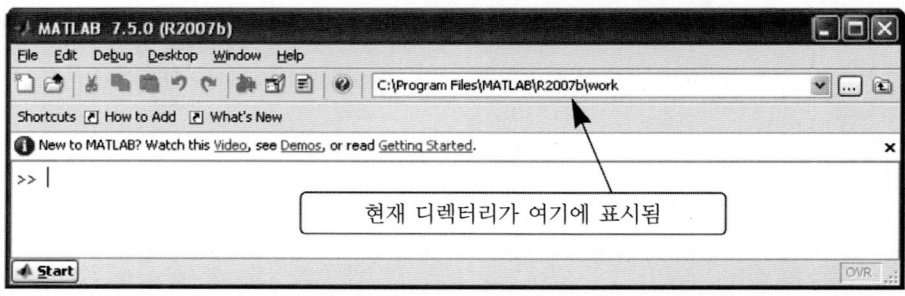

그림 1.8 명령어 창의 현재 디렉터리 필드(Current Directory field)

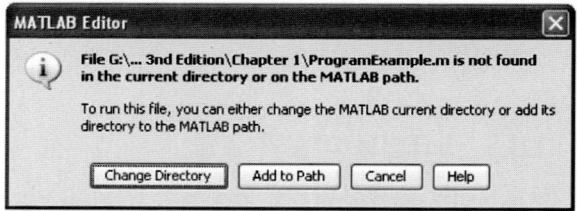

그림 1.9 현재 디렉터리의 변경

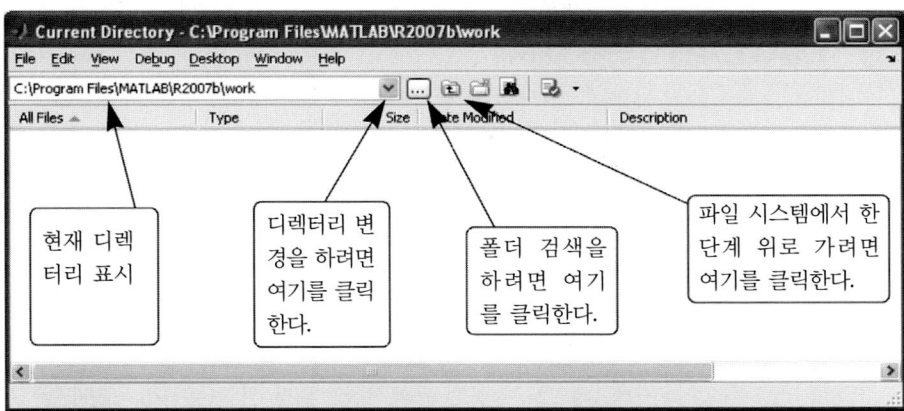

그림 1.10   현재 디렉터리 창(Current Directory Window)

현재 디렉터리를 변경하기 위한 또 하나의 간단한 방법은 명령어 창에서 cd 명령어를 입력하는 것이다. 현재 디렉터리를 다른 드라이브로 바꾸기 위해서는 cd와 공백, 디렉터리 이름, 콜론을 표시하고 **Enter** 키를 누른다. 예를 들어, 현재 디렉터리를 드라이브 F(즉, 플래시 드라이브)로 바꾸려면 cd F:를 입력한다. 만일 스크립트 파일이 드라이브 내의 폴더에 저장이 된다면, 이 폴더에 대한 경로가 지정되어야 한다. 이를 위해 cd 명령어에 경로를 문자열로 입력한다. 예를 들어 cd('F:\Chapter 1')은 경로를 F 드라이브에 있는 Chapter 1 폴더로 지정한다.

다음 예제는 현재 디렉터리가 F 드라이브로 변경되는 것을 보여준다. 그다음, F 드라이브에 **ProgramExample.m**으로 저장된 그림 1.7의 스크립트 파일을 명령어 창에서 파일이름을 입력하여 실행시키는 것을 볼 수 있다.

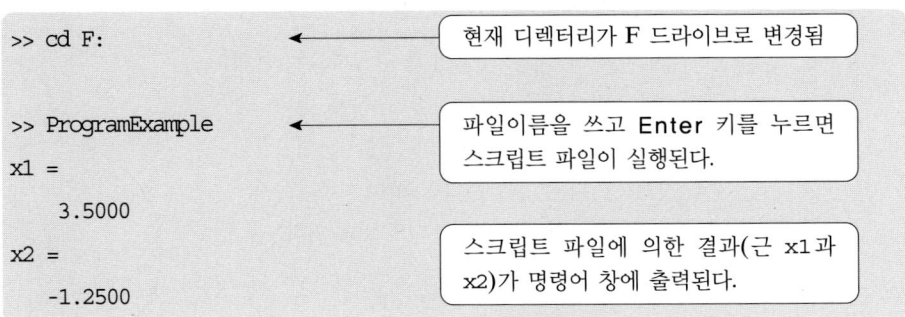

1.9 MATLAB 응용 예제

예제 1.1 삼각항등식

삼각항등식은 다음 식으로 주어진다.

$$\cos^2\frac{x}{2} = \frac{\tan x + \sin x}{2\tan x}$$

$x = \dfrac{\pi}{5}$ 를 대입하여 양변을 계산함으로써 위 항등식이 성립함을 증명하라.

풀이

명령어 창에 다음 명령어들을 입력하여 문제를 푼다.

```
>> x=pi/5;                              ( x를 정의함 )
>> LHS = cos(x/2)^2                     ( 좌변을 계산함 )
LHS =

     0.9045
>> RHS =(tan(x)+sin(x))/(2*tan(x))      ( 우변을 계산함 )
RHS =

     0.9045
```

예제 1.2 도형의 배열과 삼각법

네 개의 원이 그림과 같이 놓여있다. 두 원의 접점에서 두 원은 서로 접선 관계에 있다. 중심 C_2와 C_4 사이의 거리를 구하라. 네 원의 반지름은 각각 $R_1 = 16$ mm, $R_2 = 6.5$ mm, $R_3 = 12$ mm, $R_4 = 9.5$ mm 이다.

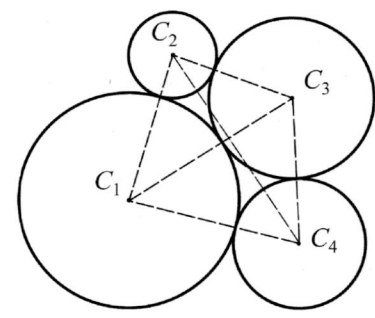

풀이

각 원의 중심과 중심을 연결하는 선이 네 개의 삼각형을 형성한다. 이 중에서 두 개의 삼각형 $\Delta C_1 C_2 C_3$와 $\Delta C_1 C_3 C_4$의 모든 변의 길이가 알려져 있다. 이 정보와 코사인 법칙을 이용하여 이 삼각형들에서 각 γ_1, γ_2를 계산할 수 있다. 예를 들어, γ_1은 다음 식으로부터 구할 수 있다 .

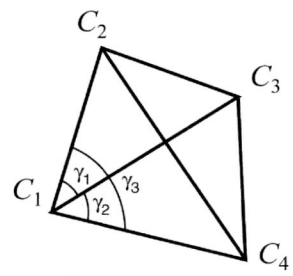

$$(C_2 C_3)^2 = (C_1 C_2)^2 + (C_1 C_3)^2 - 2(C_1 C_2)(C_1 C_3)\cos\gamma_1$$

그다음, 변 $C_2 C_4$의 길이는 삼각형 $\Delta C_1 C_2 C_4$로부터 계산할 수 있다. 즉, 앞과 마찬가지로 $C_1 C_2$와 $C_1 C_4$의 길이가 알려져 있고 각 γ_3가 각 γ_1과 γ_2의 합이므로 코사인 법칙을 이용하여 구할 수 있다.

다음 프로그램을 스크립트 파일로 작성하여 문제를 풀 수 있다.

```
% 예제 1.2의 해
R1=16; R2=6.5; R3=12; R4=9.5;                            R들을 정의함
R1=16; R2=6.5; R3=12; R4=9.5;
C1C2=R1+R2; C1C3=R1+R3; C1C4=R1+R4;                      변들의 길이를 계산함
C2C3=R2+R3; C3C4=R3+R4;
Gama1=acos((C1C2^2+C1C3^2-C2C3^2)/(2*C1C2*C1C3));
Gama2=acos((C1C3^2+C1C4^2-C3C4^2)/(2*C1C3*C1C4));
Gama3=Gama1+Gama2;                                       γ1, γ2, γ3를 계산함
C2C4=sqrt(C1C2^2+C1C4^2-2*C1C2*C1C4*cos(Gama3))          변 C2C4의 길이를 계산함
```

스크립트 파일이 실행되면, 다음과 같이 변수 C2C4의 값이 명령어 창에 출력된다.

```
C2C4 =
  33.5051
```

예제 1.3 열전달

$t = 0$에서 초기온도가 T_0인 물체를 온도가 T_s로 일정한 방 안에 놓게 되면, 물체는 다음 식에 따라 온도 변화를 겪게 된다.

$$T = T_s + (T_0 - T_s)e^{-kt}$$

여기서 T는 시간 t에서의 물체 온도이며 k는 상수이다. 자동차 안에 있던 온도 120°F인 소다 캔을 온도가 38°F인 냉장고 안에 넣었을 때, 세 시간 후 캔의 온도를 반올림하여 정수로 구하라. $k = 0.45$로 가정한다. 먼저 모든 변수들을 정의하고, 한 개의 MATLAB 명령어를 이용하여 온도를 계산하라.

풀이

명령어 창에 다음 명령어들을 입력하여 문제를 푼다.

```
>> Ts=38;  T0=120; k=0.45; t=3;

>> T=round(Ts+(T0-Ts)*exp(-k*t))
T =
    59
```

가장 가까운 정수로 반올림함

예제 1.4 복리

연이율 r로 이자가 연간 n번 복리로 주어지는 예금계좌에 원금 P를 투자할 때, t년 후의 예금계좌 잔고 B는 다음 식으로 주어진다.

$$B = P\left(1 + \frac{r}{n}\right)^{nt} \qquad (1)$$

만일 이자가 매년 복리로 주어진다면, 잔고 B는 다음과 같다.

$$B = P(1 + r)^t \qquad (2)$$

이자가 매년 복리 지급되는 어떤 예금계좌에 5,000달러를 투자하고, 이자가 매월 복리 지급되는 또 다른 계좌에 5,000달러를 투자하였다. 두 계좌의 이자율은 모두 8.5%이다. 두 번째 계좌의 잔고가 첫 번째 계좌의 17년 후 잔고와 같아지는 데 걸리는 시간을 MATLAB을 이용하여 연과 달로 구하라.

풀이

다음 단계에 따라 구한다.

(*a*) 식 (2)를 이용하여 이자가 매년 복리 지급되는 계좌에 투자된 5,000달러의 17년 후 잔고 B를 계산한다.

(*b*) 매월 복리 이자 공식인 식 (1)로부터, (*a*)에서 계산된 B에 대한 t를 계산한다.

(*c*) t에 해당되는 연과 월을 계산한다.

다음 프로그램을 스크립트 파일로 작성하여 문제를 푼다.

```
% 예제 1.4의 해
P=5000; r=0.085; ta=17; n=12;
B=P*(1+r)^ta
t=log(B/P)/(n*log(1+r/n))



years=fix(t)
months=ceil((t-years)*12)
```

단계 (*a*): 식 (2)로부터 B를 계산함

단계 (*b*): *t*에 대해 식 (1)을 풀고 t 를 계산함

단계 (*c*): 연수를 결정함

월수를 결정함

스크립트 파일이 실행되면, 다음과 같이 변수 C2C4의 값이 명령어 창에 표시된다.

```
>> format short g
B =
    20011
t =
    16.374
years =
    16
months =
    5
```

값을 계산하는 명령어들 끝에 세미콜론이 없으므로, 변수 B, t, years, months의 값들이 출력됨

연습문제

다음 문제들은 명령어 창에 명령어들을 입력하거나, 스크립트 파일로 프로그램을 작성한 후 파일을 실행시켜 풀 수 있다.

1. 다음을 계산하라.

a) $\dfrac{28.5 \cdot 3^3 - \sqrt{1500}}{11^2 + 37.3}$

b) $\left(\dfrac{7}{3}\right)^2 \cdot 4^3 \cdot 18 - \dfrac{6^7}{(9^3 - 652)}$

2. 다음을 계산하라.

a) $\quad 23\left(-8 + \dfrac{\sqrt{607}}{3}\right) + \left(\dfrac{40}{8} + 4.7^2\right)^2$

b) $\quad 509^{1/3} - 4.5^2 + \dfrac{\ln 200}{1.5} + 75^{1/2}$

3. 다음을 계산하라.

a) $\quad \dfrac{(24 + 4.5^3)}{e^{4.4} - \log_{10}(12560)}$

b) $\quad \dfrac{2}{0.036} \cdot \dfrac{\left(\sqrt{250} - 10.5\right)^2}{e^{-0.2}}$

4. 다음을 계산하라.

a) $\quad \cos\left(\dfrac{5\pi}{6}\right)\sin^2\left(\dfrac{7\pi}{8}\right) + \dfrac{\tan\left(\dfrac{\pi}{6}\ln 8\right)}{\sqrt{7} + 2}$

b) $\quad \cos^2\left(\dfrac{3\pi}{5}\right) + \dfrac{\tan\left(\dfrac{\pi \ln 6}{5}\right)}{8 \cdot \dfrac{7}{2}}$

5. 변수 x를 $x = 9.75$로 정의하고 다음을 계산하라.

a) $\quad 4x^3 - 14x^2 - 6.32x + 7.3$

b) $\quad \dfrac{e^{\sqrt{3}}}{\sqrt[3]{0.02 \cdot 3.1^2}}$

c) $\quad \log_{10}(x^2 - x^3)^2$

6. 변수 x와 z를 $x = 5.3$과 $z = 7.8$로 정의하고 다음을 계산하라.

a) $\quad \dfrac{xz}{(x/z)^2} + 14x^2 - 0.8z^2$

b) $\quad x^2z - z^2x + \left(\dfrac{x}{z}\right)^2 - \left(\dfrac{z}{x}\right)^{1/2}$

7. 변수 a, b, c, d를 $a = -18.2$, $b = 6.42$, $c = a/b$, $d = 0.5(cb + 2a)$로 정의하고 다음을 계산하라.

a) $\quad d - \dfrac{a+b}{c} + \dfrac{(a+d)^2}{\sqrt{|abc|}}$

b) $\quad \ln[(c - d)(b - a)] + \dfrac{(a + b + c + d)}{(a - b - c - d)}$

8. 반지름이 15 cm인 공이 있다.

a) 이 공과 표면적이 같은 정육면체의 한 변의 길이를 구하라.

b) 이 공과 체적이 같은 정육면체의 한 변의 길이를 구하라.

9. 표면적이 200 in²인 공의 체적을 다음 두 가지 방법으로 구하라.

a) 먼저 공의 반지름 r을 구한 후에 반지름을 체적 공식에 대입하라.

b) *a)*의 두 명령어를 한 명령어로 통합하여 구하라.

10. 두 삼각항등식이 다음과 같이 주어진다.

a) $\sin 3x = 3\sin x - 4\sin^3 x$

b) $\sin\dfrac{x}{2} = \sqrt{\dfrac{1 - \cos x}{2}}$

위의 각 식에 $x = \dfrac{7}{20}\pi$를 대입하여 양변의 값을 계산함으로써 두 항등식이 성립함을 증명하라.

11. 두 삼각항등식이 다음과 같이 주어진다.

a) $\tan 3x = \dfrac{3\tan x - \tan^3 x}{1 - 3\tan^2 x}$

b) $\tan\dfrac{x}{2} = \dfrac{\sin x}{1 + \cos x}$

위의 각 식에 $x = 27°$를 대입하여 양변의 값을 계산함으로써 두 항등식이 성립함을 증명하라.

12. 두 변수를 $\alpha = 5\pi/9$, $\beta = \pi/7$와 같이 정의하고, 이 변수들을 이용하여 다음 삼각항등식의 좌변과 우변의 값을 계산함으로써 항등식이 성립함을 보여라.

$$\sin\alpha\sin\beta = \frac{1}{2}[\cos(\alpha - \beta) - \cos(\alpha + \beta)]$$

13. $\displaystyle\int \sin^2 x\, dx = \frac{1}{2}x - \frac{1}{4}\sin 2x$ 의 관계식이 주어질 때, MATLAB을 이용하여 정적분 $\displaystyle\int_{\frac{\pi}{3}}^{\frac{3\pi}{4}} \sin^2 x\, dx$ 를 계산하라.

14. 그림의 삼각형에서 $a = 21$ cm, $b = 45$ cm, $c = 60$ cm이다. a, b, c를 변수로 정의하고, 다음을 계산하라.

a) 코사인 법칙에 변수들을 대입하여 각 γ를 도 (°)로 구하라. (코사인 법칙: $c^2 = a^2 + b^2 - 2ab$

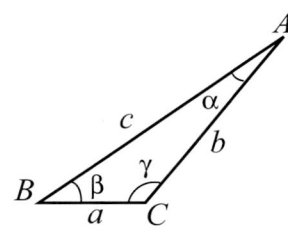

cos γ)

b) 사인 법칙을 이용하여 각 α와 β를 도(°)로 구하라.

c) 세 각의 합이 180°임을 확인하라.

15. 우측의 삼각형에서 $a = 15$ cm, $b = 35$ cm이다. a와 c를 변수로 정의하고, 다음 물음에 답하라.

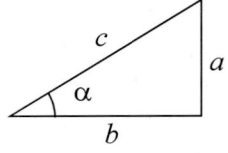

a) 피타고라스 정리를 이용하여 명령어 창에서 한 줄로 명령어를 입력하여 c를 구하라.

b) *a)*에서 구한 c와 acosd 함수를 이용하여, 명령어 창에서 한 줄로 명령어를 입력하여 각 α를 도(°)로 구하라.

16. 한 점 (x_0, y_0)에서 직선 $Ax + By + C = 0$까지의 거리는 다음 식으로 주어진다.

$$d = \frac{|Ax_0 + By_0 + C|}{\sqrt{A^2 + B^2}}$$

점 $(3, -4)$에서 직선 $2x - 7y - 10 = 0$까지의 거리를 구하라. 먼저 변수 A, B, C, x_0, y_0를 정의한 후 d를 구하라. (MATLAB의 abs와 sqrt 함수를 사용하라.)

17. 달걀 용기 한 개에는 달걀 18개가 담긴다. 634개의 달걀을 담는 데 필요한 용기의 개수를 구하라. 단, MATLAB의 내장함수 ceil을 사용하라.

18. 다음 두 변수를 정의하라.

$$\text{CD\_price} = \$13.95, \quad \text{Book\_price} = \$44.95$$

그다음, 화면표시 형식을 bank로 바꾸고 한 줄로 명령어를 입력하여 다음을 계산하라.

a) CD 세 개와 책 다섯 권의 가격

b) *a)*의 가격에 5.75%의 세금을 더한 금액

c) *b)*의 결과를 가장 가까운 달러로 반올림한 금액

19. n개의 물건에서 r개를 뽑는 조합의 수 $C_{n, r}$은 다음 식으로 주어진다.

$$C_{n, r} = \frac{n!}{r!(n-r)!}$$

야구팀의 로스터(roster)에 12명의 선수가 있다. 12명의 선수들로부터 5명의 선수들로 구성된 다른 팀들을 뽑는 방법이 몇 가지인지 구하라. (내장함수 factorial을 사용하라.)

20. 로그의 밑(base)을 바꾸는 공식은 다음과 같다.

$$\log_a N = \frac{\log_b N}{\log_b a}$$

a) MATLAB의 함수 log(x)를 이용하여 $\log_5 281$을 계산하라.
b) MATLAB의 함수 log10(x)를 이용하여 $\log_7 1054$를 계산하라.

21. 방사성 붕괴(radioactive decay)는 지수함수 $f(t) = f(0)e^{kt}$로 모델링된다. 여기서 t는 시간, $f(0)$는 $t = 0$에서의 물질의 양, $f(t)$는 시간 t에서의 물질의 양이며 k는 상수이다. 반감기가 3.261일인 갈륨-67은 암의 추적에 사용된다. $t = 0$에서 100밀리그램이 존재할 때, 7일 후에 남는 양을 소수점 첫째 자리(밀리그램의 1/10)까지 반올림하여 구하라. 프로그램을 스크립트 파일로 작성하여 해를 구하라. 프로그램은 상수 k를 먼저 구하고, $f(7)$을 계산한 후, 마지막으로 밀리그램의 소수점 첫째 자리(밀리그램의 1/10)까지 답을 반올림한다.

22. 분수는 최소 공통분모를 이용하여 더할 수 있다. 예를 들어, 1/4과 1/10의 최소 공통분모는 20이다. MATLAB 도움말 창(Help Window)을 이용하여 두 수의 최소공배수(least common multiple)를 구하는 MATLAB 내장함수를 찾고, 찾은 내장함수를 이용하여 다음을 보여라.
a) 4와 14의 최소공배수는 28이다.
b) 8과 42의 최소공배수는 168이다.

23. 리히터 스케일로 지진의 크기 M은 $M = \frac{2}{3}\log_{10}\left(\frac{E}{E_0}\right)$로 주어진다. 여기서 E는 지진에 의해 방출된 에너지이며, $E_0' = 10^{4.4}$ Joule은 상수로서 작은 기준지진의 에너지이다. 리히터 스케일로 7.1을 기록한 지진은 리히터 규모 6.9의 지진보다 몇 배 큰 에너지를 방출하는가?

24. 연이율이 r이고 이자가 매년 복리식인 예금계좌에 원금 P를 예금하였을 때, t년 후의 잔고는 $B = P(1 + r)^t$로 주어진다. 만일 이자가 연속 복리식이라면, 잔고는 $B = Pe^{rt}$로 주어진다. 이자가 매년 복리 지급되는 한 예금계좌에 20,000달러를 18년 동안 투자하고, 이자가 연속 복리로 지급되는 또 다른 계좌에 5,000달러를 투자한다. 두 계좌의 이율은 모두 8.5%이다. MATLAB을 이용하여, 두 번째 계좌의 잔고가 첫 번째 계좌의 18년 후 잔고와 같아지는 데 걸리는 시간을 연수와 일수(예를 들어, 17년과 251일)로 구하라.

25. 증기압 p의 온도 의존은 다음의 Antoine 식으로 근사화될 수 있다.

$$\ln(p) = A - \frac{B}{C + T}$$

여기서 ln은 자연로그이며, p는 mm Hg, T는 켈빈(Kelvin)온도, A와 B, C는 재료와 관련된 상수들이다. 280 ~ 410 K 범위의 온도에 대해 톨루엔 ($C_6H_5CH_3$)의 재료 상수는 $A = 16.0137$, $B = 3096.52$, $C = -53.67$이다. 315 K와 405 K에서의 톨루엔의 증기압을 계산하라.

26. 데시벨(dB) 단위의 소음도 L_P는 다음 식으로 결정된다.

$$L_P = 20\log_{10}\left(\frac{p}{p_0}\right)$$

여기서 p는 소리의 음압이며, $p_0 = 20 \times 10^{-6}$ Pa은 기준음압($L_P = 0$ dB일 때의 음압)이다. 지나가는 트럭이 내는 90 dB 소음의 음압 p를 구하라. 또 이 트럭의 음압은 일반적인 대화소음인 65 dB의 음압보다 몇 배 더 큰가(시끄러운가)?

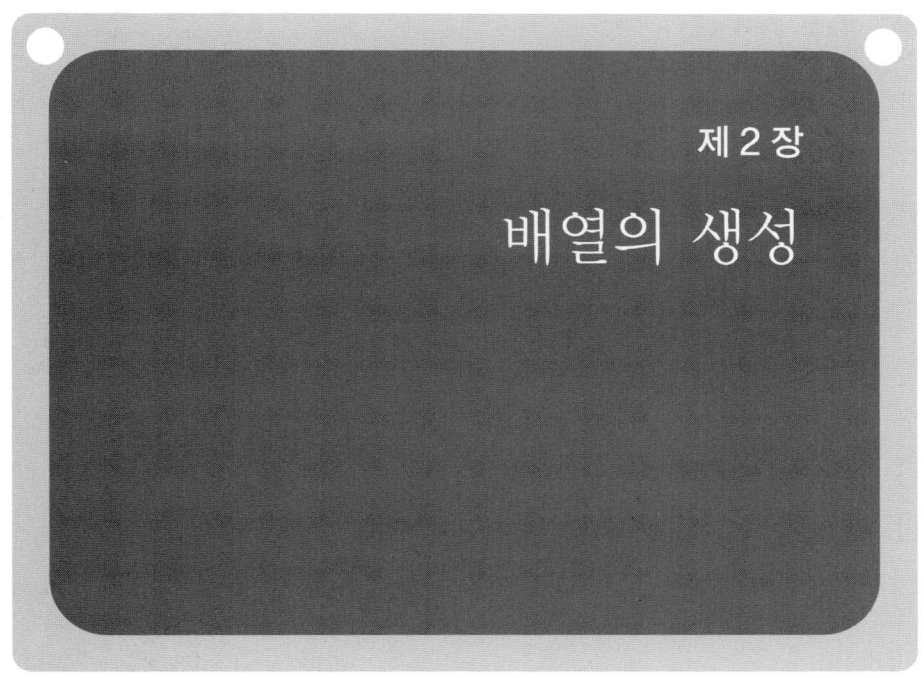

제 2 장

배열의 생성

배열(array)은 MATLAB이 데이터를 저장하고 다루기 위해 사용하는 기본적인 형태이다. 배열은 행이나 열, 또는 행과 열로 정렬된 수들의 나열이다. 가장 간단한 배열(1차원)은 한 개의 행이나 한 개의 열로 된 숫자들의 나열이다. 좀 더 복잡한 배열(2차원)은 행과 열로 나열된 수들의 집합이다. 배열의 용도 중 하나는 표에서처럼 정보와 데이터를 저장하는 것이다. 과학과 공학에서 1차원 배열은 종종 벡터를, 2차원 배열은 행렬을 나타낸다. 2장에서는 배열을 어떻게 생성하고 배열 원소의 주소를 어떻게 지정하는지를 보여주며, 3장에서는 수학연산에서 배열을 어떻게 사용하는지를 보여준다. 수들로 구성된 배열 외에도 MATLAB의 배열은 문자열이라 불리는 글자들의 나열로 구성될 수도 있다. 문자열은 2.10절에서 다룬다.

2.1 1차원 배열(벡터)의 생성

1차원 배열은 하나의 행이나 열로 나열된 수들의 집합이다. 예를 들어, 공간상의 한 점의 위치를 3차원 직각좌표계로 나타내면 1차원 배열이 된다. 그림 2.1에서 점 A의 위치는 이 점의 좌표인 세 개의 수 2, 4, 5의 나열로 정의할 수 있다.

점 A의 위치는 다음과 같이 위치벡터에 의해 나타낼 수 있다.

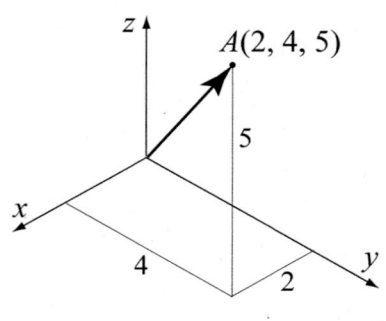

그림 2.1 한 점의 위치

$$\mathbf{r}_A = 2\mathbf{i} + 4\mathbf{j} + 5\mathbf{k}$$

여기서 $\mathbf{i}$와 $\mathbf{j}$, $\mathbf{k}$는 각각 x, y, z 축 방향의 단위벡터이다. 수 2, 4, 5는 행벡터 또는 열벡터를 정의하는 데 사용될 수 있다.

어떠한 수들의 집합도 벡터로 나타낼 수 있다. 예를 들어 표 2.1의 인구 증가 데이터는 두 개의 수 집합으로 나타낼 수 있다. 즉, 하나는 연도들의 집합이고 다른 하나는 인구수들의 집합이다. 각 집합은 행벡터나 열벡터의 각 원소 자리에 벡터 원소로 입력될 수 있다.

MATLAB에서 벡터는 변수에 원소들을 할당함으로써 생성되는데, 벡터 원소에 사용되는 정보가 어떤 정보인가에 따라 몇 가지 방법이 있다. 점 A의 좌표와 같이 벡터가 이미 알려진 특정 수들을 포함하는 경우, 해당 원소의 값은 직접 입력한다. 각 원소는 미리 정의된 변수들과 수들, 함수들을 포함하는 수학식이 될 수도 있다. 행벡터의 원소들이 간격이 일정한 일련의 수들로 이루어진 경우가 종종 있는데, 이러한 경우 벡터는 MATLAB 명령어를 이용하여 생성될 수 있다. 벡터는 3장에서 설명할 수학연산의 결과로 만들어질 수도 있다.

알려진 수 집합으로부터 벡터 생성하기

벡터는 각괄호(square bracket) [ ] 안에 원소(수)들을 입력하여 생성한다.

> variable_name = [벡터 원소들의 나열]

행벡터(row vector): 행벡터를 생성하기 위해서는 각괄호 [ ] 안에 원소들 사이에 공

표 2.1 인구 데이터

연도	1984	1986	1988	1990	1992	1994	1996
인구(백만)	127	130	136	145	158	178	211

백이나 콤마를 넣어 원소들을 기입한다.

열벡터(column vector): 열벡터를 생성하기 위해서는 왼쪽 각괄호 [다음에 원소를 기입할 때 원소와 원소 사이에 세미콜론(;)을 삽입하거나 각 원소를 기입할 때마다 Enter 키를 누른 후, 마지막 원소 뒤에 오른쪽 각괄호]를 입력한다.

프로그램 예제 2.1 에서 표 2.1 의 데이터와 점 A 의 좌표를 행벡터와 열벡터로 만드는 방법을 보여준다.

프로그램 예제 2.1 주어진 데이터로부터 벡터 생성하기

```
>> yr=[1984 1986 1988 1990 1992 1994 1996]        ( 연도 데이터가 행벡터 yr에 할당됨 )
yr =

      1984      1986      1988      1990      1992      1994      1996
>> pop=[127;  130;  136;  145;  158;  178;  211]
pop =                                             ( 인구 데이터가 열벡터 pop에 할당됨 )
   127
   130
   136
   145
   158
   178
   211
>> pntAH=[2,  4,  5]                               ( 점 A 의 좌표가 행벡터 pntAH에 할당됨 )

pntAH =

     2      4      5
>> pntAV=[2                                        ( 점 A 의 좌표가 열벡터 pntAV에 할당됨 )
4                                                   ( 각 원소를 기입할 때마다 Enter 키를 누름 )
5]

pntAV =
    2
    4
    5
>>
```

첫 번째 원소, 간격, 마지막 원소를 지정하여 간격이 일정한 벡터 생성하기

간격이 일정한 벡터에서는 원소들 사이의 차이가 동일하다. 예를 들어, 벡터 v = [2

4 6 8 10]에서 원소간의 간격은 2이다. 첫 번째 원소가 m이고 간격이 q이며 마지막 원소가 n인 벡터는 다음과 같이 생성된다.

variable_name = [m:q:n]   또는   variable_name = m:q:n

(각괄호는 선택사항임)

몇 가지 예를 들면 다음과 같다.

```
>> x=[1:2:13]                      첫 번째 원소 1, 간격 2, 마지막 원소 13
x=
     1     3     5     7     9    11    13
>> y=[1.5:0.1:2.1]                 첫 번째 원소 1.5, 간격 0.1, 마지막 원소 2.1
y=
   1.5000   1.6000   1.7000   1.8000   1.9000   2.0000   2.1000
>> z=[-3:7]                        첫 번째 원소 −3, 마지막 원소 7.
z=                                 간격이 생략되면, 기본 설정값은 1임
    -3    -2    -1     0     1     2     3     4     5     6     7
>> xa=[21:-3:6]                    첫 번째 원소 21, 간격 −3, 마지막 원소 6
xa=
    21    18    15    12     9     6
>>
```

- 만일 숫자 m, q, n이 m에 q를 적절히 더하여 n이 얻어지는 조합이 아니라면, 벡터의 마지막 원소는 양의 q에 대해 n을 초과하지 않는 마지막 수로 결정될 것이다.

첫 번째와 마지막 원소, 원소의 개수를 지정하여 간격이 일정한 벡터 생성하기

첫 번째 원소가 xi이고 최종 원소가 xf, 원소의 개수가 n인 벡터는 linspace 명령어로 생성할 수 있다(MATLAB이 정확한 간격을 결정한다).

variable_name = linspace(xi, xf, n)

몇 가지 예를 들면 다음과 같다.

```
>> va=linspace(0,8,6)             첫 번째 원소 0, 마지막 원소 8, 원소 개수 6
va =
     0    1.6000    3.2000    4.8000    6.4000    8.0000
```

```
>> vb=linspace(30,10,11)           첫 번째 원소 30, 마지막 원소 10, 원소 개수 11
vb =

    30    28    26    24    22    20    18    16    14    12    10
>> u=linspace(49.5,0.5)             첫 번째 원소 49.5, 마지막 원소 0.5
u =
  Columns 1 through 10             원소 개수가 생략되면, 기본 설정값은 100 임

   49.5000   49.0051   48.5101   48.0152   47.5202   47.0253

  46.5303   46.0354   45.5404   45.0455

 ...........
  Columns 91 through 100           100 개의 원소가 출력됨

    4.9545    4.4596    3.9646    3.4697    2.9747    2.4798

  1.9848    1.4899    0.9949    0.5000
>>
```

2.2 2차원 배열(행렬)의 생성

행렬이라고도 불리는 2차원 배열은 행과 열로 구성된 수를 갖는다. 행렬은 표와 같은 정보를 저장하는 데 사용할 수 있다. 행렬은 선형대수에서 중요한 역할을 하며 많은 물리량들을 기술하기 위해 과학과 공학에서 사용된다.

정방행렬(square matrix)에서 행과 열의 수는 동일하다. 예를 들어, 다음 행렬

$$\begin{matrix} 7 & 4 & 9 \\ 3 & 8 & 1 \\ 6 & 5 & 3 \end{matrix} \quad 3 \times 3 \text{ 행렬}$$

은 정방행렬이며, 세 행과 세 열을 가지고 있다. 일반적으로 행과 열의 개수는 다를 수 있다. 예를 들어, 다음 행렬

$$\begin{matrix} 31 & 26 & 14 & 18 & 5 & 30 \\ 3 & 51 & 20 & 11 & 43 & 65 \\ 28 & 6 & 15 & 61 & 34 & 22 \\ 14 & 58 & 6 & 36 & 93 & 7 \end{matrix} \quad 4 \times 6 \text{ 행렬}$$

은 네 행과 여섯 열을 가지고 있다. $m \times n$ 행렬은 m개의 행과 n개의 열을 가지며, $m \times n(m \text{ by } n)$을 행렬의 크기라고 한다.

행렬은 변수에 행렬의 원소들을 할당함으로써 생성되는데, 각괄호 [ ] 안에 원소들

을 행별로 입력하면 된다. 먼저 왼쪽 각괄호 [를 표시하고, 공백이나 콤마로 원소들을 구분하면서 첫 번째 행을 입력한다. 그다음 행을 입력하기 위해서는 세미콜론을 추가하고 **Enter** 키를 누른다. 마지막 행의 끝에 오른쪽 각괄호]를 입력한다.

> variable_name = [첫 번째 행의 원소들; 두 번째 행의 원소들; 세 번째 행의 원소들; ... ; 마지막 행의 원소들]

입력 원소는 수 또는 수학식이 될 수 있으며, 수학식은 수와 미리 정의된 변수, 그리고 함수를 포함할 수 있다. 모든 행들은 반드시 원소의 개수가 같아야 한다. 원소가 0이라도 그 자체로 0을 입력해야 한다. 불완전한 행렬을 정의하려고 하면 MATLAB은 오류 메시지를 출력한다. 프로그램 예제 2.2는 여러 가지 방법으로 행렬을 정의하는 예를 보여준다.

프로그램 예제 2.2 행렬 생성하기

```
>> a = [5   35   43; 4   76   81; 21   32   40]
a =
     5    35    43        ← 세미콜론 다음에 새 줄을 입력함
     4    76    81
    21    32    40
>> b = [7    2    76    33    8        ← Enter 키를 누른 후, 새 줄을 입력함
1   98    6   25    6
5   54   68    9    0]
b =
     7    2   76   33    8
     1   98    6   25    6
     5   54   68    9    0
>> cd=6; e=3; h=4;        ← 세 변수가 정의됨
>> Mat=[e, cd*h, cos(pi/3) ; h^2,   sqrt(h*h/cd),   14]
Mat=            ← 원소가 수학식에 의해 정의됨
     3.0000    24.0000    0.5000
    16.0000     1.6330   14.0000
>>
```

간격이 일정한 벡터를 생성하기 위한 기호법이나 `linspace` 명령어를 이용한 벡터를 행렬의 행으로 입력할 수도 있다. 예를 들면, 다음과 같다.

```
>> A=[1:2:11; 0:5:25; linspace(10, 60, 6); 67 2 43 68 4 13]
A =
    1     3     5     7     9    11
    0     5    10    15    20    25
   10    20    30    40    50    60
   67     2    43    68     4    13
>>
```

위의 예에서 처음 두 행은 일정한 간격으로 벡터를 만드는 세미콜론 기호를 이용하여 생성한 벡터가 입력되었으며, 세 번째 행은 linspace 명령어를 이용하여 입력되었다. 마지막 행은 원소들이 개별적으로 입력되었다.

2.2.1 zeros, ones, eye 명령어

zeros(m,n), ones(m,n), eye(n) 명령어는 특수한 원소들을 가진 행렬을 생성하는 데 사용될 수 있다. zeros(m,n)과 ones(m,n) 명령어는 모든 원소가 각각 0과 1로 된 m개의 행과 n개의 열을 가진 행렬을 생성한다. eye(n) 명령어는 대각선 원소가 1이고 나머지 원소는 0인 n개의 행과 열을 가진 정방행렬(square matrix)을 생성한다. 이 행렬을 단위행렬(identity matrix)이라고 한다. 예를 들면, 다음과 같다.

```
>> zr=zeros(3,4)
zr =
   0   0   0   0
   0   0   0   0
   0   0   0   0
>> ne=ones(4, 3)
ne =
   1   1   1
   1   1   1
   1   1   1
   1   1   1
>> idn=eye(5)
idn =
    1    0    0    0    0
    0    1    0    0    0
    0    0    1    0    0
```

```
    0    0    0    1    0
    0    0    0    0    1
>>
```

행렬은 벡터와 행렬의 수학연산 결과로 생성될 수도 있는데, 여기에 대해서는 3장에서 다루기로 한다.

2.3 MATLAB 변수에 대한 유의사항

- MATLAB의 모든 변수들은 배열이다. 스칼라는 원소가 하나인 배열이고, 벡터는 원소들의 행이나 열이 하나인 배열이며, 행렬은 원소들이 행과 열로 되어 있는 배열이다.

- 변수(스칼라, 벡터, 또는 행렬)는 변수가 할당될 때의 입력에 의해 정의된다. 원소를 할당하기 전에 배열의 크기(스칼라의 경우 원소 한 개, 벡터의 경우 한 개의 행 또는 열의 원소들, 행렬의 경우 2차원 배열의 원소들)를 정의할 필요가 없다.

- 일단 변수가 스칼라나 벡터, 또는 행렬로서 존재하면, 변수의 크기나 유형을 마음대로 바꿀 수 있다. 예를 들면, 스칼라를 벡터나 행렬로 바꿀 수 있으며, 벡터를 스칼라나 다른 크기의 벡터 또는 행렬로 바꿀 수 있다. 또 행렬의 크기를 바꾸거나 벡터나 스칼라로 축소시킬 수도 있다. 이러한 변형은 원소들을 더하거나 삭제함으로써 이루어진다. 여기에 대해서는 2.7절과 2.8절에서 다루기로 한다.

2.4 전치 연산자

전치 연산자(transpose operator)를 벡터에 적용하면 행벡터를 열벡터로, 열벡터를 행벡터로 변환시킬 수 있다. 행렬에 적용하면, 행을 열로, 열을 행으로 변환시킨다. 전치 연산자는 전치시킬 변수 뒤에 작은따옴표 ′를 붙이면 적용된다. 예를 들면 다음과 같다.

```
>> aa=[3  8  1]                          행벡터 aa를 정의함
aa =

   3    8    1
>> bb=aa'                          벡터 aa의 전치로 열벡터 bb를 정의함
```

```
bb =

    3

    8

    1
>> C=[2  55  15  8; 21  5  32  11; 41  64  9  1]
C =

    2   55   14    8

   21    5   32   11

   41   64    9    1
>> D=C'
D =

    2   21   41

   55    5   64

   14   32    9

    8   11    1
>>
```

행이 세 개, 열이 네 개인 행렬 C를 정의함

행렬 C의 전치로 행렬 D를 정의함(D 는 행이 네 개, 열이 세 개임)

2.5 배열 원소의 주소 지정

배열(벡터 또는 행렬)의 원소는 개별적으로 접근하거나 그룹별로 접근할 수 있다. 이것은 원소들 중 일부를 다시 정의하거나 계산에서 특정 원소들을 사용할 때, 또는 새 변수를 정의하기 위해 일부 원소들의 그룹을 사용할 때 유용하다.

2.5.1 벡터

벡터에서 원소의 주소는 행이나 열에서의 해당 원소의 위치이다. 변수이름이 ve인 벡터에서, ve(k)는 k번째 위치의 원소를 나타낸다. 벡터의 첫 번째 위치는 1이다. 예를 들어, 만일 벡터 ve가 다음과 같이 9개의 원소를 가진다면, 즉

$ve = 35$ 46 78 23 5 14 81 3 55

이면,

$ve(4) = 23, \ ve(7) = 81, \ ve(1) = 35$

이다.

한 개의 벡터 원소, $v(k)$는 하나의 변수처럼 사용될 수 있다. 예를 들어,

‘$v(k)$ = 값’ 과 같이 입력함으로써 특정 주소에 새로운 값을 재할당하여 벡터의 한 원소 값만 바꿀 수 있다. 한 개의 벡터 원소는 수학식에서 하나의 변수처럼 사용될 수도 있다. 예를 들면, 다음과 같다.

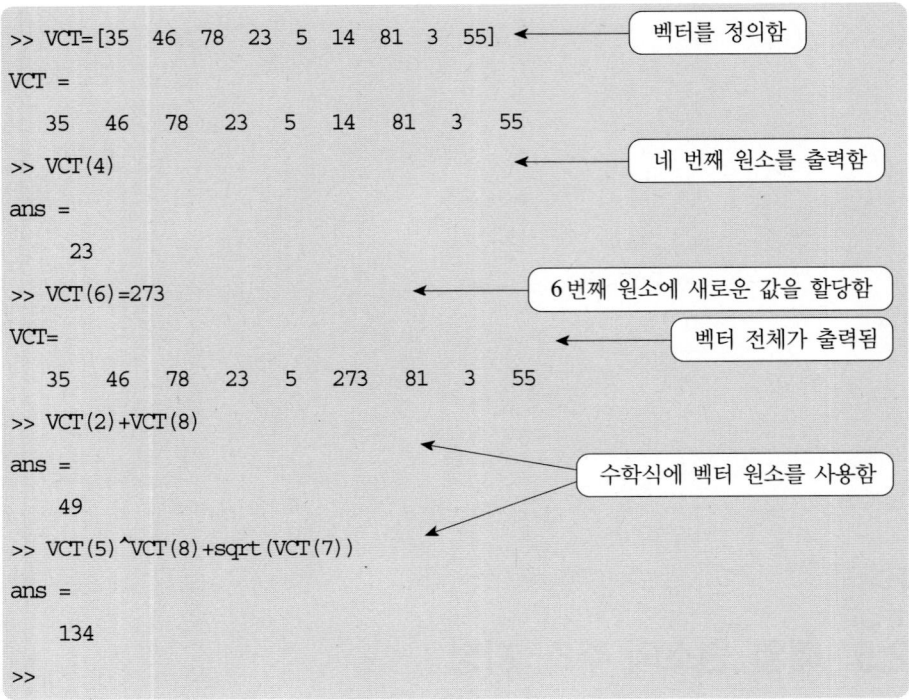

2.5.2 행렬

행렬 원소의 주소는 해당 원소의 행 번호와 열 번호로 정의되는 위치이다. 변수 ma 에 할당된 행렬의 경우, $ma(k,p)$는 k 번째 행과 p 번째 열의 원소를 나타낸다.

예를 들어, 행렬

$$ma = \begin{bmatrix} 3 & 11 & 6 & 5 \\ 4 & 7 & 10 & 2 \\ 13 & 9 & 0 & 8 \end{bmatrix}$$

이면, $ma(1,1) = 3$ 이고 $ma(2,3) = 10$ 이다.

벡터와 마찬가지로, 행렬의 한 원소에 새로운 값을 할당하여 해당 원소만 새로운 값으로 바꾸는 것이 가능하다. 또한 수학식과 함수에서 원소 한 개를 변수처럼 사용할 수도 있다. 예를 들면, 다음과 같다.

```
>> MAT=[3  11  6  5; 4  7  10  2;  13  9  0  8]              3 × 4 행렬을 생성함
MAT =
     3    11     6     5
     4     7    10     2
    13     9     0     8
>> MAT(3,1)=20                                      위치 (3,1)의 원소에 새로운 값을 할당함
MAT =
     3    11     6     5
     4     7    10     2
    20     9     0     8
>> MAT(2,4) - MAT(1,2)                                    수학식에 원소를 사용함
ans =
    -9
```

2.6 콜론을 이용한 배열 원소의 주소 지정

콜론(:)을 이용하여 벡터나 행렬에서 어떤 범위의 원소들의 주소를 지정할 수 있다.

벡터의 경우

$va(:)$　행벡터 또는 열벡터 va 의 모든 원소들을 나타낸다.

$va(m{:}n)$　벡터 va 의 m 번째 원소에서 n 번째 원소까지를 나타낸다.

예를 들면, 다음과 같다.

```
>> v=[4  15  8  12  34  2  50  23  11]                      벡터 v를 생성함
v =
     4    15     8    12    34     2    50    23    11
>> u=v(3:7)                                      벡터 v의 3~7번째 원소로 벡터
u =                                              u를 생성함
     8    12    34     2    50
>>
```

행렬의 경우

$A(:n)$　행렬 A 의 n 번째 열에 있는 모든 행의 원소들을 나타낸다.

$A(n,:)$ 행렬 A 의 n 번째 행에 있는 모든 열의 원소들을 나타낸다.

$A(:,m:n)$ 행렬 A 의 m 번째 열에서 n 번째 열까지의 모든 행의 원소들을 나타낸다.

$A(m:n,:)$ 행렬 A 의 m 번째 행에서 n 번째 행까지의 모든 열의 원소들을 나타낸다.

$A(m:n,p:q)$ 행렬 A 의 m 번째 행에서 n 번째 행까지, p 번째 열에서 q 번째 열까지에 해당하는 원소들을 나타낸다.

프로그램 예제 2.3 에 콜론(:)을 이용하여 행렬 원소들을 다루는 예를 나타내었다.

프로그램 예제 2.3 콜론을 이용한 배열 원소의 주소 지정

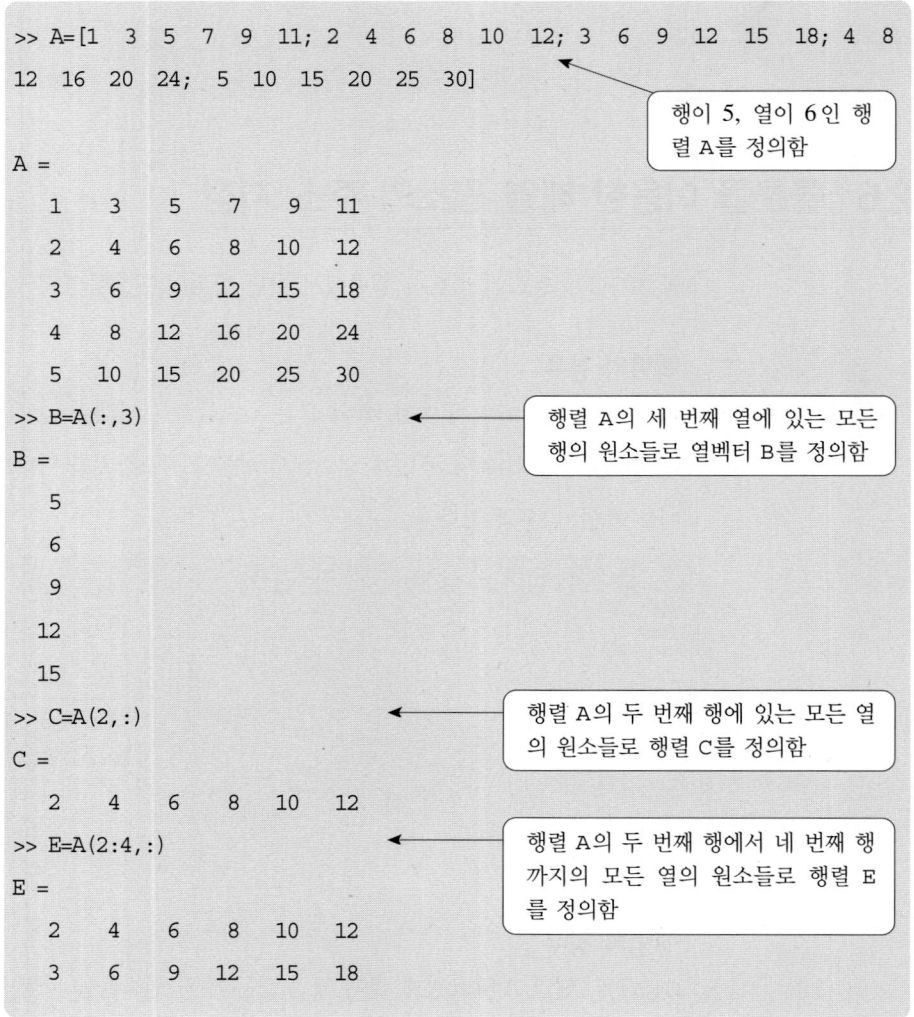

```
>> A=[1   3   5   7   9   11; 2   4   6   8   10   12; 3   6   9   12   15   18; 4   8
12   16   20   24; 5   10   15   20   25   30]
```
행이 5, 열이 6인 행렬 A를 정의함

```
A =

    1    3    5    7    9   11
    2    4    6    8   10   12
    3    6    9   12   15   18
    4    8   12   16   20   24
    5   10   15   20   25   30
>> B=A(:,3)
```
행렬 A의 세 번째 열에 있는 모든 행의 원소들로 열벡터 B를 정의함

```
B =

    5
    6
    9
   12
   15
>> C=A(2,:)
```
행렬 A의 두 번째 행에 있는 모든 열의 원소들로 행렬 C를 정의함

```
C =

    2    4    6    8   10   12
>> E=A(2:4,:)
```
행렬 A의 두 번째 행에서 네 번째 행까지의 모든 열의 원소들로 행렬 E를 정의함

```
E =

    2    4    6    8   10   12
    3    6    9   12   15   18
```

프로그램 예제 2.3 콜론을 이용한 배열 원소의 주소 지정(계속)

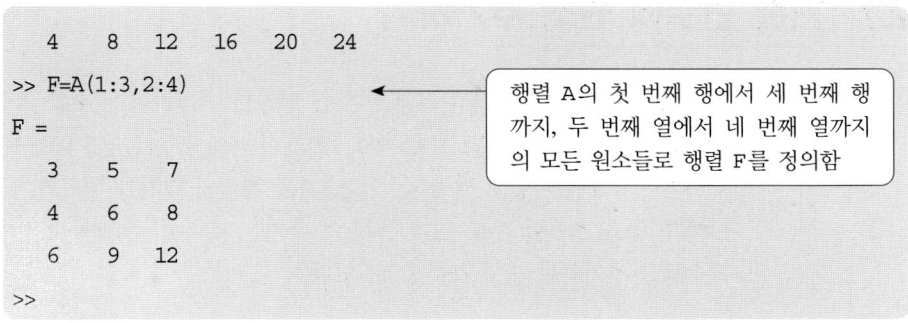

```
    4    8   12   16   20   24
>> F=A(1:3,2:4)
F =
    3    5    7
    4    6    8
    6    9   12
>>
```

행렬 A의 첫 번째 행에서 세 번째 행까지, 두 번째 열에서 네 번째 열까지의 모든 원소들로 행렬 F를 정의함

프로그램 예제 2.3에서는 기존 벡터와 행렬로부터 콜론을 사용하여 어떤 범위의 원소들 또는 어떤 범위의 행과 열들로부터 새로운 벡터와 행렬을 생성하였다. 그러나 기존 변수들의 특정 원소들이나 특정 행과 열들을 선택하여 새로운 변수를 생성하는 것도 가능한데, 이것은 다음 예에서 보듯이 각괄호 안에 특정 원소들의 주소나 특정 행 또는 열들의 주소를 입력하면 된다.

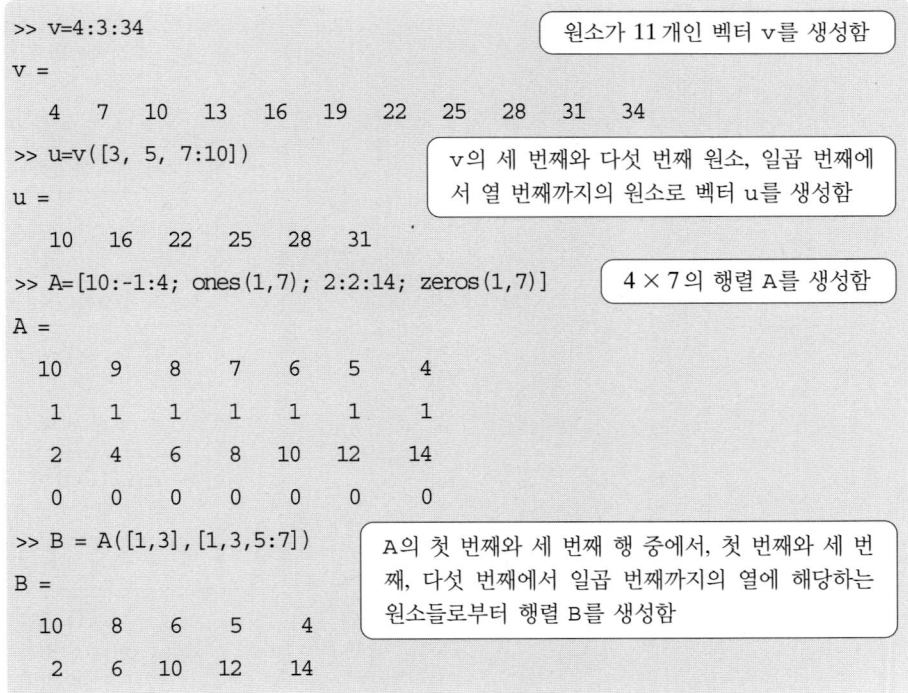

```
>> v=4:3:34
v =
    4    7   10   13   16   19   22   25   28   31   34
>> u=v([3, 5, 7:10])
u =
   10   16   22   25   28   31
>> A=[10:-1:4; ones(1,7); 2:2:14; zeros(1,7)]
A =
   10    9    8    7    6    5    4
    1    1    1    1    1    1    1
    2    4    6    8   10   12   14
    0    0    0    0    0    0    0
>> B = A([1,3],[1,3,5:7])
B =
   10    8    6    5    4
    2    6   10   12   14
```

원소가 11개인 벡터 v를 생성함

v의 세 번째와 다섯 번째 원소, 일곱 번째에서 열 번째까지의 원소로 벡터 u를 생성함

4 × 7의 행렬 A를 생성함

A의 첫 번째와 세 번째 행 중에서, 첫 번째와 세 번째, 다섯 번째에서 일곱 번째까지의 열에 해당하는 원소들로부터 행렬 B를 생성함

2.7 기존 변수에 원소 추가하기

벡터나 행렬로 정의된 기존 변수에 원소를 추가하여 변수를 바꿀 수 있다(스칼라는 원소가 한 개인 벡터임을 상기하라). 벡터(한 개의 행이나 열을 가진 행렬)에 원소를 추가하거나 2차원 행렬로 바꿀 수 있다. 기존 행렬의 크기를 바꾸기 위해 행이나 열, 또는 행과 열을 추가할 수도 있다. 원소의 추가는 추가할 주소에 값을 할당하거나 기존 변수들을 추가하는 방법으로 할 수 있다.

벡터에 원소 추가하기

새 원소에 값을 할당함으로써 기존 벡터에 원소들을 추가할 수 있다. 예를 들어, 4개의 원소를 가진 벡터의 경우 다섯 번째 원소, 여섯 번째 원소 등에 값을 할당함으로써 벡터를 더 길게 할 수 있다. 만일 벡터가 n개의 원소를 가지고 있고 주소가 $n + 2$ 이상인 원소에 새로운 값을 할당한다면, MATLAB은 벡터의 원래 마지막 원소와 새 원소 사이의 원소들을 0으로 채운다. 예를 들면, 다음과 같다.

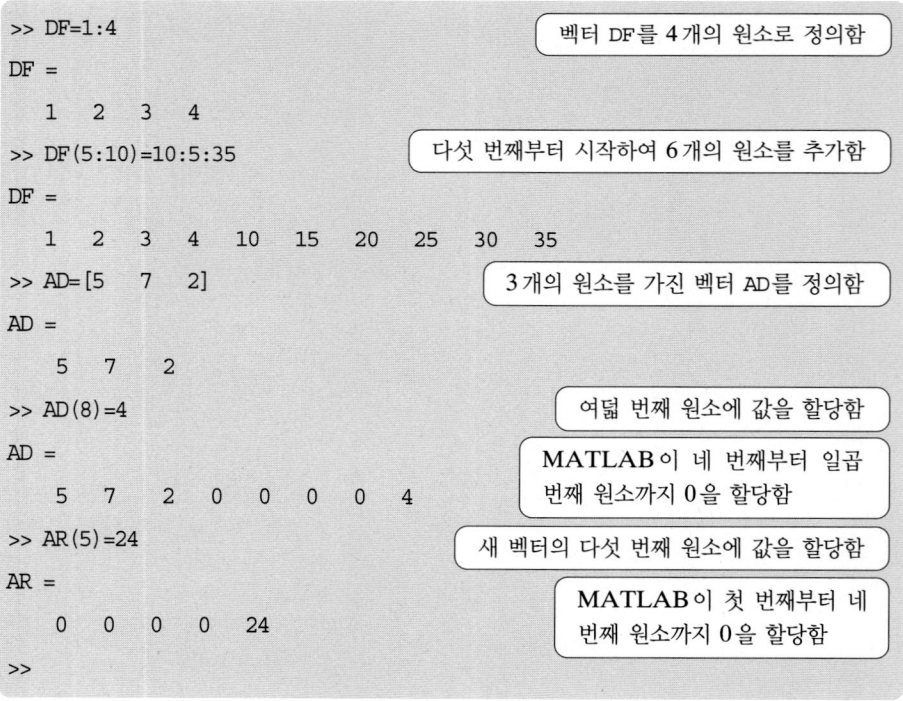

```
>> DF=1:4                              벡터 DF를 4개의 원소로 정의함
DF =
    1    2    3    4
>> DF(5:10)=10:5:35                    다섯 번째부터 시작하여 6개의 원소를 추가함
DF =
    1    2    3    4   10   15   20   25   30   35
>> AD=[5   7   2]                      3개의 원소를 가진 벡터 AD를 정의함
AD =
    5    7    2
>> AD(8)=4                             여덟 번째 원소에 값을 할당함
AD =
                                       MATLAB이 네 번째부터 일곱
    5    7    2    0    0    0    0    4   번째 원소까지 0을 할당함
>> AR(5)=24                            새 벡터의 다섯 번째 원소에 값을 할당함
AR =
                                       MATLAB이 첫 번째부터 네
    0    0    0    0   24               번째 원소까지 0을 할당함
>>
```

벡터에 기존 벡터들을 붙여 원소들을 추가할 수도 있다. 다음 두 예제를 참조하라.

```
>> RE=[3    8    1    24];
>> GT=4:3:16;
>> KNH=[RE   GT]
KNH =
   3    8    1    24    4    7    10    13    16
>> KNV=[RE'; GT']
KNH =
     3
     8
     1
    24
     4
     7
    10
    13
    16
```

> 4개의 원소를 가진 벡터 RE를 정의함

> 5개의 원소를 가진 벡터 GT를 정의함

> RE와 GT를 붙여서 새로운 벡터 KNH를 정의함

> RE'와 GT'를 붙여서 새로운 열벡터 KNV를 생성함

행렬에 원소 추가하기

새로운 행이나 열에 값을 할당함으로써 기존 행렬에 행이나 열을 추가할 수 있다. 행이나 열의 추가는 새 값을 할당하거나 기존 변수들을 첨부하면 된다. 이때 추가되는 행이나 열의 길이는 기존 행렬에 맞아야 하므로 주의해야 한다. 다음 예를 참조하라.

```
>> E=[1   2   3   4; 5   6   7   8];
E =
     1     2     3     4
     5     6     7     8
>> E(3,:)=[10:4:22]
E =
     1     2     3     4
     5     6     7     8
    10    14    18    22
>> K=eye(3)
K =
     1     0     0
     0     1     0
     0     0     1
```

> 2 × 4 행렬 E를 정의함

> 벡터 [10 14 18 22]를 E의 세 번째 행으로 추가함

> 3 × 3 행렬 K를 정의함

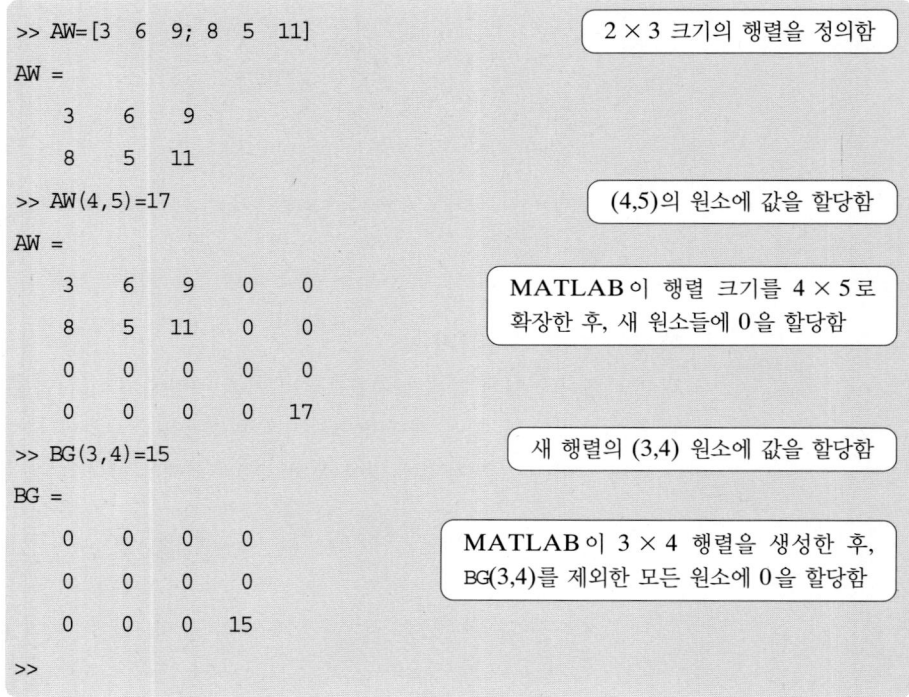

```
>> G=[E   K]                        행렬 K를 행렬 E에 추가함. E와
G =                                 K의 행의 개수가 동일해야 함

    1    2    3    4    1    0    0
    5    6    7    8    0    1    0
   10   14   18   22    0    0    1
```

행렬의 크기가 $m \times n$이고 행렬 크기를 넘어서는 주소의 원소에 새로운 값을 할당하려고 하는 경우, MATLAB은 새 원소를 포함할 수 있도록 행렬의 크기를 증가시키며 이때 추가된 원소들에 0을 할당한다. 다음 예를 참조하라.

```
>> AW=[3  6  9; 8  5  11]            2 × 3 크기의 행렬을 정의함
AW =

    3    6    9
    8    5   11
>> AW(4,5)=17                        (4,5)의 원소에 값을 할당함
AW =

    3    6    9    0    0            MATLAB이 행렬 크기를 4 × 5로
    8    5   11    0    0            확장한 후, 새 원소들에 0을 할당함
    0    0    0    0    0
    0    0    0    0   17
>> BG(3,4)=15                        새 행렬의 (3,4) 원소에 값을 할당함
BG =
    0    0    0    0                 MATLAB이 3 × 4 행렬을 생성한 후,
    0    0    0    0                 BG(3,4)를 제외한 모든 원소에 0을 할당함
    0    0    0   15
>>
```

2.8 원소의 제거

기존 변수로부터 한 개 또는 어떤 범위의 원소들을 삭제할 수 있는데, 이것은 각괄호 사이에 아무것도 입력하지 않은 채 각괄호 []만을 삭제할 원소에 재할당하면 된다. 원소를 삭제함으로써 벡터의 길이를 더 짧게 할 수 있으며 행렬의 크기를 더 작게 만들 수 있다. 다음 예제를 참조하라.

```
>> kt=[2  8  40  65  3  55  23  15  75  80]        원소가 10개인 벡터를 정의함
kt =
    2    8   40   65    3   55   23   15   75   80
>> kt(6)=[]        ←————————————————   여섯 번째 원소를 삭제함
kt =
    2    8   40   65    3   23   15   75   80        이제 벡터의 원소가 9개가 됨

>> kt(3,6)=[]      ←————————————————   3~6번째 원소를 삭제함
kt =
    2    8   15   75   80        이제 벡터의 원소가 5개가 됨
>> mtr=[5  78  4  24  9; 4  0  36  60  12; 56  13  5  89  3]
mtr =
                                        3 × 5의 행렬을 정의함
     5   78    4   24    9
     4    0   36   60   12
    56   13    5   89    3
>> mtr(:,2:4)=[]   ←————————————————   두 번째 열에서 네 번째 열까지
mtr =                                   모든 행의 원소들을 삭제함
     5    9
     4   12
    56    3
>>
```

2.9 배열 조작을 위한 내장함수

MATLAB은 배열을 다루고 조작하기 위한 많은 내장함수들을 가지고 있다. 이 내장함수들 중에서 일부를 다음 표 2.2에 나타내었다.

배열을 다루기 위한 추가 내장함수들은 도움말 창(Help Window)에 기술되어 있다. 도움말 창에서 "Functions by Category"를 먼저 선택하고 "Mathematics"와 "Arrays and Matrices"를 차례로 선택한다.

표 2.2 배열 조작을 위한 내장함수들

함수	설명	예
length(A)	벡터 A의 원소 개수를 돌려준다.	>> A=[5 9 2 4]; >> length(A) ans = 4

size(A)	크기가 $m \times n$인 배열 A에 대해, 배열 A의 크기를 행벡터 [m,n]으로 돌려준다.	>> A=[6 1 4 0 12; 5 19 6 8 2]
		A =
		    6 1 4 0 12
		    5 19 6 8 2
		>> size(A)
		ans =
		    2 5

reshape(A,m,n)	크기가 $r \times s$인 행렬 A를 $m \times n$의 행렬로 재정렬시킨다. r과 s의 곱은 m과 n의 곱과 반드시 같아야 한다.	>> A=[5 1 6; 8 0 2]
		A =
		    5 1 6
		    8 0 2
		>> B = reshape(A,3,2)
		B =
		    5 0
		    8 6
		    1 2

diag(v)	v가 벡터일 때, v의 원소를 대각선 원소로 갖는 정방행렬을 생성한다.	>> v=[7 4 2];
		>> A=diag(v)
		A =
		    7 0 0
		    0 4 0
		    0 0 2

diag(A)	A가 행렬일 때, A의 대각선 원소들을 원소로 갖는 벡터를 생성한다.	>>A=[1 2 3;4 5 6; 7 8 9]
		A =
		    1 2 3
		    4 5 6
		    7 8 9
		>> vec=diag(A)
		vec =
		    1
		    5
		    9

예제 2.1 행렬의 생성

ones 명령어와 zeros 명령어를 이용하여 첫 두 행은 0이고 다음 두 행은 1인 4 × 5 행렬을 생성하라.

풀이

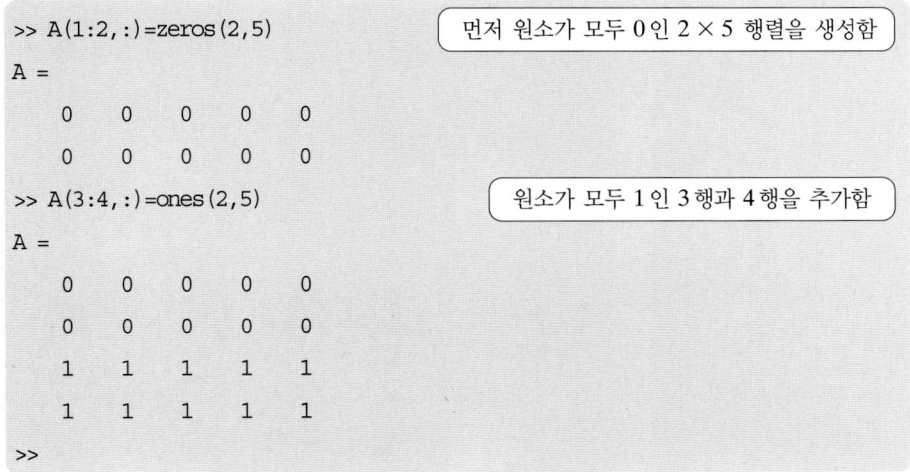

```
>> A(1:2,:)=zeros(2,5)                    먼저 원소가 모두 0인 2 × 5 행렬을 생성함
A =
     0     0     0     0     0
     0     0     0     0     0
>> A(3:4,:)=ones(2,5)                     원소가 모두 1인 3행과 4행을 추가함
A =
     0     0     0     0     0
     0     0     0     0     0
     1     1     1     1     1
     1     1     1     1     1
>>
```

다음은 다른 풀이 방법을 나타낸다.

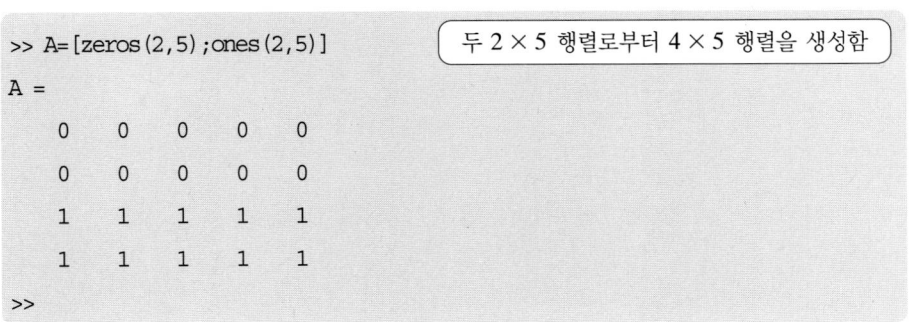

```
>> A=[zeros(2,5);ones(2,5)]              두 2 × 5 행렬로부터 4 × 5 행렬을 생성함
A =
     0     0     0     0     0
     0     0     0     0     0
     1     1     1     1     1
     1     1     1     1     1
>>
```

예제 2.2 행렬의 생성

6 × 6 행렬에서 가운데 두 행과 가운데 두 열의 원소가 1이고 나머지 원소는 모두 0인 행렬을 생성하라.

풀이

```
>> AR=zeros(6,6)
AR =
     0    0    0    0    0    0
     0    0    0    0    0    0
     0    0    0    0    0    0
     0    0    0    0    0    0
     0    0    0    0    0    0
     0    0    0    0    0    0
>> AR(3:4,:)=ones(2,6)
AR =
     0    0    0    0    0    0
     0    0    0    0    0    0
     1    1    1    1    1    1
     1    1    1    1    1    1
     0    0    0    0    0    0
     0    0    0    0    0    0
>> AR(:,3:4)=ones(6,2)
AR =
     0    0    1    1    0    0
     0    0    1    1    0    0
     1    1    1    1    1    1
     1    1    1    1    1    1
     0    0    1    1    0    0
     0    0    1    1    0    0
>>
```

> 먼저 원소가 모두 0인 6 × 6 행렬을 생성함

> 세 번째와 네 번째 행에 수 1을 재할당함

> 세 번째와 네 번째 열에 수 1을 재할당함

예제 2.3 행렬의 조작

5×6 행렬 A와 3×6 행렬 B, 9개의 원소를 가진 벡터 v가 다음과 같이 주어진다.

$$A = \begin{bmatrix} 2 & 5 & 8 & 11 & 14 & 17 \\ 3 & 6 & 9 & 12 & 15 & 18 \\ 4 & 7 & 10 & 13 & 16 & 19 \\ 5 & 8 & 11 & 14 & 17 & 20 \\ 6 & 9 & 12 & 15 & 18 & 21 \end{bmatrix}$$

$$B = \begin{bmatrix} 5 & 10 & 15 & 20 & 25 & 30 \\ 30 & 35 & 40 & 45 & 50 & 55 \\ 55 & 60 & 65 & 70 & 75 & 80 \end{bmatrix}$$

$$v = \begin{bmatrix} 99 & 98 & 97 & 96 & 95 & 94 & 93 & 92 & 91 \end{bmatrix}$$

명령어 창에서 위의 세 배열을 만들고, 명령어 하나를 이용하여 A의 첫 번째 행과 세 번째 행의 마지막 4개의 열을 B의 첫 두 행의 첫 네 열로 대체하고, 또 A의 네 번째 행의 마지막 4개의 열을 v의 다섯 번째에서 여덟 번째까지의 원소로 대체하라.

풀이

```
>> A=[2:3:17; 3:3:18; 4:3:19; 5:3:20; 6:3:21]
A =

     2     5     8    11    14    17
     3     6     9    12    15    18
     4     7    10    13    16    19
     5     8    11    14    17    20
     6     9    12    15    18    21
>> B=[5:5:30; 30:5:55; 55:5:80 ]
B =

     5    10    15    20    25    30
    30    35    40    45    50    55
    55    60    65    70    75    80
>> v=[99:-1:91]
v =

    99    98    97    96    95    94    93    92    91
>> A([1 3 4 5], 3:6)=[B([1 2],1:4; v(5:8); B(3,2:5)]
```

행 1, 3, 4, 5의 3~6번째 열의 원소로 이루어진 4 × 4 행렬

4 × 4 행렬. 처음 두 행은 행렬 B의 1행과 2행의 1~4열의 원소들이다. 세 번째 열은 벡터 v의 5~8번째 원소들이다. 네 번째 행은 행렬 B의 3행의 2~5번째 열의 원소들이다.

```
A =

     2     5     5    10    15    20
     3     6     9    12    15    18
```

```
         4      7     30     35     40     45
         5      8     95     94     93     92
         6      9     60     65     70     75
>>
```

2.10 문자열과 문자열 변수

- 문자열은 문자들의 배열이며, 문자들을 작은따옴표 안에 나타내면 된다.

- 문자열은 글자, 아라비아 숫자, 다른 기호들과 공백(space)을 포함할 수 있다.

- 문자열의 예: 'ad ef', '3%fr2', '{edcba:21!', 'MATLAB'.

- 작은따옴표를 문자열에 포함시켜야 하는 경우, 문자열 안에 작은따옴표를 두 번 연달아 표시한다.

- 문자열을 입력할 때, 문자열을 나타내는 첫 작은따옴표를 입력하면 화면상의 글자 색은 적갈색으로 변하며, 문자열 끝에서 작음따옴표로 묶으면 문자열의 색은 자주색으로 변한다.

문자열은 MATLAB에서 여러 다른 용도로 사용된다. 문자열은 텍스트 메시지를 표시하기 위한 출력명령어(4장)에서, plot 명령어에서 출력할 그래프의 형식을 지정할 때(5장), 그리고 어떤 함수들의 입력인자(6장)로 사용된다. 좀 더 자세한 내용은 문자열이 이러한 목적으로 사용될 때 해당 장에서 기술하기로 한다.

- 문자열이 그래프 형식 지정(축의 라벨, 제목, 설명문)에 사용될 때, 문자열 내의 문자들은 특정 폰트와 크기, 위치, 색 등을 갖도록 형식을 지정할 수 있다.

아래의 예에 나타낸 것과 같이 문자열은 할당연산자 '='의 우변에 문자열을 입력하기만 하면 변수에 할당될 수 있다.

```
>> a='FRty 8'
a =
FRty 8
>> B='My name is John Smith'
B =
```

```
My name is John Smith
>>
```

변수를 문자열로 정의하면, 문자열의 문자들은 숫자의 경우와 똑같이 배열에 저장
된다. 공백(space)을 포함한 각 문자는 배열의 한 원소이다. 이는 한 줄로 된 문자열
이 문자열의 글자 개수와 같은 개수의 원소를 갖는 행벡터임을 의미한다. 벡터의 원소
의 위치를 이용하여 각 원소에 접근할 수 있다. 예를 들어, 위 예에서 정의된 벡터 B
에서 네 번째 원소는 글자 n, 열두 번째 원소는 J 이다.

```
>> B(4)
ans =
n
>> B(12)
ans  =
J
>>
```

수가 포함된 벡터의 경우와 같이, 특정 원소들을 직접 지정하여 값을 바꿀 수 있다.
예를 들어, 다음과 같이 위의 벡터 B의 John을 Bill로 바꿀 수 있다.

```
>> B(12:15)='Bill'
B =
My name is Bill Smith
>>
```

> 콜론을 사용하여 벡터 B 의 12 ~ 15 번째
> 원소에 새로운 글자들을 할당함

문자열도 행렬로 저장될 수 있는데, 수와 마찬가지로 각 행의 끝에 세미콜론 ;을 붙
이거나 **Enter** 키를 누르면 된다. 각 행은 문자열로 입력되어야 하므로 작은따옴표로
묶어야 한다. 또 수치 행렬과 마찬가지로 모든 행의 원소 개수는 동일해야 한다. 이
조건은 특정 표현을 위한 단어의 선택과 배열을 가진 행을 생성하는 경우에는 문제를
일으킬 수 있다. 이러한 행의 경우, 공백을 추가함으로써 원소 개수가 같아지도록 할
수 있다.

MATLAB은 길이가 서로 다른 행들을 입력 인자로 받아서 행들의 글자 개수를
같게 만든 후 이들 행을 가진 배열을 돌려주는 char라는 이름의 내장함수를 가지고
있다. MATLAB은 짧은 행의 끝부분에 공백(space)을 추가하여 모든 행의 길이가
가장 긴 행의 길이와 같도록 만든다. char 함수에서 행은 다음 형식에 따라 문자열로

입력하며, 문자열과 문자열은 콤마로 분리한다.

> variable_name=char('문자열 1','문자열 2','문자열 3')

예를 들면, 다음과 같다.

```
>> Info=char('Student Name:','John Smith','Grade:','A+')
Info =
Student Name:
John Smith
Grade:
A+
>>
```

변수 Info는 길이가 서로 다른 4개의 문자열의 행을 할당받음

함수 char는 길이가 짧은 행에 공백을 추가함으로써 가장 긴 행의 길이와 같도록 한 4개의 행을 가진 배열을 생성함

변수는 수로 정의될 수도 있고, 같은 아라비아 숫자들로 구성된 문자열로 정의될 수도 있다. 예를 들어, 아래 예에서 볼 수 있듯이 x는 수 536으로 정의되었으며 y는 아라비아 숫자 5, 3, 6으로 이루어진 문자열로 정의되었다.

```
>> x=536
x =
    536
>> y='536'
y =
536
>>
```

위의 두 변수는 화면에서는 같은 것처럼 보이지만, 실제로는 같지 않다. 변수 x는 수학식에서 사용될 수 있지만, 변수 y는 사용될 수 없다.

연습문제

1. 원소가 6, 8 × 3, 81, $e^{2.5}$, $\sqrt{65}$, sin(π/3), 23.05인 행벡터(row vector)를 생성하라.

2. 원소가 44, 9, ln(51), 2^3, 0.1, 5tan(25°)인 열벡터(column vector)를 생성하라.

3. 첫 번째 원소가 0이고 마지막 원소가 42이며 중간의 원소들은 3씩 증가하여 0, 3, 6, . . . , 42인 원소를 갖는 행벡터를 생성하라.

4. 첫 번째 원소가 18이며 그 다음 원소는 −4씩 감소하여 마지막 원소가 −22가 되는 열벡터를 생성하라. 열벡터는 행벡터의 전치(transpose)로 생성될 수 있다.

5. 첫 번째 원소가 5이고 마지막 원소가 61이며 원소들이 동일한 크기로 증가하는 16개 원소를 가진 행벡터를 생성하라.

6. 첫 번째 원소가 3이고 마지막 원소가 −36이며 원소들이 동일한 크기로 감소하는 14개 원소를 가진 열벡터를 생성하라.

7. 콜론 기호를 이용하여 11개의 원소가 모두 4인 행벡터를 생성하고 변수 same에 할당하라.

8. 첫 번째 원소가 3이고 원소가 4씩 증가하여 마지막 원소가 51이 되는 13개 원소를 가진 벡터 Afirst를 생성하라. 그다음, 콜론 기호를 이용하여 벡터 Afirst의 첫 네 개 원소와 마지막 세 개 원소를 갖는 새로운 벡터 Asecond를 생성하라.

9. 간격이 일정한 원소를 가진 벡터를 생성하기 위한 벡터 표기법이나 linspace 명령어를 이용하여 아래 행렬의 각 행을 만들어 행렬로 생성하라.

$$B = \begin{bmatrix} 0 & 4 & 8 & 12 & 16 & 20 & 24 & 28 \\ 69 & 68 & 67 & 66 & 65 & 64 & 63 & 62 \\ 1.4 & 1.1 & 0.8 & 0.5 & 0.2 & -0.1 & -0.4 & -0.7 \end{bmatrix}$$

10. 콜론 기호를 이용하여 모든 원소가 7인 3×5 행렬을 생성하고 변수 msame에 할당하라.

11. 다음 세 벡터를 생성하라.

$$a = \begin{bmatrix} 2 & -1 & 0 & 6 \end{bmatrix}, \quad b = \begin{bmatrix} -5 & 20 & 12 & -3 \end{bmatrix}, \quad c = \begin{bmatrix} 10 & 7 & -2 & 1 \end{bmatrix}$$

a) MATLAB 명령어로 위의 세 벡터를 이용하여 3×4 행렬의 세 행(row)이 벡터 *a*, *b*, *c*인 행렬을 생성하라.

b) MATLAB 명령어로 위의 세 벡터를 이용하여 4×3 행렬의 세 열 (column)이 벡터 *a*, *b*, *c*인 행렬을 생성하라.

12. 다음 명령어가 MATLAB에 의해 실행될 때 출력될 결과를 손(연필과 종이)으로 작성하고, 작성된 결과를 MATLAB으로 명령어를 실행하여 체크하라. (문항

b, c, d는 문항 a에서 정의된 벡터를 이용한다.)

a) a=0:2:6   b) b=[a a] 또는 b=[a,a]

c) c=[a; a]

d) d=[a' a'] 또는 d=[a', a']

13. 다음 벡터가 MATLAB에서 정의된다.

$$v = [2, 7, -3, 5, 0\ 14, -1, 10, -6, 8]$$

다음 명령어가 MATLAB에 의해 실행될 때 출력될 결과를 손(연필과 종이)으로 작성하고, 작성된 결과를 MATLAB으로 명령어를 실행하여 체크하라.

a) a=v(3:6)   *b*) b=v([2,4:7,10])   *c*) c=v([9,3,1,10])

d) d=[v([1,3 5]);v([2,4,6]);v([3,6,9])]

14. 다음 행렬 A를 생성하라. $A = \begin{bmatrix} 1 & 2 & 3 & 4 & 5 \\ 6 & 7 & 8 & 9 & 10 \\ 11 & 12 & 13 & 14 & 15 \end{bmatrix}$

행렬 A를 이용하여 다음 물음에 답하라.

a) A의 첫 번째 행의 원소들로 구성된 5개 원소의 행벡터 va를 생성하라.

b) A의 세 번째 열의 원소들로 구성된 3개 원소의 행벡터 vb를 생성하라.

c) A의 두 번째 행의 다섯 개 원소와 네 번째 열의 세 개 원소로 구성된 8개 원소의 행벡터 vc를 생성하라.

d) A의 첫 번째 열과 다섯 번째 열의 원소로 구성된 6개 원소의 행벡터 vd를 생성하라.

15. 다음 행렬 B를 생성하라. $B = \begin{bmatrix} 15 & 12 & 9 & 6 & 3 \\ 2 & 4 & 6 & 8 & 10 \\ 6 & 12 & 18 & 24 & 30 \end{bmatrix}$

행렬 B를 이용하여 다음 물음에 답하라.

a) B의 두 번째 열과 네 번째 열의 원소들로 구성된 6개 원소의 열벡터 ua를 생성하라.

b) B의 세 번째 행의 원소들로 구성된 5개 원소의 열벡터 ub를 생성하라.

c) B의 두 번째, 네 번째, 다섯 번째 열의 원소로 구성된 9개 원소의 열벡터 uc를 생성하라.

d) B의 첫 번째 열과 첫 번째 행의 원소로 구성된 8개 원소의 행벡터 ud를 생성하라.

16. 다음 행렬 A를 생성하라. $A = \begin{bmatrix} 0.1 & 0.2 & 0.3 & 0.4 & 0.5 & 0.6 & 0.7 \\ 14 & 12 & 10 & 8 & 6 & 4 & 2 \\ 1 & 1 & 1 & 1 & 0 & 0 & 0 \\ 3 & 6 & 9 & 12 & 15 & 18 & 21 \end{bmatrix}$

  a) 행렬 A의 첫 번째, 두 번째, 세 번째 행과 첫 번째부터 네 번째 열에 속하는 원소들로부터 3×4 행렬 B를 생성하라.

  b) 행렬 A의 두 번째 행과 세 번째 행의 모든 원소들로 구성된 2×7 행렬 C를 생성하라.

17. 다음 행렬 M이 MATLAB에서 정의되었다. $M = \begin{bmatrix} 6 & 9 & 12 & 15 & 18 & 21 \\ 4 & 4 & 4 & 4 & 4 & 4 \\ 2 & 1 & 0 & -1 & -2 & -3 \\ -6 & -4 & -2 & 0 & 2 & 4 \end{bmatrix}$

  다음 명령어가 MATLAB에 의해 실행될 때 출력될 결과를 손(연필과 종이)으로 작성하고, 작성된 결과를 MATLAB으로 명령어를 실행하여 체크하라.

  a) A=M([1,3],[2,4])

  b) B=M(:,[1,4:6])

  c) C=M([2,3],:)

18. zeros, ones, eye 명령어를 이용하여 다음 배열을 생성하라.

  a) $\begin{bmatrix} 0 & 0 & 0 & 1 & 1 & 1 \\ 0 & 0 & 0 & 1 & 1 & 1 \end{bmatrix}$

  b) $\begin{bmatrix} 1 & 1 & 0 & 0 & 0 & 0 \\ 1 & 0 & 1 & 0 & 0 & 0 \\ 1 & 0 & 0 & 1 & 0 & 0 \\ 1 & 0 & 0 & 0 & 1 & 0 \end{bmatrix}$

  c) $\begin{bmatrix} 1 & 1 \\ 0 & 0 \\ 0 & 0 \\ 1 & 1 \end{bmatrix}$

19. eye 명령어를 이용하여 아래 왼쪽에 있는 배열 A를 생성하고, 콜론을 이용하여 배열 원소에 접근하여 배열 A를 아래 오른쪽에 보이는 것과 같이 변경하라.

$$A = \begin{bmatrix} 1 & 0 & 0 & 0 & 0 & 0 \\ 0 & 1 & 0 & 0 & 0 & 0 \\ 0 & 0 & 1 & 0 & 0 & 0 \\ 0 & 0 & 0 & 1 & 0 & 0 \\ 0 & 0 & 0 & 0 & 1 & 0 \\ 0 & 0 & 0 & 0 & 0 & 1 \end{bmatrix} \qquad A = \begin{bmatrix} 1 & 0 & 0 & 3 & 3 & 3 \\ 0 & 1 & 0 & 3 & 3 & 3 \\ 0 & 0 & 1 & 3 & 3 & 3 \\ 0 & 0 & 0 & 1 & 0 & 0 \\ 2 & 2 & 2 & 2 & 1 & 0 \\ 2 & 2 & 2 & 2 & 0 & 1 \end{bmatrix}$$

20. 원소가 35개인 벡터 $v = [1, 2, 3, ..., 35]$를 생성하라. 그다음, reshape 함수를 이용하여, 첫 번째 행이 수 1 2 3 4 5 6 7이고 두 번째 행이 8 9 10 11 12 13 14이며, 세 번째 행이 15부터 21, . . . 과 같은 식으로 구성된 5×7 행렬을 생

성하라.

21. 모든 원소가 1인 3×3 행렬 A를 생성하라. 그다음, 행렬 A가 아래와 같이 되도록 A를 자신에게 다시 할당하라.

$$A = \begin{bmatrix} 1 & 1 & 1 & 0 & 0 & 0 \\ 1 & 1 & 1 & 0 & 0 & 0 \\ 1 & 1 & 1 & 0 & 0 & 0 \\ 0 & 0 & 0 & 1 & 1 & 1 \\ 0 & 0 & 0 & 1 & 1 & 1 \\ 0 & 0 & 0 & 1 & 1 & 1 \end{bmatrix}$$

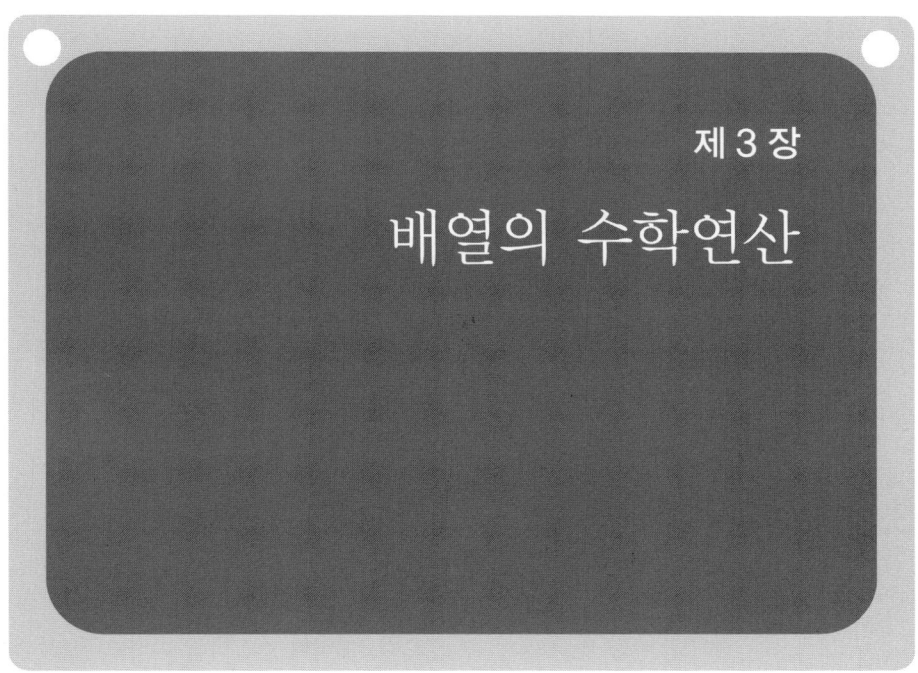

제 3 장
배열의 수학연산

일단 변수들이 MATLAB에서 생성되면, 이 변수들은 다양한 수학연산에 사용될 수 있다. 1장에서 수학연산에 사용된 변수들은 모두 스칼라로 정의되었는데, 이것은 이 변수들이 1×1 배열(원소 한 개만 갖는 1행, 1열의 배열)이며 단일 숫자들을 가지고 수학연산을 했음을 의미한다. 그러나 배열은 1차원(한 개의 행이나 한 개의 열을 가진 배열)이나 2차원(여러 행과 열을 가진 배열), 또는 더 높은 차원이 될 수도 있으며, 이 경우 수학연산은 더욱 복잡해진다. MATLAB은 그 이름이 나타내듯이 과학과 공학 분야에서 많은 응용분야를 가진 고급 배열연산을 수행하도록 설계되었다. 이 장은 배열을 이용하여 MATLAB이 수행하는 기본적이고 가장 일반적인 수학연산을 제시한다.

덧셈과 뺄셈은 비교적 간단한 연산으로 3.1절에서 먼저 다룬다. 다른 기본적인 연산인 곱셈과 나눗셈, 거듭제곱은 MATLAB에서 두 가지 방법으로 할 수 있다. 표준 기호(*, /, ^)를 사용하는 첫 번째 방법은 선형대수법칙을 따르며 3.2절과 3.3절에서 제시된다. 원소별 연산(element-by-element operation)이라 불리는 두 번째 방법은 3.4절에서 제시되며 이들 연산은 .*, ./, .^의 기호(표준 연산기호 앞에 마침표를 붙임)를 사용한다. 또한 두 방법 모두에서 MATLAB은 왼쪽 나눗셈 연산자(.\ 또는 \)를 가지며, 이들에 대해서도 3.3절과 3.4절에서 설명한다.

MATLAB을 처음 사용하는 이들에게

행렬 연산을 먼저 설명한 후 원소별 연산을 설명하지만, 두 연산이 서로 독립적이므로 순서를 바꿔도 된다. 대부분의 사용자가 행렬 연산과 선형대수에 대해 어느 정도 지식이 있어서 3.2절과 3.3절에서 다루는 내용을 별다른 어려움 없이 따라갈 수 있을 것으로 예상하지만, 어떤 사용자의 경우에는 3.4절을 먼저 읽는 것이 나을 수도 있다. 선형대수 곱셈이나 나눗셈 연산이 필요하지 않은 많은 응용분야에서는 원소별 연산에 MATLAB을 이용할 수 있다.

3.1 덧셈과 뺄셈

덧셈 + 와 뺄셈 − 연산은 같은 수의 행과 열을 가진 동일한 크기의 배열들을 더하거나 빼는 데 사용할 수 있으며, 배열에 스칼라를 더하거나 뺄 수도 있다. 두 배열의 연산에서 두 배열의 합이나 차는 두 배열의 대응 원소들을 더하거나 빼서 구한다.

일반적으로 A와 B가 다음과 같은 배열(예를 들어 2×3 행렬)일 때,

$$A = \begin{bmatrix} A_{11} & A_{12} & A_{13} \\ A_{21} & A_{22} & A_{23} \end{bmatrix}, \qquad B = \begin{bmatrix} B_{11} & B_{12} & B_{13} \\ B_{21} & B_{22} & B_{23} \end{bmatrix}$$

행렬 A와 B의 덧셈은 다음과 같다.

$$\begin{bmatrix} (A_{11} + B_{11}) & (A_{12} + B_{12}) & (A_{13} + B_{13}) \\ (A_{21} + B_{21}) & (A_{22} + B_{22}) & (A_{23} + B_{23}) \end{bmatrix}$$

스칼라(수)를 배열에 더하거나 빼는 경우 수를 배열의 모든 원소에 더하거나 뺀다. 예를 들면, 다음과 같다.

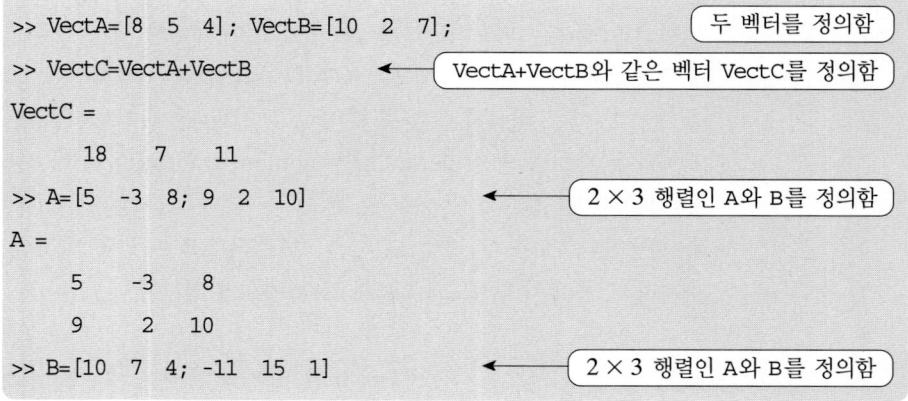

```
>> VectA=[8  5  4]; VectB=[10  2  7];          두 벡터를 정의함
>> VectC=VectA+VectB          ◄── VectA+VectB와 같은 벡터 VectC를 정의함
VectC =
      18    7    11
>> A=[5  -3  8; 9  2  10]          ◄── 2 × 3 행렬인 A와 B를 정의함
A =
     5    -3    8
     9     2   10
>> B=[10  7  4; -11  15  1]          ◄── 2 × 3 행렬인 A와 B를 정의함
```

```
B =
    10     7     4
   -11    15     1
>> A-B
ans =
    -5   -10     4
    20   -13     9
>> C=A+B
C =
    15     4    12
    -2    17    11
>> C-8
ans =
     7    -4     4
   -10     9     3
```

> 행렬 A에서 B를 뺌
>
> A+B와 같은 행렬 C를 정의함
>
> 행렬 C에서 수 8을 뺌

덧셈이나 뺄셈 연산에 스칼라와 배열이 동시에 포함되어 있는 경우, 행렬의 모든 원소에 스칼라를 더하거나 뺀다. 예를 들면, 다음과 같다.

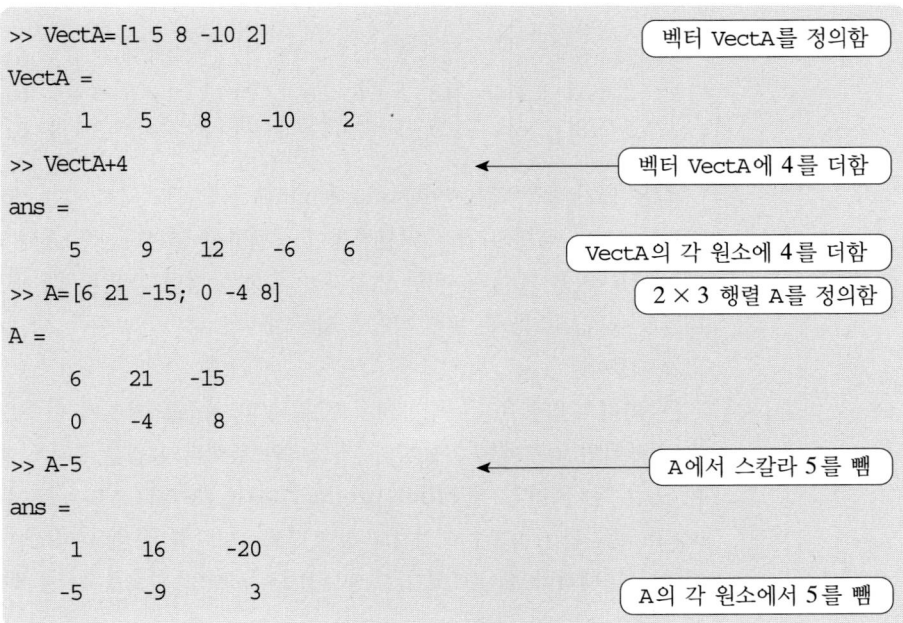

```
>> VectA=[1 5 8 -10 2]
VectA =
     1     5     8   -10     2
>> VectA+4
ans =
     5     9    12    -6     6
>> A=[6 21 -15; 0 -4 8]
A =
     6    21   -15
     0    -4     8
>> A-5
ans =
     1    16   -20
    -5    -9     3
```

> 벡터 VectA를 정의함
>
> 벡터 VectA에 4를 더함
>
> VectA의 각 원소에 4를 더함
>
> 2 × 3 행렬 A를 정의함
>
> A에서 스칼라 5를 뺌
>
> A의 각 원소에서 5를 뺌

3.2 배열 곱셈

곱셈 연산 *는 선형대수의 법칙에 따라 MATLAB에 의해 수행된다. 즉, A와 B가 행렬이라면, 연산 $A*B$는 행렬 A의 열의 개수와 행렬 B의 행의 개수가 동일한 경우에만 수행된다. 연산 결과로 얻어지는 행렬은 A의 행의 개수와 B의 열의 개수를 갖는다. 예를 들어, 다음과 같이 A가 4×3 행렬이고 B가 3×2 행렬이라면,

$$A = \begin{bmatrix} A_{11} & A_{12} & A_{13} \\ A_{21} & A_{22} & A_{23} \\ A_{31} & A_{32} & A_{33} \\ A_{41} & A_{42} & A_{43} \end{bmatrix}, \qquad B = \begin{bmatrix} B_{11} & B_{12} \\ B_{21} & B_{22} \\ B_{31} & B_{32} \end{bmatrix}$$

연산 $A*B$로 얻어지는 행렬은 다음과 같은 4×2 행렬이 된다.

$$\begin{bmatrix} (A_{11}B_{11} + A_{12}B_{21} + A_{13}B_{31}) & (A_{11}B_{12} + A_{12}B_{22} + A_{13}B_{32}) \\ (A_{21}B_{11} + A_{22}B_{21} + A_{23}B_{31}) & (A_{21}B_{12} + A_{22}B_{22} + A_{23}B_{32}) \\ (A_{31}B_{11} + A_{32}B_{21} + A_{33}B_{31}) & (A_{31}B_{12} + A_{32}B_{22} + A_{33}B_{32}) \\ (A_{41}B_{11} + A_{42}B_{21} + A_{43}B_{31}) & (A_{41}B_{12} + A_{42}B_{22} + A_{43}B_{32}) \end{bmatrix}$$

수치 예를 들면 다음과 같다.

$$\begin{bmatrix} 1 & 4 & 3 \\ 2 & 6 & 1 \\ 5 & 2 & 8 \end{bmatrix} \begin{bmatrix} 5 & 4 \\ 1 & 3 \\ 2 & 6 \end{bmatrix} = \begin{bmatrix} (1 \cdot 5 + 4 \cdot 1 + 3 \cdot 2) & (1 \cdot 4 + 4 \cdot 3 + 3 \cdot 6) \\ (2 \cdot 5 + 6 \cdot 1 + 1 \cdot 2) & (2 \cdot 4 + 6 \cdot 3 + 1 \cdot 6) \\ (5 \cdot 5 + 2 \cdot 1 + 8 \cdot 2) & (5 \cdot 4 + 2 \cdot 3 + 8 \cdot 6) \end{bmatrix} = \begin{bmatrix} 15 & 34 \\ 18 & 32 \\ 43 & 74 \end{bmatrix}$$

같은 크기의 두 정방행렬(square matrix)의 곱도 역시 같은 크기를 갖는 정방행렬이다. 그러나 행렬의 곱은 교환법칙이 성립하지 않는다. 즉, A와 B가 모두 $n \times n$일 때, $A*B \neq B*A$이다. 또한 거듭제곱 연산은 정방행렬인 경우에만 가능하다(첫 번째 행렬의 행의 개수와 두 번째 행렬의 열의 개수가 같은 경우에만 $A*A$의 연산이 수행될 수 있기 때문이다).

두 벡터의 곱셈은 두 벡터 모두 같은 수의 원소를 가지며 한쪽은 행벡터, 다른 한쪽은 열벡터인 경우에만 가능하다. 열벡터와 행벡터의 곱은 1×1 행렬, 즉 스칼라이다. 이 곱은 두 벡터의 내적(dot product)이다. (MATLAB은 두 벡터의 내적을 구하는 dot (a,b)라는 내장함수도 가지고 있다.) dot 함수를 이용할 때 벡터 a와 b는 각각 행벡터나 열벡터가 될 수 있다(표 3.1 참조). n개의 원소를 가진 행벡터와 열벡터의 곱은 $n \times n$ 행렬이 된다.

프로그램 예제 3.1 배열의 곱셈

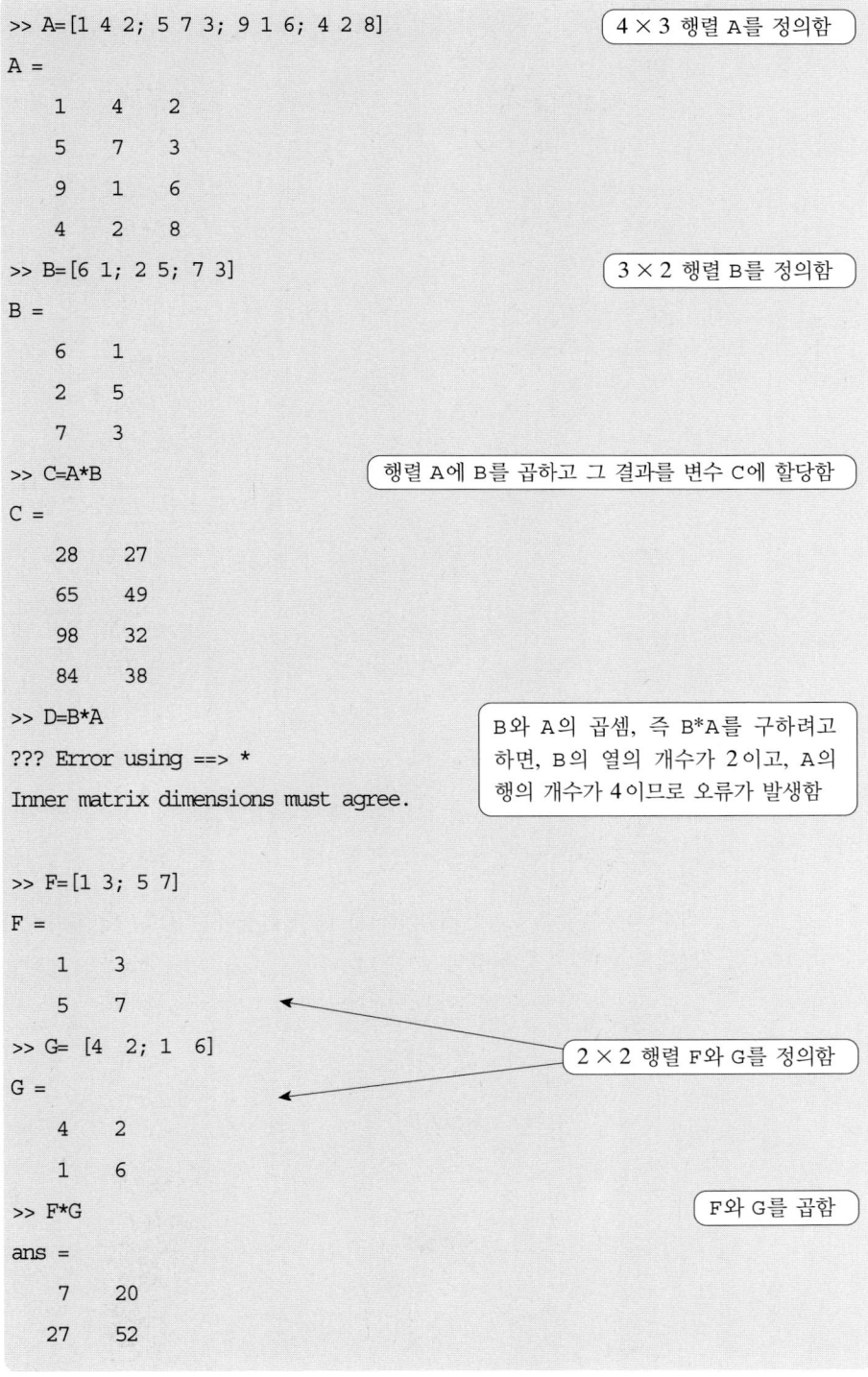

```
>> A=[1 4 2; 5 7 3; 9 1 6; 4 2 8]
A =
    1    4    2
    5    7    3
    9    1    6
    4    2    8
```
4 × 3 행렬 A를 정의함

```
>> B=[6 1; 2 5; 7 3]
B =
    6    1
    2    5
    7    3
```
3 × 2 행렬 B를 정의함

```
>> C=A*B
C =
   28   27
   65   49
   98   32
   84   38
```
행렬 A에 B를 곱하고 그 결과를 변수 C에 할당함

```
>> D=B*A
??? Error using ==> *
Inner matrix dimensions must agree.
```
B와 A의 곱셈, 즉 B*A를 구하려고 하면, B의 열의 개수가 2이고, A의 행의 개수가 4이므로 오류가 발생함

```
>> F=[1 3; 5 7]
F =
    1    3
    5    7
>> G= [4 2; 1 6]
G =
    4    2
    1    6
```
2 × 2 행렬 F와 G를 정의함

```
>> F*G
ans =
    7   20
   27   52
```
F와 G를 곱함

프로그램 예제 3.1 배열의 곱셈(계속)

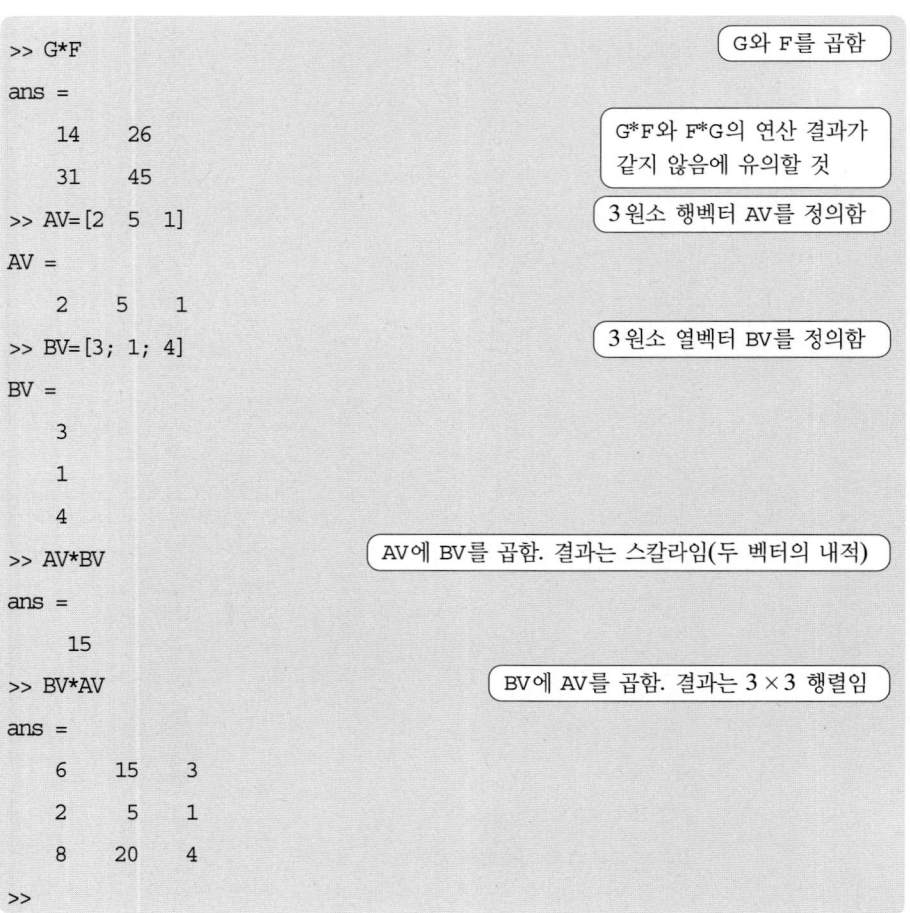

```
>> G*F                                    G와 F를 곱함
ans =
    14    26                        G*F와 F*G의 연산 결과가
    31    45                        같지 않음에 유의할 것
>> AV=[2  5  1]                     3 원소 행벡터 AV를 정의함
AV =
    2     5     1
>> BV=[3; 1; 4]                     3 원소 열벡터 BV를 정의함
BV =
    3
    1
    4
>> AV*BV                  AV에 BV를 곱함. 결과는 스칼라임(두 벡터의 내적)
ans =
    15
>> BV*AV                  BV에 AV를 곱함. 결과는 3 × 3 행렬임
ans =
    6    15    3
    2     5    1
    8    20    4
>>
```

수(사실은 수는 1×1 배열이다)를 배열에 곱하는 경우, 배열의 각 원소에 수를 곱한다. 예를 들면, 다음과 같다.

```
>> A=[2  5  7  0; 10 1 3 4; 6 2 11 5]    3 × 4 행렬 A를 정의함
A =
    2     5     7     0
   10     1     3     4
    6     2    11     5
>> b=3                                   수 3을 변수 b에 할당함
b =
    3
>> b*A
```

```
ans =
      6     15     21      0
     30      3      9     12
     18      6     33     15
>> C=A*5
C =
     10     25     35      0
     50      5     15     20
     30     10     55     25
```

행렬 A에 b를 곱함. b*A
또는 A*b를 입력함

행렬 A에 5를 곱하고 결과를 새로
운 변수 C에 할당함(C = 5*A도 같
은 결과를 출력함)

배열 곱셈의 선형대수 법칙을 이용하면 선형연립방정식을 편리하게 쓸 수 있다. 예
를 들어, 미지수가 세 개인 다음 연립방정식,

$$A_{11}x_1 + A_{12}x_2 + A_{13}x_3 = B_1$$
$$A_{21}x_1 + A_{22}x_2 + A_{23}x_3 = B_2$$
$$A_{31}x_1 + A_{32}x_2 + A_{33}x_3 = B_3$$

은 행렬 형태로

$$\begin{bmatrix} A_{11} & A_{12} & A_{13} \\ A_{21} & A_{22} & A_{23} \\ A_{31} & A_{32} & A_{33} \end{bmatrix} \begin{bmatrix} x_1 \\ x_2 \\ x_3 \end{bmatrix} = \begin{bmatrix} B_1 \\ B_2 \\ B_3 \end{bmatrix}$$

와 같이 쓸 수 있으며, 행렬 기호로는 다음과 같이 쓸 수 있다.

$$AX = B \quad 여기서 \quad A = \begin{bmatrix} A_{11} & A_{12} & A_{13} \\ A_{21} & A_{22} & A_{23} \\ A_{31} & A_{32} & A_{33} \end{bmatrix}, \quad X = \begin{bmatrix} x_1 \\ x_2 \\ x_3 \end{bmatrix}, \quad B = \begin{bmatrix} B_1 \\ B_2 \\ B_3 \end{bmatrix}$$

3.3 배열 나눗셈

나눗셈 연산 역시 선형대수 법칙과 연관되어 있다. 이 연산은 조금 더 복잡한데, 여
기서는 간단하게만 설명한다. 좀 더 자세한 설명은 선형대수에 관한 책에서 참조할 수
있다.

나눗셈 연산은 단위행렬(identity matrix)과 역행렬(inverse matrix) 연산을 이용

하여 설명할 수 있다.

단위행렬

단위행렬(identity matrix)은 대각선 원소가 모두 1이고 나머지 원소들은 모두 0
인 정방행렬이다. 2.2.1절에 나타낸 것과 같이 MATLAB에서 단위행렬은 eye 명령
어로 만들 수 있다. 단위행렬을 다른 행렬이나 벡터에 곱하는 경우, 그 행렬이나 벡터
는 변함이 없다(곱셈은 선형대수 법칙에 따라 계산해야 한다). 이것은 스칼라에 1을 곱하
는 경우에 해당된다. 예를 들면, 다음과 같다.

$$\begin{bmatrix} 7 & 3 & 8 \\ 4 & 11 & 5 \end{bmatrix}\begin{bmatrix} 1 & 0 & 0 \\ 0 & 1 & 0 \\ 0 & 0 & 1 \end{bmatrix} = \begin{bmatrix} 7 & 3 & 8 \\ 4 & 11 & 5 \end{bmatrix} \quad \text{또는} \quad \begin{bmatrix} 1 & 0 & 0 \\ 0 & 1 & 0 \\ 0 & 0 & 1 \end{bmatrix}\begin{bmatrix} 8 \\ 2 \\ 15 \end{bmatrix} = \begin{bmatrix} 8 \\ 2 \\ 15 \end{bmatrix} \quad \text{또는} \quad \begin{bmatrix} 6 & 2 & 9 \\ 1 & 8 & 3 \\ 7 & 4 & 5 \end{bmatrix}\begin{bmatrix} 1 & 0 & 0 \\ 0 & 1 & 0 \\ 0 & 0 & 1 \end{bmatrix} = \begin{bmatrix} 6 & 2 & 9 \\ 1 & 8 & 3 \\ 7 & 4 & 5 \end{bmatrix}$$

행렬 A가 정방행렬이라면, 단위행렬은 A의 왼쪽이나 오른쪽 어느 위치에서도 곱할
수 있다. 즉,

$$AI = IA = A$$

행렬의 역행렬

행렬 A와 B의 곱이 단위행렬이라면, 행렬 B는 행렬 A의 역행렬이다. 두 행렬은
모두 정방행렬이어야 하며 곱셈의 순서는 BA 또는 AB가 될 수 있다.

$$BA = AB = I$$

명백히 B는 A의 역행렬이며, A는 B의 역행렬이다. 예를 들면,

$$\begin{bmatrix} 2 & 1 & 4 \\ 4 & 1 & 8 \\ 2 & -1 & 3 \end{bmatrix}\begin{bmatrix} 5.5 & -3.5 & 2 \\ 2 & -1 & 0 \\ -3 & 2 & 1 \end{bmatrix} = \begin{bmatrix} 5.5 & -3.5 & 2 \\ 2 & -1 & 0 \\ -3 & 2 & 1 \end{bmatrix}\begin{bmatrix} 2 & 1 & 4 \\ 4 & 1 & 8 \\ 2 & -1 & 3 \end{bmatrix} = \begin{bmatrix} 1 & 0 & 0 \\ 0 & 1 & 0 \\ 0 & 0 & 1 \end{bmatrix}$$

이다. 행렬 A의 역행렬은 일반적으로 A^{-1}로 쓴다. MATLAB에서 A의 역행렬은
A의 -1의 지수승으로 구하거나, inv(A) 함수를 이용하여 구할 수 있다. 예를 들어,
MATLAB으로 위의 행렬을 곱하면 다음과 같다.

```
>> A=[2  1  4;  4  1  8;  2  -1  3]          행렬 A를 생성함
A =
   2    1    4
   4    1    8
   2   -1    3
```

```
>> B=inv(A)
B =
    5.5000    -3.5000     2.0000
    2.0000    -1.0000          0
   -3.0000     2.0000    -1.0000
>> A*B
ans =
    1     0     0
    0     1     0
    0     0     1
>> A*A^-1
ans =
    1     0     0
    0     1     0
    0     0     1
>>
```

> inv 함수를 이용하여 A의 역행렬을 구하고 B에 할당함

> A와 B의 곱은 단위행렬이 됨

> −1의 지수승을 이용하여 A의 역행렬을 구하고 여기에 A를 곱하면 단위행렬이 됨

- 모든 행렬이 역행렬을 갖는 것은 아니다. 행렬이 정방행렬이면서 행렬식 (determinant)이 0과 같지 않은 경우에만 역행렬을 갖는다.

행렬식

행렬식(determinant)은 정방행렬과 관련된 함수이다. 행렬식에 대해 다음에서 간단히 설명한다. 좀 더 자세한 내용은 선형대수에 관한 책에서 참조할 수 있다.

행렬식은 정방행렬 A와 행렬의 행렬식이라 불리는 수를 연결시키는 함수이다. 행렬식은 일반적으로 $\det(A)$ 또는 $|A|$로 표시되며, 특정 법칙에 따라 계산된다. 2×2의 2차 행렬에 대한 행렬식 계산 법칙은 다음과 같다.

$$A = \begin{vmatrix} a_{11} & a_{12} \\ a_{21} & a_{22} \end{vmatrix} = a_{11}a_{22} - a_{12}a_{21}, \quad \text{예를 들면,} \quad \begin{vmatrix} 6 & 5 \\ 3 & 9 \end{vmatrix} = 6 \cdot 9 - 5 \cdot 3 = 39$$

정방행렬의 행렬식은 det 명령어(표 3.1 참조)를 이용하여 계산할 수 있다.

배열 나눗셈

MATLAB에는 두 가지 형태의 배열 나눗셈 즉, 오른쪽 나눗셈과 왼쪽 나눗셈이 있다.

왼쪽 나눗셈 \

왼쪽 나눗셈(left division)은 행렬 방정식 $AX = B$의 해를 구하는 데 사용된다. 이 방정식에서 X와 B는 열벡터(column vector)이다. A의 역행렬을 방정식의 양변에서 왼쪽에 곱하여 방정식의 해를 구할 수 있다. 즉,

$$A^{-1}AX = A^{-1}B$$

위 방정식의 좌변은 다음에서 알 수 있듯이 X와 같다.

$$A^{-1}AX = IX = X$$

따라서 $AX = B$의 해는 다음과 같다.

$$X = A^{-1}B$$

MATLAB에서 위 식은 왼쪽 나눗셈 기호 \를 이용하여 다음과 같이 쓸 수 있다.

$$X = A \backslash B$$

여기서 지적할 것은 위의 마지막 두 연산이 같은 결과를 주는 것으로 보이지만 MATLAB이 X를 계산하는 방법은 서로 다르다는 것이다. 처음 식에서 MATLAB은 A^{-1}을 계산하고 이를 B에 곱한다. 두 번째 식에서, 왼쪽 나눗셈에 의한 해 X는 가우스 소거법(Gauss elimination method)에 기반을 둔 방법을 이용하여 수치적으로 구한다. 큰 행렬이 포함된 경우 역행렬의 계산이 가우스 소거법보다 덜 정확할 수도 있으므로 선형연립방정식의 해를 구하는 경우 왼쪽 나눗셈 방법이 바람직하다.

오른쪽 나눗셈 \

오른쪽 나눗셈(right division)은 행렬 방정식 $XC = D$의 해를 구하는 데 사용된다. 이 방정식에서 X와 D는 행벡터(row vector)이다. C의 역행렬을 방정식의 양변에서 오른쪽에 곱하여 방정식의 해를 구할 수 있다. 즉,

$$X \cdot CC^{-1} = D \cdot C^{-1}$$

로부터 해는 다음과 같다.

$$X = D \cdot C^{-1}$$

MATLAB에서 위의 마지막 식은 오른쪽 나눗셈 글자 /를 이용하여 다음과 같이 쓸 수 있다.

$$X = D/C$$

다음 예제는 왼쪽 나눗셈과 오른쪽 나눗셈, inv 함수를 이용하여 선형연립방정식의 해를 구하는 방법을 보여준다.

예제 3.1 세 선형방정식의 해(배열 나눗셈)

행렬연산을 이용하여 다음 선형연립방정식의 해를 구하라.

$$4x - 2y + 6z = 8$$
$$2x + 8y + 2z = 4$$
$$6x + 10y + 3z = 0$$

풀이

앞에서 설명한 선형대수 법칙을 이용하여 위의 연립방정식을 다음과 같이 $AX = B$ 또는 $XC = D$의 행렬 형태로 쓸 수 있다.

$$\begin{bmatrix} 4 & -2 & 6 \\ 2 & 8 & 2 \\ 6 & 10 & 3 \end{bmatrix} \begin{bmatrix} x \\ y \\ z \end{bmatrix} = \begin{bmatrix} 8 \\ 4 \\ 0 \end{bmatrix} \quad \text{또는} \quad \begin{bmatrix} x & y & z \end{bmatrix} \begin{bmatrix} 4 & 2 & 6 \\ -2 & 8 & 10 \\ 6 & 2 & 3 \end{bmatrix} = \begin{bmatrix} 8 & 4 & 0 \end{bmatrix}$$

위의 두 형태의 해는 다음과 같다.

```
>> A=[4  -2  6; 2  8  2; 6  10  3];          AX = B 형태의 풀이

>> B=[8;  4;  0];

>> x=A\B                                      왼쪽 나눗셈을 이용한 풀이. X = A\B

X =

    -1.8049

     0.2927

     2.6341

>> Xb=inv(A)*B                                A의 역행렬을 이용한 풀이. X = A⁻¹B

Xb =

    -1.8049

     0.2927

     2.6341

>> C=[4 2 6; -2 8 10; 6 2 3];                 XC = D의 형태의 해

>> D=[8 4 0]

>> Xc=D/C                                      오른쪽 나눗셈을 이용한 풀이, X = D/C

Xc =
```

```
       -1.8049    0.2927    2.6341
>> Xd=D*inv(C)
Xd =
      -1.8049    0.2927    2.6341
```

C의 역행렬을 이용한 풀이, $X = D \cdot C^{-1}$

3.4 원소별 연산

3.2절과 3.3절에서 곱셈과 나눗셈에 대한 정규 기호인 *와 /를 배열과 함께 사용하는 경우, 수학적 연산은 선형대수 법칙을 따른다는 것을 보았다. 그러나 원소별 연산 (element-by-element operation)이 필요한 경우들이 많이 있다. 원소별 연산은 배열 원소 각각에 대해 수행된다. 덧셈과 뺄셈은 두 배열을 더하거나 뺄 때 각 배열의 동일 위치의 원소끼리 연산을 수행하므로 정의에 따라 이미 원소별 연산이다. 원소별 연산은 같은 크기의 배열에 대해서만 가능하다.

MATLAB에서, 두 벡터나 두 행렬의 원소별 곱셈과 나눗셈, 원소별 거듭제곱은 연산자의 앞에 마침표를 찍어서 표시한다.

기호	설명
.*	원소별 곱셈
.^	연소별 거듭제곱
./	원소별 오른쪽 나눗셈
.\	원소별 왼쪽 나눗셈

두 벡터 a와 b가 $a = [a_1\ a_2\ a_3\ a_4]$이고 $b = [b_1\ b_2\ b_3\ b_4]$라면, 두 벡터의 원소별 곱셈과 나눗셈, 거듭제곱은 다음과 같다.

$$a\ .*\ b = \left[a_1 b_1\ a_2 b_2\ a_3 b_3\ a_4 b_4 \right]$$
$$a\ ./\ b = \left[a_1/b_1\ a_2/b_2\ a_3/b_3\ a_4/b_4 \right]$$
$$a\ .^\wedge\ b = \left[(a_1)^{b_1}\ (a_2)^{b_2}\ (a_3)^{b_3}\ (a_4)^{b_4} \right]$$

두 행렬 A와 B가

$$A = \begin{bmatrix} A_{11} & A_{12} & A_{13} \\ A_{21} & A_{22} & A_{23} \\ A_{31} & A_{32} & A_{33} \end{bmatrix}, \qquad B = \begin{bmatrix} B_{11} & B_{12} & B_{13} \\ B_{21} & B_{22} & B_{23} \\ B_{31} & B_{32} & B_{33} \end{bmatrix}$$

일 때, 두 행렬의 원소별 곱셈과 나눗셈은 다음과 같다.

$$A .* B = \begin{bmatrix} A_{11}B_{11} & A_{12}B_{12} & A_{13}B_{13} \\ A_{21}B_{21} & A_{22}B_{22} & A_{23}B_{23} \\ A_{31}B_{31} & A_{32}B_{32} & A_{33}B_{33} \end{bmatrix} \qquad A ./ B = \begin{bmatrix} A_{11}/B_{11} & A_{12}/B_{12} & A_{13}/B_{13} \\ A_{21}/B_{21} & A_{22}/B_{22} & A_{23}/B_{23} \\ A_{31}/B_{31} & A_{32}/B_{32} & A_{33}/B_{33} \end{bmatrix}$$

행렬 A 의 원소별 거듭제곱은 다음과 같다.

$$A .^\wedge n = \begin{bmatrix} (A_{11})^n & (A_{12})^n & (A_{13})^n \\ (A_{21})^n & (A_{22})^n & (A_{23})^n \\ (A_{31})^n & (A_{32})^n & (A_{33})^n \end{bmatrix}$$

프로그램 예제 3.2에 원소별 곱셈과 나눗셈, 거듭제곱에 대한 예를 나타내었다.

프로그램 예제 3.2 원소별 연산

```
>> A=[2  6  3;  5  8  4]                        2 × 3 배열 A를 정의함
A =
   2     6     3
   5     8     4
>> B=[1  4  10;  3  2  7]                        2 × 3 배열 B를 정의함
B =
   1     4    10
   3     2     7
>> A.*B                                          A와 B의 원소별 곱셈
ans =
    2    24    30
   15    16    28
>> C=A./B                                        A를 B로 원소별 나눗셈하고, 결과를 변수
C =                                              C에 할당함
   2.0000    1.5000    0.3000
   1.6667    4.0000    0.5714
```

프로그램 예제 3.2 원소별 연산(계속)

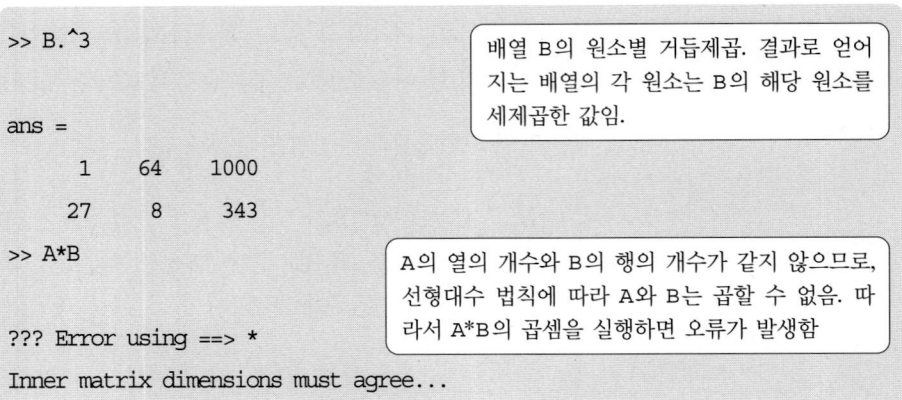

```
>> B.^3

ans =

     1    64    1000
    27     8     343
>> A*B

??? Error using ==> *
Inner matrix dimensions must agree...
```

배열 B의 원소별 거듭제곱. 결과로 얻어지는 배열의 각 원소는 B의 해당 원소를 세제곱한 값임.

A의 열의 개수와 B의 행의 개수가 같지 않으므로, 선형대수 법칙에 따라 A와 B는 곱할 수 없음. 따라서 A*B의 곱셈을 실행하면 오류가 발생함

원소별 계산은 많은 입력변수에 대한 함수 값을 계산할 때 매우 유용하다. 이를 위해서는 독립변수의 값들이 포함된 벡터를 먼저 정의하고, 이 벡터를 이용하여 원소별 계산을 하면 함수의 해당 값들을 원소로 가지는 벡터가 생성된다. 예를 하나 들면 다음과 같다.

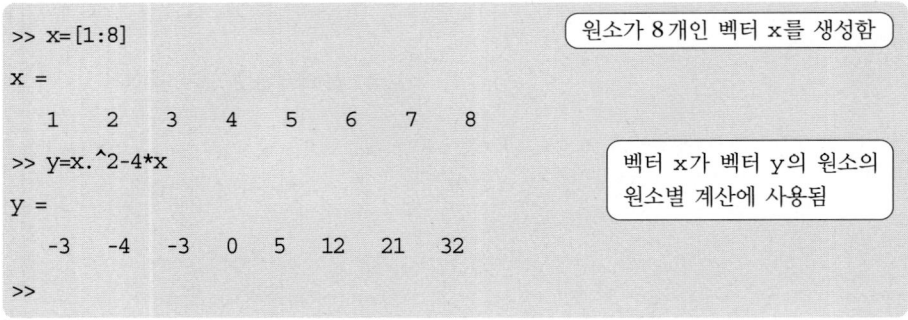

```
>> x=[1:8]
x =
     1    2    3    4    5    6    7    8
>> y=x.^2-4*x
y =
    -3   -4   -3    0    5   12   21   32
>>
```

원소가 8개인 벡터 x를 생성함

벡터 x가 벡터 y의 원소의 원소별 계산에 사용됨

위의 예에서 $y = x^2 - 4x$ 이다. x를 제곱할 때 원소별 연산이 필요하다. 벡터 y의 각 원소는 벡터 x의 해당 원소를 방정식에 대입하여 얻은 함수 y의 값이다. 또 다른 예를 들어보자.

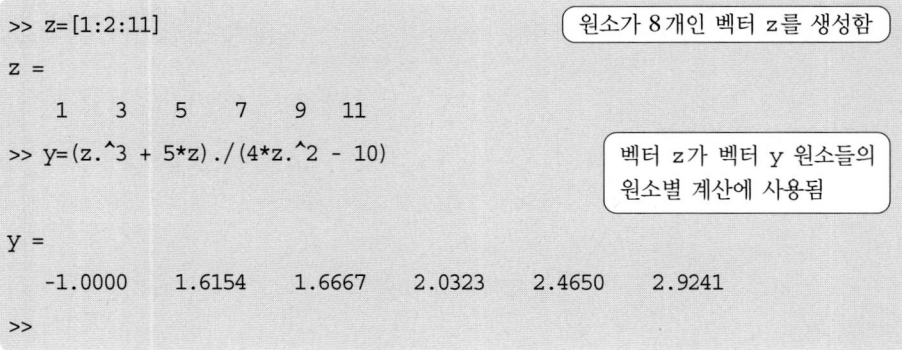

```
>> z=[1:2:11]
z =
     1    3    5    7    9   11
>> y=(z.^3 + 5*z)./(4*z.^2 - 10)

y =
   -1.0000   1.6154   1.6667   2.0323   2.4650   2.9241
>>
```

원소가 8개인 벡터 z를 생성함

벡터 z가 벡터 y 원소들의 원소별 계산에 사용됨

앞의 예에서 $y = \dfrac{z^3 + 5z}{4z^2 - 10}$ 이다. 이 예에서는 z^3과 z^2의 계산, 그리고 분수의 나눗셈에 원소별 연산이 세 번 사용되었다.

3.5 MATLAB 내장 수학함수에서의 배열 사용

MATLAB의 내장함수는 입력인자가 배열인 경우 함수에 의해 정의된 연산이 배열의 각 원소에 대해 수행되도록 만들어져 있다. 이 연산은 함수를 원소별로 적용하는 것으로 생각할 수 있다. 이러한 연산의 결과, 즉 출력은 입력인자 배열의 각 원소를 함수에 대입하여 얻은 결과를 해당 원소로 갖는 배열이다. 예를 들어, 원소가 7개인 벡터를 cos(x) 함수에 대입하면, x의 각 원소의 코사인 값을 해당 원소로 갖는 벡터가 결과로 얻어진다. 예를 들면, 다음과 같다.

```
>> x=[0:pi/6:pi]
x =
     0    0.5236    1.0472    1.5708    2.0944    2.6180    3.1416
>>y=cos(x)
y =
  1.0000    0.8660    0.5000    0.0000   -0.5000   -0.8660   -1.0000
>>
```

다음은 입력인자가 행렬인 경우에 대한 예이다.

```
>> d=[1  4  9; 16  25  36; 49  64  81]        ┌─────────────────┐
d =                                            │ 3 × 3 배열을 생성함 │
     1     4     9                             └─────────────────┘
    16    25    36
    49    64    81
>> h=sqrt(d)
h =                                            ┌─────────────────────┐
     1     2     3                             │ h는 배열 d의 각 원소의 제곱 │
     4     5     6                             │ 근을 구하여 해당 원소로 갖   │
     7     8     9                             │ 는 3 × 3 배열임            │
>>                                             └─────────────────────┘
```

배열을 함수의 인자로 사용할 수 있는 MATLAB의 특징을 벡터화(vectoriza-tion)라 부른다.

3.6 배열 해석용 내장함수

MATLAB은 배열을 해석할 수 있는 많은 내장함수를 가지고 있다. 표 3.1에 이러한 함수들 중 일부를 나타내었다.

표 3.1 내장 배열함수

함수	설명	예
mean(A)	A가 벡터이면, 벡터 원소들의 평균값을 돌려준다.	>> A=[5 9 2 4]; >> mean(A) ans = 5
C=max(A)	A가 벡터이면, C는 A에서 가장 큰 원소이다. A가 행렬인 경우, C는 A의 각 열에서 가장 큰 원소들로 구성된 행벡터이다.	>> A=[5 9 2 4 11 6 11 1]; >> C=max(A) C = 11
[d,n]=max(A)	A가 벡터이면, d는 A에서 가장 큰 원소이며 n은 원소의 위치이다(최대값이 여러 개인 경우에는 첫 번째 최대값의 위치).	>> [d,n]=max(A) d = 11 n = 5
min(A)	최소값을 찾는다는 점을 제외하고는 max(A)와 동일하다.	>> A=[5 9 2 4]; >> min(A) ans = 2
[d,n]=min(A)	최소값을 찾는다는 점을 제외하고는 [d,n]=max(A)와 동일하다.	
sum(A)	A가 벡터이면, 벡터 원소들의 합을 돌려준다.	>> A=[5 9 2 4]; >> sum(A) ans = 20
sort(A)	A가 벡터이면, 벡터의 원소들을 오름차순으로 정렬한다.	>> A=[5 9 2 4]; >> sort(A) ans = 2 4 5 9
median(A)	A가 벡터이면, 벡터 원소들의 중앙값(median value)을 돌려준다.	>> A=[5 9 2 4]; >> median(A) ans = 4.5000

표 3.1 내장 배열함수(계속)

함수	설명	예
std(A)	A가 벡터이면, 벡터의 원소들의 표준편차를 돌려준다.	>> A=[5 9 2 4]; >> std(A) ans = 2.9439
det(A)	정방행렬 A의 행렬식을 돌려준다.	>> A=[2 4; 3 5]; >> det(A) ans = -2
dot(a,b)	두 벡터 a와 b의 스칼라 곱(내적)을 계산한다. 벡터는 각각 행벡터 또는 열벡터가 될 수 있다.	>> a=[1 2 3]; >> b=[3 4 5]; >> dot(a,b) ans = 26
cross(a,b)	두 벡터 a와 b의 외적(cross product)을 계산한다. 두 벡터는 3개의 원소를 가져야 한다.	>> a=[1 3 2];. >> b=[2 4 1]; >> cross(a,b) ans = -5 3 -2
inv(A)	정방행렬 A의 역행렬을 돌려준다.	>> A=[2 -2 1; 3 2 -1; 2 -3 2]; >> inv(A) ans = 0.2000 0.2000 0 -1.6000 0.4000 1.0000 -2.6000 0.4000 2.0000

3.7 난수의 발생

많은 공학 응용분야와 물리적인 과정의 시뮬레이션에 랜덤한 값을 갖는 난수(또는 난수들의 집합)이 필요한 경우가 종종 있다. MATLAB에는 난수들을 변수에 할당하는 데 사용할 수 있는 두 명령어, rand와 randn이 있다.

rand 명령어

rand 명령어는 0과 1 사이의 균등분포 난수들을 생성하며, 표 3.2에 나타낸 것과 같이 이 난수들을 스칼라나 벡터, 또는 행렬에 할당하는 데 사용할 수 있다.

표 3.2 rand 명령어

명령어	설명	예

rand	0과 1 사이의 난수 한 개를 생성한다.	`>> rand`
		`ans =`
		`    0.2311`

rand(1,n)	0과 1 사이의 n개의 난수들로 구성된 1 × n 행벡터를 생성한다.	`>> a=rand(1,4)`
		`a =`
		`   0.6068   0.4860   0.8913   0.7621`

rand(n)	0과 1 사이의 난수들로 구성된 n × n 행렬을 생성한다.	`>> b=rand(3)`
		`b =`
		`   0.4565   0.4447   0.9218`
		`   0.0185   0.6154   0.7382`
		`   0.8214   0.7919   0.1763`

rand(m,n)	0과 1 사이의 난수들로 이루어진 m × n 행렬을 생성한다.	`>> c=rand(2,4)`
		`c =`
		`   0.4057   0.9169   0.8936   0.3529`
		`   0.9355   0.4103   0.0579   0.8132`

randperm(n)	1에서 n까지의 정수의 무작위 순열(random permutation)로 구성된 1 × n 행벡터를 생성한다.	`>> randperm(8)`
		`ans =`
		`   8   2   7   4   3   6   5   1`

(0,1)이 아닌 구간에 분포된 난수들이나 정수로만 이루어진 난수들이 필요한 경우가 가끔 있는데, rand 함수에 수학적인 조작을 하면 원하는 난수들을 얻을 수 있다. (a,b) 구간에 분포되는 난수들은 rand에 $(b - a)$를 곱한 후 a를 더하면 구할 수 있다. 즉,

$$(b - a)*\text{rand} + a$$

예를 들어, -5와 10 사이의 난수를 가지는 원소 10개의 벡터는 다음과 같이 구할 수 있다($a = -5$, $b = 10$).

```
>> v=15*rand(1,10)-5
v =
   -1.8640    0.6973    6.7499    5.2127    1.9164    3.5174
6.9132   -4.1123    4.0430   -4.2460
```

모두 정수인 난수들은 실수를 정수로 변환하는 함수들 중 하나를 이용하여 만들 수 있다. 예를 들어, 1에서 100 사이의 정수 난수를 갖는 2×15 행렬을 다음과 같이 생성할 수 있다.

```
>> A=round(99*rand(2,15)+1)
A =
   24    6   64   85   18   45   32   40   13   46   93   17   25   97   87
   25    9   20   18   99   35   37   60    5   87   27   87   65   67    2
```

randn **명령어**

randn 명령어는 평균이 0이고 표준편차가 1인 정규분포된 난수들을 생성한다. 이 명령어는 rand 명령어와 같은 방법으로 한 개의 수나 벡터, 또는 행렬을 생성하는 데 사용할 수 있다. 예를 들어, 3×4 행렬은 다음과 같이 생성할 수 있다.

```
>> d=randn(3,4)
d =
   -0.4326    0.2877    1.1892    0.1746
   -1.6656   -1.1465   -0.0376   -0.1867
    0.1253    1.1909    0.3273    0.7258
```

난수들의 평균과 표준편차는 수학적인 조작에 의해 어떤 값으로도 바꿀 수 있다. 이를 위해서는 randn 함수로 생성한 난수에 원하는 표준편차를 곱하고 원하는 평균을 더하면 된다. 예를 들어, 평균이 50이고 표준편차가 5인 15개 정수 난수들의 벡터는 다음과 같이 생성될 수 있다.

```
>> v=round(5*randn(1,15)+50)
v =
   53   51   45   39   50   45   53   53   58   53   47   52   45   50   50
```

위의 예에서, 정수는 round 함수를 이용하여 구하였다.

3.8 MATLAB 응용 예제

예제 3.2 등가 힘(벡터의 덧셈)

그림과 같이 세 힘이 바닥의 고리에 가해지고 있다. 이 고리에 가해지는 합력(등가 힘)을 구하라.

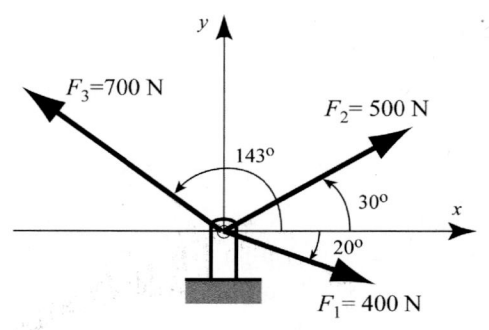

풀이

힘은 크기와 방향을 가진 물리량으로 벡터이다. 직각좌표계에서 2차원 벡터 **F**는 다음과 같이 쓸 수 있다.

$$\mathbf{F} = F_x\mathbf{i} + F_y\mathbf{j} = F\cos\theta\mathbf{i} + F\sin\theta\mathbf{j} = F(\cos\theta\mathbf{i} + \sin\theta\mathbf{j})$$

여기서 F는 힘의 크기, θ는 x축에 대한 힘의 각도이며, F_x와 F_y는 각각 **F**의 x축과 y축 방향 성분이고, **i**와 **j**는 x축과 y축 방향의 단위벡터이다. F_x와 F_y가 알려져 있다면 **F**와 θ는 다음 식으로 구할 수 있다.

$$F = \sqrt{F_x^2 + F_y^2}, \qquad \tan\theta = \frac{F_y}{F_x}$$

고리에 가해지는 합력, 즉 등가 힘은 고리에 가해지는 힘을 모두 더하면 얻어진다. MATLAB에 의한 해는 다음 세 단계를 따른다.

- 각 힘을 두 원소를 가진 벡터로 나타낸다. 벡터의 첫 번째 원소는 힘 벡터의 x축 성분이고 두 번째 원소는 힘 벡터의 y축 성분이다.
- 벡터들을 더하여 등가 힘을 벡터 형태로 구한다.
- 등가 힘의 크기와 방향을 구한다.

다음 스크립트 파일로 예제의 해를 구할 수 있다.

```
% 예제 3.2의 해(스크립트 파일)
clear
F1M=400; F2M=500; F3M=700;
```

세 힘 벡터의 크기를 세 변수로 정의함

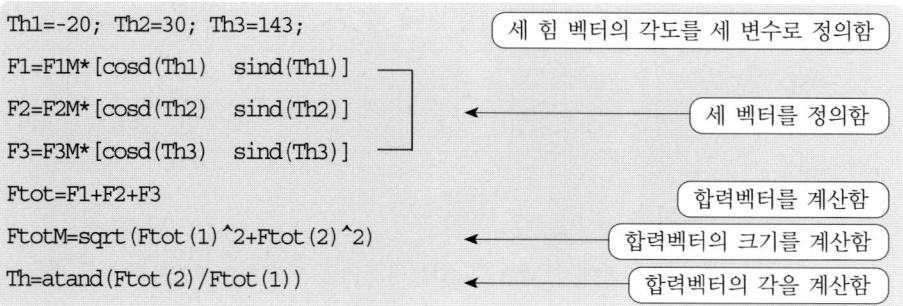

```
Th1=-20; Th2=30; Th3=143;          ──→ 세 힘 벡터의 각도를 세 변수로 정의함
F1=F1M*[cosd(Th1)  sind(Th1)]
F2=F2M*[cosd(Th2)  sind(Th2)]      ──→ 세 벡터를 정의함
F3=F3M*[cosd(Th3)  sind(Th3)]
Ftot=F1+F2+F3                      ──→ 합력벡터를 계산함
FtotM=sqrt(Ftot(1)^2+Ftot(2)^2)   ──→ 합력벡터의 크기를 계산함
Th=atand(Ftot(2)/Ftot(1))         ──→ 합력벡터의 각을 계산함
```

프로그램이 실행되면 다음 결과가 명령어 창(Command Window)에 출력된다.

```
F1 =
    375.8770    -136.8081          ──→ F1 의 x, y 성분
F2 =
    433.0127     250.0000          ──→ F2 의 x, y 성분
F3 =
   -559.0449     421.2705          ──→ F3 의 x, y 성분
Ftot =
    249.8449     534.4625          ──→ 합력의 x, y 성분
FtotM =
    589.9768                       ──→ 합력의 크기
Th =
     64.9453                       ──→ 합력의 방향(각도)
```

등가 힘은 589.98 N의 크기를 가지며 x축에 대해 64.95°(반시계방향)의 방향을 갖는다. 벡터 기호로, 힘은 **F** = 249.84**i** + 534.46**j** N이다.

예제 3.3 마찰 실험(원소별 계산)

마찰 계수 μ는 질량 m을 이동시키는 데 필요한 힘 F를 측정함으로써 실험으로 결정할 수 있다. F가 측정되고 m이 알려지면, 마찰 계수는 다음 식에 의해 계산할 수 있다.

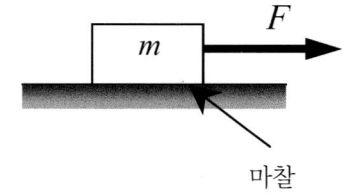

마찰

$$\mu = F / (mg) \quad (g = 9.81 \text{ m/s}^2).$$

여섯 번의 실험을 통한 F에 대한 측정 결과가 다음 표로 주어졌다. 각 실험에 대한 마찰 계수를 구하고, 모든 실험 결과에 대한 마찰 계수의 평균을 구하라.

실험 번호	1	2	3	4	5	6
질량 m(kg)	2	4	5	10	20	50
힘 F(N)	12.5	23.5	30	61	117	294

풀이

명령어 창에서 MATLAB 명령어를 이용하여 해를 구하면 다음과 같다.

```
>> m=[2 4 5 10 20 50];                           m의 값을 벡터에 입력함

>> F=[12.5 23.5 30 61 117 294];                  F의 값을 벡터에 입력함

>> mu=F./(m*9.81)                                원소별 계산을 이용하여 각 시험
                                                 에 대한 mu 값을 계산함

mu =

   0.6371   0.5989   0.6116   0.6218   0.5963   0.5994

>> mu_ave=mean(mu)                               함수 mean을 이용하여 벡터 mu
                                                 의 원소들의 평균을 구함
mu_ave =

    0.6109
```

예제 3.4 전기저항회로 분석(선형 연립방정식의 풀이)

오른쪽에 있는 전기회로는 저항과 전압원으로 구성되어 있다. Kirchhoff의 전압법칙에 의한 망전류 방법(mesh current method)을 이용하여 각 저항에서의 전류를 구하라.

$V_1 = 20$ V, $V_2 = 12$ V, $V_3 = 40$ V
$R_1 = 18\,\Omega$, $R_2 = 10\,\Omega$, $R_3 = 16\,\Omega$
$R_4 = 6\,\Omega$, $R_5 = 15\,\Omega$, $R_6 = 8\,\Omega$
$R_7 = 12\,\Omega$, $R_8 = 14\,\Omega$

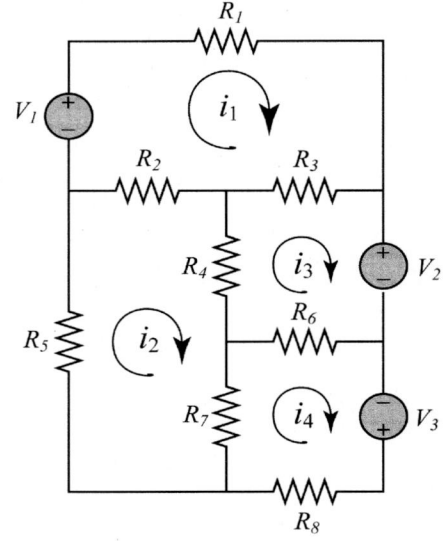

풀이

Kirchhoff의 전압법칙(voltage law)에 의하면, 폐회로상의 전압을 모두 더하면

0이다. 망전류 방법에서 먼저 각 망에 전류(그림에서 i_1, i_2, i_3, i_4)를 할당하고 Kirchhoff의 전압 제2법칙을 각 망에 적용하면, 전류에 대한 선형 연립방정식(이 예

제의 경우 4개의 방정식)을 얻을 수 있다. 이 선형 연립방정식의 해로부터 망전류의 값을 구할 수 있다. 두 망에 모두 속해 있는 저항을 통과하는 전류는 각 망에서의 전류를 합한 값과 같다. 모든 전류가 같은 방향으로 흐른다고 가정하는 것이 편하며, 이 예제에서는 시계방향으로 가정하였다. 각 망에 대한 식에서, 전압원(voltage source)의 부호는 전류가 −극 쪽으로 흐를 때 양(+)이며, 저항의 전압 부호는 망전류 방향의 전류에 대해 음(−)이다.

전류 문제에서 네 망에 대한 방정식은 다음과 같다.

$$V_1 - R_1 i_1 - R_3(i_1 - i_3) - R_2(i_1 - i_2) = 0$$
$$-R_5 i_2 - R_2(i_2 - i_1) - R_4(i_2 - i_3) - R_7(i_2 - i_4) = 0$$
$$-V_2 - R_6(i_3 - i_4) - R_4(i_3 - i_2) - R_3(i_3 - i_1) = 0$$
$$V_3 - R_8 i_4 - R_7(i_4 - i_2) - R_6(i_4 - i_3) = 0$$

위의 네 방정식은 다음과 같이 $[A][x] = [B]$의 행렬 형태로 다시 나타낼 수 있다.

$$\begin{bmatrix} -(R_1 + R_2 + R_3) & R_2 & R_3 & 0 \\ R_2 & -(R_2 + R_4 + R_5 + R_7) & R_4 & R_7 \\ R_3 & R_4 & -(R_3 + R_4 + R_6) & R_6 \\ 0 & R_7 & R_6 & -(R_6 + R_7 + R_8) \end{bmatrix} \begin{bmatrix} i_1 \\ i_2 \\ i_3 \\ i_4 \end{bmatrix} = \begin{bmatrix} -V_1 \\ 0 \\ V_2 \\ -V_3 \end{bmatrix}$$

문제의 해는 스크립트 파일로 작성된 다음 프로그램을 이용하여 구할 수 있다.

```
V1=20; V2=12; V3=40;                          V와 R의 값을 각각 변수로 정의함
R1=18; R2=10; R3=16; R4=6;
R5=15; R6=8; R7=12; R8=14;
A=[-(R1+R2+R3) R2 R3 0
R2 -(R2+R4+R5+R7) R4 R7                        행렬 A를 생성함
R3 R4 -(R3+R4+R6) R6
0 R7 R6 -(R6+R7+R8)]
B=[-V1; 0; V2; -V3]                            벡터 B를 생성함
I=A\B                                          왼쪽 나눗셈을 이용하여 전류를 구함
```

스크립트 파일이 실행되면 다음 결과들이 명령어 창에 출력된다.

```
A =
   -44    10    16     0
    10   -43     6    12
```

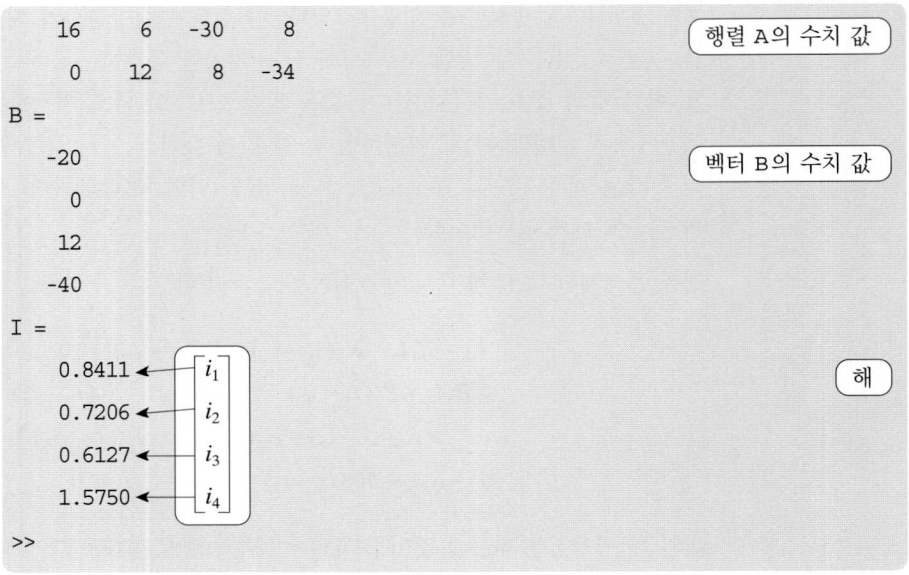

위의 마지막 열벡터 I는 각 망에 흐르는 전류를 나타낸다. 저항 R_1, R_5, R_8에서의 전류는 각각 $i_1 = 0.8411$ A, $i_2 = 0.7206$ A, $i_4 = 1.5750$ A이다. 나머지 저항들은 두 망에 속해 있으며 각 저항에서의 전류는 두 망에서의 전류의 합이다.

저항 R_2에서의 전류는 $i_1 - i_2 = 0.1205$ A이다.

저항 R_3에서의 전류는 $i_1 - i_3 = 0.2284$ A이다.

저항 R_4에서의 전류는 $i_2 - i_3 = 0.1079$ A이다.

저항 R_6에서의 전류는 $i_4 - i_3 = 0.9623$ A이다.

저항 R_7에서의 전류는 $i_4 - i_2 = 0.8544$ A이다.

예제 3.5 두 질점의 운동

기차와 자동차가 교차로를 향해 접근하고 있다. $t = 0$에서 기차는 교차로에서 남쪽으로 400 ft 지점에 있으며 54 mi/h의 일정한 속력으로 북쪽을 향해 달리고 있다. 동시에 자동차는 교차로의 서쪽으로 200 ft 지점에 있으며 28 mi/h의 속력과 4 ft/s² 의 가속도로 동쪽을 향해 달리고 있다. 다음 10초 동안 매초마다 기차와 자동차의 위치, 둘 사이의 거리, 자동차에 대한 기차의 상대 속력 등을 구하라.

결과를 나타내기 위해 11 × 6 크기의 행렬을 생성하라. 행렬의 각 행에서 첫 번째 원소는 시간, 나

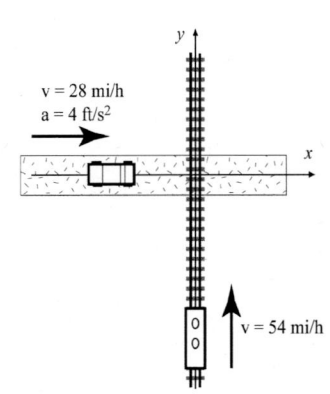

머지 다섯 원소는 각각 기차의 위치, 자동차의 위치, 기차와 자동차 사이의 거리, 자동차의 속력, 자동차에 대한 기차의 상대 속력이다.

풀이

일정한 가속도로 직선을 따라 움직이는 물체의 위치는 $s = s_o + v_o t + \frac{1}{2}at^2$으로 주어진다. 여기서 s_o와 v_o는 $t = 0$에서의 위치와 속력이며, a는 가속도이다. 이 식을 기차와 자동차에 적용하면 다음과 같다.

$$y = -400 + v_{otrain}t \quad \text{(기차)}$$
$$x = -200 + v_{ocar}t + \frac{1}{2}a_{car}t^2 \quad \text{(자동차)}$$

자동차와 기차 사이의 거리는 $d = \sqrt{x^2 + y^2}$이다.

기차의 속도는 일정하며 벡터 기호로는 $\mathbf{v}_{train} = v_{otrain}\mathbf{j}$이다. 자동차는 가속하고 있으며 시간 t에서의 속도는 $\mathbf{v}_{car} = (v_{ocar} + a_{car}t)\mathbf{i}$로 주어진다. 자동차에 대한 기차의 상대 속도 $\mathbf{v}_{t/c}$는 $\mathbf{v}_{t/c} = \mathbf{v}_{train} - \mathbf{v}_{car} = -(v_{ocar} + a_{car}t)\mathbf{i} + v_{otrain}\mathbf{j}$로 주어진다. 이 속력의 크기, 즉 속력은 벡터의 길이와 같다.

이 문제는 스크립트 파일로 작성된 다음 프로그램으로 풀 수 있다. 먼저 0에서 10초까지의 11개의 시간 원소를 가진 벡터 t를 생성한 후, 이들 각 시간 원소에 대해 기차와 자동차의 위치, 둘 사이의 거리, 자동차에 대한 기차의 상대 속력 등을 계산한다.

```
v0train=54*5280/3600; v0car=28*5280/3600; acar=4;
```
> 초기속도(ft/s)와 가속도에 대한 변수들을 생성함

```
t=0:10;
```
> 벡터 t를 생성함

```
y=-400+v0train*t;
```
> 기차와 자동차의 위치를 계산함

```
x=-200+v0car*t+0.5*acar*t.^2;
```

```
d=sqrt(x.^2+y.^2);
```
> 기차와 자동차 사이의 거리를 계산함

```
vcar=v0car+acar*t;
```
> 자동차의 속도를 계산함

```
speed_trainRcar=sqrt(vcar.^2+v0train^2);
```
> 자동차에 대한 기차의 상대속력을 계산함

```
table=[t' y' x' d' vcar'  speed_trainRcar']
```
> table 변수를 생성함(아래의 주의 참조)

주의: 위의 명령어에서, table은 출력할 데이터를 가진 행렬 변수의 이름이다.

스크립트 파일이 실행되면, 다음 결과가 명령어 창에 출력된다.

```
table =

        0  -400.0000  -200.0000   447.2136   41.0667    89.2139
   1.0000  -320.8000  -156.9333   357.1284   45.0667    91.1243
   2.0000  -241.6000  -109.8667   265.4077   49.0667    93.1675
   3.0000  -162.4000   -58.8000   172.7171   53.0667    95.3347
   4.0000   -83.2000    -3.7333    83.2837   57.0667    97.6178
   5.0000    -4.0000    55.3333    55.4777   61.0667   100.0089
   6.0000    75.2000   118.4000   140.2626   65.0667   102.5003
   7.0000   154.4000   185.4667   241.3239   69.0667   105.0849
   8.0000   233.6000   256.5333   346.9558   73.0667   107.7561
   9.0000   312.8000   331.6000   455.8535   77.0667   110.5075
  10.0000   392.0000   410.6667   567.7245   81.0667   113.3333
```

시간(s)	기차의 위치 (ft)	자동차의 위치 (ft)	기차와 자동차 사이의 거리(ft)	자동차의 속력 (ft/s)	자동차에 대한 기차의 상대 속력(ft/s)

이 문제에서 결과는 수치로서 어떠한 텍스트도 없이 MATLAB에 의해 출력된다. MATLAB에 의해 생성되는 출력에 텍스트를 추가하는 방법에 대한 설명은 4장에서 제시된다.

연습문제

주의: 배열의 수학연산 연습을 위한 추가 문제가 4장 끝부분에 제공된다.

1. 함수 $y = \dfrac{(2x^2 - 5x + 4)^3}{x^2}$에 대해, 원소별 연산을 이용하여 다음 x 값, -2, -1, 0, 1, 2, 3, 4, 5에 대한 y값을 계산하라.

2. 함수 $y = 5\sqrt{t} - \dfrac{(t+2)^2}{0.5(t+1)} + 8$에 대해, 원소별 연산을 이용하여 다음 t 값, 0, 1, 2, 3, 4, 5, 6, 7, 8에 대한 y값을 계산하라.

3. 바닥에 떨어지는 공이 여러 번 다시 튀어 오르며, 튀어 오를 때마다 도달하게 되는 최고 높이가 점점 낮아진다. 공이 바닥에 부딪친 후 튀어 오르는 속도는 충돌 속도의 0.85배이다. 높이 h에서 떨어진 공이 마루에 부딪칠 때의 속도 v는 $v = \sqrt{2gh}$로 주어진다. 여기서 $g = 9.81$ m/s²은 지구의 중력가속도이다. 공이

도달하게 되는 최고 높이 h_{max}는 $h_{max} = \dfrac{v^2}{2g}$으로 주
어지며, 여기서 v는 충돌 후의 상향 속도이다. 2 m 높
이에서 떨어지는 공이 처음 8번 튀긴 후 도달하게 되
는 최고 높이를 구하라. (공이 처음으로 바닥과 부딪칠
때의 속도를 계산하라. 바운드 횟수의 함수로 h_{max}에 대한
공식을 유도하라. 그다음, 벡터 $n = 1, 2, \ldots, 8$을 생성
하고 원소별 연산을 공식에 사용하여 각 n에 대한 h_{max}값
을 갖는 벡터를 계산하라.)

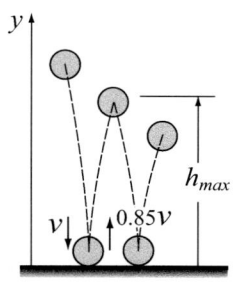

4. 농구공이 헬리콥터에서 떨어지는 경우, 시간의 함수인 농구
공의 속도 $v(t)$는 다음 식으로 모델링될 수 있다.

$$v(t) = \sqrt{\frac{2mg}{\rho A C_d}}\left(1 - e^{-\sqrt{\frac{\rho g C_d A}{2m}}\,t}\right)$$

여기서 $g = 9.81$ m/s²은 지구의 중력가속도이고, $C_d = 0.5$
는 항력계수(drag coefficient)이며, $\rho = 1.2$ kg/m³은 공
기의 밀도, $m = 0.624$ kg은 농구공의 질량, $A = \pi r^2$은 농
구공의 투사면적(반지름 $r = 0.117$ m)이다. $t = 0, 1, 2, 3, 4, 5, 6, 7, 8, 9, 10$
초에 대한 농구공의 속도를 구하라. 초기에는 속도가 빠르게 증가하지만, 공기의
저항 때문에 속도는 점차 서서히 증가하게 되며 결국에는 종단속도(terminal
velocity)라 불리는 한계속도에 도달하게 된다.

5. 벡터 $\mathbf{u} = x\mathbf{i} + y\mathbf{j} + z\mathbf{k}$의 길이(크기) $|\mathbf{u}|$는 $|\mathbf{u}| = \sqrt{x^2 + y^2 + z^2}$이다. 벡터 $\mathbf{u} = 14\mathbf{i} + 25\mathbf{j} - 10\mathbf{k}$가 주어질 때, 다음 두 방법으로 이 벡터의 길이를 구하라.

a) 벡터를 MATLAB에서 정의한 후, 길이에 대한 수학식에 벡터의 성분들을
대입하여 벡터 길이를 구하라.

b) 벡터를 MATLAB에서 정의한 후, 원소별 연산을 이용하여 원래 벡터의 제
곱인 원소들로 이루어진 새 벡터를 생성하라. 그다음, MATLAB의 내장함
수 sum과 sqrt를 이용하여 벡터의 길이를 계산하라. 이들 전부를 하나의 명
령으로 작성하라.

6. 속도 v_0와 각도 θ로 발사된 발사체의 시간
에 따른 위치 $(x(t), y(t))$는 다음 식으로 주
어진다.

$$x(t) = v_0\cos\theta \cdot t \qquad y(t) = v_0\sin\theta \cdot t - \frac{1}{2}gt^2$$

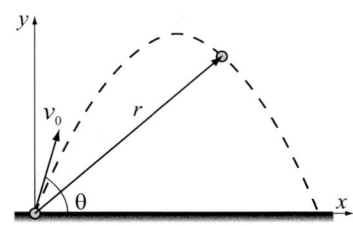

여기서 $g = 9.81$ m/s^{2}은 지구의 중력가속도이다. 시간 t에서 발사체까지의 거리 r은 $r(t) = \sqrt{x(t)^2 + y(t)^2}$ 으로부터 계산될 수 있다. $v_0 = 100$ m/s와 $\theta = 79°$ 인 경우에 대해, $t = 0, 2, 4, \ldots , 20$초에 대한 발사체까지의 거리 r을 구하라.

7. 두 벡터가 다음과 같이 주어져 있다.

$$\mathbf{u} = 4\mathbf{i} + 9\mathbf{j} - 5\mathbf{k} , \qquad \mathbf{v} = -3\mathbf{i} + 6\mathbf{j} - 7\mathbf{k}$$

MATLAB을 이용하여 다음 두 가지 방법으로 두 벡터의 내적 $\mathbf{u} \cdot \mathbf{v}$를 계산하라.

a) $\mathbf{u}$를 행벡터로, $\mathbf{v}$를 열벡터로 정의한 후, 행렬연산을 이용하라.

b) MATLAB 내장함수 dot를 이용하라.

8. x와 y를 벡터 $x = 2, 4, 6, 8, 10$과 $y = 3, 6, 9, 12, 15$로 정의한 후, 두 벡터를 다음 식에 사용하여 원소별 연산으로 z를 계산하라.

$$z = \left(\frac{y}{x} \right)^2 + (x + y)^{\left(\frac{y - x}{x} \right)}$$

9. h와 k를 $h = 0.7$과 $k = 8.85$의 스칼라로 정의하고, x, y, z를 벡터 $x = [1, 2, 3, 4, 5]$, $y = [2.1, 2.0, 1.9, 1.8, 1.7]$, $z = [2.0, 2.5, 3.0, 3.5, 4.0]$로 정의하라. 그다음, 이 변수들을 이용하여 벡터들에 대한 원소별 연산으로 G를 계산하라.

$$G = \frac{hx + ky}{(x + y)^h} + \frac{e^{\left(\frac{hy}{z} \right)}}{z^{(y / x)}}$$

10. $\displaystyle \lim_{x \to 0} \frac{e^x - 1}{x} = 1$이 성립함을 보여라.

이를 위해 먼저 1, 0.5, 0.1, 0.01, 0.001, 0.00001, 0.0000001 등을 원소로 갖는 벡터 x를 생성하고, x의 각 원소를 식 $\dfrac{e^x - 1}{x}$에 대입하여 구한 원소들로 이루어진 새 벡터 y를 생성하라. y의 원소들과 값 1을 비교하라(format long을 이용하여 수를 출력하라).

11. MATLAB을 이용하여 무한급수 $\displaystyle 4\sum_{n = 0}^{\infty} \frac{(-1)^n}{2n + 1}$의 합이 π에 수렴하는 것을 보여라. 이를 위해 다음의 각 경우에 대한 합을 구하라.

a) $n = 100$

b) $n = 10,000$

c) $n = 1,000,000$

각 경우에 대해, 첫 번째 원소가 0이고 1씩 증가하여 마지막 원소가 각각 100,

10,000, 1,000,000 이 되는 벡터 n을 생성하라. 그다음, 원소별 연산을 이용하여 각 원소가 식 $\frac{(-1)^n}{2n+1}$ 으로 계산된 벡터를 생성하라. 끝으로, MATLAB의 내장함수 sum을 이용하여 급수의 항들을 더하고 합에 4를 곱하라. *a*), *b*), *c*)에서 구한 값들과 π 값을 비교하라. (명령어 끝에 세미콜론을 붙이지 않으면 큰 벡터를 출력하게 되므로 세미콜론 입력을 잊지 않도록 한다.)

12. MATLAB을 이용하여 무한급수 $\sum_{n=0}^{\infty} \frac{1}{(2n+1)(2n+2)}$ 의 합이 *ln* 2에 수렴함을 보여라. 이를 위해 다음 세 경우에 대한 합을 구하라.

a) $n = 50$

b) $n = 500$

c) $n = 5,000$

각 경우에 대해 첫 번째 원소가 0이고 1씩 증가하여 마지막 원소가 각각 50, 500, 5,000이 되는 벡터 *n*을 생성하라. 그다음, 원소별 연산을 이용하여 각 원소가 식 $\frac{1}{(2n+1)(2n+2)}$ 로 계산된 벡터를 생성하라. 끝으로, 함수 sum을 이용하여 각 급수의 항들을 더하라. *a*), *b*), *c*)에서 구한 값들과 *ln* 2를 비교하라.

13. 수산학에서는 일반적으로 다음 Bertalanffy의 성장법칙을 이용하여 수산자원의 성장을 추정한다.

$$L = L_{max}(1 - e^{-K(t+\tau)})$$

여기서 L_{max}는 최대 길이, K는 비율 상수, τ는 시상수(time constant)이다. 이 상수들은 어종에 따라 다르다. $L_{max} = 50$ cm, $\tau = 0.5$ year를 가정하여, $K = 0.25, 0.5, 0.75$ year^{-1}에 대한 2년생 물고기의 길이를 계산하라.

14. 다음 세 행렬을 생성하라.

$$A = \begin{bmatrix} 5 & 2 & 4 \\ 1 & 7 & -3 \\ 6 & -10 & 0 \end{bmatrix} \quad B = \begin{bmatrix} 11 & 5 & -3 \\ 0 & -12 & 4 \\ 2 & 6 & 1 \end{bmatrix} \quad C = \begin{bmatrix} 7 & 14 & 1 \\ 10 & 3 & -2 \\ 8 & -5 & 9 \end{bmatrix}$$

a) $A + B$와 $B + A$를 계산하여 행렬 덧셈의 교환법칙이 성립함을 보여라.

b) $A + (B + C)$와 $(A + B) + C$를 계산하여 행렬 덧셈의 결합법칙이 성립함을 보여라.

c) $5(A + C)$와 $5A + 5C$를 계산하여 행렬에 스칼라를 곱할 때 곱셈의 분배법칙이 성립함을 보여라.

d) $A*(B + C)$와 $A*B + A*C$를 계산하여 행렬 곱셈의 분배법칙이 성립함을

보여라.

15. 위 문제의 행렬 A, B, C를 이용하여 다음에 답하라.

a) $A*B = B*A$가 성립하는가?

b) $A*(B*C) = (A*B)*C$가 성립하는가?

c) $(A*B)^t = B^t*A^t$가 성립하는가? (^{t}는 전치를 의미함)

d) $(A + B)^t = A^t + B^t$가 성립하는가?

16. 두 발사체 A와 B가 같은 지점에서 같은 순간에 발사된다. 발사체 A는 680 m/s의 속도와 65°의 각도로 발사되며, 발사체 B는 780 m/s의 속도와 42°의 각도로 발사된다. 어느 발사체가 지면에 먼저 부딪치게 되는지를 결정하라. 그다음, 이 발사체가 비행한 시간 t_f를 열 개의 등간격으로 나누어 11개의 등간격 원소를 가진 벡터 t를 생성하라(첫 번째 원소는 0, 마지막 원소는 t_f이다). 벡터 t의 11개 시각에서의 두 발사체 사이의 거리를 계산하라.

17. 수축하는 근육의 기계적인 출력파워 P는 다음 식으로 주어진다.

$$P = Tv = \frac{kvT_0\left(1 - \dfrac{v}{v_{max}}\right)}{k + \dfrac{v}{v_{max}}}$$

여기서 T는 근육의 장력, v는 수축 속도(v_{max}는 v의 최대값), T_0는 등척성 장력(isometric tension; 속도 0에서의 장력)이며, k는 무차원 상수로서 대부분의 근육에 대해 0.15에서 0.25 사이의 값을 갖는다. 무차원 형태로 식을 나타내면 다음과 같다.

$$p = \frac{ku(1 - u)}{k + u}$$

여기서 $p = (Tv)/(T_0v_{max})$이며, $u = v/v_{max}$이다. 오른쪽 그림은 $k = 0.25$에 대한 p의 그래프이다.

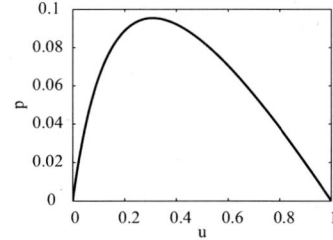

a) 0에서 1까지 0.05씩 커지는 벡터 u를 생성하라.

b) $k = 0.25$를 이용하여, u의 각 값에 대해 p의 값을 계산하라.

c) MATLAB 내장함수 max를 이용하여 p의 최대값을 구하라.

d) 0에서 1까지 0.01씩 커지도록 벡터 u를 생성하고 위의 *b*)와 *c*)를 다시 수행하라. 또 식 $E = \left|\dfrac{p_{max_{0.01}} - p_{max_{0.05}}}{p_{max_{0.05}}}\right| \times 100$으로 정의되는 백분율 상대오차 E를 계산하라.

18. 다음 5원 1차 연립방정식을 풀어라.

$$1.5x - 2y + z + 3u + 0.5w = 7.5$$
$$3x + y - z + 4u - 3w = 16$$
$$2x + 6y - 3z - u + 3w = 78$$
$$5x + 2y + 4z - 2u + 6w = 71$$
$$-3x + 3y + 2z + 5u + 4w = 54$$

19. 그림의 전기회로는 저항과 전압원으로 구성되어 있다. Kirchhoff 제2 전압법칙에 의한 망전류 방법(mesh current method)을 이용하여 각 저항에서의 전류를 구하라.

$V_1 = 38 \text{ V}, \ V_2 = 20 \text{ V}, \ V_3 = 24 \text{ V}$
$R_1 = 15 \, \Omega, \ R_2 = 18 \, \Omega, \ R_3 = 10 \, \Omega$
$R_4 = 9 \, \Omega, \ R_5 = 5 \, \Omega, \ R_6 = 14 \, \Omega$
$R_7 = 8 \, \Omega, \ R_8 = 13 \, \Omega$

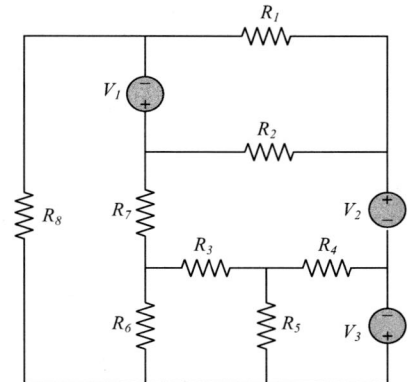

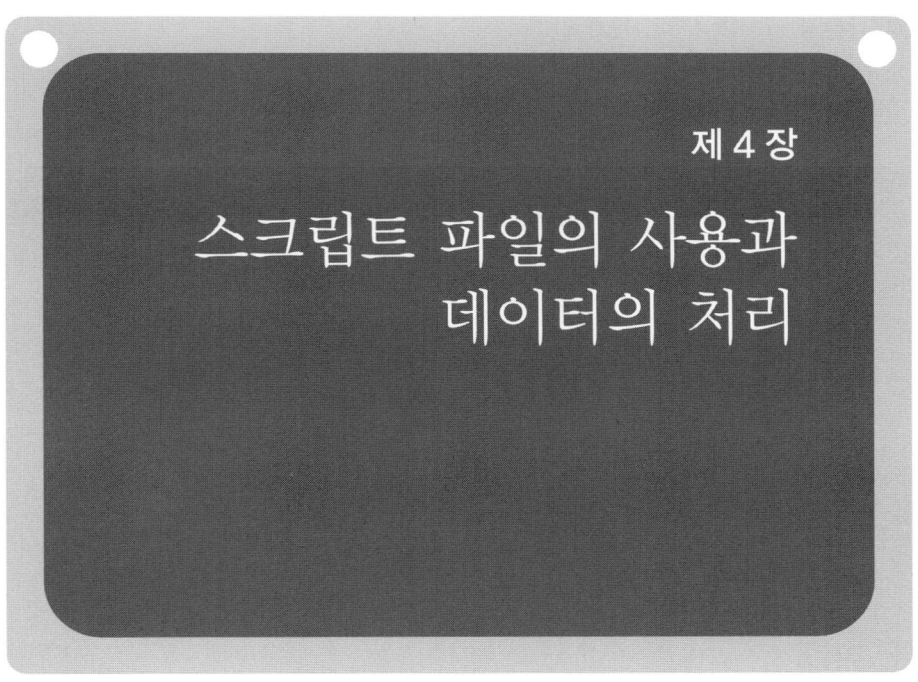

제 4 장

스크립트 파일의 사용과
데이터의 처리

스크립트 파일(script file)은 파일에 저장된 MATLAB 명령어들의 목록(프로그램
으로 불림)이다(1.8 절 참조). 스크립트 파일이 실행되면, MATLAB 이 명령어들을 실
행시킨다. 1.8 절에서는 모든 변수들이 스크립트 파일 안에서 정의되고 작성된 순서대
로 명령어가 실행되는 형태의 간단한 스크립트 파일을 만들고 저장하며 실행하는 방
법에 대해 기술하였다. 이 장에서는 스크립트 파일에 데이터를 입력하는 방법과
MATLAB 에서 데이터를 저장하는 방법, 스크립트 파일에서 생성된 자료를 출력하
고 저장하는 다양한 방법, 그리고 MATLAB 과 다른 응용프로그램 사이에 데이터를
교환하는 방법 등에 대해 좀 더 자세히 다루기로 한다. (단순히 순서대로 명령어를 실행하
는 것이 아닌 좀 더 고급과정의 프로그램을 작성하는 방법에 대해서는 7 장에서 다룰 것이다.)
일반적으로 변수는 여러 가지 방법으로 정의될 수 있다. 2 장에서 본 것처럼, 명시
적으로 변수를 정의하는 대신 변수이름에 값을 할당하면 변수가 자동으로 정의된다.
변수는 함수의 출력값을 할당받을 수도 있고, MATLAB 외부의 파일에서 불러온 데
이터로 정의될 수도 있다. 일단 변수들이 명령어 창(Command Window)에서 정의
되거나 스크립트 파일이 실행되면, 변수들은 MATLAB 의 작업공간(Workspace)에
저장된다.
작업공간에 존재하는 변수들은 여러 가지 방법으로 출력하거나 저장할 수 있으며
MATLAB 외부의 응용프로그램으로 내보낼 수 있다. 마찬가지로 MATLAB 외부의
파일로부터 데이터를 작업영역으로 불러들인 후 MATLAB 에서 사용할 수도 있다.

4.1절에서는 MATLAB이 작업공간에 데이터를 저장하는 방법과 사용자가 저장된 데이터를 볼 수 있는 방법에 대해 설명한다. 4.2절은 스크립트 파일에서 사용할 변수들을 명령어 창이나 스크립트 파일에서 어떻게 정의할 수 있는지를 보여준다. 4.3절은 스크립트 파일이 실행될 때 생성된 데이터를 출력하는 방법을 보여준다. 4.4절은 작업공간의 변수들을 저장하는 방법과 불러오는 방법에 대해 설명하며, 4.5절에서는 MATLAB 외부의 응용프로그램으로부터 데이터를 가져오거나 응용프로그램에 데이터를 내보내는 방법을 보여준다.

4.1 MATLAB 작업공간과 작업공간 창

MATLAB 작업공간(workspace)은 MATLAB을 사용하는 동안 정의되고 저장된 변수들(배열로 명명됨)을 포함한다. 작업공간은 명령어 창(Command Window)에서 정의된 변수들과 스크립트 파일이 실행될 때 정의된 변수들을 포함하는데, 이것은 명령어 창과 스크립트 파일이 컴퓨터의 동일한 메모리영역을 공유한다는 것을 의미한다. 따라서 일단 변수가 작업공간에 있으면 명령어 창과 스크립트 파일 양쪽 모두에서 변수를 인식하고 사용할 수 있으며 새로운 값을 재할당할 수 있다. 6장(6.3절)에서 설명하겠지만, MATLAB에는 함수 파일(function file)이라 부르는 다른 종류의 파일이 있는데, 여기서도 변수들은 정의될 수 있다. 그러나 이 변수들은 별도의 작업공간을 사용하므로 정상적으로는 프로그램의 다른 부분들이 이 변수들을 공유할 수 없다.

1장에서 who 명령어가 작업공간에 현재 존재하는 변수들의 목록을 출력한다는 것을 기술하였다. whos 명령어는 작업공간의 현재 변수들의 목록과 함께 변수들의 크기와 바이트 수, 그리고 변수들의 클래스(class)에 대한 정보를 출력한다. 다음에 예를 나타낸다.

```
>> 'Variables in memory'                          문자열을 입력함
ans =
Variables in memory                               문자열이 ans에 할당됨
>> a = 7;
>> E = 3;
>> d = [5, a+E, 4, E^2]                            변수 a, E, d, g를 생성함
d =
    5    10    4    9
>> g = [a, a^2, 13; a*E, 1, a^E]
g =
```

```
       7    49    13
      21     1   343
>> who
Your variables are:
E    a    ans    d    g
>> whos
  Name      Size     Bytes     Class
    E        1x1         8     double array
    a        1x1         8     double array
    ans      1x19       38     char array
    d        1x4        32     double array
    g        2x3        48     double array
Grand total is 31 elements using 134 bytes
>>
```

> who 명령어는 현재 작업공간에 있는 변수들을 표시함

> whos 명령어는 현재 작업공간에 있는 변수들과 이들의 크기에 대한 정보를 표시함

메모리에 현재 존재하는 변수들은 작업공간 창(Workspace Window)에서도 볼수 있다. 창이 열려있지 않은 경우, **Desktop** 메뉴의 **Worksapce**를 선택하면 열 수있다. 그림 4.1은 위에서 정의된 변수들에 해당하는 작업공간 창을 보여준다. 작업공간 창에 표시된 변수들은 편집(수정)도 가능하다. 변수 위에서 마우스를 더블클릭하면배열편집기 창(Array Editor Window)이 열리며, 변수의 내용이 이 창의 표 안에표시된다.

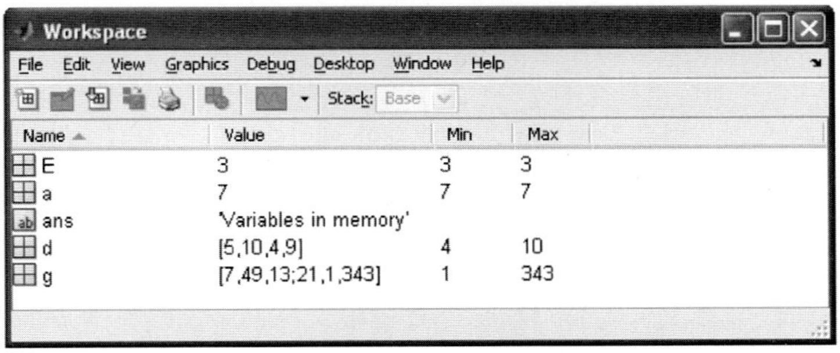

그림 4.1 작업공간 창(Workspace Window)

예를 들어, 그림 4.2는 그림 4.1에서 변수 g를 더블클릭하여 열린 배열편집기 창을나타낸다.

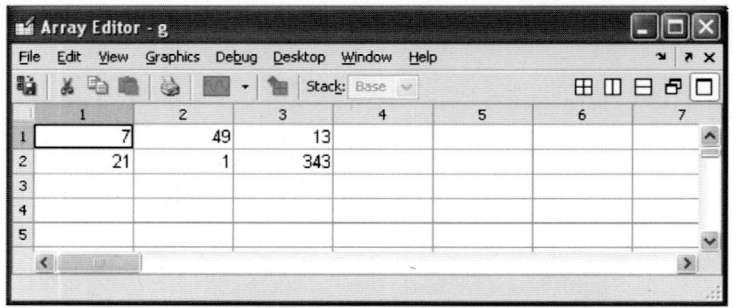

그림 4.2 배열편집기 창(Array Editor Window)

배열편집기 창의 원소들도 편집이 가능하다. 작업공간 창의 변수들을 선택하고 키보드의 **delete** 키를 누르거나 **edit** 메뉴의 **delete**를 선택하면 삭제가 가능하다. 명령어 창에 `clear variable_name` 명령을 입력해도 같은 효과를 갖는다.

4.2 스크립트 파일에 대한 입력

스크립트 파일이 실행될 때, 파일 내부에서 계산에 사용되는 변수들은 값이 할당되어 있어야 한다. 다시 말해서, 변수는 반드시 작업공간에 있어야 한다. 변수에 값을 할당하는 방법은 변수가 정의되는 장소와 방법에 따라 다음과 같이 세 가지가 있다.

1. 스크립트 파일 안에서 변수가 정의되고 값이 할당되는 경우

이 경우 변수에 값을 할당하는 부분이 스크립트 파일의 일부이므로, 사용자가 다른 변수 값으로 파일을 실행하려면 파일을 편집해서 변수의 할당을 변경해야 한다. 그다음, 파일을 저장하고 스크립트 파일을 다시 실행해야 한다.

다음은 이러한 경우에 대한 예이다. Chapter4Example2.m 으로 저장된 다음 스크립트 파일은 세 게임에서 기록된 점수들의 평균값을 계산한다.

```
% 이 스크립트 파일은 세 게임에서 기록된 점수들의 평균값을 계산한다.
% 변수에 점수를 할당하는 부분이 스크립트 파일의 일부이다.
game1=75;
game2=93;          ◄──────── 변수들이 스크립트 파일 안에서 값을 할당받음
game3=68;
ave_points=(game1+game2+game3)/3
```

이 파일을 실행하면, 명령어 창의 화면은 다음과 같다.

```
>> Chapter4Example2
ave_points =
       78.6667
>>
```

스크립트 파일의 이름을 입력하여 파일을 실행시킴

변수 ave_points가 할당된 값과 함께 명령어 창에 출력됨

2. 명령어 창에서 변수가 정의되고 값이 할당되는 경우

이 경우에는, 변수에 대한 값의 할당이 명령어 창에서 이루어진다. 명령어 창에서 정의된 변수는 스크립트 파일에서도 인식된다는 점을 상기하라! 사용자가 다른 변수 값으로 스크립트 파일을 실행하려면, 명령어 창에서 변수 값을 새로 할당한 뒤, 스크립트 파일을 다시 실행시키면 된다.

세 게임에서 기록된 점수들의 평균값을 계산하는 앞의 스크립트 파일 프로그램 예에 대해, 새로 작성한 스크립트 파일(파일이름: Chapter4Example3)은 다음과 같다.

```
% 이 스크립트 파일은 세 게임에서 기록된 점수들의 평균값을 계산한다.
% 변수 game1, game2, game3에 대한 점수의 할당은 명령어 창에서 행해진다.

ave_points=(game1+game2+game3)/3
```

이 파일을 실행하기 위한 명령어 창은 다음과 같다.

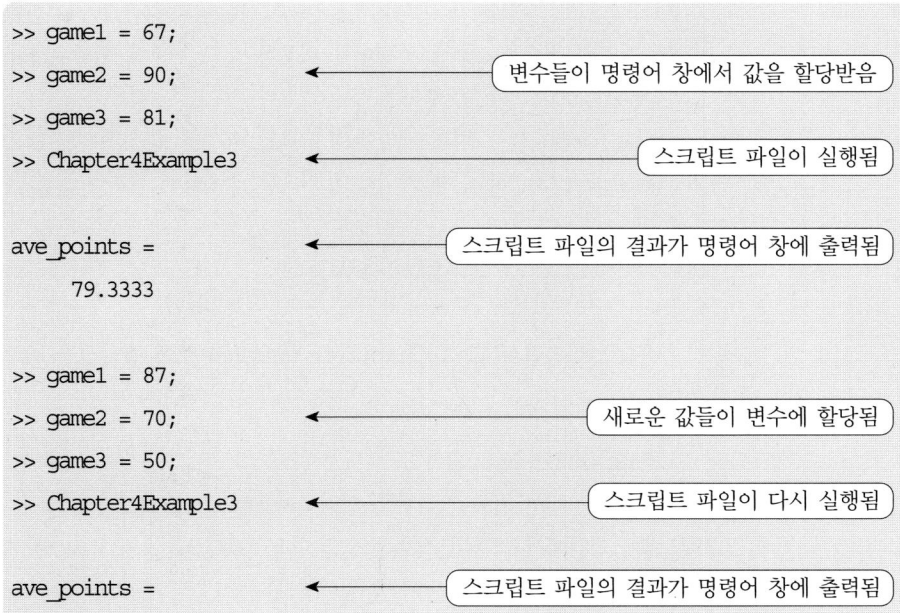

```
>> game1 = 67;
>> game2 = 90;
>> game3 = 81;
>> Chapter4Example3

ave_points =
       79.3333

>> game1 = 87;
>> game2 = 70;
>> game3 = 50;
>> Chapter4Example3

ave_points =
```

변수들이 명령어 창에서 값을 할당받음

스크립트 파일이 실행됨

스크립트 파일의 결과가 명령어 창에 출력됨

새로운 값들이 변수에 할당됨

스크립트 파일이 다시 실행됨

스크립트 파일의 결과가 명령어 창에 출력됨

```
        69
>>
```

3. 스크립트 파일에서 변수가 정의되지만, 특정값의 입력은 스크립트 파일이 실행될 때 명령어 창에서 입력되는 경우

이 경우 변수는 스크립트 파일에서 정의되며, 파일이 실행되면 사용자는 명령어 창에서 변수에 값을 할당하도록 요구받게 된다. 이러한 변수의 생성과 사용은 input 명령어를 이용하여 이루어진다.

input 명령어의 형식은 다음과 같다.

> variable_name = input('명령어 창에 표시될 메시지를 가진 문자열')

스크립트 파일의 실행으로 input 명령어가 실행되면, 문자열이 명령어 창에 출력된다. 문자열은 사용자에게 변수에 할당될 값을 입력하도록 요구하는 메시지이다. 사용자가 값을 입력하고 **Enter** 키를 누르면, 입력한 값이 변수에 할당된다. 다른 변수들과 마찬가지로, input 명령어 바로 뒤에 세미콜론이 없다면 변수와 할당된 값이 명령어 창에 출력될 것이다.

각 게임에서 기록된 점수들의 평균을 계산하는 프로그램에 각 게임의 점수를 입력하기 위해 input 명령어를 이용하는 스크립트 파일(파일이름: Chapter4Example4)을 다음에 나타낸다.

```
% 이 스크립트 파일은 세 게임에서 기록한 점수들의 평균값을 계산한다.
% 각 게임의 점수는 input 명령어를 이용하여 각 변수에 할당된다.
>> game1=input('첫 번째 게임에서 기록된 점수를 입력하라 : ');
>> game2=input('두 번째 게임에서 기록된 점수를 입력하라 : ');
>> game3=input('세 번째 게임에서 기록된 점수를 입력하라 : ');

>> ave_points=(game1+game2+game3)/3
```

다음은 이 스크립트 파일 Chapter4Example4를 실행하였을 때의 명령어 창을 보여준다.

```
>> Chapter4Example4
첫 번째 게임에서 기록된 점수를 입력하라 : 67
두 번째 게임에서 기록된 점수를 입력하라 : 91
세 번째 게임에서 기록된 점수를 입력하라 : 70
```

> 컴퓨터가 메시지를 출력한 뒤, 사용자가 점수를 입력하고 **Enter** 키를 누른다.

```
ave_points =
     76
>>
```

이 예에서는 스칼라가 변수에 할당되었으나 일반적으로 벡터와 배열도 변수에 할당될 수 있다. 이것은 배열을 변수에 할당할 때와 같이 왼쪽 각괄호 [다음에 행 별로 (row by row) 수를 표시하고 마지막에 오른쪽 각괄호]를 입력하면 된다.

input 명령어는 문자열을 변수에 할당하는 데 사용할 수도 있는데, 여기에는 두 가지 방법이 있다. 첫 번째 방법은 앞에서 보여준 것과 같은 형식의 명령어를 사용하며, 사용자의 입력을 요구하는 프롬프트(prompt) 메시지가 나타나면 input 명령어 없이 일반적으로 문자열을 변수에 할당할 때와 같이 두 개의 작은따옴표 사이에 문자들을 입력하는 것이다. 두 번째 방법은 입력되는 글자들이 문자열로 정의되도록 input 명령어의 옵션을 사용하는 것이다. 이 명령어의 형식은 다음과 같다.

$$\text{variable\_name = input('prompt message','s')}$$

여기서 명령어 안의 's'는 사용자가 입력하는 글자들을 문자열로 정의한다. 이 명령어 형식을 사용하는 경우, 사용자 입력을 요구하는 프롬프트 메시지가 나타나면 텍스트는 작은따옴표(‘) 없이 입력되지만 문자열로서 변수에 할당된다. 이 옵션을 가진 input 명령어의 사용 예는 프로그램 예제 7.4에 포함되어 있다.

4.3 출력 명령어들

앞에서 설명한 것과 같이, MATLAB은 어떤 명령어가 실행되면 자동으로 화면출력을 한다. 예를 들어, 변수에 값을 할당하거나 이전에 할당된 변수의 이름을 입력하고 Enter 키를 누르면, MATLAB은 변수와 변수 값을 화면에 출력한다. 이런 유형의 출력은 세미콜론(;)이 명령어 끝에 붙어있는 경우에는 화면출력이 되지 않는다. 이러한 자동 출력 외에도, MATLAB은 화면출력에 사용할 수 있는 몇 가지 명령어를 가지고 있다. 화면출력은 정보를 제공하는 메시지와 수치 데이터, 그래프일 수 있다. 출력에 자주 사용되는 두 명령어는 disp와 fprintf이다. disp 명령어는 화면에 출력을 표시하는데 비해, fprintf 명령어는 출력을 화면에 표시하거나 파일에 저장하는 데도 사용할 수 있다. 이들 명령어는 명령어 창이나 스크립트 파일, 그리고 뒤에 설명할 함수 파일에서 사용할 수 있다. 이 명령어들이 스크립트 파일에서 사용될 때, 이들에 의한 화면출력은 명령어 창에 표시된다.

4.3.1 `disp` 명령어

`disp` 명령어는 변수이름은 출력하지 않고 변수의 원소들만 출력하거나 텍스트를 출력하는 데 사용된다. `disp` 명령어의 형식은 다음과 같다.

> disp(변수이름) 또는 disp('문자열 텍스트')

- `disp` 명령어가 실행될 때마다 이 명령어에 의한 화면출력은 새 줄에 표시된다. 예를 들면, 다음과 같다.

```
>> abc = [5  9  1; 7  2  4];          [2 × 3 배열이 변수 abc에 할당됨]
>> disp(abc)                          [disp 명령어가 배열 abc를 출력하기 위해 사용됨]
     5     9     1
     7     2     4                    [배열이름은 출력되지 않고 배열 원소만 출력됨]

>> disp('이 문제는 해가 없다.')        [disp 명령어가 메시지를 출력하기 위해 사용됨]

이 문제는 해가 없다.
>>
```

다음 예제는 세 게임에서 기록된 점수들의 평균을 구하는 스크립트 파일에서 `disp` 명령어를 사용하는 예를 보여준다.

```
% 이 스크립트 파일은 세 게임에서 기록된 점수들의 평균값을 계산한다.
% 각 게임의 점수는 input 명령어를 이용하여 각 변수에 할당된다.
% disp 명령어가 결과를 출력하는 데 사용된다.

game1=input('첫 번째 게임에서 기록된 점수를 입력하라 : ');
game2=input('두 번째 게임에서 기록된 점수를 입력하라 : ');
game3=input('세 번째 게임에서 기록된 점수를 입력하라 : ');
ave_points=(game1+game2+game3)/3;
disp(' ')                                        [빈 줄이 출력됨]
disp('게임에서 기록된 점수들의 평균값 : ')        [텍스트가 출력됨]
disp(' ')                                        [빈 줄이 출력됨]
disp(ave_points)                                 [변수 ave_points의 값이 출력됨]
```

Chapter4Example5로 저장된 위의 스크립트 파일이 실행되면 명령어 창의 화면
출력은 다음과 같다.

```
>> Chapter4Example5
첫 번째 게임에서 기록된 점수를 입력하라 : 89
두 번째 게임에서 기록된 점수를 입력하라 : 60
세 번째 게임에서 기록된 점수를 입력하라 : 82
                                              빈 줄이 출력됨
게임에서 기록된 점수들의 평균값:                  텍스트가 출력됨
                                              빈 줄이 출력됨
   77                            변수 ave_points의 값이 출력됨
```

- disp 명령어는 단 한 개의 변수만을 출력할 수 있다. 만일 두 변수의 원소들을
  함께 출력해야 한다면, 출력할 원소들을 모두 포함한 새 변수를 먼저 정의한 다
  음 이 새 변수를 출력해야 한다.

많은 경우에서 수의 출력은 표로 표시하는 것이 좋다. 이를 위해서는 먼저 수를 포
함하는 배열 변수를 정의하고 disp 명령어를 이용하여 이 배열을 출력하면 된다. 각
열에 대한 항목명도 disp 명령어를 이용하여 표시할 수 있다. disp 명령어에서는 배
열의 출력형식(열의 폭, 열과 열 사이의 간격)을 지정할 수 없으므로 각 항목명의 위치
는 항목명 사이에 공백을 적절히 추가하여 조정해야 한다. 한 가지 예로서, 아래의 스
크립트 파일은 예제 2.1의 인구 데이터를 표로 출력하는 방법을 보여준다.

```
yr=[1984 1986 1988 1990 1992 1994 1996];        연도와 인구 데이터가 두 행벡
                                                터에 입력됨
pop=[127 130 136 145 158 178 211];

tableYP(:,1)=yr';                    yr이 배열 tableYP의 첫 번째 열로 입력됨

tableYP(:,2)=pop';                   pop이 배열 tableYP의 두 번째 열로 입력됨

disp('      YEAR      POPULATION')        첫 번째 줄의 제목을 출력함

disp('                (MILLIONS)')        두 번째 줄의 제목을 출력함

disp(' ')                                 빈 줄을 출력함

disp(tableYP)                             배열 tableYP를 출력함
```

위의 스크립트 파일(파일이름: PopTable)이 실행되면 명령어 창의 화면출력은 다음과
같다.

```
>> PopTable
      YEAR        POPULATION                              제목이 출력됨
                  (MILLIONS)
                                                          빈 줄이 출력됨

      1984        127
      1986        130                                     배열 tableYP가 출력됨
      1988        136
      1990        145
      1992        158
      1994        178
      1996        211
```

표 출력에 관한 또 다른 예를 예제 4.3에서 볼 수 있다. fprintf 명령어를 이용하여 표를 생성하고 출력할 수도 있는데, 이에 대해서는 다음 절에 설명한다.

4.3.2 fprintf 명령어

fprintf 명령어는 텍스트와 데이터의 출력을 화면에 표시하거나 파일에 저장할 수 있다. disp 명령어와는 달리 fprintf 명령어는 출력 형식을 지정할 수 있다. 예를 들어, 같은 줄에 텍스트 변수와 수치 변수들의 값을 섞어서 표시할 수 있으며, 수의 형식도 조절할 수 있다.

fprintf 명령어는 많은 옵션을 가지고 있어 길고 복잡할 수 있으므로, 혼란을 피하기 위해 명령어를 차례로 소개하도록 한다. 먼저 명령어를 이용하여 텍스트 메시지를 출력하는 방법을 제시한 후, 수치 데이터와 텍스트를 함께 표시하는 방법과 수의 출력 형식을 지정하는 방법, 마지막으로 출력을 파일에 저장하는 방법을 보여줄 것이다.

fprintf 명령어를 이용한 텍스트 출력

텍스트를 출력하기 위한 fprintf 명령어는 다음 형식을 갖는다.

fprintf('텍스트 문자열')

예를 들면, 다음과 같다.

fprintf('입력한 문제에는 해가 없습니다. 입력 데이터를 확인하세요.')

위 명령문이 스크립트 파일의 일부라면, 명령문이 실행될 때 다음이 명령어 창에 출력

된다.

입력한 문제에는 해가 없습니다. 입력 데이터를 확인하세요.

`fprintf` 명령어로 문자열 중간에서 텍스트가 새로운 줄에서 시작하도록 할 수 있는데, 이것은 새 줄에서 시작하게 하려는 글자 앞에 \n을 삽입하면 된다. 예를 들어, 위의 예에서 첫 번째 문장 뒤에 \n을 삽입하면,

`fprintf('입력한 문제에는 해가 없습니다. \n입력 데이터를 확인하세요.')`

와 같으며, 위 명령문이 실행되면 명령어 창에 다음과 같이 출력된다.

입력한 문제에는 해가 없습니다.
입력 데이터를 확인하세요.

\n은 이스케이프 문자(escape character)라고 하며, 출력을 제어하기 위해 사용된다. 문자열 내에 삽입될 수 있는 다른 이스케이프 문자들은 다음과 같다.

> \b   백스페이스(Backspace)
> \t   수평 탭(Horizontal tab)

프로그램이 하나 이상의 `fprintf` 명령어를 가지는 경우, `fprintf` 명령어는 자동으로 새 줄에서 시작하게 하지 않으므로 이들 명령어에 의한 출력은 계속 이어져서 나오게 된다. 이런 현상은 `fprintf` 명령어 사이에 다른 명령문이 있어도 마찬가지이다. 다음 스크립트 파일로 예를 들어보자.

```
fprintf('입력한 문제에는 해가 없습니다. 입력 데이터를 확인하세요. ')
x = 6; d = 19 + 5*x;
fprintf('나중에 다시 시도해 보세요. ')
y = d + x;
fprintf('다른 입력값들을 사용하세요.')
```

위의 파일을 실행하면, 명령어 창에 다음과 같이 출력된다.

입력한 문제에는 해가 없습니다. 입력 데이터를 확인하세요. 나중에 다시 시도해 보세요. 다른 입력값들을 사용하세요.

`fprintf` 명령어로 새 줄에 출력을 하려면, 문자열 처음에 \n을 삽입해야 한다.

fprintf 명령어를 이용한 텍스트와 수치 데이터의 혼합 출력

텍스트와 변수의 값인 수를 함께 출력하려면, fprintf 명령어는 다음 형식을 가져야 한다.

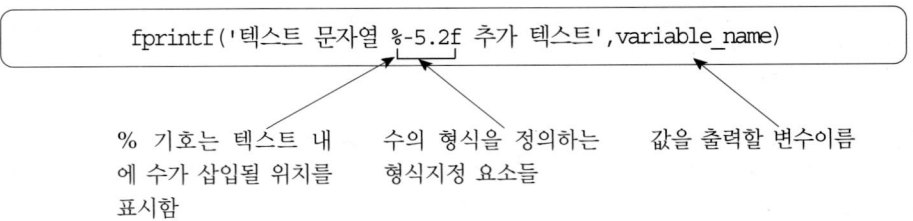

형식지정 요소들(formatting elements)은 다음과 같다.

첫 번째 형식지정 요소인 flag는 선택사항으로서 다음 세 가지 중 하나가 될 수 있다.

flag용 문자	설명
−(마이너스 부호)	필드의 왼쪽으로 수를 정렬함
+(플러스 부호)	수 앞에 + 또는 − 부호를 출력함
0(영)	수가 필드보다 짧으면 여유 공간에 0을 채워 넣음

필드 폭(field width)과 정밀도(앞의 예에서 5.2)는 선택사항이다. 첫 번째 숫자(예에서 5)는 출력할 때 최소 자릿수를 규정하는 필드의 폭이다. 출력할 수가 필드 폭보다 짧으면, 공백이나 0이 수 앞에 채워진다. 정밀도는 소수점 오른쪽에 표시할 자릿수를 규정하며 두 번째 숫자(앞의 예에서 2)이다.

형식지정 요소의 마지막 요소는 수의 표기법을 규정하는 변환문자(conversion character)로서 필수사항이다. 흔히 사용하는 몇 가지 표기법은 다음과 같다.

e   소문자 e를 이용한 지수 표기법(예를 들면, 1.709098e+001)

E   대문자 E를 이용한 지수 표기법(예를 들면, 1.709098E+001)

f   고정소수점 표기법(예를 들면, 17.090980)

g   e 표기법과 f 표기법 중 더 짧은 쪽으로 표시

G	E 표기법과 f 표기법 중 더 짧은 쪽으로 표시
i	정수

추가 표기법에 대한 정보는 MATLAB의 도움말 메뉴에서 찾을 수 있다. 예로서, 세 게임의 평균점수를 계산하는 스크립트 파일에서 fprintf 명령어로 텍스트와 수를 함께 출력하는 것을 보여준다.

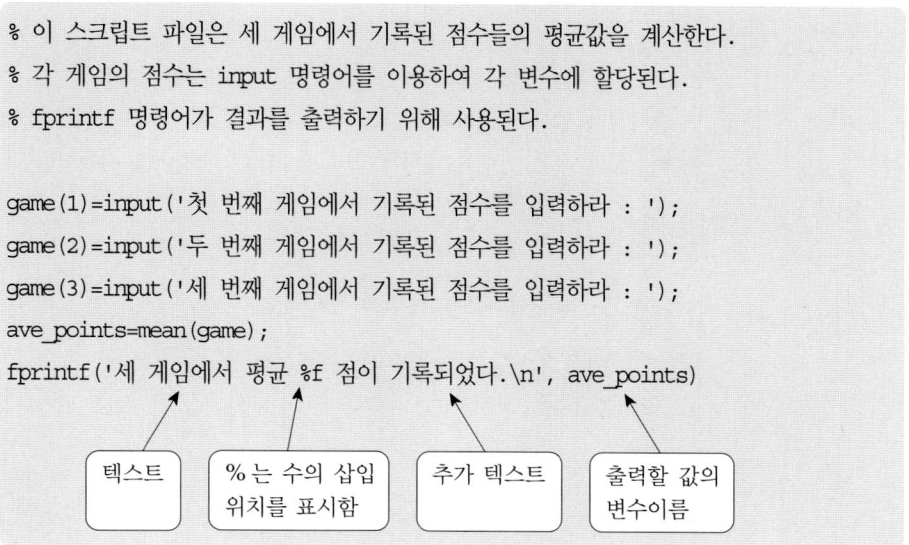

```
% 이 스크립트 파일은 세 게임에서 기록된 점수들의 평균값을 계산한다.
% 각 게임의 점수는 input 명령어를 이용하여 각 변수에 할당된다.
% fprintf 명령어가 결과를 출력하기 위해 사용된다.

game(1)=input('첫 번째 게임에서 기록된 점수를 입력하라 : ');
game(2)=input('두 번째 게임에서 기록된 점수를 입력하라 : ');
game(3)=input('세 번째 게임에서 기록된 점수를 입력하라 : ');
ave_points=mean(game);
fprintf('세 게임에서 평균 %f 점이 기록되었다.\n', ave_points)
```

텍스트	% 는 수의 삽입 위치를 표시함	추가 텍스트	출력할 값의 변수이름

이 파일은 fprintf 명령어를 사용한 것 외에도 점수를 game이라는 벡터의 세 원소에 저장하고 mean 함수를 이용하여 평균 점수를 계산했다는 점에서 이전에 나타낸 파일들과는 다르다. 파일이름 Chapter4Example6으로 저장된 위의 스크립트 파일을 실행하면 명령어 창은 다음과 같다.

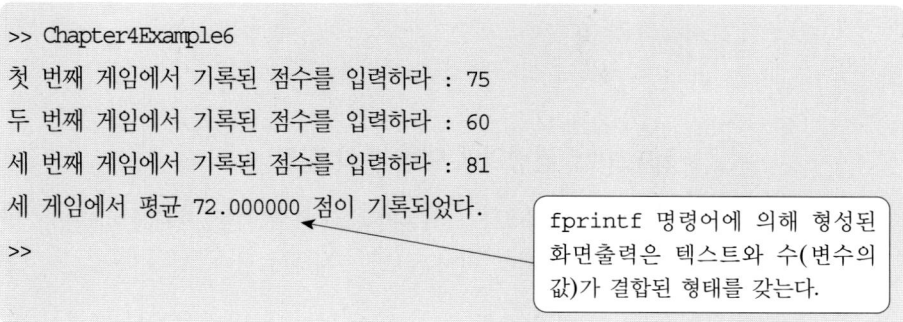

```
>> Chapter4Example6
첫 번째 게임에서 기록된 점수를 입력하라 : 75
두 번째 게임에서 기록된 점수를 입력하라 : 60
세 번째 게임에서 기록된 점수를 입력하라 : 81
세 게임에서 평균 72.000000 점이 기록되었다.
>>
```

fprintf 명령어에 의해 형성된 화면출력은 텍스트와 수(변수의 값)가 결합된 형태를 갖는다.

　fprintf 명령어로 한 개 이상의 수(변수의 값들)를 텍스트 안에 삽입하는 것이 가능하다. 이를 위해 수를 삽입할 텍스트 내의 위치마다 %g(또는 % 와 임의의 형식지정

요소)를 넣는다. 그다음, 명령어의 문자열 인자와 콤마 다음에 텍스트에 삽입된 변수들의 순서에 따라 변수이름들을 나열하면 된다. 일반적으로 명령어 형식은 다음과 같다.

fprintf('...텍스트...%g...%g...%f...',변수1,변수2,변수3)

다음 스크립트 파일에 예를 나타내었다.

```
% 이 프로그램은 발사체의 초기 속도와 발사 각도가 주어졌을 때
% 발사체가 날아가는 거리를 계산한다.
% 텍스트와 수를 함께 출력하기 위해 fprintf 명령어를 사용한다.

v=1584; % 초기 속도(km/h)

theta=30; % 발사 각도(degree)

vms=v*1000/3600;                        속도 단위를 m/s로 변환함

t=vms*sind(30)/9.81;                    최고 지점까지의 시간을 계산함

d=vms*cosd(30)*2*t/1000;                최대 거리를 계산함

fprintf('%4.2f km/h의 속도로 %3.2f 각도에서 발사된 발사체는 %g km를 날아갈
것이다.\n',v,theta,d)
```

위의 스크립트 파일(파일이름: Chapter4Example7)이 실행된 명령어 창은 다음과 같다.

```
>> Chapter4Example7
1584.00 km/h의 속도로 30.00 각도에서 발사된 발사체는 17.091 km를 날아갈 것이
다.
>>
```

fprintf 명령어에 대한 추가 설명

- 출력되는 텍스트가 작은따옴표(') 표시를 가지게 하려면, 명령어 안의 문자열에 작은따옴표를 연이어 두 번 표시해야 한다.

- fprintf 명령은 벡터화되어 있다. 이것은 벡터나 행렬인 변수가 명령어에 포함되어 있으면, 변수의 모든 원소가 출력될 때까지 명령어가 반복된다는 것을 의미한다. 변수가 행렬인 경우에는 열 단위로 데이터가 사용된다.

예를 들어, 다음 스크립트 파일은 첫 번째 행이 1부터 5까지의 수이고 두 번째 행이 첫 번째 행의 제곱근인 2 × 5 행렬 T를 생성하고 fprintf 명령어로 출력한다.

```
x=1:5;                                              ( 벡터 x를 생성함 )

y=sqrt(x);                                          ( 벡터 y를 생성함 )

T=[x; y]            ( 첫 번째 행이 x이고 두 번째 행이 y인 2 × 5 행렬 T를 생성함 )

fprintf('만일 수가 %i이면, 이 수의 제곱근은 %f이다.\n',T)

                    ( fprintf 명령어는 T로부터 열 단위로 두 수씩 각 라인에 출력한다. )
```

이 스크립트 파일이 실행되면 명령어 창에 다음과 같이 출력된다.

```
T =
      1.0000    2.0000    3.0000    4.0000    5.0000        ( 2 × 5 행렬 T )
      1.0000    1.4142    1.7321    2.0000    2.2361


만일 수가 1 이면, 이 수의 제곱근은 1.000000 이다.         ┌────────────────────┐
만일 수가 2 이면, 이 수의 제곱근은 1.414214 이다.         │ fprintf 명령어는 행렬 T │
만일 수가 3 이면, 이 수의 제곱근은 1.732051 이다.         │ 로부터 열 단위로 두 수씩 │
만일 수가 4 이면, 이 수의 제곱근은 2.000000 이다.         │ 출력하며 5번 반복하여 실 │
만일 수가 5 이면, 이 수의 제곱근은 2.236068 이다.         │ 행된다.              │
                                                         └────────────────────┘
```

fprintf 명령어를 이용한 출력의 파일 저장

명령어 창에 출력하는 것 외에도, fprintf 명령어는 출력을 저장할 필요가 있을 때 출력을 파일에 기록하는 데 사용할 수 있다. 저장된 데이터는 추후에 화면에 출력하거나 MATLAB과 다른 응용프로그램에서 사용할 수 있다.

출력을 파일에 저장하기 위해서는 다음 세 단계가 필요하다.

a) fopen 명령어를 이용하여 파일을 연다.

b) fprintf 명령어를 이용하여 출력을 열린 파일에 쓴다.

c) fclose 명령어를 이용하여 파일을 닫는다.

단계 *a*

데이터를 파일에 쓰려면, 먼저 파일을 열어야 한다. 파일은 fopen 명령어로 열 수 있는데, fopen 명령어는 새 파일을 생성하거나 이미 존재하는 파일을 연다. fopen

명령어는 다음 형식을 갖는다.

$$fid = fopen('file\_name','permission')$$

fid는 파일식별자라 불리는 변수이다. fopen 명령어가 실행되면 스칼라 값이 fid에 할당된다. 파일이름은 문자열로서 작은따옴표 안에 확장자까지 포함하여 쓴다. permission은 파일을 어떻게 열 것인지를 지정하는 코드로서 역시 문자열로 표시한다. 흔히 사용되는 permission 코드 중 일부는 다음과 같다.

'r'   읽기 위해 파일을 연다(기본 설정).

'w'   쓰기 위해 파일을 연다. 파일이 이미 존재하면, 파일의 내용은 삭제된다. 파일이 존재하지 않으면, 새 파일이 생성된다.

'a'   파일이 존재하는 경우 출력데이터가 파일 끝에 추가된다는 점을 제외하고는 'w'와 같다.

permission 코드를 명령문에 포함하지 않으면, 파일은 기본 설정된 코드 'r'로 열린다. 추가 permission code에 대해서는 도움말 메뉴에 기술되어 있다.

단계 *b*

일단 파일이 열리면, fprintf 명령어를 이용하여 출력을 파일에 쓸 수 있다. fprintf 명령어는 변수 fid가 명령어 안에 삽입된다는 점을 제외하고는 명령어 창에 출력할 때와 똑같은 방법으로 사용된다. fprintf 명령어의 형식은 다음과 같다.

$$fprintf(fid,'텍스트 \%-5.2f 추가 텍스트',variable\_name)$$

fid가 fprintf 명령어에 추가됨

단계 *c*

데이터를 파일에 쓰는 것이 모두 끝나면, fclose 명령어를 이용하여 파일을 닫아야 한다. fclose 명령어의 형식은 다음과 같다.

$$fclose(fid)$$

fprintf **명령어를 이용한 출력의 파일 저장 시 유의사항**

• 생성된 파일은 현재 디렉터리에 저장된다.

• fprintf 명령어를 이용하여 여러 파일에 출력을 저장할 수 있다. 이를 위해 먼

저 파일들을 열고 각 파일에 서로 다른 `fid`(예를 들어 `fid1`, `fid2`, `fid3` 등)를 할당한 후, `fprintf` 명령어에서 특정 파일의 `fid`를 사용하여 해당 파일에 출력을 한다.

다음 스크립트 파일은 `fprintf` 명령어를 이용하여 두 파일에 출력을 저장하는 예를 보여준다. 프로그램은 두 개의 단위변환표를 생성하는데, 하나는 속도 단위를 시간당 마일에서 시간당 킬로미터(km/h)로 변환하며, 나머지 하나는 힘 단위를 파운드에서 뉴턴(N)으로 변환한다. 각 변환표는 확장자가 .txt인 텍스트 파일에 각각 저장된다.

```
% 출력을 파일에 쓰기 위해 fprintf가 사용된 스크립트 파일.
% 두 개의 변환표가 생성되며 두 개의 다른 파일에 각각 저장된다.
% 하나는 mi/h를 km/h로 변환하며, 나머지 하나는 lb를 N으로 변환한다.

clear all

Vmph=10:10:100;                                          ┤ mph 단위의 속도벡터를 생성함

Vkmh=Vmph.*1.609;                                        ┤ mph를 km/h로 변환함

TBL1=[Vmph; Vkmh];                                       ┤ 두 행을 가진 표(행렬)를 생성함

Flb=200:200:2000;                                        ┤ lb 단위의 힘 벡터를 생성함

FN=Flb.*4.448;                                           ┤ lb를 N으로 변환함

TBL2=[Flb; FN];                                          ┤ 두 행을 가진 표(행렬)를 생성함

fid1=fopen('Vmph2Vkm.txt','w')                           ┤ 파일이름 Vmph2Vkm인 텍스트 파일을 연다.

fid2=fopen('Flb2FN.txt','w')                             ┤ 파일이름 Flb2FN인 텍스트 파일을 연다.

fprintf(fid1,'          속도 변환표\n \n');
                                                         ┤ 제목과 빈 줄을 파일 fid1에 쓴다

fprintf(fid1,'       mi/h         km/h  \n');
                                                         ┤ 파일 fid1에 두 열의 항목명을 쓴다.

fprintf(fid1,'   %8.2f      %8.2f\n',TBL1);
                                                         ┤ 변수 TBL1의 데이터를 파일 fid1에 쓴다.

fprintf(fid2,'      힘 변환표\n \n');
fprintf(fid2,' Pounds        Newtons   \n');
fprintf(fid2,'%8.2f      %8.2f\n',TBL2);
fclose(fid1);
fclose(fid2);
```

힘 변환표(변수 `TBL2`의 데이터)를 파일 fid2에 쓴다.

파일 fid1과 fid2를 닫는다.

앞의 스크립트 파일이 실행되면, 파일이름이 Vmph2Vkm.txt와 Flb2FN.txt인 두 개의 새 텍스트 파일이 생성되어 현재 디렉터리에 저장된다. txt 파일을 읽을 수 있는 어떠한 응용프로그램도 이 두 파일을 열 수 있다. 그림 4.3과 4.4는 마이크로소프트 워드를 이용하여 두 파일을 열었을 때의 화면을 나타낸다.

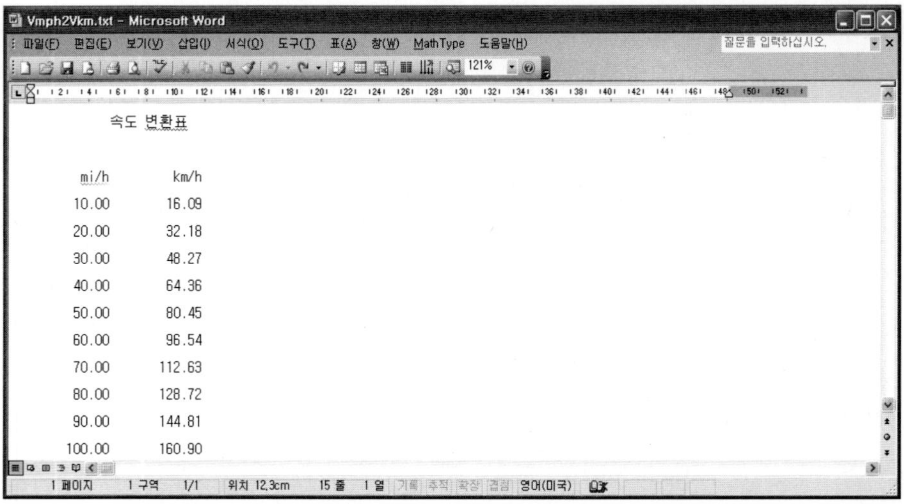
속도 변환표

mi/h	km/h
10.00	16.09
20.00	32.18
30.00	48.27
40.00	64.36
50.00	80.45
60.00	96.54
70.00	112.63
80.00	128.72
90.00	144.81
100.00	160.90

그림 4.3 마이크로소프트 워드에서 연 Vmph2Vkm.txt 파일

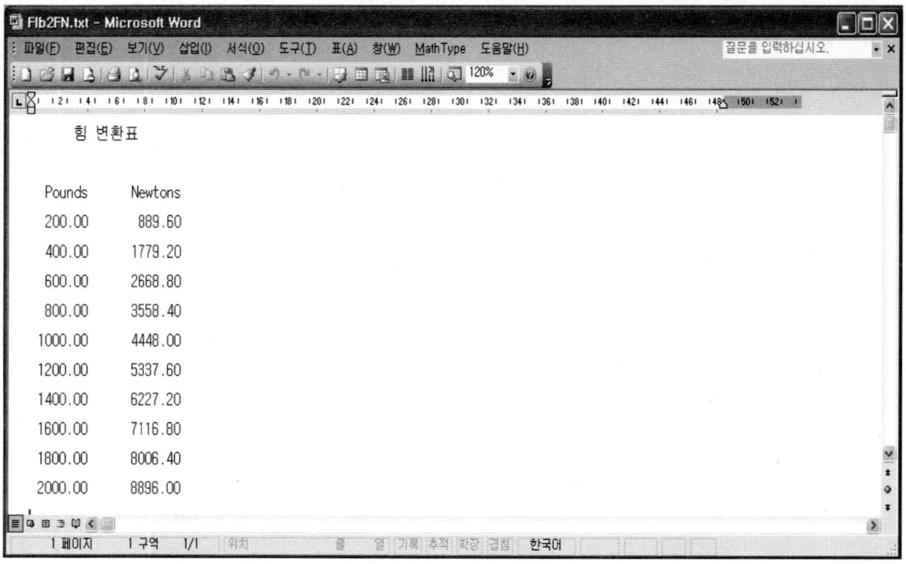
힘 변환표

Pounds	Newtons
200.00	889.60
400.00	1779.20
600.00	2668.80
800.00	3558.40
1000.00	4448.00
1200.00	5337.60
1400.00	6227.20
1600.00	7116.80
1800.00	8006.40
2000.00	8896.00

그림 4.4 마이크로소프트 워드에서 연 Flb2FN.txt 파일

4.4 save와 load 명령어

save와 load 명령어는 MATLAB에서의 사용을 위해 데이터를 저장하거나 읽어 들일 때 가장 유용하다. save 명령어는 작업공간(workspace)에 있는 변수들을 저장 하는 데 사용되며, load 명령어는 이전에 저장된 변수들을 다시 작업공간으로 불러오 는 데 사용된다. 다른 플랫폼에서 사용되는 MATLAB에서 저장된 작업공간도 읽어 들일 수 있다. 예를 들어, PC에서 사용되는 MATLAB에서 저장된 작업공간은 Mac 에서 사용되는 MATLAB에서도 읽어 들일 수 있다. save와 load 명령어는 MATLAB 외부의 응용프로그램과 데이터를 교환하는 데도 사용될 수 있다. 이러한 목적에 사용할 수 있는 추가 명령어들에 대해서는 4.5절에서 다루기로 한다.

4.4.1 save 명령어

save 명령어는 작업공간에 저장된 변수들 전부 또는 일부를 저장하는 데 사용된다. save 명령어의 가장 간단한 두 형태는 다음과 같다.

> `save file_name`   또는   `save('file_name')`

두 명령 중 하나를 실행시키면 현재 작업공간에 있는 모든 변수들이 파일이름 `file_name.mat`의 파일에 저장되며, 파일의 위치는 현재 디렉터리이다. mat 파일은 2진수 형식으로 저장되며, 각 변수의 이름과 유형, 크기, 값 등이 보존된다. 이 파일들은 다른 응용프로그램에서 읽을 수 없다. save 명령어로 작업공간에 있는 변수들 중 일부 변수들만 저장할 수도 있다. 예를 들어, 두 변수 var1과 var2를 저장하려면 명령어 는 다음과 같이 작성한다.

> `save file_name var1 var2`   또는   `save('file_name','var1','var2')`

save 명령어는 ASCII 형식의 저장에도 사용될 수 있는데, ASCII 형식은 MATLAB 외부의 응용프로그램에서 읽을 수 있다. ASCII 형식으로 저장하려면 명 령어에 인자 -ascii를 추가하면 된다. 예를 들어, save file_name -ascii와 같이 한다. ASCII 형식에서는 변수의 이름과 유형, 크기가 보존되지 않는다. 데이터는 공 백(space)으로 분리된 문자들로 저장되며 변수이름은 저장되지 않는다. 다음 예는 명 령어 창에서 1 × 4 벡터 변수와 2 × 3 행렬 변수를 각각 정의한 후 파일이름이 DatSavAsci인 파일에 ASCII 형식으로 두 변수를 저장하는 방법을 보여준다.

```
>> V=[3  16  -4  7.3];                      1 × 4 벡터 V를 생성함

>> A=[6  -2.1  15.5; -6.1  8  11];          2 × 4 벡터 A를 생성함

>> save -ascii DatSavAsci        파일이름이 DatSavAsci인 파일에 변수들을 저장함
```

일단 파일이 저장되면, ASCII 파일을 읽을 수 있는 어떠한 응용프로그램에서도 이 파일을 읽을 수 있다. 예를 들어, 그림 4.5는 메모장(Notepad)으로 파일을 열었을 때의 데이터를 나타낸다.

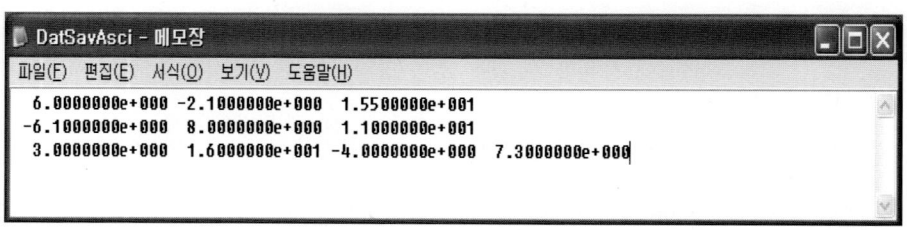

그림 4.5 ASCII 형식으로 저장된 데이터

파일에 변수들의 이름이 포함되어 있지 않다는 점에 유의하라. 변수들의 수치 값만 저장되어 있으며, 알파벳 순서대로 변수 A 다음에 변수 V가 저장되어 있다.

4.4.2 load 명령어

load 명령어는 save 명령어로 저장된 변수들을 작업공간으로 다시 불러들이거나, 다른 응용프로그램에서 생성하여 ASCII 형식 또는 텍스트(.txt) 파일로 저장한 데이터를 불러오는 데 사용할 수 있다. save 명령어에 의해 .mat 파일로 저장된 변수들은 다음 명령어로 불러올 수 있다.

load file_name   또는   load('file_name')

위의 명령이 실행되면 파일의 모든 변수가 저장 당시의 이름과 유형, 크기, 값들을 가지고 작업공간(workspace)에 추가된다. 만일 load 명령어로 불러들인 변수와 같은 이름의 변수가 이미 작업공간에 존재한다면, 불러들인 변수가 이미 존재하는 변수를 대체하게 된다. load 명령어로 .mat 파일에 저장된 변수들 중 일부만 불러들일 수도 있다. 예를 들어, 두 변수 var1과 var2를 불러들이기 위한 명령은 다음과 같다.

load file_name var1 var2   또는   load('file_name','var1','var2') load 명령어는 ASCII 또는 텍스트(.txt)로 저장된 데이터를 작업공간으로 불러들이는 데도 사용할 수 있다. 그러나 이것은 파일 내의 데이터가 MATLAB 변수 한 개의 형태로 되어 있을 경우에만 가능하다. 따라서 파일은 한 개의 수(스칼라), 또는 한 개의 행이나 한 개의 열로 이루어진 수들(벡터)로 되어 있거나, 각 행마다 같은 개수의 수를 가진 행들(행렬)로 이루어져 있어야 한다. 예를 들어, 그림 4.5의 데이터는 원소의 개수가 모든 행에 대해 같지 않으므로 비록 save 명령어를 이용하여 ASCII 형식으로 저장했을지라도 load 명령어로 불러들일 수 없다. (이 파일은 두 개의 다른 변수를 저장하여 생성한 파일임을 상기하라.)

ASCII 또는 텍스트 파일로부터 데이터를 작업공간으로 불러들일 때, 이 데이터는 변수이름에 할당되어야 한다. ASCII 형식의 데이터는 load 명령어의 다음 두 형식을 이용하여 불러들일 수 있다.

> `load file_name`　　또는　　`VarName=load('file_name')`

데이터가 텍스트 파일에 있다면, 확장자 .txt가 파일이름에 추가되어야 한다. 이에 대한 load 명령어의 형식은 다음과 같다.

> `load file_name.txt`　　또는　　`VarName=load('file_name.txt')`

명령어의 첫 번째 형식에서는 파일이름과 같은 이름의 변수에 데이터가 할당된다. 두 번째 형식에서 데이터는 변수명이 VarName인 변수에 할당된다.

예를 위해, 그림 4.6과 같이 데이터(3 × 3 행렬)를 메모장에서 작성하고 파일이름 DataFromText.txt로 저장한다.

그림 4.6 txt 파일로 저장된 데이터

그다음, 두 형식의 load 명령어를 사용하여 텍스트 파일의 데이터를 MATLAB의 작업공간(workspace)으로 불러들인다. 첫 번째 명령어에서는 데이터가 변수 DfT에 할당되며, 두 번째 명령어에서는 데이터가 텍스트 파일 DataFromText와 같은 이름의 변수에 자동으로 할당된다.

```
>> DfT=load('DataFromText.txt')
DfT =
       56.0000      -4.2000
        3.0000       7.5000
       -1.6000     198.0000
>> load DataFromText.txt
>> DataFromText =
DataFromText =
       56.0000      -4.2000
        3.0000       7.5000
       -1.6000     198.0000
```

> 파일 DataFromText에서 읽은 데이터를
> 변수 Dft에 할당함

> load 명령어를 파일 DataFromText
> 와 같이 사용함

> 변수명이 DataFromText인
> 변수에 데이터가 할당됨

다른 응용프로그램으로의 데이터 내보내기(또는 응용프로그램으로부터 데이터 가져오기)는 다음 절에서 소개할 다른 MATLAB 명령어로도 할 수 있다.

4.5 데이터 가져오기와 내보내기

　MATLAB은 실험에서 기록된 데이터나 다른 컴퓨터 프로그램에서 생성된 데이터의 해석에 종종 사용되는데, 이를 위해서는 먼저 데이터를 MATLAB으로 가져오는 것이 필요하다. 마찬가지로, MATLAB에 의해 생성된 데이터를 다른 컴퓨터 응용프로그램으로 전송할 필요도 가끔 있다. 이러한 데이터에는 수치 데이터, 텍스트, 오디오, 그래픽, 이미지 데이터 등 여러 가지 유형이 있는데, 이 절에서는 MATLAB을 처음 사용하는 사용자가 전송해야 할 가장 흔한 유형의 데이터인 수치 데이터를 가져오고 내보내는 방법만을 기술할 것이다. 다른 유형의 데이터 전송에 대해서는 File I/O에 대한 도움말 창(Help Window) 내용을 참조하도록 한다.

　데이터 가져오기(importing)는 명령어를 사용하거나 가져오기 마법사(Import Wizard)를 이용하여 할 수 있다. 명령어는 가져올 데이터의 형식이 알려져 있을 때 유용하다. MATLAB은 여러 유형의 데이터를 가져오는 데 사용할 수 있는 여러 명령어들을 가지고 있다. 스크립트 파일 내에 가져오기 명령어를 포함시켜 스크립트 파일이 실행될 때 데이터를 가져오도록 할 수도 있다. 가져오기 마법사(Import Wizard)는 데이터의 형식을 모르거나 데이터를 가져오는 데 적절한 명령어를 알지 못할 때 유용하다. 가져오기 마법사는 데이터의 형식을 결정하고 자동으로 데이터를 가져온다.

4.5.1 데이터 가져오기와 내보내기 명령어

이 절에서는 엑셀 스프레드시트(Excel spreadsheet)와 데이터를 주고받는 방법에 대해 자세히 기술한다. 마이크로소프트 엑셀은 데이터 저장에 흔히 사용되며 많은 데이터 기록장치 및 컴퓨터 응용프로그램들과 호환된다. 또한 많은 사람들이 엑셀로 다양한 형식의 데이터 내보내기와 엑셀로부터 데이터 가져오기를 할 수 있다. MAT-LAB은 데이터를 csv나 ASCII 같은 형식으로 직접 전송하거나 전송받을 수 있으며 스프레드시트 프로그램인 Lotus 123으로 데이터를 전송하는 명령어들을 가지고 있다. 이들 명령어와 다른 많은 명령어들에 대한 자세한 사항은 File I/O에 대한 도움말 창 내용에서 찾을 수 있다.

엑셀로부터 데이터 가져오기와 엑셀로 데이터 내보내기

엑셀로부터 데이터 가져오기는 xlsread 명령어로 할 수 있다. 명령어가 실행되면 스프레드시트의 데이터는 변수에 배열로 할당된다. xlsread 명령어의 가장 간단한 형식은 다음과 같다.

> variable_name = xlsread('file_name')

- 문자열로 쓰인 'file_name'은 엑셀 파일의 이름이다. 엑셀 파일의 디렉터리는 현재 디렉터리이거나 탐색경로에 등록이 되어 있어야 한다.
- 엑셀 파일이 한 개 이상의 시트(sheet)를 가지고 있다면, 데이터 가져오기는 첫 번째 시트부터 시작된다.

엑셀 파일이 여러 개의 시트를 가지고 있을 때, xlsread 명령어를 이용하여 특정 시트의 데이터를 가져올 수 있다. 이를 위한 명령어의 형식은 다음과 같다.

> variable_name = xlsread('file_name','sheet_name')

- 시트의 이름은 문자열로 표시된다.

또 하나의 선택사항은 스프레드시트의 데이터 중 일부만을 가져오는 것으로, 이를 위해서는 명령어에 다음과 같이 인자를 추가한다.

> variable_name = xlsread('file_name','sheet_name','range')

- 문자열로 표시되는 'range'는 스프레드시트의 사각형 영역으로서, 대각선 반대쪽 양 코너에 있는 두 셀의 주소(엑셀의 표기법으로 표시)로 정의된다. 예를 들어,

'C2:E5'는 2, 3, 4, 5 행과 C, D, E 열로 정의된 4×3 크기의 영역이다.

MATLAB에서 엑셀 스프레드시트로의 데이터 내보내기는 xlswrite 명령어를 사용하여 할 수 있다. 명령어의 가장 간단한 형태는 다음과 같다.

```
xlswrite('file_name',variable_name)
```

- 'file_name'(문자열로 표시)은 데이터가 보내질 엑셀 파일의 이름이며, 파일은 현재 디렉터리에 있어야 한다. 만일 파일이 존재하지 않는다면, 지정된 이름으로 엑셀 파일이 새로 만들어진다.

- variable_name은 내보내기할 데이터를 가진 MATLAB 변수의 이름이다.

- xlswrite 명령어에 'sheet_name'과 'range' 인자를 추가하여 데이터를 특정 시트와 특정 범위의 셀로 내보낼 수 있다.

xlsread 명령어를 이용하여 그림 4.7에 보이는 엑셀 스프레드시트의 데이터를 MATLAB으로 가져오는 예를 들어 보자.

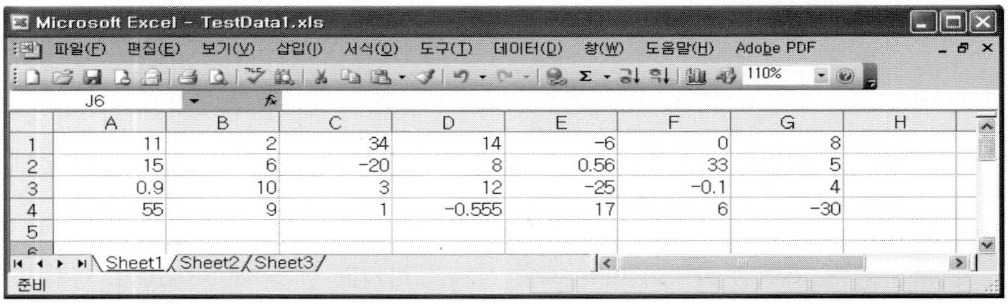

그림 4.7 데이터를 가진 엑셀 스프레드시트

스프레드시트는 드라이브 A에 파일이름이 TestData1인 파일에 저장되어 있다. 명령어 창의 현재 디렉터리(Current Directory)를 드라이브 A로 변경한 후, 데이터 가져오기를 하고 변수 DATA에 할당함으로써 데이터는 MATLAB으로 들어오게 된다.

```
>> DATA = xlsread('TestData1')
DATA =

   11.0000    2.0000   34.0000   14.0000   -6.0000         0    8.0000

   15.0000    6.0000  -20.0000    8.0000    0.5600   33.0000    5.0000

    0.9000   10.0000    3.0000   12.0000  -25.0000   -0.1000    4.0000

   55.0000    9.0000    1.0000   -0.5550   17.0000    6.0000  -30.0000
```

4.5.2 가져오기 마법사의 이용

가져오기 마법사(Import Wizard)를 이용하면 사용자가 데이터의 형식을 알아야 하거나 지정할 필요가 없으므로, 마법사를 이용하는 것이 데이터를 MATLAB으로 가져오는 가장 쉬운 방법이다. 가져오기 마법사는 명령어 창의 File 메뉴에서 Import Data(데이터 가져오기)를 선택하면 실행되며, 명령어 창에서 uiimport 명령어를 입력해도 실행된다. 가져오기 마법사를 시작하면, 마법사가 인식하는 모든 데이터 파일을 보여주는 파일선택 상자가 화면에 나타난다. 사용자는 데이터를 가져올 파일이름을 마우스로 선택하고 **열기(O)** 버튼을 누른다. 가져오기 마법사는 마법사의 미리보기 상자(preview box)에 데이터의 일부를 표시하여 데이터가 맞는지를 사용자가 확인할 수 있도록 한다. 가져오기 마법사는 데이터를 처리해서 성공하면 마법사가 생성한 변수를 데이터 일부와 함께 화면에 표시한다. 사용자가 **next**를 누르면 마법사는 데이터의 열을 구분하는 데 사용한 열 구분자(Column Separator)를 보여준다. 변수가 올바른 값을 갖고 있으면, 사용자는 **next**를 클릭하여 마법사를 계속 진행할 수 있으며, 그렇지 않으면 다른 열 구분자를 선택할 수 있다. 다음 창에서 마법사는 MATLAB에서 생성될 변수의 이름과 크기를 보여준다. 데이터가 모두 수치 데이터이면, MATLAB 변수는 데이터를 가져올 파일과 같은 이름을 갖는다. finish 버튼을 눌러서 마법사를 끝내면, 데이터가 MATLAB으로 들어오게 된다.

가져오기 마법사를 이용하여 txt 파일에 저장된 ASCII 수치 데이터를 가져오는 경우를 예로 들어 보자. 그림 4.8은 파일 TestData2.txt에 저장된 데이터를 보여준다.

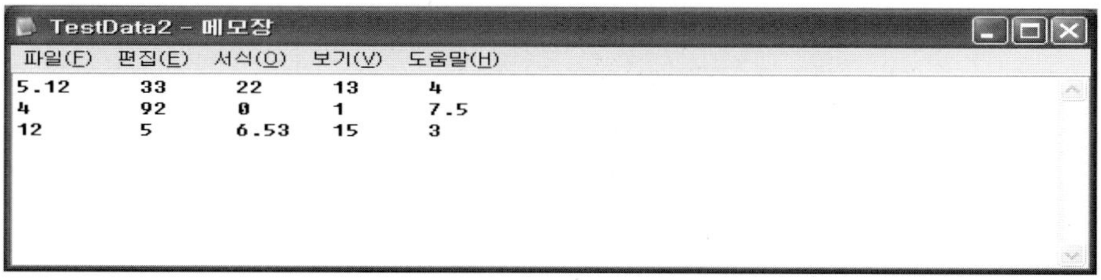

그림 4.8 ASCII 수치 데이터

가져오기 마법사가 TestData2 파일을 가져오는 과정을 그림 4.9로부터 그림 4.11에 걸쳐 나타내었다. 그림 4.9의 화면은 명령어 창에 입력한 uiimport 명령어에 의해 실행된 가져오기 마법사의 첫 번째 화면이다. 세 번째 그림은 MATLAB 변수의 이름이 TestData2이며 그 크기가 3 × 5임을 보여주고 있다.

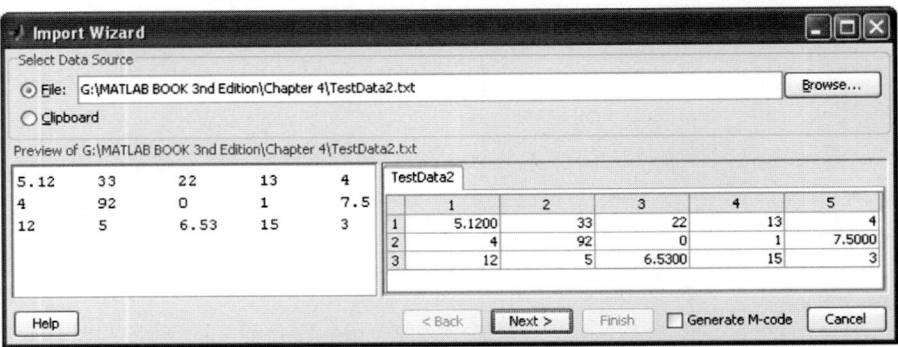

그림 4.9 가져오기 마법사의 첫 번째 화면

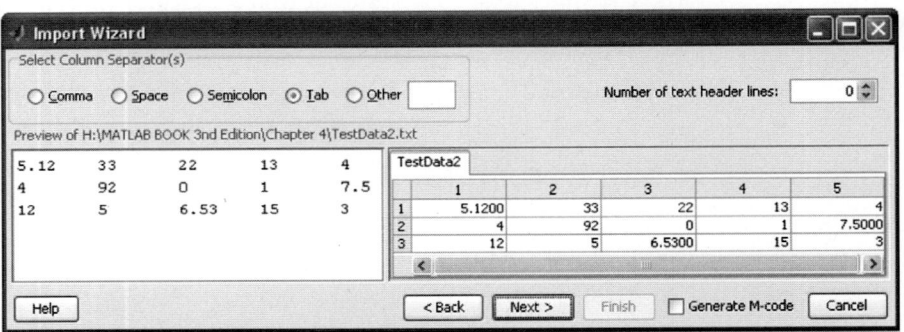

그림 4.10 가져오기 마법사의 두 번째 화면

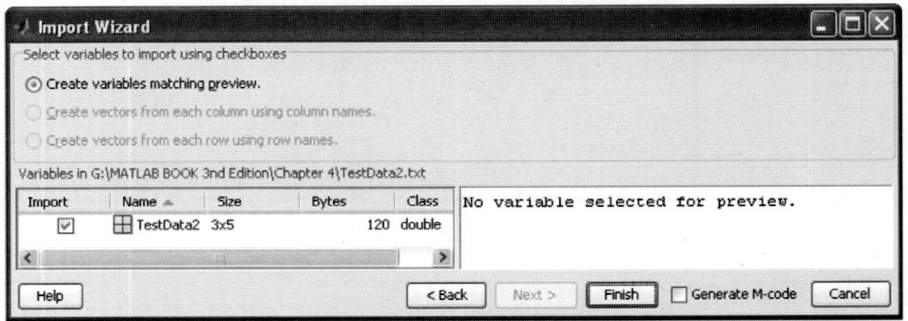

그림 4.11 가져오기 마법사의 세 번째 화면

MATLAB의 명령어 창에서 변수이름을 입력하면 가져온 데이터를 출력할 수 있다.

```
>> TestData2

TestData2 =
```

5.1200	33.0000	22.0000	13.0000	4.0000
4.0000	92.0000	0	1.0000	7.5000
12.0000	5.0000	6.5300	15.0000	3.0000

4.6 MATLAB 응용 예제

예제 4.1 사일로의 높이와 표면적

반지름이 r인 원통형의 사일로(silo)는 반지름이 R인 구형 덮개를 가지고 있으며, 원통 부분의 높이는 H이다. 주어진 r과 R, 부피 V의 값들에 대해 높이 H를 구하는 프로그램을 스크립트 파일로 작성하라. 또한 프로그램이 사일로의 표면적도 계산하도록 하라.

프로그램을 이용하여 $r = 30$ ft, $R = 45$ ft, $V = 120,000$ ft^{3}인 사일로의 높이와 표면적을 계산하라. r과 R, V에 대한 값은 명령어 창에서 할당하도록 한다.

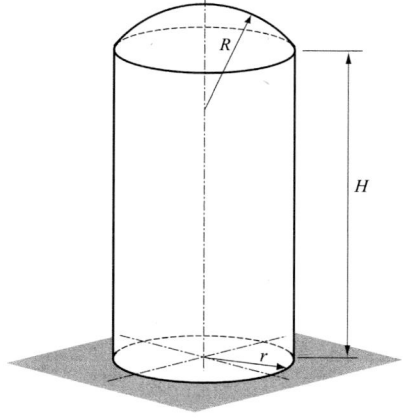

풀이

사일로의 전체 부피는 원통 부분의 부피와 구형 덮개의 부피를 더하여 구한다. 원통 부분의 부피는 다음 식

$$V_{cyl} = \pi r^2 H$$

로 주어지며, 구형 덮개의 부피는 식

$$V_{cap} = \frac{1}{3}\pi h^2 (3R - h)$$

로 주어진다. 여기서 $h = R - R\cos\theta = R(1 - \cos\theta)$이며, θ는 $\sin\theta = \dfrac{r}{R}$로부터

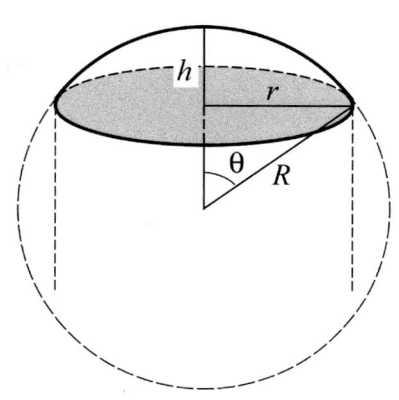

계산된다.

위의 수식을 이용하여, 원통 부분의 높이 H를 다음과 같이 나타낼 수 있다.

$$H = \frac{V - V_{cap}}{\pi r^2}$$

사일로의 표면적은 다음과 같이 원통 부분의 표면적과 구형 덮개의 표면적을 더하여 구한다.

$$S = S_{cyl} + S_{cap} = 2\pi r H + 2\pi R h$$

문제의 해를 구하기 위한 프로그램을 스크립트 파일로 작성하면 다음과 같다.

```
theta=asin(r/R);                        θ를 계산함

h=R*(1-cos(theta));                     h를 계산함

Vcap=pi*h^2*(3*R-h)/3;                  구형 덮개의 부피를 계산함

H=(V-Vcap)/(pi*r^2);                    H를 계산함

S=2*pi*(r*H + R*h);                     표면적 S를 계산함

fprintf('높이 H는 %f ft이다.',H)
fprintf('\n사일로의 표면적은 %f ft^2이다.\n',S)
```

이 스크립트 파일(파일이름: silo)을 실행시킨 명령어 창의 화면은 다음과 같다.

```
>> r=30; R=45; V=200000;                r, R, V에 값을 할당함

>> silo                                 스크립트 파일 silo를 실행시킴
높이 H는 64.727400 ft이다.
사일로의 표면적은 15440.777753 ft^2이다.
```

예제 4.2 복합면적의 중심

복합면적의 중심 좌표를 계산하는 프로그램을 스크립트 파일로 작성하라. (복합면적은 중심이 알려져 있는 여러 부분면적들로 쉽게 나눌 수 있다.) 사용자는 면적을 부분면적들로 나눠야 하며 각 부분면적의 중심 좌표인 두 수와 해당 면적을 알고 있어야 한다. 스크립트 파일이 실행되면, 프로그램은 사용자에게 세 수(중심 좌표인 두 수와 해당 면적)를 행렬의 한 행으로서 입력하도록 요구한다. 사용자는 부분면적 개수만큼의 행들을 입력한다. 구멍을 나타내는 부분은 음의 면적을 갖도록 한다. 프로그램은 실행결과

로 복합면적의 중심 좌표를 출력한다. 프로그램을 이용하여 그림에 보이는 면적의 중심을 계산하라.

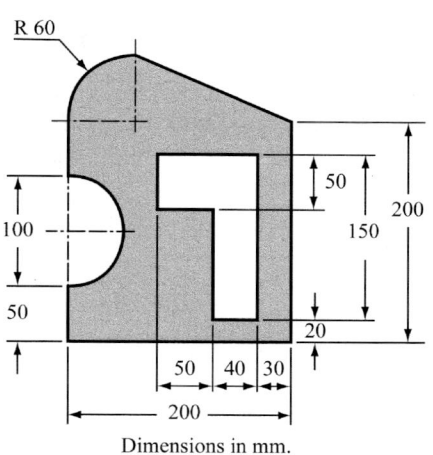

풀이

아래 그림과 같이 면적을 6개의 부분 면적으로 나눈다. 총면적은 왼쪽의 세 부분면적을 더하고 오른쪽의 세 부분면적을 빼면 구해진다. 각 부분면적의 중심의 위치와 좌표가 면적과 함께 그림에 표시되어 있다.

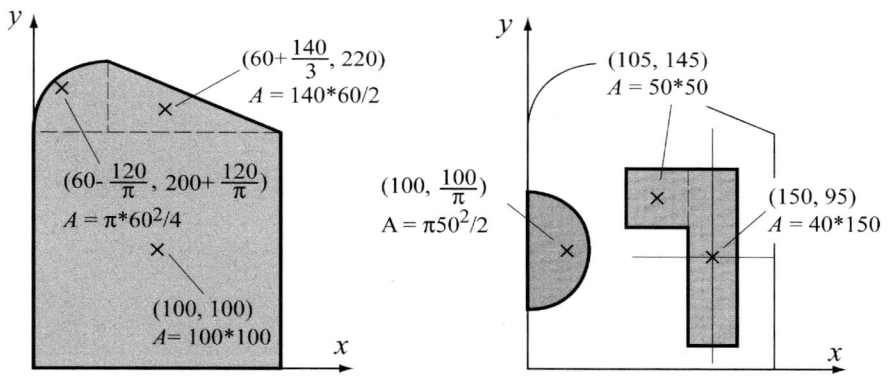

단위: 좌표는 mm, 면적은 mm²

총면적의 중심 좌표 $\overline{X}$와 $\overline{Y}$는 다음 식으로 주어진다.

$$\overline{X} = \frac{\Sigma A\overline{x}}{\Sigma A} \qquad \overline{Y} = \frac{\Sigma A\overline{y}}{\Sigma A}$$

여기서 $\overline{x}$와 $\overline{y}$, A는 각각 각 부분면적의 중심 좌표와 면적이다.
복합면적의 중심 좌표를 계산하는 프로그램을 가진 스크립트 파일은 다음과 같다.

```
% 이 프로그램은 복합면적의 중심 좌표를 계산한다.
clear C xs ys As
C=input('행마다 원소가 세 개인 행렬을 입력하라.\n각 행에 부분면적의 중심 좌표
x, y와 면적을 입력한다.\n');
```

```
xs=C(:,1)';                    각 부분면적의 x 좌표를 갖는 행벡터를 생성함
                               (C의 첫 번째 열)

ys=C(:,2)';                    각 부분면적의 y 좌표를 갖는 행벡터를 생성함
                               (C의 두 번째 열)

As=C(:,3)';                    각 부분면적의 면적을 갖는 행벡터를 생성함(C
                               의 세 번째 열)

A=sum(As);                                          총면적을 계산함

x=sum(As.*xs)/A;                          복합면적의 중심 좌표를 계산함
y=sum(As.*ys)/A;
fprintf('면적중심의 좌표는 ( %f, %f )이다.\n',x,y)
```

스크립트 파일은 파일이름 Centroid로 저장된다. 다음은 스크립트 파일이 실행된 명령어 창을 보여준다.

```
>> Centroid
행마다 원소가 세 개인 행렬을 입력하라.
각 행에 부분면적의 중심좌표 x, y와 면적을 입력한다.
[100     100     200*200

60-120/pi     200+120/pi     pi*60^2/4

60+140/3     220     140*60/2


100     100/pi     -pi*50^2/2          행렬 C에 대한 데이터를 입력한다. 각 행은 부
                                       분면적의 x, y, 면적 세 원소를 갖는다.
150     95     -40*150

105     145     -50*50]

면적중심의 좌표는 ( 85.387547, 131.211809 )이다.
```

예제 4.3 전압 분배기(Voltage divider)

여러 개의 저항기(resistor)들이 전기 회로에서 직렬로 연결되어 있는 경우, 각 저항기 양단의 전압은 다음과 같이 전압분배법칙으로 주어진다.

$$v_n = \frac{R_n}{R_{eq}} v_s$$

여기서, v_n과 R_n은 각각 저항기 n의 양단 전압과 저항(resistance)이다. $R_{eq} = \Sigma R_n$은 등가저항이며 v_s는 전원 전압이다. 각 저항기에서 소모되는 전력은 다음 식으로 주어진다.

$$P_n = \frac{R_n}{R_{eq}^2} v_s^2$$

예를 들어, 다음 그림은 7개의 저항기가 직렬로 연결된 회로를 보여준다.

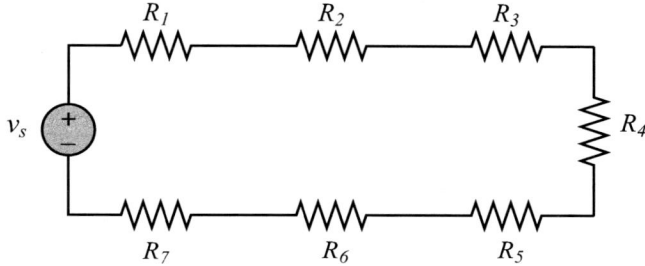

저항기가 직렬로 연결된 회로에서 각 저항기의 양단 전압을 계산하고 각 저항기에서 소모되는 전력을 구하는 프로그램을 스크립트 파일로 작성하라. 스크립트 파일이 실행되면, 프로그램은 사용자에게 전원 전압을 입력하고 그다음 저항기들의 저항을 벡터로 입력할 것을 요구하며, 계산 결과를 표로 출력한다. 표의 첫 번째 열은 저항기의 저항이고, 두 번째 열은 각 저항기 양단의 전압이며, 세 번째 열은 각 저항기에서 소모되는 전력이다. 프로그램은 표 다음에 회로의 전류와 총 전력을 출력한다.

스크립트 파일을 실행하고 v_s와 R에 대한 다음 데이터를 입력하라.

$v_s = 24\,\text{V}$,　$R_1 = 20\,\Omega$,　$R_2 = 14\,\Omega$,　$R_3 = 12\,\Omega$,　$R_4 = 18\,\Omega$,　$R_5 = 8\,\Omega$, $R_6 = 15\,\Omega$,　$R_7 = 10\,\Omega$.

풀이

문제 풀이를 위한 스크립트 파일은 다음과 같다.

```
% 이 프로그램은 저항기들이 직렬로 연결된 회로에서 각 저항기
% 양단의 전압을 계산한다.

vs=input('전원 전압을 입력하시오 : ');
Rn=input('저항기들의 저항을 행벡터의 원소 형태로 입력하시오 : \n');
Req=sum(Rn);                                          등가저항을 계산함
```

```
vn=Rn*vs/Req;
Pn=Rn*vs^2/Req^2;
i = vs/Req;
Ptotal = vs*i;
Table = [Rn', vn', Pn'];
disp(' ')
disp('      저항        전압       전력')
disp('    (Ohms)    (Volts)    (Watts)')
disp(' ')
disp(Table)
disp(' ')
fprintf('회로의 전류는 %f Amp이다.',i)
fprintf('\n회로에서 소모되는 총 전력은 %f Watt이다.\n', Ptotal)
```

전압분배법칙을 적용함

각 저항기에서의 전력을 계산함

회로의 전류를 계산함

회로의 총 전력을 계산함

Rn, vn, Pn을 열로 갖는 변수 table을 생성함

열에 대한 항목 이름을 출력함

빈 줄을 표시함

변수 Table을 출력함

스크립트 파일이 실행된 명령어 창은 다음과 같다.

```
>> VoltageDivider
전원 전압을 입력하시오 : 24
저항기들의 저항을 행벡터의 원소 형태로 입력하시오 :
[20 14 12 18 8 15 10]


      저항        전압       전력
    (Ohms)    (Volts)    (Watts)
    20.0000    4.9485    1.2244
    14.0000    3.4639    0.8571
    12.0000    2.9691    0.7346
    18.0000    4.4536    1.1019
     8.0000    1.9794    0.4897
    15.0000    3.7113    0.9183
    10.0000    2.4742    0.6122
```

스크립트 파일의 이름

사용자가 입력한 전압

벡터로 입력된 저항기의 저항값들

회로의 전류는 0.247423 Amp이다.

회로에서 소모되는 총 전력은 5.938144 Watt이다.

연습문제

프로그램을 스크립트 파일로 먼저 작성한 후 프로그램을 실행하여 다음 문제를 풀어라.

1. 원뿔의 윗부분을 자른 절두체(frustum) 모양의 종이컵은 $R_2 = 1.25R_1$이고 체적이 250 cm³가 되도록 설계되었다. 높이 h가 각각 5, 6, 7, 8, 9, 10 cm일 때 종이컵의 해당 R_1, R_2와 표면적 S를 구하라. 컵의 체적 V와 종이의 표면적은 다음 식으로 주어진다.

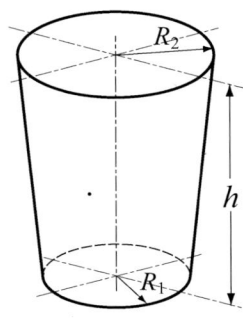

$$V = \frac{1}{3}\pi h(R_1^2 + R_2^2 + R_1 R_2)$$

$$S = \pi(R_1 + R_2)\sqrt{(R_2 - R_1)^2 + h^2} + \pi R_1^2$$

2. 극장에서 관객이 스크린의 영화를 보는 각도 θ는 스크린과 관객 사이의 거리 x에 따라 결정된다. 스크린으로부터 각각 30, 45, 60, 75, 90 ft의 거리에 앉아 있는 관객들에 대해 각도 θ(°)를 구하라.

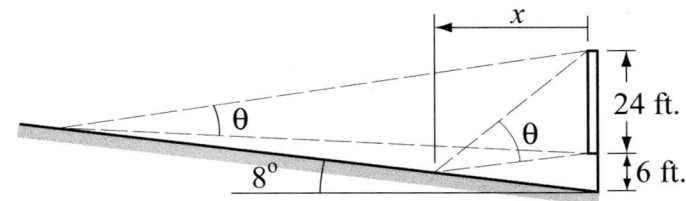

3. 한 학생이 방학 동안 해변에서 인명구조원으로 일하고 있다. 이 학생이 위험에 처한 수영객의 위치를 확인한 후, 최단 시간 내에 이 수영객에게 도달할 수 있는 경로를 찾아내려고 한다. 최단

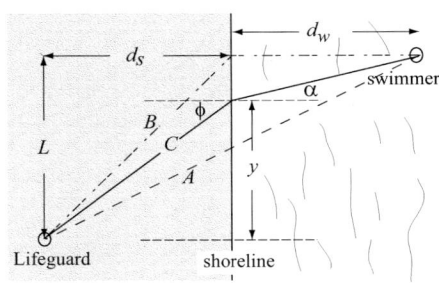

거리의 경로 A는 수영보다는 달리는 속도가 더 빠르다는 점에서 수영에 소비되는 시간이 최대가 되므로 분명히 최선책은 아니다. 경로 B는 수영에 소비되는 시간을 최소로 하지만 합리적인 관점에서 경로가 가장 길기 때문에 역시 최선은 아닌 것 같다. 최적 경로는 분명히 경로 A와 B 사이에 있을 것이다.

중간 경로 C에 대해, 달리기 속도 v_{run} = 3 m/s와 수영 속도 v_{swim} = 1 m/s, 거리 L = 48 m, d_s = 30 m, d_w = 42 m와 구조원이 물에 들어가게 되는 측면 거리 y를 이용하여 수영객에게 도달하는 데 필요한 시간을 구하라. 경로 A와 경로 B 사이에 걸쳐있는 벡터 y를 y = 20, 21, 22, ..., 48 m로 생성하고 각 y에 대한 시간 t를 계산하라. MATLAB 내장함수 min을 이용하여 최단 시간 t_{min}과 이때의 y를 구하라. 계산된 y값에 해당하는 각도를 구하고, 계산 결과가 Snell의 굴절법칙을 만족하는지 조사하라. Snell의 굴절법칙은 다음과 같다.

$$\frac{\sin\phi}{\sin\alpha} = \frac{v_{run}}{v_{swim}}$$

4. 방사성 물질의 방사능 붕괴(radioactive decay)는 식 $A = A_0 e^{kt}$에 의해 모델링될 수 있다. 여기서 A는 시간 t에서의 잔류 양이고, A_0는 $t = 0$에서의 A 값이며, k는 붕괴상수($k \leq 0$)이다. 테크네튬(Technetium)-99는 뇌의 영상촬영에 사용되는 방사성 동위원소(radioisotope)이며, 반감기는 6시간이다. 1회 투여 후 24시간 동안 환자 몸에 남아있는 테크네튬-99의 상대적인 양(A/A_0)을 계산하라. k의 값을 구한 후, 벡터 $t = 0, 2, 4, ..., 24$를 정의하고 각 t에 해당하는 A/A_0값을 계산하라.

5. 처음 10년 동안에 대해, 매년 연말에 저축계좌의 잔고를 계산하는 스크립트 파일을 작성하라. 계좌의 초기 투자금은 1,000달러이며 이율은 연 복리 6.5%이다. 저축계좌의 매년 연말잔고를 표로 출력하라.

초기 투자금이 A이고 이율이 r일 때, n년 후의 잔고 B는 다음 식으로 주어진다.

$$B = A\left(1 + \frac{r}{100}\right)^n$$

6. 정지 상태로부터 일정한 가속도 a로 가속하는 자동차의 속도 v와 거리 d는 시간의 함수로서 다음과 같이 주어진다.

$$v(t) = at, \qquad d(t) = \frac{1}{2}at^2$$

$a = 1.55$ m/s^{2}의 가속도를 가진 자동차에 대해 처음 10초 동안 매 초에 대해 v 와 d를 구하라. 결과는 표로 출력하되, 표의 첫 번째 열이 시간(s), 두 번째 열이 거리(m), 세 번째 열이 속도(m/s)가 되게 하라.

7. $0 \leq T \leq 42$ °C의 온도 범위에 대한 벤젠 증기압 p(단위: mm Hg)의 변동은 다음 식으로 모델링할 수 있다(Handbook of Chemistry and Physics, CRC Press).

$$\log_{10} p = b - \frac{0.05223\,a}{T}$$

여기서 $a = 34, 172$, $b = 7.9622$는 물질 상수이며 T는 절대온도(K)이다. 여러 온도에 대해 압력을 계산하는 프로그램을 스크립트 파일로 작성하라. 프로그램은 온도가 $T = 0$ °C에서 42 °C까지 2도씩 커지는 벡터를 생성하며, 첫 번째 열이 온도 T(°C)이고 두 번째 열이 해당 온도에서의 압력 p(mm Hg)인 두 열의 표를 출력한다.

8. 많은 기체들의 열용량 C_p의 온도 의존성이 다음 3차 방정식에 의해 기술될 수 있다.

$$C_p = a + bT + cT^2 + dT^3$$

다음 표는 네 기체에 대한 3차 방정식의 계수들을 나타낸다. C_p의 단위는 J/(g mol)(°C)이며 T는 °C이다.

기체	a	b	c	d
SO$_2$	38.91	3.904×10^{-2}	-3.105×10^{-5}	8.606×10^{-9}
SO$_3$	48.50	9.188×10^{-2}	-8.540×10^{-5}	32.40×10^{-9}
O$_2$	29.10	1.158×10^{-2}	-0.6076×10^{-5}	1.311×10^{-9}
N$_2$	29.00	0.2199×10^{-2}	-0.5723×10^{-5}	-2.871×10^{-9}

200°C에서 400°C까지 20°C 간격으로 각 온도에서 네 기체의 열용량을 계산하라. 결과를 나타내기 위해 11×5 행렬을 생성하라. 이 행렬에서 첫 번째 열은 온도이며, 두 번째에서 다섯 번째까지의 열은 각각 SO$_2$, SO$_3$, O$_2$, N$_2$에 대한 열용량이다.

9. 네 기체의 이상 혼합물(ideal mixture)의 열용량(heat capacity) $C_{p\,mixture}$는 각 구성기체의 열용량에 의해 다음 혼합물 방정식으로 표현될 수 있다.

$$C_{p_{mixture}} = x_1 C_{p1} + x_2 C_{p2} + x_3 C_{p3} + x_4 C_{p4}$$

여기서 x_1, x_2, x_3, x_4는 구성기체의 비율이며 C_{p1}, C_{p2}, C_{p3}, C_{p4}는 해당 열용량이다. 양을 모르는 네 기체 SO_2, SO_3, O_2, N_2의 혼합물이 주어지고, 구성기체의 비율을 구하기 위해 세 온도에서 측정된 혼합물의 열용량 값이 다음 표로 주어진다.

온도 °C	25	150	300
$C_{p_{mixture}}$ J/(g mol)(°C)	39.82	44.72	49.10

앞 문제의 식과 데이터를 이용하여, 세 온도에서의 네 구성기체의 열용량을 구하라. 그다음, 혼합물 방정식을 이용하여 각 온도에서의 혼합물의 열용량에 대한 식 세 개를 써라. 네 번째 식은 $x_1 + x_2 + x_3 + x_4 = 1$이다. 선형 연립방정식을 풀어서 x_1, x_2, x_3, x_4를 구하라.

10. 전기회로에서 여러 개의 저항기가 병렬로 연결되어 있을 때, 이들 각 저항기를 흐르는 전류는 $i_n = \dfrac{v_s}{R_n}$로 주어진다. 여기서 i_n과 R_n은 각각 저항기 n을 통과하는 전류와 저항이며, v_s는 전원 전압이다. 등가저항 R_{eq}는 다음 식으로부터 구할 수 있다.

$$\frac{1}{R_{eq}} = \frac{1}{R_1} + \frac{1}{R_2} + \ldots + \frac{1}{R_n}$$

전원 전류는 $i_s = v_s/R_{eq}$로 주어지며, 각 저항기에서 소모되는 전력 P_n은 $P_n = v_s i_n$으로 주어진다.

저항기가 병렬로 연결되어 있는 회로에서 각 저항기를 흐르는 전류와 각 저항기에서 소모되는 전력을 계산하는 프로그램을 스크립트 파일로 작성하라. 스크립트 파일이 실행되면, 프로그램은 먼저 사용자에게 전원 전압의 입력을 요구하고 그다음 저항값을 벡터 형식으로 입력하도록 요구한다. 프로그램은 계산 결과를 표로 출력한다. 표의 첫 번째 열은 저항 값들의 목록이고, 두 번째 열은 각 저항을 흐르는 전류 값들의 목록이며, 세 번째 열은 각 저항에서 소모되는 전력 값들의 목록이 들어 있다. 표의 출력에 이어 프로그램은 전원 전류와 총 전력을 출력한다. 스크립트 파일을 이용하여 다음 회로를 해석하라.

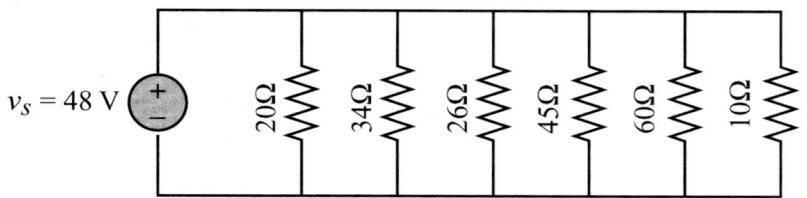

11. 트러스(truss)는 양단이 핀으로 연결된 부재들로 이루어진 구조물이다. 그림의 트러스에 대해, 9개의 각 부재에 작용하는 힘은 다음 9개의 선형 연립방정식의 해로부터 구할 수 있다.

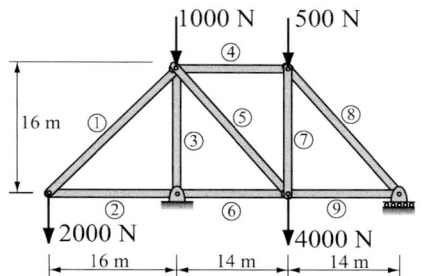

$$\cos(45°)F_1 + F_2 = 0$$
$$F_4 + \cos(48.81°)F_5 - \cos(45°)F_1 = 0$$
$$-\sin(48.81°)F_5 - F_3 - \sin(45°)F_1 = 1000$$
$$\cos(48.81°)F_8 - F_4 = 0,$$
$$-\sin(48.81°)F_8 - F_7 = 500$$
$$F_9 - \cos(48.81°)F_5 - F_6 = 0, \quad F_7 + \sin(48.81°)F_5 = 4000$$
$$\sin(48.81°)F_8 = -1107.14, \quad -\cos(48.81°)F_8 - F_9 = 0$$

이 방정식들을 행렬 형태로 쓰고 **MATLAB**을 이용하여 각 부재에 작용하는 힘을 구하라. 양의 힘은 장력을 의미하며 음의 힘은 압축력을 의미한다. 결과를 표로 나타내라.

12. 함수 $f(x) = ax^4 + bx^3 + cx^2 + dx + e$의 그래프가 $(-3, 6.8)$, $(-1.5, 15.2)$, $(0.5, 14.5)$, $(2, -21.2)$, $(5, 10)$의 점들을 통과한다. 상수 a, b, c, d, e의 값을 구하라. (미지수가 5개인 5원 1차 연립방정식을 쓰고 **MATLAB**을 이용하여 방정식을 풀어라.)

13. 골프 경기를 하는 동안, 이글(eagle)과 버디(birdie)에 대해 각각 서로 다른 어떤 점수가 부여되며, 파(par)는 아무 점수도 부여되지 않는다. 보기(bogey)와 더블보기(double bogey)에 대해서는 각각 서로 다른 점수가 공제된다. 어떤 중요한 경기에 대한 신문기사에서 이러한 부여 점수가 얼마인지 언급하는 것을 잊고 결과만을 다음 표로 나타내었다.

골퍼 이름	이글	버디	파	보기	더블보기	점수
Fred	1	5	10	2	0	18
Wilma	2	3	11	1	1	15
Barney	0	3	10	3	2	0
Betty	1	4	10	2	1	12

위의 표로부터 미지수가 네 개인 방정식 네 개를 작성하라. 방정식을 풀어서 이글(eagle)과 버디(birdie)에 부여된 미지의 점수와 보기(bogey) 및 더블보기(double bogey)에 대해 공제된 미지의 벌점을 구하라.

14. 질산액에서 구리 황화물의 용해는 다음 화학 방정식에 의해 기술된다.

$$aCuS + bNO_3^- + cH^+ \rightarrow dCu^{2+} + eSO_4^{2-} + fNO + gH_2O$$

여기서 계수 a, b, c, d, e, f, g는 반응에 참여하는 각 분자의 수로서 미지수이다. 미지의 계수는 양변의 각 원자 수를 비교한 후 이온전하 크기를 비교하여 구할 수 있으며, 결과 식은 다음과 같다.

$$a = d, \quad a = e, \quad b = f, \quad 3b = 4e + f + g, \quad c = 2g, \quad -b + c = 2d - 2e$$

미지수는 7개이고 방정식은 단 6개이다. 그러나 모든 계수가 양의 정수이어야 한다는 사실을 이용하면 아직은 해를 구할 수 있다. $a = 1$을 가정함으로써 일곱 번째 방정식을 추가하여 연립방정식을 풀어라. 모든 계수가 양의 정수이면, 해가 유효하다. 그렇지 않으면, $a = 2$를 가정하여 다시 해를 구하라. 해의 모든 계수가 양의 정수가 될 때까지 이 과정을 반복하라.

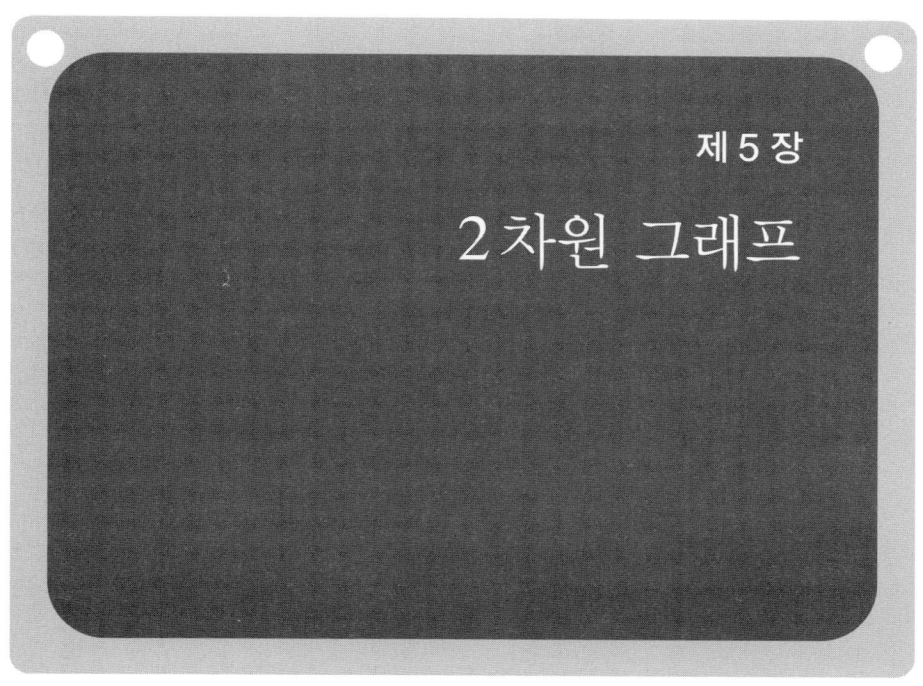

제 5 장

2차원 그래프

그래프는 정보를 표현하는 데 매우 유용한 도구이다. 이것은 어느 분야에서나 마찬가지겠지만, MATLAB이 주로 사용되는 과학과 공학 분야에서는 특히 더 그렇다. MATLAB에는 다른 유형의 그래프를 생성하는 데 사용할 수 있는 많은 명령어들이 있다. 여기에는 선형축을 가진 표준 그래프, 로그 및 세미로그 축을 가진 그래프, 극좌표 그래프, 막대그래프 및 계단그래프, 3차원 윤곽 표면 및 그물망그래프, 그 외에도 많은 그래프들이 포함되어 있다. 그래프가 원하는 모양을 갖도록 형식 지정을 할 수 있다. 즉, 선의 형태(직선, 파선 등)와 색깔, 두께 등을 지정할 수 있으며 그래프의 제목과 텍스트 설명뿐만 아니라 데이터 표식(marker)과 격자선(grid line)을 추가할 수도 있다. 여러 개의 곡선을 같은 그래프에 나타낼 수 있으며 여러 개의 그래프를 같은 페이지에 나타낼 수도 있다. 그래프가 여러 개의 곡선과 데이터 값들을 포함하는 경우, 범례(legend)를 포함시킬 수도 있다.

이 장에서는 MATLAB을 이용하여 여러 유형의 2차원 그래프를 생성하고 그래프의 형식을 지정하는 방법에 대해 기술한다. 3차원 그래프는 9장에서 별도로 다루기로 한다. MATLAB을 이용하여 생성한 간단한 2차원 그래프의 예를 그림 5.1에 나타내었다. 그림은 거리에 따른 광도(light intensity)의 변화를 보여주는 두 개의 곡선을 포함하고 있다. 한 곡선은 실험에서 측정된 데이터 값들로 그려지며, 나머지 한 곡선은 이론 모델에 의해 예측된 광도 변화를 나타낸다. 그림의 축들은 모두 선형축이며, 실선과 파선의 두 다른 유형의 선이 곡선에 사용되었다. 이론 곡선은 실선으로 표

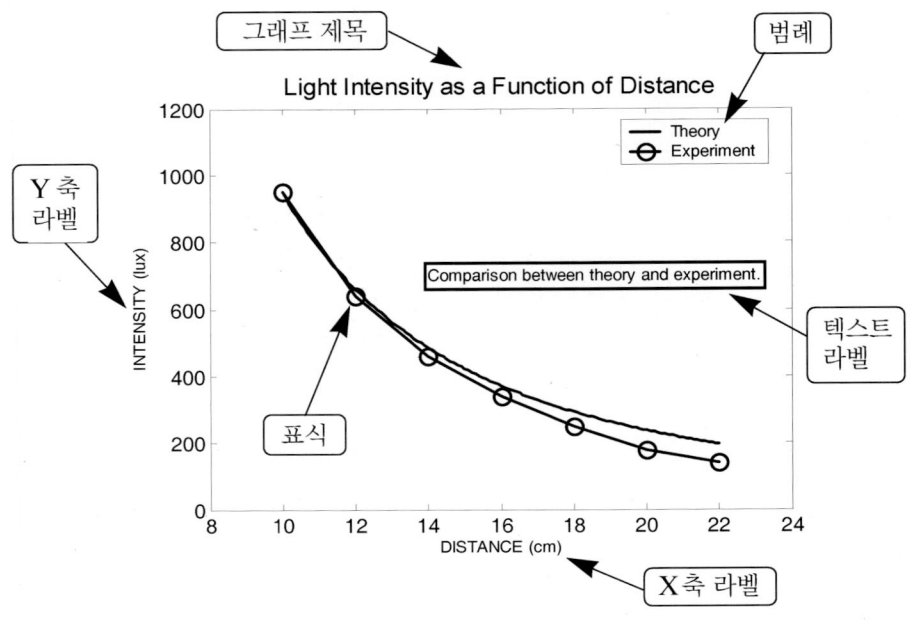

그림 5.1 형식을 지정한 2차원 그래프의 예

시된 데 비해 실험 데이터 점들은 파선으로 연결되었다. 각 데이터 점들은 원형 표식 (marker)으로 표시되었다. 그래프가 그림 창(Figure Window)에 출력될 때 실험 데이터 점들을 연결한 파선은 실제로는 붉은색이다. 그림 5.1의 그래프는 그림에서 보듯이 그래프 제목과 축 제목, 범례, 데이터 표식, 텍스트 라벨 상자 등이 그래프에 추가되도록 형식이 지정된 것이다.

5.1 plot 명령어

plot 명령어는 2차원 그래프를 생성하는 데 사용된다. plot 명령어의 가장 간단한 형식은 다음과 같다.

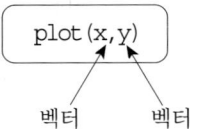

인자 x와 y는 각각 1차원 배열인 벡터이다. 두 벡터는 반드시 같은 개수의 원소를 가져야 한다. plot 명령어가 실행되면 그림 창에 그래프가 그려진다. 그림 창이 열려 있지 않으면, plot 명령어가 실행될 때 자동으로 열린다. 그림은 x값을 가로좌표(수평

축)로, y값을 세로좌표(수직축)로 한 곡선을 갖는다. 곡선은 벡터 x와 y의 원소들에 의해 정의된 좌표의 점들을 연결한 선분들로 구성된다. 물론 두 벡터의 이름은 어떤 이름도 가질 수 있다. plot 명령어의 첫 번째 벡터 인자는 수평축에 사용되며 두 번째 벡터 인자는 수직축에 사용된다.

생성된 그래프의 축은 선형눈금과 기본 범위를 갖는다. 예를 들어, 벡터 x의 원소가 1, 2, 3, 5, 7, 7.5, 8, 10이고 벡터 y의 원소가 2, 6.5, 7, 7, 5.5, 4, 6, 8인 경우, 명령어 창에 다음과 같이 입력하면 x에 대한 y의 간단한 그래프를 그릴 수 있다.

```
>> x=[1  2  3  5  7  7.5  8  10];
>> y=[2  6.5  7  7  5.5  4  6  8];
>> plot(x,y)
```

plot 명령어가 실행되면, 그림 5.2와 같이 그림 창이 열리고 그림 창에 그래프가 출력된다.

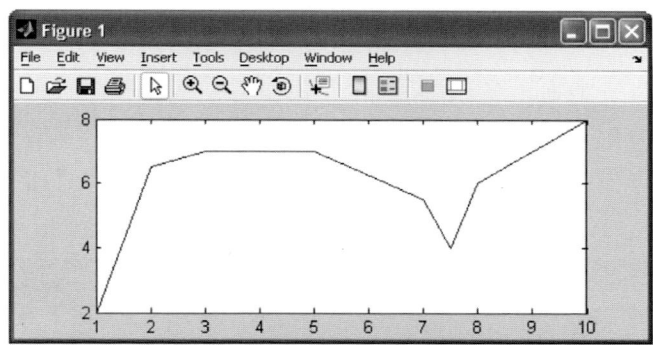

그림 5.2 간단한 그래프를 가진 그림 창

화면상의 그래프는 기본 선 색깔인 파란색으로 표시된다.

plot 명령어는 원하는 경우 선의 색과 형태, 데이터 표식(marker)의 모양 등을 지정하는 데 사용할 수 있는 추가 옵션인자들을 가지고 있다. 이러한 옵션들을 갖는 명령어는 다음 형식을 갖는다.

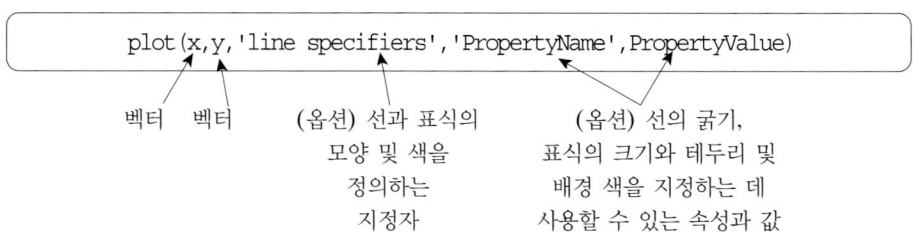

선 지정자(line specifier)

선 지정자는 옵션으로, 선의 종류와 색, 표식의 모양(표식이 필요한 경우)을 정의하는 데 사용할 수 있다. 먼저, 선 종류 지정자는 다음과 같다.

선 종류	지정자	선 종류	지정자
실선(기본)	-	점선(dotted)	:
파선(dashed)	--	일점쇄선(dash-dot)	-.

선 색깔 지정자는 다음과 같다.

선 색깔	지정자	선 색깔	지정자
빨강(red)	r	자홍(magenta)	m
녹색(green)	g	노랑(yellow)	y
파랑(blue)	b	검정(black)	k
청록(cyan)	c	흰색(white)	w

데이터 표식의 모양 지정자는 다음과 같다.

표식(marker) 모양	지정자	표식(marker) 모양	지정자
양의 부호	+	정사각형	s
원	o	다이아몬드	d
별표	*	5점 별	p
점	.	6점 별	h
x 형	x	삼각형(좌향)	<
삼각형(상향)	^	삼각형(우향)	>
삼각형(하향)	v		

지정자 사용 시 유의사항

- 지정자(specifier)는 plot 명령어 안에 문자열로 입력된다.

- 지정자들은 문자열 내에서 순서와 상관없이 입력될 수 있다.

- 지정자는 선택사항이다. 즉, 지정자는 한 개나 둘, 또는 세 개 다 명령어에 포함시킬 수도 있고 아무것도 포함시키지 않을 수도 있다.

몇 가지 예를 들면 다음과 같다.

plot(x,y)	데이터 표식 없이 파란 실선으로 점들을 연결함(기본 설정)
plot(x,y,'r')	빨간 실선으로 점들을 연결함
plot(x,y,'--y')	노란 파선으로 점들을 연결함
plot(x,y,'*')	데이터 점들이 '*'로 표시되고 점들을 연결하는 선은 없음
plot(x,y,'g:d')	데이터 점들이 다이아몬드로 표시되고 녹색 점선으로 연결됨

속성이름(Property Name)과 속성값(Property Value)

속성은 선택사항으로 선 두께와 표식의 크기, 표식의 테두리선 색과 배경색 등을 지정하기 위해 사용할 수 있다. plot 명령어 안에 속성이름을 문자열로 표기하고 콤마를 찍은 후, 속성에 대한 값을 입력한다.

네 개의 속성과 각 속성이 가질 수 있는 값들은 다음과 같다.

속성이름	설명	가능한 속성값
LineWidth (또는 linewidth)	선의 굵기를 지정함	point 단위의 수(기본 값 0.5)
MarkerSize (또는 markersize)	표식의 크기를 지정함	point 단위의 수
MarkerEdgeColor (또는 markeredgecolor)	표식의 색이나, 배경색을 가진 표식의 테두리선 색을 지정함	앞장 표의 색깔 지정자들을 문자열로 표시함
MarkerFaceColor (또는 markerfacecolor)	표식의 배경색을 지정함	앞장 표의 색깔 지정자들을 문자열로 표시함

예를 들어, 명령어

```
plot(x,y,'-mo','LineWidth',2,'markersize',12,
        'MarkerEdgeColor','g','markerfacecolor','y')
```

는 데이터 값들을 원형 표식(marker)으로 표시하고 자홍색(magenta) 실선으로 연결한 그래프를 그린다. 그래프의 선 두께는 2 point이며, 원형 표식의 크기는 12 point이다. 표식은 녹색 테두리선과 노란 배경색을 갖는다.

선 지정자와 속성에 대한 유의사항

PropertyName 인자와 바로 뒤의 PropertyValue 인자를 이용하여 세 개의 선 지정자(line specifier), 즉 선의 종류, 선의 색, 표식의 모양을 설정할 수도 있다. 선 지정자를 위한 속성이름(Property Name)은 다음과 같다.

지정자	속성이름	가능한 속성값
선 종류	linestyle (또는 LineStyle)	앞의 표에 있는 선 종류 지정자를 문자열로 표시함
선 색깔	color(또는 Color)	앞의 표에 있는 선 색깔 지정자를 문자열로 표시함
데이터 표식	marker(또는 Marker)	앞의 표에 있는 표식 지정자를 문자열로 표시함

다른 명령어들과 마찬가지로 plot 명령어도 명령어 창에서 입력하거나 스크립트 파일에 포함시킬 수 있으며, 6장에서 설명할 함수 파일(function file)에서 사용할 수도 있다. plot 명령어를 실행하기 전에 벡터 x와 y에 원소를 할당해야 한다는 점도 명심해야 한다. 벡터에 대한 원소 할당은 2장에서 설명한 것과 같이 값을 직접 입력하거나 명령어를 사용하여 할 수 있으며, 수학연산의 결과로도 할당할 수 있다. 다음 두 절은 간단한 그래프의 생성 예를 보여준다.

5.1.1 주어진 데이터의 그래프

데이터가 주어지는 경우, 데이터를 이용하여 벡터들을 생성하고 plot 명령어에서 이 벡터들을 이용한다. 예를 들어, 다음 표는 어떤 회사의 1988년부터 1994년까지의 판매 데이터이다.

연도	1988	1989	1990	1991	1992	1993	1994
매출액 (백만)	8	12	20	22	18	24	27

이 데이터의 그래프 출력을 위해, 연도 목록을 벡터 yr에 할당하고 해당 판매 데이터를 두 번째 벡터 sle에 할당한다. 다음은 명령어 창에서 두 벡터를 생성하고 plot 명령어를 사용하는 예를 나타낸 것이다.

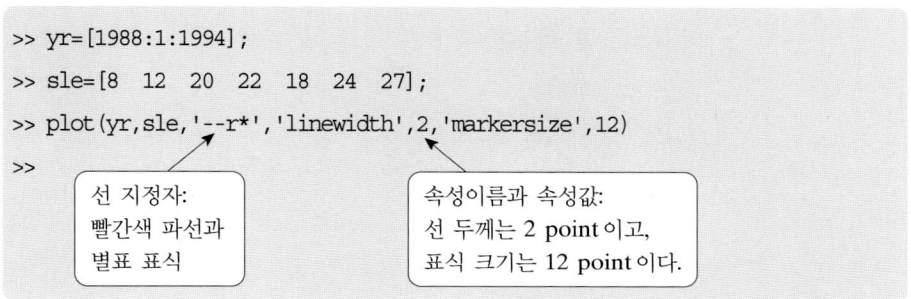

```
>> yr=[1988:1:1994];
>> sle=[8  12  20  22  18  24  27];
>> plot(yr,sle,'--r*','linewidth',2,'markersize',12)
>>
```

선 지정자:
빨간색 파선과
별표 표식

속성이름과 속성값:
선 두께는 2 point 이고,
표식 크기는 12 point 이다.

plot 명령어가 실행되면, 그림 5.3과 같이 그림 창이 열린다. 그래프는 화면상에서 빨간색으로 표시된다.

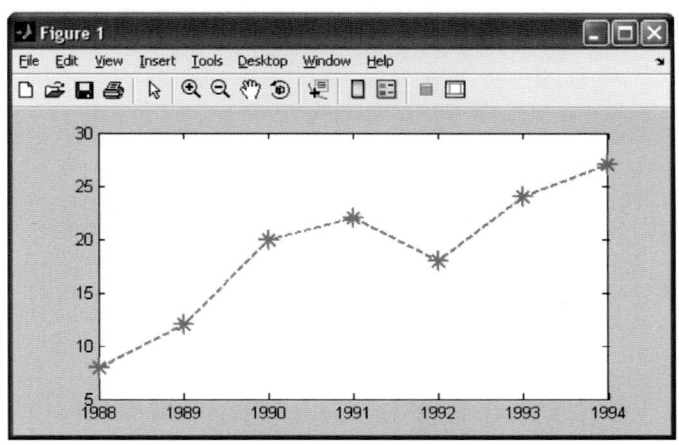

그림 5.3 판매 데이터의 그래프가 출력된 그림 창

5.1.2 함수의 그래프 출력

주어진 함수의 그래프를 나타내야 할 경우가 많은데, MATLAB에서는 plot 또는 fplot 명령어를 이용하여 함수의 그래프를 그릴 수 있다. plot 명령어의 사용은 여기서 설명하며, fplot 명령어는 다음 절에서 자세히 설명한다.

plot 명령어로 함수 $y = f(x)$를 그리기 위해서는 먼저 함수가 그려질 정의역 (domain)에 대한 x 값들의 벡터를 생성해야 한다. 그다음, 원소별 연산(3장 참조)을 이용하여 해당 $f(x)$ 값들로 벡터 y를 생성한다. 두 벡터가 만들어지면, 이 두 벡터를 plot 명령어에 사용할 수 있다.

예를 들면, plot 명령어를 이용하여 $-2 \leq x \leq 4$에 대한 함수 $y = 3.5^{-0.5x}$ $\cos(6x)$의 그래프를 그릴 수 있다. 다음 스크립트 파일에서 이 함수를 그리는 프로그램을 볼 수 있다.

```
% 함수 3.5.^(-0.5*x).*cos6(x)의 그래프를 그리기 위한 스크립트 파일
x=[-2:0.01:4];                          함수의 정의역으로 벡터 x를 정의함
y=3.5.^(-0.5*x).*cos(6*x);              각 x에서 함수 값을 구하여 벡터 y를 정의함
plot(x,y)                               x의 함수인 y의 그래프를 그림
```

스크립트 파일이 실행되면, 그림 5.4와 같이 그래프가 그림 창에 생성된다. 그래프는 점들을 연결하는 직선 선분들로 구성되므로, 함수를 정확히 그리기 위해서는 벡터 x의 원소들 사이의 간격을 적절하게 해야 한다. 급격하게 변하는 함수의 경우에는 간격을 더 작게 할 필요가 있다. 위의 예에서 간격을 0.01로 작게 하여 그림 5.4와 같은 그래프를 만들었다. 만일 같은 정의역에 대해 같은 함수를 0.3과 같이 훨씬 큰 간격으로 그린다면, 생성된 그래프는 그림 5.5에서 보듯이 함수의 왜곡된 형상을 보여주게 될 것이다. 또한 그림 5.4의 그래프는 그림 창과 함께 보이는데 비해, 그림 5.5는 그

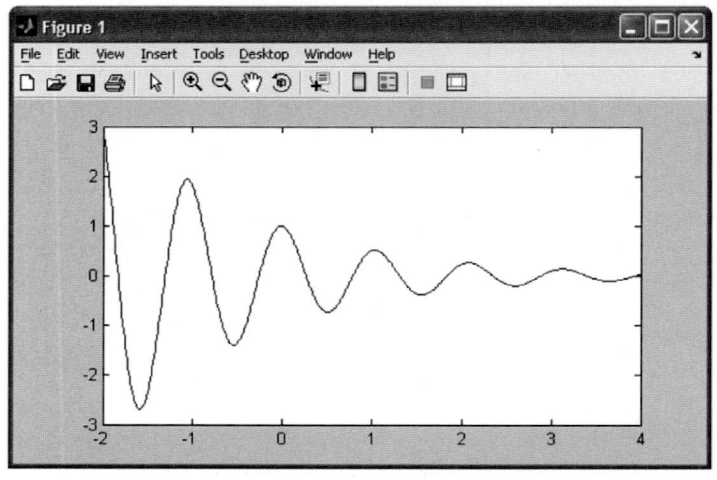

그림 5.4 함수 $y = 3.5^{-0.5x} \cos(6x)$의 그래프가 그려진 그림 창

래프만 보인다는 점에 유의하라. 그림 창(Figure Window)의 **Edit** 메뉴에서 **Copy Figure**를 선택하면, 그래프는 그림 창에서 클립보드로 복사되어 다른 응용프로그램으로 붙여넣기할 수 있다.

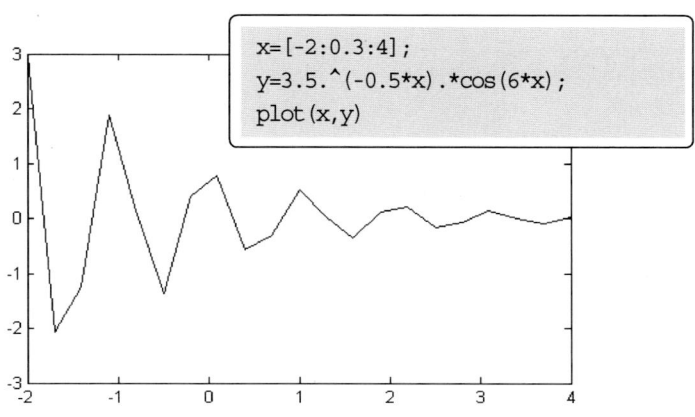

```
x=[-2:0.3:4];
y=3.5.^(-0.5*x).*cos(6*x);
plot(x,y)
```

그림 5.5 큰 간격으로 그린 함수 $y = 3.5^{-0.5x} \cos(6x)$의 그래프

5.2 fplot **명령어**

fplot 명령어는 $y = f(x)$ 형태의 함수의 그래프를 지정된 구간에 대해 그린다. 명령어는 다음 형식을 갖는다.

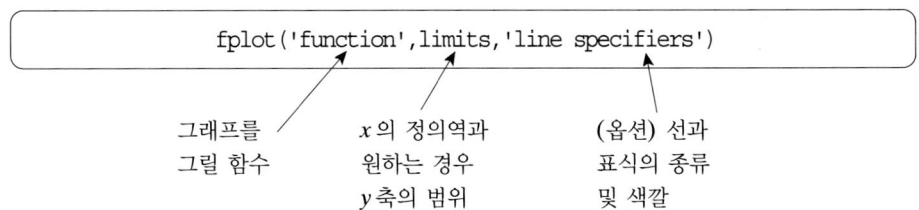

fplot('function',limits,'line specifiers')

그래프를 x의 정의역과   (옵션) 선과
그릴 함수   원하는 경우   표식의 종류
    y축의 범위   및 색깔

'function'

함수는 fplot 명령어 안에 문자열로 직접 입력할 수 있다. 예를 들어, 그래프로 나타낼 함수가 $f(x) = 8x^2 + 5\cos(x)$라면, '8*x^2+5*cos(x)'와 같이 입력하면 된다. 함수는 MATLAB 내장함수와 사용자가 만든 함수(6장에서 설명함)를 포함할 수 있다.

- 그래프를 그릴 함수의 독립변수는 어떤 글자로 표기해도 상관없다. 예를 들면, 위의 함수 $f(x)$를 `'8*z^2+5*cos(z)'`나 `'8*t^2+5*cos(t)'`로 입력할 수도 있다.

- 미리 정의된 변수들은 함수에 포함시킬 수 없다. 예를 들어, 위의 함수에서 8이 할당된 어떤 변수를 함수에 포함시킨 후, 이 함수를 fplot 명령어에서 사용하는 것은 가능하지 않다.

limits

limits는 x의 정의역을 지정하는 두 원소의 벡터 [xmin,xmax]이거나, x의 정의역과 y축의 경계값을 지정하는 네 원소 벡터 [xmin,xmax,ymin,ymax]이다.

line specifiers

선 지정자(line specifier)는 plot 명령어에서와 동일하다.

예를 들어, $-3 \leq x \leq 3$에 대한 함수 $y = x^2 + 4\sin(2x) - 1$의 그래프는 fplot 명령어를 명령어 창에서 다음과 같이 입력하여 그릴 수 있다.

```
>> fplot('x^2+4*sin(2*x)-1', [-3,3])
```

그림 창에 표시되는 그림은 그림 5.6과 같다.

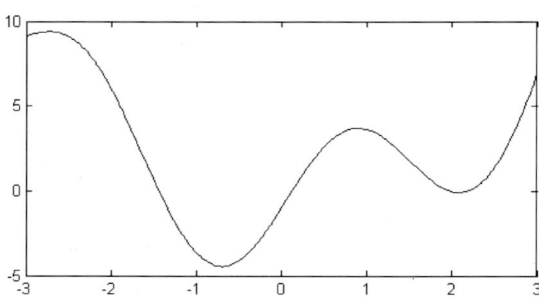

그림 5.6 함수 $y = x^2 + 4\sin(2x) - 1$의 그래프

5.3 그래프의 다중 출력

같은 그림에 여러 개의 곡선을 표시해야 할 경우가 많은데, 예를 들면 그림 5.1에는 두 개의 곡선이 같은 그림에 표시되어 있다. 한 개의 그림에 여러 곡선을 표시하는 방법으로는 다음 세 가지가 있다. 첫 번째는 plot 명령어를 사용하는 방법이고, 두 번째는 hold on, hold off 명령어를 사용하는 방법이며, 세 번째는 line 명령어를 사용하는 방법이다.

5.3.1 plot 명령어의 이용

plot 명령어 안에 복수 개의 벡터 쌍을 표시함으로써 두 개 이상의 곡선을 같은 그래프에 표시할 수 있다. 다음 명령어

$$plot(x,y,u,v,t,h)$$

는 같은 그림에 (x,y), (u,v), (t,h)의 세 곡선을 표시한다. 각 쌍의 두 벡터는 길이가 같아야 한다. MATLAB은 각 곡선이 구분될 수 있도록 곡선의 색깔을 자동으로 다르게 표시한다. 또 각 쌍의 벡터 뒤에 선 지정자(line specifier)를 추가할 수도 있다. 예를 들면 다음 명령어

$$plot(x,y,'-b',u,v,'--r',t,h,'g:')$$

는 x에 대한 y의 곡선을 파란 실선으로, u에 대한 v의 곡선을 빨간 파선으로, t에 대한 h의 곡선을 녹색 점선으로 표시한다.

예제 5.1 함수와 도함수의 그래프

$-2 \leq x \leq 4$에 대해 함수 $y = 3x^3 - 26x + 10$과 이 함수의 1차 도함수 및 2차 도함수의 그래프를 같은 그림에 표시하라.

풀이

함수의 1차 도함수: $y' = 9x^2 - 26$
함수의 2차 도함수: $y'' = 18x$
벡터 x를 생성하고 y와 y', y''의 값들을 계산하는 스크립트 파일은 다음과 같다.

```
x=[-2:0.01:4];                          함수 정의역으로 벡터 x를 생성함

y=3*x.^3-26*x+6;                        각 x에서의 함수 값으로 벡터 y를 생성함
```

```
yd=9*x.^2-26;
ydd=18*x;
plot(x,y,'-b',x,yd,'--r',x,ydd,':k')
```

> 1차 도함수의 값으로 벡터 yd를 생성함

> 2차 도함수의 값으로 벡터 ydd를 생성함

> x에 대한 y, yd, ydd의 세 곡선을 같은 그림에 출력함

출력된 그림은 그림 5.7과 같다.

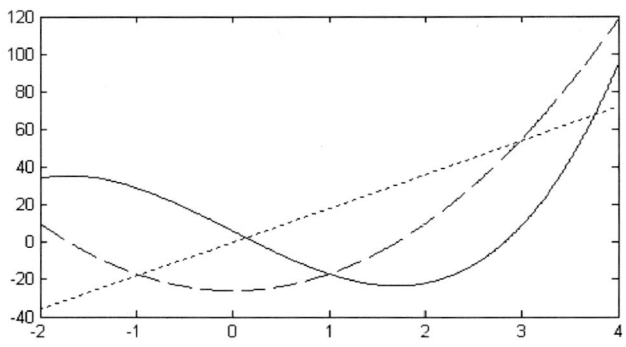

그림 5.7 함수 $y = 3x^3 - 26x + 10$과 1차 도함수, 2차 도함수의 그래프

5.3.2 hold on, hold off 명령어의 이용

hold on, hold off 명령어를 이용하여 여러 개의 곡선을 한 그림에 나타내기 위해서는 먼저 plot 명령어를 이용하여 첫 번째 곡선을 그린 후, hold on 명령어를 입력한다. 이 명령어는 첫 번째 곡선이 그려진 그림 창을 열린 채로 유지하며 축의 속성과 형식 지정(5.4절 참조)도 그대로 유지한다. 그다음, 새 plot 명령어를 입력하면 현재 그래프에 새 곡선이 추가된다. plot 명령어를 수행할 때마다 새 곡선이 현재 그래프에 추가된다. hold off 명령어는 이 과정을 중지시키고, plot 명령어를 수행할 때마다 이전 그래프를 지우며 축의 속성을 초기화하는 초기설정 모드(default mode)로 MATLAB을 원상회복시킨다.

예로서, hold on, hold off 명령어를 이용한 예제 5.1의 풀이를 다음 스크립트 파일에 나타내었다.

```
x=[-2:0.01:4];
y=3*x.^3-26*x+6;
yd=9*x.^2-26;
```

```
ydd=18*x;
plot(x,y,'-b')                          첫 번째 그래프를 그림
hold on
plot(x,yd,'--r')                        같은 그림에 두 곡선을 추가함
plot(x,ydd,':k')
hold off
```

5.3.3 `line` 명령어의 이용

이미 존재하는 그래프에 `line` 명령어를 이용하여 곡선을 추가로 표시할 수 있다. `line` 명령어의 형식은 다음과 같다.

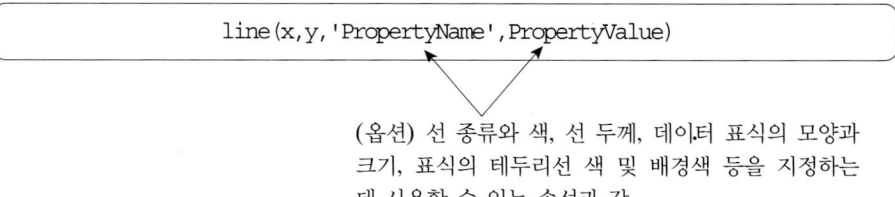

line(x,y,'PropertyName',PropertyValue)

(옵션) 선 종류와 색, 선 두께, 데이터 표식의 모양과 크기, 표식의 테두리선 색 및 배경색 등을 지정하는 데 사용할 수 있는 속성과 값

`line` 명령어의 형식은 plot 명령어와 거의 같다(5.1절 참조). `line` 명령어는 선 지정자를 갖지 않지만, 속성이름(Property Name)과 속성값(Property Value)들을 이용하여 선 종류와 색, 데이터 표식 등을 지정할 수 있다. 속성은 옵션이며, 아무것도 입력하지 않으면 MATLAB은 기본 속성 및 값들을 이용한다. 예를 들어, 다음 명령어

line(x,y,'linestyle','--','color','r','marker','o')

는 기존 그래프에 원형 표식(marker)과 함께 빨간 파선의 곡선을 추가할 것이다.

plot 명령어와 line 명령어의 주요 차이점은 plot 명령어는 실행될 때마다 새로운 그래프를 시작하는 반면, line 명령어는 기존 그래프에 선들을 추가한다는 점이다. 여러 개의 곡선을 갖는 그림을 그리기 위해서는, 먼저 plot 명령어를 입력하고 추가 곡선을 위해 line 명령어를 입력한다. 만일 line 명령어를 plot 명령어보다 먼저 입력하면 오류 메시지가 출력된다.

예제 5.1의 풀이인 그림 5.7의 그래프는 다음 스크립트 파일과 같이 plot 명령어와 line 명령어를 이용하여 얻을 수 있다.

```
x=[-2:0.01:4];
y=3*x.^3-26*x+6;
yd=9*x.^2-26;
ydd=9*x.^2-26;
plot(x,y,'LineStyle','-','color','b')
line(x,yd,'LineStyle','--','color','r')
line(x,ydd,'LineStyle',':','color','k')
```

5.4 그래프의 형식 지정

plot 명령어와 fplot 명령어는 기본적인 형태로 그래프를 출력한다. 그러나 일반적으로 그래프가 특정한 모양을 갖도록 하거나, 그래프 외에도 추가 정보를 나타내기 위해 그래프 형식을 지정할 필요가 있다. 여기에는 축 라벨과 그래프 제목, 범례(legend), 격자(grid), 사용자정의 축 영역, 텍스트 라벨 등이 포함된다.

그래프의 형식 지정은 plot이나 fplot 명령어를 실행한 다음 형식 지정에 관련된 MATLAB 명령어들을 이용하여 하는 방법과, 그림 창(Figure Window)의 그래프 편집기(Plot Editor)를 이용하여 대화식으로 하는 방법이 있다. 첫 번째 방법은 plot 명령어가 컴퓨터 프로그램(스크립트 파일)의 일부일 때 유용하다. 형식 지정 명령어가 프로그램에 포함되어 있으면, 프로그램이 실행될 때마다 지정한 형식이 적용된 그래프가 그려진다. 이에 비해 그래프가 생성된 후 그래프 편집기로 그림 창에서 형식을 지정하는 경우에는 해당 그래프에 대해서만 지정한 형식이 유효하며, 그래프가 새로 만들어지면 형식 지정을 다시 해야 한다.

5.4.1 명령어를 이용한 그래프의 형식 지정

형식 지정 명령어들은 plot 명령어나 fplot 명령어를 실행한 다음에 입력한다.

xlabel 과 ylabel 명령어

다음 형식의 xlabel 명령어와 ylabel 명령어로 좌표축 옆에 축 라벨을 붙일 수 있다.

> xlabel('문자열 텍스트')
>
> ylabel('문자열 텍스트')

title **명령어**

그래프 제목은 다음 명령어로 추가할 수 있다.

> title('문자열 텍스트')

텍스트는 그림 상단에 그래프 제목으로 표시된다.

text **명령어**

text 또는 gtext 명령어로 텍스트 라벨을 그래프 안에 표시할 수 있다.

> text(x, y, '텍스트 문자열')
> gtext('텍스트 문자열')

text 명령어는 x, y 좌표(그래프의 좌표축에 따름)가 나타내는 점에 텍스트의 첫 글자가 놓이도록 위치를 정하여 텍스트를 그래프에 표시한다. gtext 명령어는 사용자가 마우스로 지정한 위치에 텍스트를 표시한다. gtext 명령어가 실행되면, 그림 창 (Figure Window)이 열리며 마우스로 위치를 지정할 수 있다.

legend **명령어**

legend 명령어는 범례(legend)를 그래프에 표시한다. 범례는 출력된 각 곡선의 선 종류 샘플과 바로 옆에 사용자가 정한 라벨을 표시한다. 명령어 형식은 다음과 같다.

legend('문자열1', '문자열2', …,pos)

문자열은 선 샘플 옆에 표시되며, 문자열의 순서는 그래프가 그려진 순서에 해당된다. pos는 범례를 그림의 어느 위치에 표시할 것인지를 지정하는 숫자로 선택사항이다. pos는 다음과 같은 값을 선택할 수 있다.

pos = -1   오른쪽 축 경계선 밖에 범례를 위치시킴
pos = 0   그래프와 최대한 겹치지 않도록 축 경계선 안쪽에 범례를 위치시킴
pos = 1   그래프 우측 상단 모서리에 범례를 위치시킴(초기설정 값)
pos = 2   그래프 좌측 상단 모서리에 범례를 위치시킴
pos = 3   그래프 좌측 하단 모서리에 범례를 위치시킴
pos = 4   그래프 우측 하단 모서리에 범례를 위치시킴

xlabel, ylabel, title, text, legend **명령어에서의 텍스트 형식 지정**

위의 명령어에 포함되어 명령어가 수행될 때 화면에 표시되는 텍스트 문자열의 형식을 지정할 수 있다. 형식 지정을 통해 글자의 폰트, 크기, 위치(위첨자, 아래첨자), 모

양(이탤릭, 볼드 등), 색과 배경색 등을 비롯하여 출력에 대한 다른 많은 세부사항들을 정의할 수 있다. 사용 가능성이 좀 더 많은 몇 가지 형식 지정에 대해 아래에서 기술한다. 모든 형식 지정 기능들에 대한 완전한 설명은 도움말 창의 **Text**와 **Text Properties** 항목에서 찾을 수 있다. 문자열 안에 수정자(modifier)를 추가하거나 명령어 옵션인 PropertyName과 PropertyValue 인자들을 문자열 다음에 추가함으로써 형식을 지정할 수 있다.

수정자(modifier)는 문자열 내에 삽입되는 문자들이다. 삽입될 수 있는 수정자들 중 일부를 나타내면 다음과 같다.

수정자	효과
\bf	볼드체
\it	이탤릭체
\rm	로만(보통)체

수정자	효과
\fontname{fontname}	폰트 지정
\fontsize{fontsize}	폰트 크기 지정

이 수정자들은 삽입 위치 이후의 문자부터 문자열 끝까지 효력을 미친다. 또한 수정자에 이어서 표시한 중괄호 { } 안에 수정할 텍스트를 표기함으로써, 문자열 중 중괄호 안에 표기된 텍스트에만 수정자가 효력을 미칠 수 있도록 할 수 있다.

위첨자와 아래첨자

낱개 글자 앞에 _(밑줄 글자)나 ^를 표시하여 이 낱개 글자를 각각 아래첨자나 위첨자로 출력시킬 수 있다. _나 ^ 다음에 여러 개의 연속된 글자들을 중괄호 { } 속에 표시하면 여러 개의 글자도 아래첨자나 위첨자로 표시할 수 있다.

그리스 문자

문자열 안에 다음 표에 있는 \문자이름을 삽입하던, 화면 출력 시 그리스 문자가 텍스트에 포함될 수 있다. 그리스 문자를 소문자로 출력하려면 **문자이름**을 모두 영어 소문자로 표기해야 하며, 그리스 문자를 대문자로 출력하려면, **문자이름**이 대문자로 시작해야 한다. 몇 가지 예를 들면 다음과 같다.

문자열에서의 표기	그리스 문자
\alpha	α
\beta	β
\gamma	γ
\theta	θ
\pi	π
\sigma	σ

문자열에서의 표기	그리스 문자
\Phi	Φ
\Delta	Δ
\Gamma	Γ
\Lambda	Λ
\Omega	Ω
\Sigma	Σ

xlabel, ylabel, title, text 명령어에 의해 출력되는 텍스트의 형식은 명령어 안에서 문자열 다음에 옵션인 PropertyName과 PropertyValue 인자를 추가하여 지정할 수도 있다. 예를 들어, 이러한 옵션을 가진 text 명령어의 형식은 다음과 같다.

text(x,y,'텍스트 문자열',PropertyName,PropertyValue)

나머지 세 명령어에서도 같은 방법으로 PropertyName과 PropertyValue 인자를 추가할 수 있다. PropertyName은 문자열로 입력되며, PropertyValue는 속성값이 수이면 수로 입력하고 낱말이나 글자 문자인 경우에는 문자열로 입력한다. 일부 PropertyName과 가능한 해당 속성값들을 다음에 나타내었다.

속성이름	설명	가능한 속성값
Rotation	텍스트의 방위(orientation)를 지정함	스칼라(단위: 도) 초기설정 값: 0
FontAngle	글자의 이탤릭체 또는 보통체 여부를 지정함	normal, italic 초기설정 값: normal
FontName	텍스트의 폰트를 지정함	시스템에서 사용 가능한 폰트 이름
FontSize	폰트의 크기를 지정함	스칼라(단위: point) 초기설정 값: 10
FontWeight	글자의 굵기를 지정함	light, normal, bold 초기설정 값: normal
Color	텍스트의 색을 지정함	색 지정자(5.1 절 참조)

속성이름	설명	가능한 속성값
Backgroud-Color	배경색을 지정함(직사각형 영역)	색 지정자(5.1절 참조)
EdgeColor	텍스트를 둘러싼 직사각형 글상자의 테두리 색을 지정함	색 지정자(5.1절 참조) 초기설정 값: 없음
LineWidth	텍스트를 둘러싼 직사각형 글상자의 테두리 선의 두께를 지정함	스칼라(단위: point) 초기설정 값: 0.5

axis 명령어

plot(x,y) 명령어가 실행되면 MATLAB은 벡터 x와 y의 원소들 중에서 최소값 및 최대값에 근거한 경계값으로 좌표축을 그린다. axis 명령어는 좌표축의 범위와 모양을 변경할 때 사용된다. 많은 경우, 좌표축의 범위를 데이터 범위보다 더 크게 하는 것이 보기가 더 좋다. 다음은 axis 명령어의 가능한 형태 몇 가지를 나타낸 것이다.

axis([xmin,xmax,ymin,ymax])   x축과 y축의 범위를 설정함(xmin, xmax, ymin, ymax는 수임)

axis equal   두 좌표축의 눈금(scale)을 같게 설정함

axis square   좌표축 영역이 정사각형이 되도록 설정함

axis tight   좌표축 범위를 데이터 범위와 같게 설정함

grid 명령어

grid on   그래프에 격자선을 추가함

grid off   그래프에서 격자선을 제거함

그림 5.1의 형식을 가진 그래프를 그리는 데 사용된 다음 스크립트 파일에서 여러 명령어를 사용하여 그래프의 형식을 지정하는 예를 볼 수 있다.

```
x=[10:0.1:22];
y=95000./x.^2;
xd=[10:2:22];
yd=[950  640  460  340  250  180  140];
plot(x,y,'-','LineWidth',1.0)
xlabel('DISTANCE (cm)')
```

```
ylabel('INTENSITY (lux)')

title('\fontname{Arial}Light Intensity as a Function of Distance','FontSize',14)
axis([8 24 0 1200])
text(14,700,'Comparison between theory and experiment.','EdgeColor','r','LineWidth',2)
hold on
plot(xd,yd,'ro--','linewidth',1.0,'markersize',10)
legend('Theory','Experiment',0)
hold off
```

title 명령어 안에서 텍스트 형식을 지정함

text 명령어 안에서 텍스트 형식을 지정함

5.4.2 그래프 편집기를 이용한 그래프의 형식 지정

그림 창(Figure Window)에서 그래프를 클릭하거나 메뉴를 이용하여 대화식으로 그래프의 형식을 지정할 수 있다. 그림 5.8은 그림 5.1의 그래프가 그려져 있는 그림 창을 나타낸다. 그래프 편집기(Plot Editor)를 이용하여 새 형식 지정 항목들을 도입하거나 형식 지정 명령어에 의해 이미 도입된 항목들을 수정할 수 있다.

화살표 버튼을 눌러서 그래프 편집모드를 시작한 후, 편집할 항목을 더블클릭한다. 해당항목에 대한 형식 지정도구를 가진 창이 열린다.

Edit와 Insert 메뉴를 사용하여 기존 개체를 편집하거나 형식 지정 개체를 추가한다.

라벨과 범례, 기타 다른 개체들을 클릭하고 드래깅하여 위치를 변경한다.

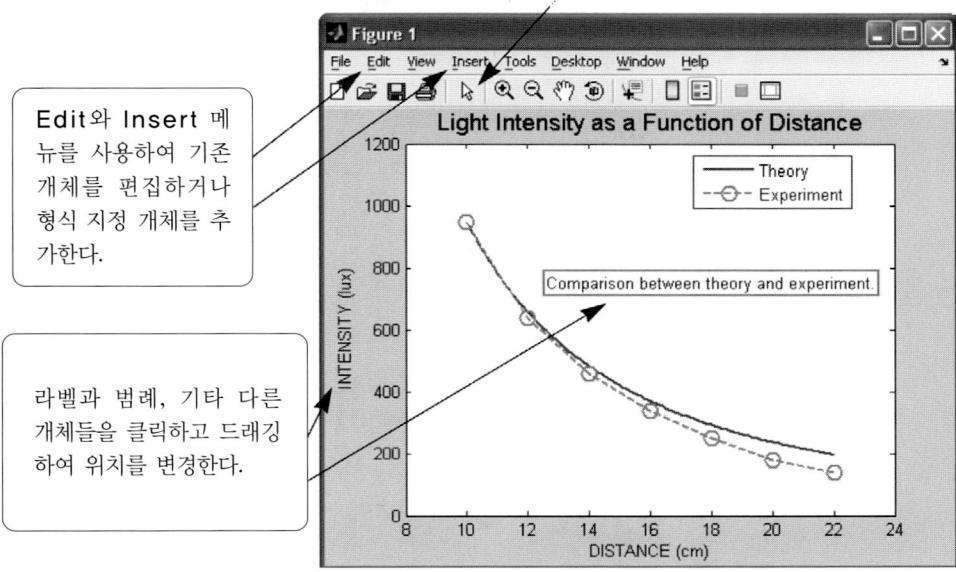

그림 5.8 그래프 편집기를 이용한 그래프의 형식 지정

5.5 로그축 그래프

많은 과학 및 공학 응용분야들이 한 축 또는 두 축 모두 로그 눈금을 가진 그래프를 필요로 한다. 로그 눈금은 넓은 범위의 데이터 값을 나타내기 위한 수단을 제공한다. 또한 데이터 특성과 데이터를 모델링하는 데 적합한 가능한 형태의 수학 관계식을 확인하기 위한 도구를 제공한다(8.2.2 절 참조).

로그축 그래프를 그리기 위한 MATLAB 명령어는 다음과 같다.

semilogy(x,y)	x축이 선형 눈금이고, y축이 상용로그(밑이 10) 눈금인 좌표계에서 x에 대한 y의 그래프를 그림
semilogx(x,y)	x축이 상용로그(밑이 10) 눈금이고 y축이 선형 눈금인 좌표계에서 x에 대한 y의 그래프를 그림
loglog(x,y)	두 축이 모두 상용로그(밑이 10) 눈금인 좌표계에서 x에 대한 y의 그래프를 그림

plot 명령어에서와 같이 명령어에 선 지정자와 속성이름, 속성값을 옵션으로 추가할 수 있다. 예를 들어, 그림 5.9는 $0.1 \leq x \leq 60$ 에 대한 함수 $y = 2^{(-0.2x + 10)}$ 의 그래프를 보여준다. 그림은 같은 함수에 대해 네 그래프, 즉 두 축 모두 선형축인 그래프, y축이 로그 눈금인 그래프, x축이 로그 눈금인 그래프, 두 축 모두 로그 눈금인 그래프를 보여준다.

로그축 그래프에 대한 유의사항

• 0의 로그는 정의되지 않으므로, 수 0은 로그 눈금에서 그릴 수 없다.

• 음수의 로그는 정의되지 않으므로, 음수는 로그 눈금에서 그릴 수 없다.

5.6 오차막대를 가진 그래프

측정하여 그래프로 표시한 실험 데이터에는 종종 오차와 산포(scatter)가 포함된다. 계산모델에 의해 생성된 데이터조차도 입력 인자의 정확도와 사용된 수학모델의 가정에 따라 오차 또는 불확실성(uncertainty)이 포함된다. 오차, 즉 불확실성을 표시하는 데이터를 그래프로 나타내는 방법 중에 오차막대(error bar)를 이용하는 방법이 있다. 오차막대는 일반적으로 그래프의 데이터 점에 부가된 짧은 수직선으로, 데이터 점이 표시하는 값과 관련된 오차의 크기를 나타낸다. 예를 들어, 그림 5.10은 그림 5.1의

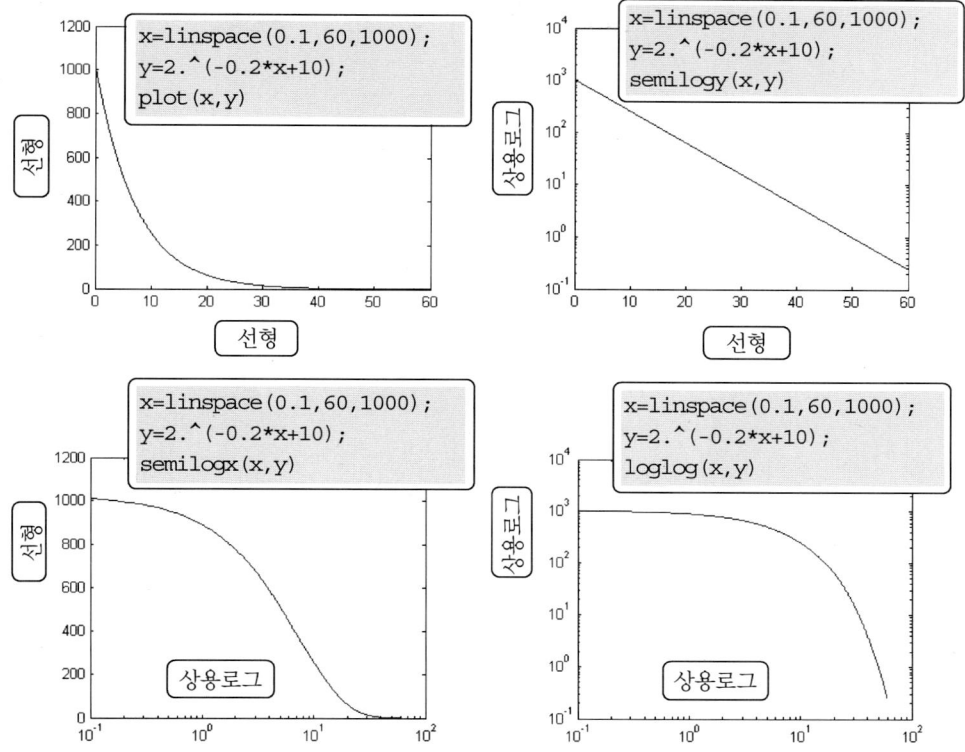

그림 5.9 선형, 세미로그, 로그로그 눈금을 가진 함수 $y = 2^{(-0.2x + 10)}$의 그래프들

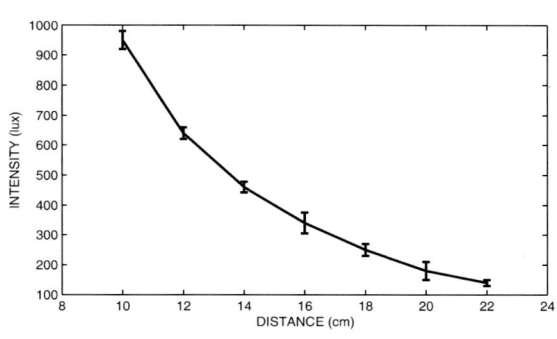

그림 5.10 오차막대를 가진 그래프

실험 데이터에 오차막대를 표시한 그래프이다.

MATLAB에서는 errorbar 명령어로 오차막대를 가진 그래프를 그릴 수 있다. 명령어에는 두 가지 형식이 있는데, 첫 번째 형식은 각 점에서 데이터 점의 값에 대해 대칭인 오차막대를 가진 그래프를 그리며, 두 번째 형식은 비대칭인 오차막대를 가진

그래프를 그린다. 오차가 대칭인 경우, 오차막대는 데이터 점의 윗부분과 아랫부분의
길이가 동일하며 명령어는 다음 형식을 갖는다.

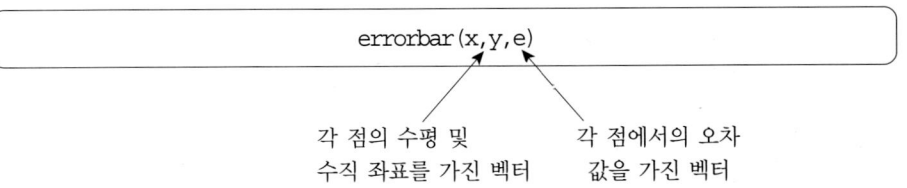

- 세 벡터 x, y, e의 길이는 모두 같아야 한다.

- 오차막대들의 길이는 e 값의 두 배이다. 각 점에서 오차막대는 y(i)-e(i)에서
  y(i)+e(i)까지 그려진다.

대칭인 오차막대를 가진 그림 5.10의 그래프는 다음 프로그램의 실행으로 얻어
진다.

```
xd=[10:2:22];
yd=[950 640 460 340 250 180 140];
ydErr=[30 20 18 35 20 30 10]
errorbar(xd,yd,ydErr)
xlabel('DISTANCE (cm)')
ylabel('INTENSITY (lux)')
```

대칭이 아닌 오차막대를 가진 그래프를 그리기 위한 명령어는 다음과 같다.

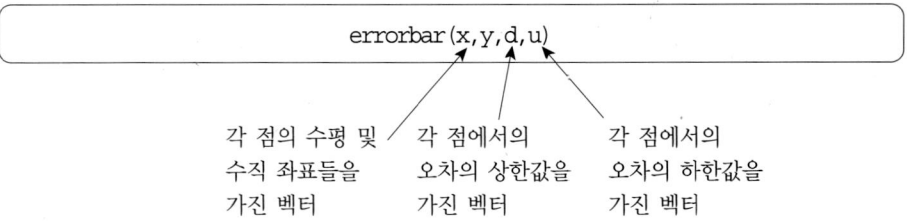

- 네 벡터 x, y, d, u의 길이가 같아야 한다.

- 각 점에서 오차막대는 y(i)-d(i)에서 y(i)+u(i)까지 그려진다.

5.7 특수 그래프

지금까지 이 장에서 제시한 모든 그래프는 데이터 값들을 선으로 연결한 선 그래프이다. 다른 디자인이나 구조를 가진 그래프가 데이터를 더 효과적으로 나타낼 수 있는 경우들이 많이 있는데, MATLAB은 다양한 그래프 생성을 위한 많은 옵션들을 가지고 있다. 여기에는 막대, 계단, 스템(stem), 파이 등과 기타 많은 그래프들이 포함된다. MATLAB으로 그릴 수 있는 특수 그래프들 중 일부를 다음에 나타낸다. MATLAB이 가진 그래프 함수들의 전체 리스트와 그래프 함수 사용법에 대한 정보는 도움말 창에서 찾을 수 있다. 이 창에서 "Functions by Category"를 먼저 선택한 후, "Graphics"와 "Basic Plots and Graphs" 또는 "Specialized Plotting"을 차례로 선택한다.

5.1.1절의 판매 데이터를 이용하여 세로막대형과 가로막대형, 계단형, 줄기형 그래프를 다음 표에 나타내었다.

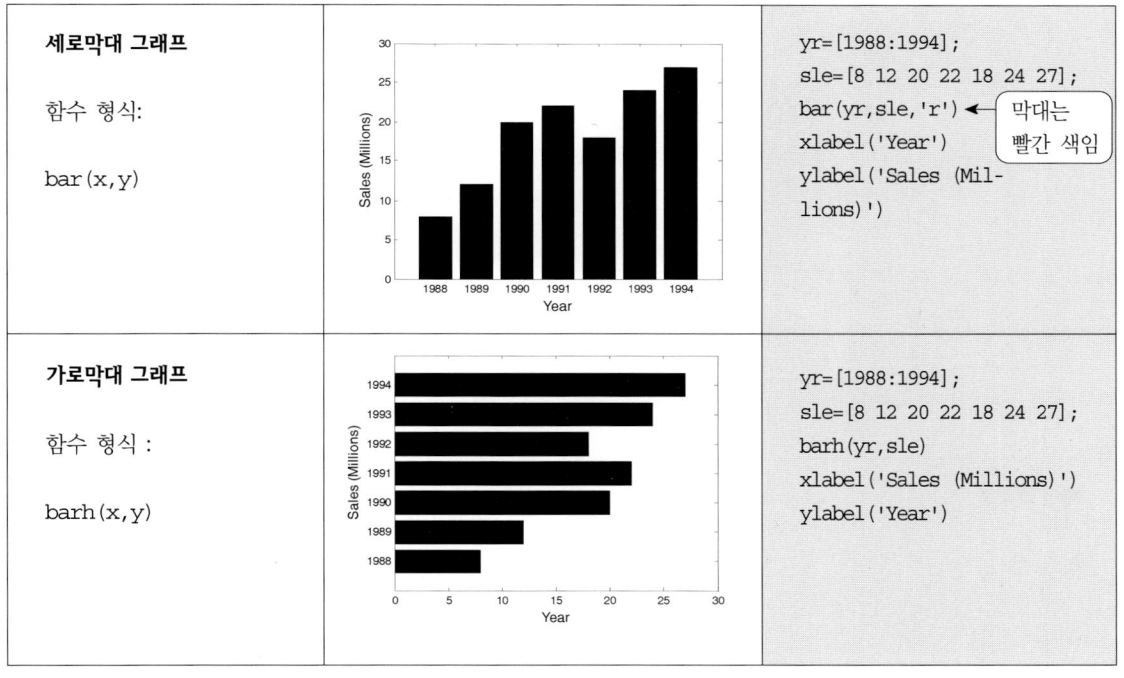

세로막대 그래프
 	
함수 형식:
 	
`bar(x,y)`
		`yr=[1988:1994];`
		`sle=[8 12 20 22 18 24 27];`
		`bar(yr,sle,'r')` ← 막대는 빨간 색임
		`xlabel('Year')`
		`ylabel('Sales (Mil-`
		`lions)')`

가로막대 그래프
 	
함수 형식 :
 	
`barh(x,y)`
		`yr=[1988:1994];`
		`sle=[8 12 20 22 18 24 27];`
		`barh(yr,sle)`
		`xlabel('Sales (Millions)')`
		`ylabel('Year')`

계단 그래프
 	
함수 형식:
 	
`stairs(x,y)`
	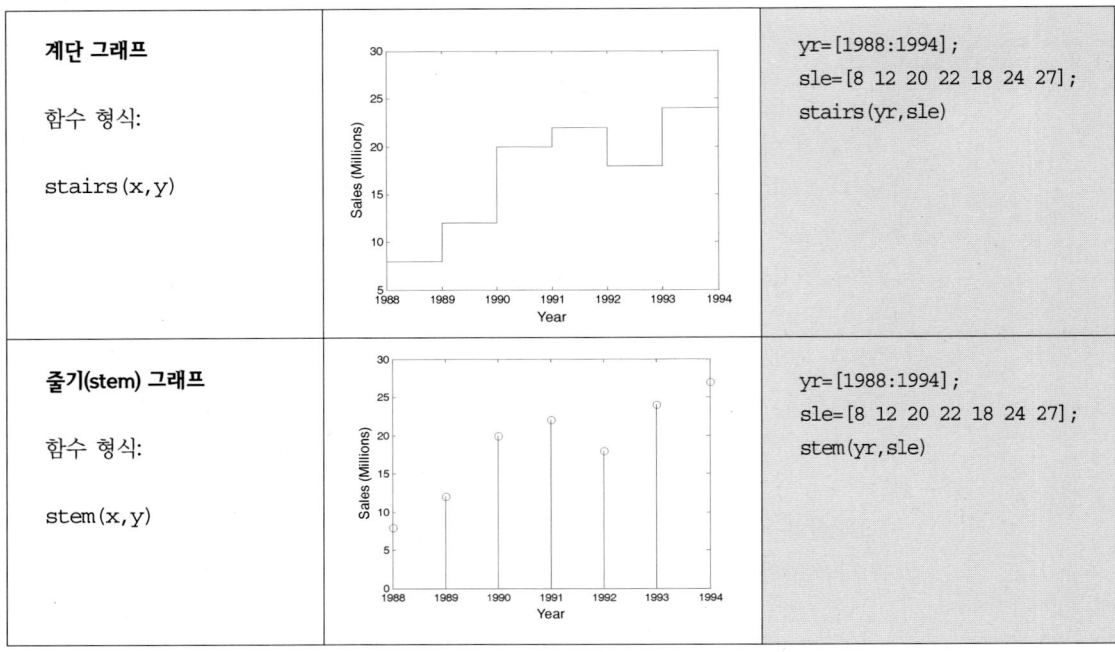	`yr=[1988:1994];`
		`sle=[8 12 20 22 18 24 27];`
		`stairs(yr,sle)`

줄기(stem) 그래프
 	
함수 형식:
 	
`stem(x,y)`
		`yr=[1988:1994];`
		`sle=[8 12 20 22 18 24 27];`
		`stem(yr,sle)`

파이 차트(pie chart)는 상관관계가 있는 서로 다른 양들의 상대적인 크기를 시각화하는 데 유용하다. 예를 들어, 아래의 표는 어떤 학급에 부여된 성적을 보여준다. 다음 데이터는 아래의 파이 차트를 생성하는 데 사용된다.

성적	A	B	C	D	E
학생 수	11	18	26	9	5

파이 그래프
 	
함수 형식:
 	
`pie(x)`
	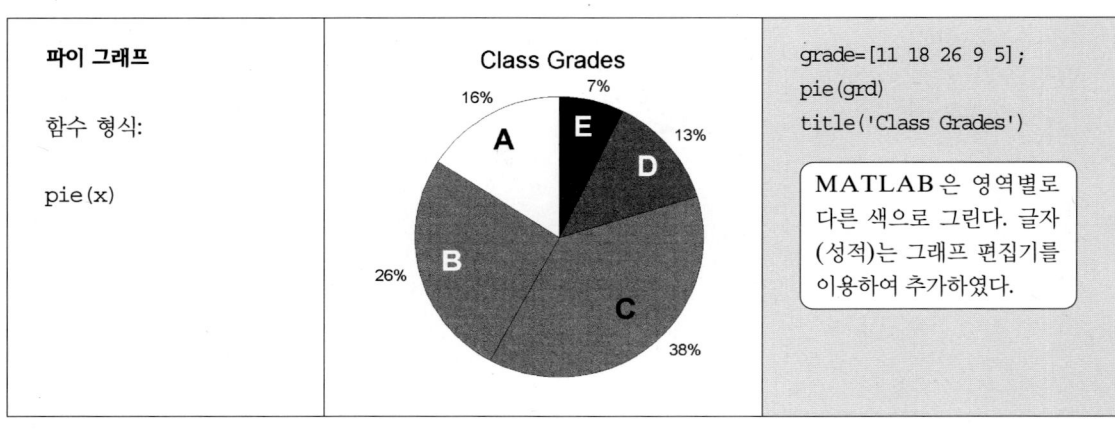	`grade=[11 18 26 9 5];`
		`pie(grd)`
		`title('Class Grades')`
		
		MATLAB은 영역별로 다른 색으로 그린다. 글자(성적)는 그래프 편집기를 이용하여 추가하였다.

5.8 히스토그램

히스토그램(histogram)은 데이터의 분포를 보여주는 그래프이다. 주어진 데이터 값들의 전체 범위가 작은 구간(계급)들로 나누어지며, 히스토그램이 각 계급에 속하는 데이터 값들의 개수(도수)를 나타낸다. 히스토그램은 세로막대 그래프로서, 각 막대의 폭은 해당 계급의 구간 폭(크기)과 같고 막대의 높이는 각 계급에 속하는 데이터 값들의 도수에 해당된다. 히스토그램은 MATLAB에서 hist 명령어로 만들어지며, 가장 간단한 형식의 명령어는 다음과 같다.

$$\boxed{\text{hist(y)}}$$

y   데이터 값들의 벡터. MATLAB은 데이터 값들의 범위를 등간격으로 10개의 구간(계급)으로 나눈 뒤, 각 계급에 속하는 데이터 값들의 개수를 막대 그래프로 표시한다.

예를 들어, 다음 데이터 값은 2002년 4월 한 달 동안의 워싱턴 DC의 낮 최고기온 (°F)이다: 58 73 73 53 50 48 56 73 73 66 69 63 74 82 84 91 93 89 91 80 59 69 56 64 63 66 64 74 63 69(데이터 출처: 미국 국립해양기상청).

```
>> y=[58 73 73 53 50 48 56 73 73 66 69 63 74 82 84 91 93 89 91 80 59 69
56 64 63 66 64 74 63 69];
>> hist(y)
```

그림 5.10에 생성된 그래프를 나타내었다(좌표축 제목은 그래프 편집기를 이용하여 추가하였다). 데이터 집합에서 최소값이 48, 최대값이 93이므로, 총 범위는 45이고 각

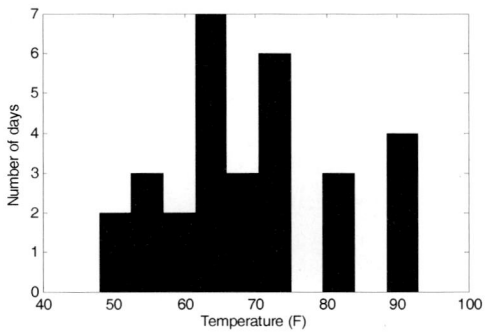

그림 5.11 온도 데이터의 히스토그램

계급의 폭은 4.5임을 알 수 있다. 첫 번째 계급의 범위는 48~52.5이며 두 개의 데이터가 포함되었고, 두 번째 계급의 범위는 52.5~57이며 세 개의 데이터가 포함되었다. 75~79.5와 84~88.5의 두 계급에는 데이터가 전혀 포함되지 않았다.

사용자가 데이터 범위를 10개의 등간격으로 나누는 것을 원하지 않는 경우, 계급의 개수를 10이 아닌 다른 값으로 정의할 수 있다. 다음 두 형식의 hist 명령어에서 볼 수 있듯이 계급의 개수를 지정하거나, 각 계급의 중앙값을 지정함으로써 계급의 개수를 변경할 수 있다.

hist(y,nbins)   또는   hist(y,x)

nbins   계급의 개수를 정의하는 스칼라. MATLAB이 데이터 범위를 등간격으로 나눈다.

x   각 계급의 중앙값의 위치를 나타내는 벡터(중앙값 사이의 간격이 모든 계급에 대해 같을 필요는 없다). 각 계급의 경계 값은 두 중앙값 사이의 중간값이다.

위의 예에서 사용자가 온도범위를 세 계급으로 등분하고자 한다면, 다음 명령어를 실행시키면 된다.

```
>> hist(y,3)
```

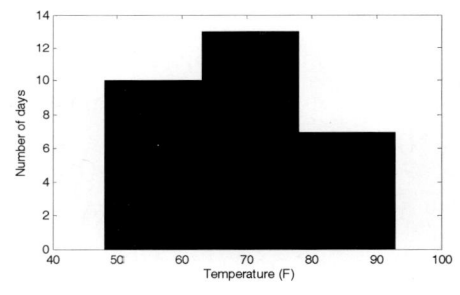

오른쪽 그림처럼, 그려진 히스토그램은 등간격인 세 계급을 갖고 있다.

계급의 중앙값을 나타내는 원소들을 가진 벡터 x에 의해 계급의 개수와 크기를 지정할 수도 있다. 예를 들어, 오른쪽 히스토그램은 위의 기온 데이터를 10도의 등간격을 가진 6개의 계급으로 나타낸 것이다. 이 그래프에 대한 벡터 x의 원소는 45, 55, 65, 75, 85, 95이다. 그래프는 다음 명령어에 의해 얻어졌다.

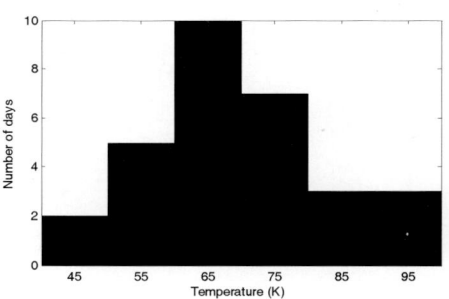

```
>> x=[45:10:95]
x =
    45    55    65    75    85    95
>> hist(y,x)
```

hist 명령어는 히스토그램을 그리는 것 외에도 수치 출력을 제공하는 옵션과 함께 사용될 수 있다. 각 계급에 속하는 데이터 값들의 개수 출력은 다음 명령어 중 하나에 의해 얻어질 수 있다.

n=hist(y)	n=hist(y,nbins)	n=hist(y,x)

출력 n은 벡터이다. 벡터 n의 원소 수는 계급의 수와 같고 n의 각 원소의 값은 해당 계급에서의 데이터 값들의 개수(빈도수)이다. 예를 들어, 그림 5.11의 히스토그램은 다음 명령어로도 만들 수 있다.

```
>> n=hist(y)
n =
   2  3  2  7  3  6  0  3  0  4
```

> 벡터 n은 각 계급에 원소가 몇 개 속해 있는지를 보여준다.

위의 결과에서 벡터 n은 데이터 값들의 빈도수가 첫 번째 계급이 2, 두 번째 계급이 3, ... , 열 번째 계급이 4임을 보여주고 있다.

추가옵션인 수치 출력은 각 계급의 위치를 나타내며, 이 출력은 다음 두 명령어 중 하나에 의해 얻어질 수 있다.

[n xout]=hist(y)	[n xout]=hist(y,nbins)

xout은 각 계급의 중심 위치를 원소 값으로 가지고 있는 벡터이다. 예를 들어 그림 5.11의 히스토그램의 경우, 다음과 같다.

```
>> [n xout]=hist(y)
n =
   2  3  2  7  3  6  0  3  0  4
xout =
     50.2500    54.7500    59.2500    63.7500    68.2500   72.7500   77.2500
81.7500  86.2500  90.7500
```

벡터 xout은 첫 번째 계급의 중앙값이 50.25, 두 번째 계급의 중앙값이 54.75, ..., 열 번째 계급의 중앙값이 90.75임을 보여준다.

5.9 극좌표 그래프

극좌표는 평면상의 한 점의 위치를 각도 θ와 이 점까지의 반경(거리)으로 정의하며, 과학과 공학 분야에서 자주 사용된다. 함수를 극좌표로 그리기 위해서는 polar 명령어를 사용한다. 명령어의 형식은 다음과 같다.

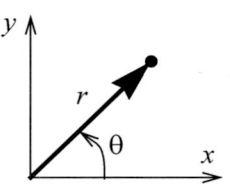

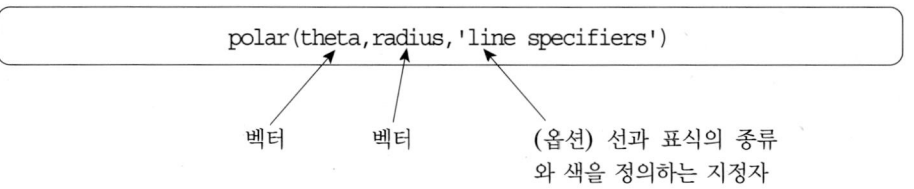

polar(theta,radius,'line specifiers')

벡터　　　벡터　　　(옵션) 선과 표식의 종류
　　　　　　　　　　와 색을 정의하는 지정자

여기서 theta와 radius는 그리려고 하는 점의 좌표를 정의하는 벡터들이다. polar 명령어는 점들의 그래프와 극좌표 격자를 그린다. 선 지정자는 plot 명령어의 경우와 동일하다. 어떤 정의역에 대해 함수 $r = f(\theta)$의 그래프를 그리려면, θ 값에 대한 벡터를 먼저 생성하고, 원소별 연산을 이용하여 θ의 각 원소에 해당하는 $f(\theta)$ 값을 가진 벡터 r을 생성해야 한다. 생성된 두 벡터를 polar 명령어에 사용하여 그래프를 그린다.

예를 들어, $0 \leq \theta \leq 2\pi$에 대한 함수 $r = 3\cos^2(0.5\,\theta) + \theta$의 그래프는 다음과 같다.

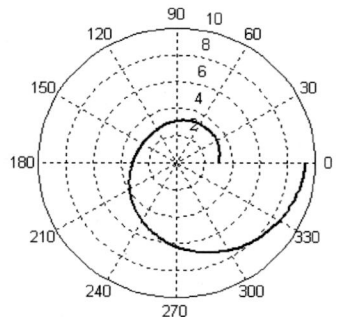

```
t=linspace(0,2*pi,200);
r=3*cos(0.5*t).^2 + t;
polar(t,r)
```

5.10 다중 그래프의 동일 페이지 출력

subplot 명령어를 이용하여 동일한 페이지에 여러 개의 그래프를 그릴 수 있다. 명령어의 형식은 다음과 같다.

subplot(m,n,p)

이 명령어는 그림 창(인쇄될 페이지)을 $m \times n$의 작은 사각형 그래프 영역으로 나눈다. 그래프가 그려질 이 그래프 영역들은 $m \times n$ 배열의 원소처럼 정렬된다. 즉, 1부터 $m \cdot n$까지 일련번호가 부여된다. 번호는 왼쪽 상단이 1이고 오른쪽 하단이 $m \cdot n$이며, 첫 줄부터 시작하여 마지막 줄까지 왼쪽에서 오른쪽으로 가면서 번호가 커진다. 명령어 subplot(m,n,p)는 p 번째 영역을 현재 영역으로 만든다. 이것은 이어지는 plot 명령어와 형식 지정 명령어가 이 영역에 그래프를 생성하고 형식 지정도 이 영역의 그래프에 할 것임을 의미한다. 예를 들어, subplot(3,2,1)은 그림과 같이 세 줄과 두 칸으로 배열된 6개의 영역을 만들고 왼쪽 상단의 첫 번째 그래프 영역을 활성화한다. subplot 명령어의 사용 예는 예제 5.2의 풀이에서 볼 수 있다.

(3,2,1) (3,2,2)
(3,2,3) (3,2,4)
(3,2,5) (3,2,6)

5.11 다중 그림 창

plot이나 다른 그래프 생성 명령어가 실행되면, 그림 창이 (이미 열려 있지 않다면) 열리고 그래프가 출력된다. MATLAB은 그림 창에 Figure 1이라는 라벨을 붙인다 (그림 5.4에 표시된 그림 창의 왼쪽 상단 모서리 참조). plot 또는 다른 그래프 생성 명령어가 실행될 때 이미 그림 창이 열려 있으면, 새로운 그래프는 이미 열려 있는 그림 창에 그려지면서 기존 그래프를 대체한다. 그래프의 형식을 지정하는 명령어들은 현재 열려 있는 그림 창의 그래프에 적용된다.

그러나 figure 명령어를 이용하면, 그래프가 그려져 있는 여러 개의 그림 창을 열린 상태로 두면서 그림 창을 추가로 더 열 수 있다. 명령어 figure가 입력될 때마다 MATLAB은 새 그림 창을 연다. 그래프를 생성하는 명령어가 figure 명령어 뒤에 수행되면, MATLAB은 활성 창(active window)이나 현재 창(current window)으로 불리는 가장 최근에 열린 그림 창에 새 그래프를 출력한다. MATLAB은 새 그림 창에 Figure 2, Figure 3, … 등과 같이 연속적으로 라벨을 붙인다. 예를 들면, 다음 세 명령어가 입력된 후, 그림 5.12와 같은 두 그림 창이 출력된다.

```
>> fplot('x*cos(x)',[0,10])          Figure 1 창에 그래프가 출력됨
>> figure                            Figure 2 창이 열림
>> fplot('exp(-0.2*x)*cos(x)',[0,10]) Figure 2 창에 그래프가 출력됨
```

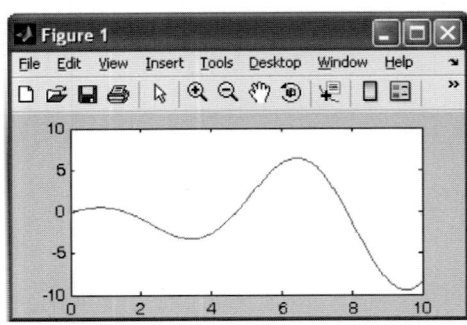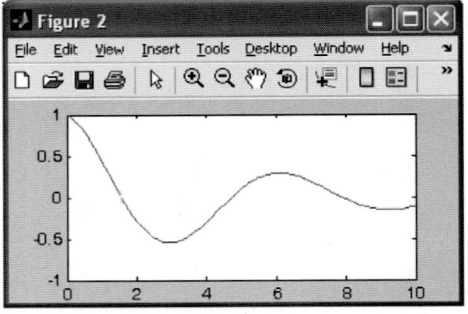

그림 5.12 figure 명령어에 의한 다중 그림 창

또한 figure 명령어는 figure(n)과 같이 정수인 입력 인자를 가질 수 있다. 이 정수 n은 해당 그림 창(Figure Window)의 번호에 해당한다. 명령어가 실행되면, 그림 창 번호가 n인 창이 활성 창이 된다. 만일 이 번호를 가진 그림 창이 열려 있지 않다면, 이 번호를 가진 새 창이 열린다. 새로운 그래프를 생성하는 명령어가 실행되면, 이 명령어에 의한 그래프는 활성화된 그림 창에 출력된다, 마찬가지로, 그래프 형식 지정 명령어들도 현재 창의 그래프에 적용된다. 정의된 몇 개의 그림 창을 열고 이 창에 그래프를 출력하는 프로그램을 figure(n) 명령어를 이용하여 스크립트 파일에 작성할 수 있다. 이렇게 하지 않고 여러 개의 figure 명령어를 프로그램에서 사용하게 되면, 스크립트 파일은 실행될 때마다 새 그림 창들을 열게 된다.

그림 창은 close 명령어로 닫을 수 있다. 명령어 형식은 다음과 같다.

close   활성 그림 창을 닫는다.
close(n)   n번째 그림 창을 닫는다.
close all   열려 있는 모든 그림 창들을 닫는다.

5.12 MATLAB 응용 예제

예제 5.2 피스톤–크랭크 장치

피스톤-커넥팅로드-크랭크 장치는 많은 공학 분야에서 사용된다. 다음 그림의 장치에서, 크랭크는 500 rpm 의 일정한 속도로 회전하고 있다.

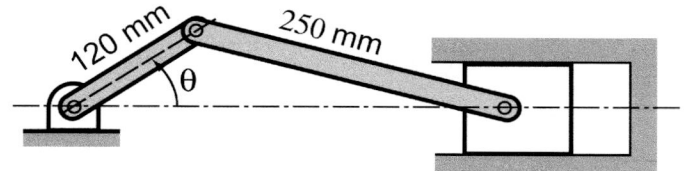

크랭크가 1 회전하는 동안 피스톤의 위치와 속도, 가속도를 계산하고 각각의 그래프를 출력하라. 세 그래프는 같은 페이지에 출력해야 하며, $t = 0$에서 $\theta = 0°$로 설정하라.

풀이

크랭크가 일정한 각속도 $\dot{\theta}$로 회전하고 있다. 따라서 $t = 0$일 때 $\theta = 0°$로 설정하면, 시간 t에서 각도 θ는 $\theta = \dot{\theta}t$로 주어지며 항상 $\ddot{\theta} = 0°$이다.

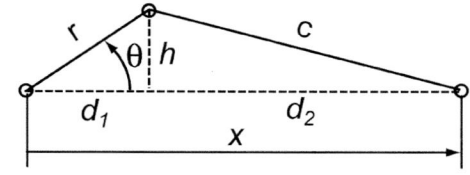

거리 d_1과 h는 다음 식으로 주어진다.

$$d_1 = \cos\theta, \ h = r\sin\theta$$

h를 알면, 거리 d_2는 피타고라스의 정리를 이용하여 다음과 같이 구할 수 있다.

$$d_2 = (c^2 - h^2)^{1/2} = (c^2 - r^2\sin^2\theta)^{1/2}$$

그러면, 피스톤의 위치 x는 다음 식으로 주어진다.

$$x = d_1 + d_2 = r\cos\theta + (c^2 - r^2\sin^2\theta)^{1/2}$$

시간에 대해 x를 미분하면 피스톤의 속도를 구할 수 있다.

$$\dot{x} = -r\dot{\theta}\sin\theta - \frac{r^2\dot{\theta}\sin2\theta}{2(c^2 - r^2\sin^2\theta)^{1/2}}$$

시간에 대해 x를 두 번 미분하면 피스톤의 가속도를 구할 수 있다.

$$\ddot{x} = -r\dot{\theta}^2\cos\theta - \frac{4r^2\dot{\theta}^2\cos2\theta(c^2 - r^2\sin^2\theta) + (r^2\dot{\theta}\sin2\theta)^2}{4(c^2 - r^2\sin^2\theta)^{3/2}}$$

위의 방정식은 $\ddot{\theta} = 0$을 대입하여 정리한 결과이다.

다음 MATLAB 프로그램(스크립트 파일)은 크랭크 1 회전에 대한 피스톤의 위치와 속도, 가속도를 계산하고 그래프로 나타낸다.

```
THDrpm=500; r=0.12; c=0.25;                                  θ̇와 r, c를 정의함

THD=THDrpm*2*pi/60;                                  θ̇의 단위를 rpm에서 rad/s로 변환함

tf=2*pi/THD;                                       크랭크의 1 회전에 걸리는 시간을 계산함

t=linspace(0,tf,200);                             200 개의 원소를 가진 시간 벡터를 생성함

TH=THD*t                                                   각 t에 대한 θ를 계산함

d2s=c^2-r^2*sin(TH).^2                                   각 θ에 대해 d₂을 계산함

x=r*cos(TH)+sqrt(d2s);                                   각 θ에 대해 x를 계산함

xd=-r*THD*sin(TH)-(r^2*THD*sin(2*TH))./(2*sqrt(d2s));

xdd=-r*THD^2*cos(TH)-(4*r^2*THD^2*cos(2*TH).*d2s+
(r^2*sin(2*TH)*THD).^2)./(4*d2s.^(3/2));                 각 θ에 대해 ẋ와 ẍ를 계산함

subplot(3,1,1)

plot(t,x)                                               t에 대한 x의 그래프

grid                                                 첫 번째 그래프의 형식을 지정함

xlabel('Time (s)')

ylabel('Position (m)')

subplot(3,1,2)

plot(t,xd)                                              t에 대한 ẋ의 그래프

grid                                                 두 번째 그래프의 형식을 지정함

xlabel('Time (s)')

ylabel('Velocity (m/s)')

subplot(3,1,3)

plot(t,xdd)                                             t에 대한 ẍ의 그래프

grid                                                 세 번째 그래프의 형식을 지정함

xlabel('Time (s)')

ylabel('Acceleration (m/s^2)')
```

스크립트 파일이 실행되면, 그림 5.13과 같이 같은 페이지에 세 개의 그래프를 출력한다. 그래프는 피스톤의 운동방향이 바뀌는 피스톤 행정의 양 끝점에서 피스톤의

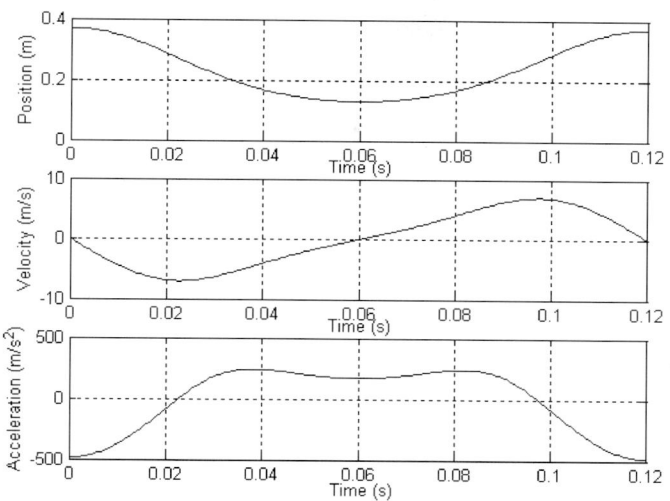

그림 5.13 시간에 대한 피스톤의 위치와 속도, 가속도

속도가 0임을 잘 보여주고 있다. 가속도는 피스톤이 오른쪽 끝에 있을 때 최대(왼쪽 방향)이다.

예제 5.3 전기 쌍극자

한 개의 전하(charge)에 의한 한 점에서의 전기장 (electric field)인 벡터 $\mathbf{E}$의 크기 E는 쿨롱 법칙에 의해 다음과 같이 주어진다.

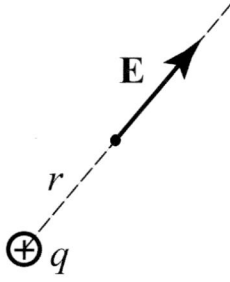

$$E = \frac{1}{4\pi\varepsilon_0}\frac{q}{r^2}$$

여기서 $\varepsilon_0 = 8.8541878 \times 10^{-12} \dfrac{C^2}{N \cdot m^2}$ 은 유전상수이고 q는 전하의 크기이며, r은 전하와 점 사이의 거리이다. $\mathbf{E}$의 방향은 전하와 점을 잇는 직선 방향이며, q가 양이면 q로부터 바깥쪽을 향하고, q가 음이면 q쪽으로 향한다. 동일한 크기의 양전하와 음전하가 어떤 거리만큼 떨어져 있을 때, 전기 쌍극자 (electric dipole)가 형성된다. 임의의 점에서 전기장 $\mathbf{E}$는 각 전하로 인한 전기장을 중첩시켜 구할 수 있다.

$q = 12 \times 10^{-9}$ C를 가진 전

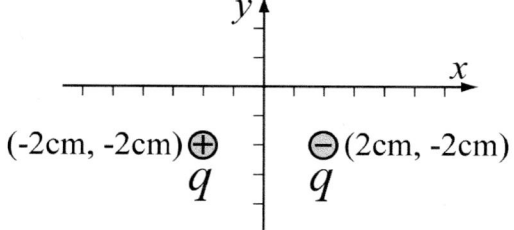

기 쌍극자가 그림과 같이 형성되어 있다. $x = -5$ cm에서 $x = 5$ cm까지 x축을 따라 전기장의 크기를 구하고 그래프를 그려라.

풀이

x축 상의 임의의 점 $(x, 0)$에서의 전기장 **E**는 각 전하로 인한 전기장 벡터를 더하여 구할 수 있다. 즉,

$$\mathbf{E} = \mathbf{E}_- + \mathbf{E}_+$$

전기장의 크기는 벡터 **E**의 길이이다.

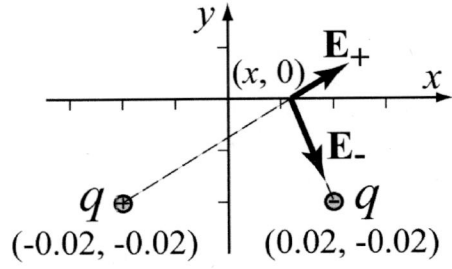

다음 단계에 따라 문제의 해를 구한다.

1 단계: x축 상에 있는 점들의 좌표를 가진 벡터 x를 생성한다.

2 단계: x축 상의 한 점과 각 전하 사이의 거리를 구하고, 거리의 제곱도 계산한다.

$$r_{minus} = \sqrt{(0.02 - x)^2 + 0.02^2} \qquad r_{plus} = \sqrt{(x + 0.02x)^2 + 0.02^2}$$

3 단계: 각 전하에서 x축 상의 한 점을 가리키는 방향을 가진 단위벡터를 구한다.

$$\mathbf{E}_{minusUV} = \frac{1}{r_{minus}}((0.02 - x)\mathbf{i} - 0.02\mathbf{j})$$

$$\mathbf{E}_{plusUV} = \frac{1}{r_{plus}}((x + 0.02)\mathbf{i} - 0.02\mathbf{j})$$

4 단계: 쿨롱의 법칙을 이용하여 각 점에서의 벡터 $\mathbf{E}_-$와 $\mathbf{E}_+$의 크기를 계산한다.

$$E_{minusMAG} = \frac{1}{4\pi\varepsilon_0}\frac{q}{r_{minus}^2} \qquad\qquad E_{plusMAG} = \frac{1}{4\pi\varepsilon_0}\frac{q}{r_{plus}^2}$$

5 단계: 크기에 단위벡터를 곱하여 벡터 $\mathbf{E}_-$와 $\mathbf{E}_+$를 생성한다.

6 단계: 벡터 $\mathbf{E}_-$와 $\mathbf{E}_+$를 더하여 벡터 **E**를 생성한다.

7 단계: **E**의 크기(길이) E를 계산한다.

8 단계: x의 함수로서 E의 그래프를 그린다.

위의 문제 풀이를 위한 프로그램을 스크립트 파일로 작성하면 다음과 같다.

```
q=12e-9;
epsilon0=8.8541878e-12;
x=[-0.05:0.001:0.05]';
rminusS=(0.02-x).^2+0.02^2; rminus=sqrt(rminusS);
rplusS=(x+0.02).^2+0.02^2; rplus=sqrt(rplusS);
EminusUV=[((0.02-x)./rminus), (-0.02./rminus)];
EplusUV=[((x+0.02)./rplus), (0.02./rplus)];
EminusMAG=(q/(4*pi*epsilon0))./rminusS;
EplusMAG=(q/(4*pi*epsilon0))./rplusS;
Eminus=[EminusMAG.*EminusUV(:,1), EminusMAG.*EminusUV(:,2)];
Eplu=[EplusMAG.*EplusUV(:,1), EplusMAG.*EplusUV(:,2)];
E=Eminus + Eplus;
EMAG=sqrt(E(:,1).^2+E(:,2).^2);
plot(x,EMAG,'k','linewidth',1)
xlabel('Position along the x-axis (m)','FontSize',12)
ylabel('Magnitude of the electric field (N/C)','FontSize',12)
title('ELECTRIC FIELD DUE TO AN ELECTRIC DIPOLE','FontSize',12)
```

> 열벡터 x를 생성함
>
> 2 단계의 두 변수는 열벡터임
>
> 3, 4 단계의 각 변수는 2 열 행렬이며, 각 행은 해당 x에 대한 벡터임
>
> 5단계
>
> 6단계
>
> 7단계

이 스크립트 파일이 명령어 창에서 실행되면, 다음 그림이 그림 창에 출력된다.

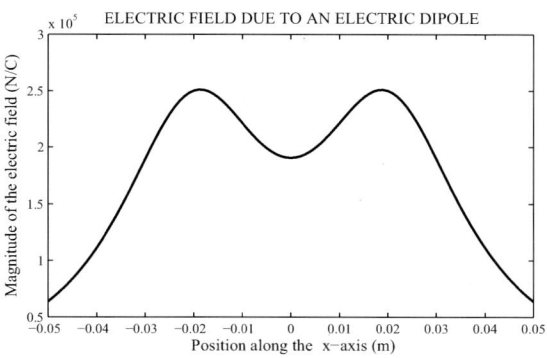

연습문제

1. 함수 $f(x) = 0.01x^4 - 0.45x^2 + 0.5x - 2$ 의 그래프를 $-4 \le x \le 4$와 $-8 \le x \le 8$의 두 범위에 대해 각각 별도로 그려라.

2. $-10 \le x \le 10$에 대해 함수 $f(t) = \dfrac{5}{1 + e^{5.5 - 1.5x}} - \dfrac{x^2}{20}$ 의 그래프를 그려라.

3. fplot 명령어를 이용하여 다음 함수의 그래프를 그려라.

   $$f(x) = \dfrac{40}{1 + (x - 4)^2} + 5\sin\left(\dfrac{20x}{\pi}\right), \text{ 정의역: } 0 \le x \le 10$$

4. $-4 \le x \le 8$에 대해 함수 $f(x) = \dfrac{x^2 - 4x - 5}{x - 2}$ 의 그래프를 그려라. 함수가 $x = 2$에서 수직 점근선을 가짐에 유의하라. x의 정의역에 대해, $-4 \sim 1.7$ 범위의 원소를 갖는 첫 번째 벡터 $x1$과 $2.3 \sim 8$ 범위의 원소를 갖는 두 번째 벡터 $x2$의 두 벡터를 생성하라. 각 x 벡터에 대해, 함수에 따라 y의 해당 값을 갖는 $y1$ 벡터와 $y2$ 벡터를 생성하라. 같은 그래프에 함수의 두 곡선($x1$에 대한 $y1$ 곡선과 $x2$에 대한 $y2$ 곡선)을 그려라.

5. $-10 \le x \le 10$에 대한 함수 $f(x) = \dfrac{4x - 30}{x^2 - 3x - 10}$ 의 그래프를 그려라. 함수가 두 개의 수직 점근선을 갖는다는 점에 유의하라. x의 정의역을 세 구간, 즉 -10에서 왼쪽 점근선 부근까지의 구간, 두 점근선 사이의 구간, 오른쪽 점근선 부근에서 10까지의 구간으로 나누어 함수의 그래프를 그려라. y축의 범위는 -20에서 20까지로 설정하라.

6. $-2\pi \le x \le 2\pi$에 대해 함수 $f(x) = 3x\cos^2 x - 2x$와 그 도함수를 같은 그래프에 그려라. 함수는 실선으로, 도함수는 파선으로 그리며, 범례를 추가하고 축 라벨을 설정하라.

7. 내부저항이 r_S인 전압원 v_S와 부하저항 R_L이 포함된 전기 회로가 그림에 표시되어 있다. 부하저항에서 소모되는 전력 P는 다음 식으로 주어진다.

   $$P = \dfrac{v_S^2 R_L}{(R_L + r_S)^2}$$

   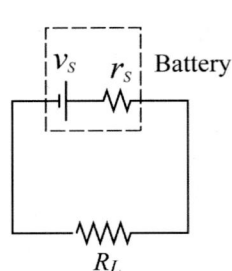

   $v_S = 12$ V와 $r_S = 2.5$ Ω이 주어질 때, $1 \le R_L$

≤ 10 Ω에 대해 R_L의 함수로서 전력 P의 그래프를 그려라.

8. 선박 A가 6 miles/h의 속도로 남쪽으로 항해하고 있으며, 선박 B는 14 miles/h의 속도로 동북쪽 30° 방향으로 항해하고 있다. 오전 7시에서의 두 선박 위치는 그림과 같다. 이후 4시간 동안에 대한 두 선박 간의 거리를 시간의 함수로 그려라. 수평축은 아침 7에서 시작하여 하루의 실제 시간을 표시해야 하며, 수직축은 거리를 나타내도록 한다. 두 축에 라벨을 표시하라. 시계 (visibility)가 8마일이라면, 두 선박에 타고 있는 사람들이 서로를 볼 수 있는 시각을 그래프로부터 추정하라.

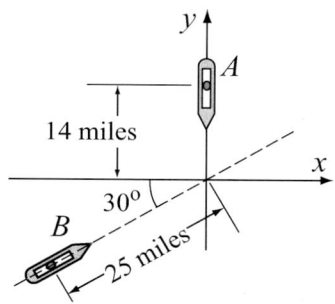

9. St. Louis에 있는 Gateway Arch는 다음 식에 의한 모양을 가지고 있다.

$$y = 693.8 - 68.8 \cosh\left(\frac{x}{99.7}\right) \text{ ft}$$

Gateway Arch의 그래프를 그려라.

10. 잔디밭에서 달리고 있는 다람쥐의 시간에 따른 위치 $[x(t), y(t)]$가 다음 식으로 주어진다.

$$x(t) = -0.28t^2 + 6.5t + 61 \text{ m,}$$
$$y(t) = 0.18t^2 - 8.5t + 65 \text{ m}$$

다음 물음에 대한 그래프를 subplot 명령어를 이용하여 모두 한 페이지에 표시하라.

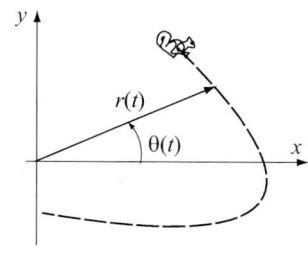

a) $0 \le t \le 30$ s에 대한 다람쥐의 궤적(위치)을 첫 번째 그래프로 그려라.

b) $0 \le t \le 30$ s에 대한 다람쥐의 위치벡터 $\mathbf{r}(t) = x(t)\mathbf{i} + y(t)\mathbf{j}$의 길이를 두 번째 그래프로 그려라.

c) $0 \le t \le 30$ s에 대한 위치벡터의 각도 $\theta(t)$를 세 번째 그래프로 그려라.

11. 천문학에서 항성의 태양에 대한 상대 휘도 L/L_{Sun}과 상대 반지름 R/R_{Sun}, 상대 온도 T/T_{Sun} 사이의 관계는 다음 식으로 모델링할 수 있다.

$$\frac{L}{L_{Sun}} = \left(\frac{R}{R_{Sun}}\right)^2 \left(\frac{T}{T_{Sun}}\right)^4$$

HR 다이어그램(Herzsprung-Russell diagram)은 온도에 대한 L/L_{Sun}의 그래프이다. 다음 데이터가 주어져 있다.

	Sun	Spica	Regulus	Alioth	Barnard's Star	Epsilon Indi	Beta Crucis
온도(K)	5840	22400	13260	9400	3130	4280	28200
L/L_{Sun}	1	13400	150	108	0.0004	0.15	34000
R/R_{Sun}	1	7.8	3.5	3.7	0.18	0.76	8

데이터를 모델과 비교하기 위해, MATLAB을 이용하여 HR 다이어그램을 그려라. 다이어그램은 두 세트의 점들을 가져야 한다. 한 세트는 표의 L/L_{Sun} 값들을 이용하며 별 표식(asterisk marker)으로 표시하고, 나머지 한 세트는 표의 R/R_{Sun}을 위 식에 대입하여 계산한 L/L_{Sun} 값들을 이용하며 원 표식(circle marker)으로 표시한다. HR 다이어그램에서 두 축은 모두 로그축이다. 또한, 수평축에서 온도 값은 왼쪽에서 오른쪽으로 갈수록 감소하는데, 이것은 명령어 set(gca,'XDir','reverse')로 설정한다. 축에 라벨을 설정하고 범례를 추가하라.

12. 직선을 따라 움직이는 입자의 위치는 시간의 함수로서 다음 식으로 주어진다.

$$x(t) = -0.1t^4 + 0.8t^3 + 10t - 70 \text{ m}$$

입자의 속도 $v(t)$는 시간에 대한 $x(t)$의 미분으로 결정되며, 가속도 $a(t)$는 $v(t)$의 시간에 대한 미분으로 구해진다.

　입자의 속도와 가속도에 대한 식을 유도하고, $0 \leq t \leq 8$ s에 대해 위치와 속도, 가속도의 그래프를 시간의 함수로 그려라. 단, subplot 명령어를 이용하여 같은 페이지에 세 개의 그래프를 그리도록 한다. 제일 위에 위치 그래프, 중간에 속도 그래프, 제일 밑에 가속도 그래프를 그리고 축 라벨을 올바른 단위로 적절하게 설정하라.

13. 전형적인 인장시험에서 개뼈다귀 모양의 시편을 시험장비로 잡아당긴다. 시험하는 동안, 시

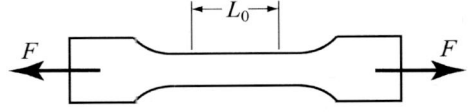

편을 당기는 데 필요한 힘 F와 표점거리(gauge length) L을 측정한다. 이 데이터는 재료의 응력-변형률 선도를 그리는 데 사용된다. 응력과 변형률의 정의에는 공칭응력(engineering stress)과 공칭변형률(engineering strain), 진응력(true stress)과 진변형률(true strain) 두 가지가 있다. 공칭응력 σ_e와 공칭변형률 ε_e

는 다음과 같이 정의된다.

$$\sigma_e = \frac{F}{A_0} \ , \quad \varepsilon_e = \frac{L - L_0}{L_0}$$

여기서 L_0 와 A_0 는 각각 시편의 초기 표점거리와 단면적이다.

진응력 σ_t 와 진변형률 ε_t 는 다음 식으로 정의된다.

$$\sigma_t = \frac{F}{A_0}\frac{L}{L_0} \ , \quad \varepsilon_t = \ln\frac{L}{L_0}$$

다음은 알루미늄 시편에 대한 인장시험에서의 힘과 표점거리의 측정값이다. 시험 전의 시편은 반지름 6.4 mm 의 원형 단면적을 가지고 있다. 초기 표점거리는 $L_0 = 25$ mm 이다. 데이터를 이용하여 재료의 공칭응력-공칭변형률 선도와 진응력-진변형률 선도를 계산하고 두 선도를 같은 그래프에 그려라. 축과 두 곡선의 라벨을 설정하라.

단위: 힘이 Newton(N)으로 측정되면, 면적은 m^2 으로 계산되며, 응력단위는 Pascal(Pa)이다.

F(N)	0	13345	26689	40479	42703	43592	44482	44927
L(mm)	25	25.037	25.073	25.113	25.122	25.125	25.132	25.144
F(N)	45372	46276	47908	49035	50265	53213	56161	
L(mm)	25.164	25.208	25.409	25.646	26.084	27.398	29.150	

14. 대동맥 판막(aortic valve)의 면적 A_V(cm²)는 다음 식(Hakki 공식)으로 추정할 수 있다.

$$A_V = \frac{Q}{\sqrt{PG}}$$

여기서 Q 는 심장의 피 박출량(cardiac output)으로 L/min 단위이며, PG 는 좌심실 수축압력과 대동맥 수축압력(mmHg 단위)의 차이이다. $2 \leq PG \leq 60$ mmHg 범위의 PG 에 대한 A_V 의 두 곡선을 한 그래프에 그려라. A_V 의 두 곡선은 각각 $Q = 4$ L/min 과 $Q = 5$ L/min 에 대한 경우이다. 축 라벨을 설정하고 범례를 추가하라.

15. 그림 (a)의 RL 회로와 같이, $R = 4$ Ω 의 저항기와 $L = 1.3$ H 의 인덕터가 회로에서 전압원에 연결되어 있다. 그림 (b)에 나타낸 $V = 12$ V 의 진폭과 0.5 s

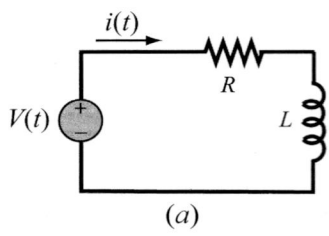
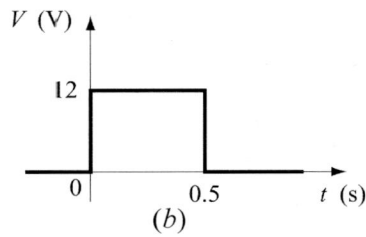

의 지속시간을 가진 사각형 전압펄스가 전압원에 의해 가해질 때, 회로의 전류는 시간의 함수로서 다음 식으로 주어진다.

$$i(t) = \frac{V}{R}(1 - e^{(-Rt)/L}), \qquad 0 \le t \le 0.5 \text{ s}$$

$$i(t) = e^{-(Rt)/L}\frac{V}{R}(e^{(0.5R)/L} - 1), \qquad 0.5 \le t \text{ s}$$

$0 \le t \le 2$ s에 대한 전류의 그래프를 시간의 함수로 그려라.

16. 동적 저장탄성계수(storage modulus) G'과 손실탄성계수(loss modulus) G''은 조화 하중에 대한 재료의 기계적 반응 측정치이다. 많은 생물학적 재료에 대해, 이 탄성계수들은 다음의 Fung 모델에 의해 기술될 수 있다.

$$G'(\omega) = G_\infty\left\{1 + \frac{c}{2}\ln\left[\frac{1 + (\omega\tau_2)^2}{1 + (\omega\tau_1)^2}\right]\right\}, \qquad G''(\omega) = cG_\infty[\tan^{-1}(\omega\tau_2) - \tan^{-1}(\omega\tau_1)]$$

여기서 ω는 조화 하중의 주파수이며, G_∞, c, τ_1, τ_2는 재료의 상수들이다. G_∞ = 5 ksi, c = 0.05, τ_1 = 0.05 s, τ_2 = 500 s에 대해, ω에 대한 G'와 G''의 그래프를 같은 페이지에 두 개의 별도 그래프로 그려라. ω는 0.0001 s^{-1}과 1000 s^{-1} 사이에서 변하게 하고, ω 축에 대해 로그 눈금을 사용하라.

17. 헬리콥터 회전자의 회전이 가하는 주기적인 힘으로 인한 헬리콥터 몸체의 진동은 주기적인 외력을 받는 비감쇠 스프링-질량계로 모델링할 수 있다. 질량의 위치 $x(t)$는 다음 식으로 주어진다.

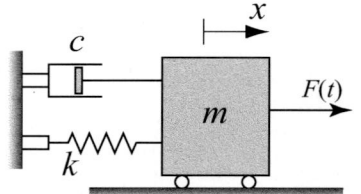

$$x(t) = \frac{2f_0}{\omega_n^2 - \omega^2}\sin\left(\frac{\omega_n - \omega}{2}t\right)\sin\left(\frac{\omega_n + \omega}{2}t\right)$$

여기서 $F(t) = F_0\sin\omega t$, $f_0 = F_0/m$이고, ω는 힘의 주파수이며, ω_n은 헬리콥터의 고유진동수이다. ω의 값이 ω_n에 가까워지면, 빠르게 진동하면서 진폭이 느리게 변하는 비트 현상이 일어난다. $F_0/m = 12$ N/kg, $\omega_n = 10$ rad/s, $\omega = 12$ rad/s일 때, $0 \leq t \leq 10$ s에 대해 $x(t)$의 그래프를 t의 함수로 그려라.

18. 이상기체방정식에 의하면, $\dfrac{PV}{RT} = n$이다. 여기서 P는 압력, V는 부피, T는 온도, $R = 0.08206$(L atm)/(mol K)은 기체상수이며, n은 몰(mole)수이다. 1 몰 ($n = 1$)에 대해, $\dfrac{PV}{RT}$의 값은 모든 압력에 대해 상수 1이다. 실제 기체들은 이상기체의 거동에서 벗어나며 특히 고압에서 뚜렷하다. 이들의 반응은 다음 반데발스 방정식으로 모델링될 수 있다.

$$P = \frac{nRT}{V - nb} - \frac{n^2 a}{V^2}$$

여기서 a와 b는 물질 상수이다. $t = 300$ K에서 1몰의 질소기체에 대해 생각해 보자. 질소기체의 경우, $a = 1.39$ L²atm/mole²이고 $b = 0.0391$ L/mole이다. 반데발스 방정식을 이용하여 $0.08 \leq V \leq 6$L의 범위에 대해 V를 0.02L씩 증가시키면서 V의 함수인 P를 계산하라. V의 각 값에서 $\dfrac{PV}{RT}$의 값을 계산하고, P에 대한 $\dfrac{PV}{RT}$의 그래프를 그려라. 질소의 반응이 이상기체방정식과 일치하는가?

19. 그림에서 단순지지보가 길이의 반 이상에 걸쳐 일정한 분포하중을 받고 있다. x의 함수로서 보의 처짐 y는 다음 식으로 주어진다.

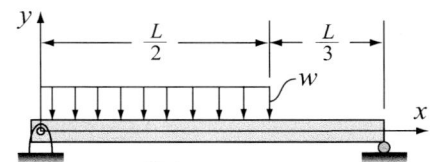

$$y = \frac{-wx}{24LEI}\left(Lx^3 - \frac{16}{9}L^2x^2 + \frac{64}{81}L^4\right), \qquad 0 \leq x \leq \frac{2}{3}L$$

$$y = \frac{-wL}{54EI}\left(2x^3 - 6Lx^2 + \frac{40}{9}L^2x - \frac{4}{9}L^3\right), \qquad \frac{2}{3}L \leq x \leq L$$

여기서 E는 탄성계수이고 I는 관성모멘트이며, L은 보의 길이이다. 그림의 보의 경우, $L = 20$ m, $E = 200 \times 10^9$ Pa, $I = 348 \times 10^{-6}$ m⁴, $w = 5 \times 10^3$ N/m이다. 보의 처짐 y를 x의 함수로 그래프를 그려라.

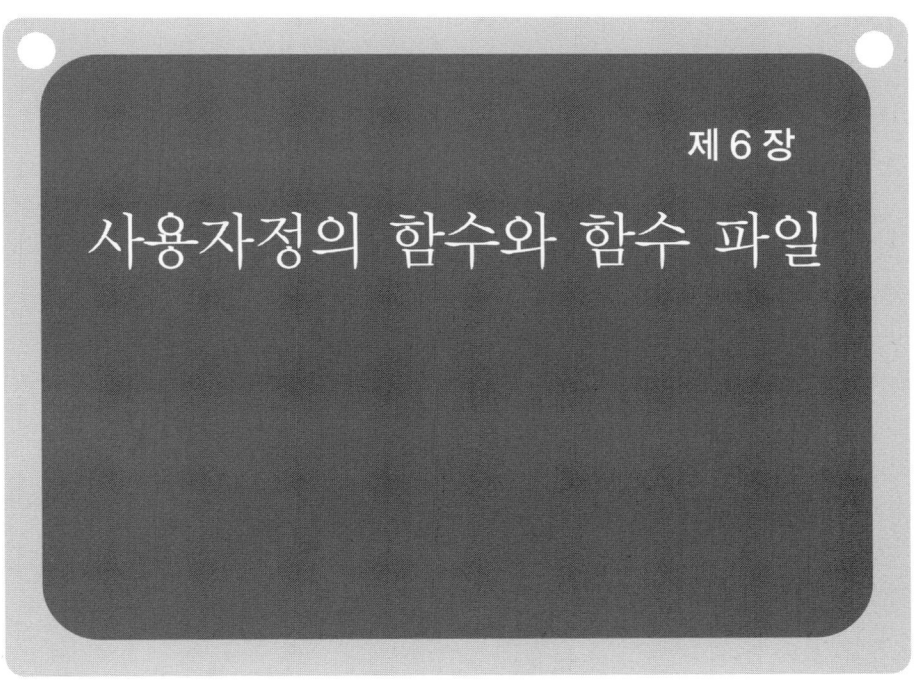

제 6 장

사용자정의 함수와 함수 파일

    간단한 수학 함수 $f(x)$는 각 x의 값에 유일한 수를 대응시킨다. 함수는 $y = f(x)$ 형태로 표현할 수 있는데, 여기서 $f(x)$는 일반적으로 x에 의한 수학식이다. x 값(입력)을 식에 대입하면, y 값(출력)을 구할 수 있다. 많은 함수들이 내장함수로 MATLAB 내부에 프로그래밍되어 있으며, 이 내장함수들은 함수 이름과 인자를 함께 입력하기만 하면 수학식에서 사용할 수 있다(1.5절 참조). 내장함수의 예로는 sin(x), cos(x), sqrt(x), exp(x) 등이 있다. 컴퓨터 프로그램에 내장되어 있지 않은 함수들의 값을 계산할 필요가 종종 있는데, 함수의 식이 간단하고 한 번만 계산하면 되는 경우에는 프로그램의 일부로 입력하면 된다. 그러나 다른 인자 값들에 대해 함수를 자주 계산해야 한다면, '사용자정의' 함수(user-defined function)를 만드는 것이 편리하다. 일단 사용자정의 함수가 만들어져 저장되면, 이 함수는 내장함수(built-in function)처럼 사용할 수 있다.

    사용자정의 함수는 사용자가 작성하여 함수 파일로 저장한 후, 내장함수처럼 사용할 수 있는 MATLAB 프로그램이다. 함수는 한 줄로 된 간단한 수학식일 수도 있고 복잡하고 서로 연관된 일련의 계산들일 수도 있다. 함수는 사실 컴퓨터 프로그램 안의 서브프로그램인 경우가 많다. 함수 파일의 주요 특징은 입력과 출력을 갖는다는 것이다. 다시 말하면, 함수 파일 내에서의 계산은 입력 데이터를 이용하여 수행되며 계산 결과는 출력에 의해 함수 파일 밖으로 전달된다는 것이다. 입력과 출력은 한 개 이상의 변수가 될 수 있으며, 각 변수는 스칼라, 벡터, 또는 임의의 크기의 배열이 될 수 있다. 함수 파일을 개략적으로 나타내면 다음과 같다.

사용자정의 함수의 매우 간단한 예로 어떤 속도로 공을 위로 던졌을 때 공이 도달하게 되는 최대 높이를 계산하는 함수를 생각해보자. 속도 v_0에 대해, 최대 높이 h_{max}는 식 $h_{max} = \dfrac{v_0^2}{2g}$로 주어지며, 여기서 g는 중력가속도이다. 이 식을 함수 형태로 쓰면, $h_{max}(v_0) = \dfrac{v_0^2}{2g}$이다. 이 경우 함수에 대한 입력은 속도(수)이며 출력은 최대 높이(수)이다. 예를 들어, SI 단위($g = 9.81$ m/s²)로 입력이 15 m/s이면, 출력은 11.47 m이다.

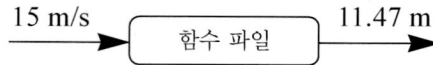

사용자정의 함수는 수학 함수로 사용하는 것 외에도 큰 프로그램에서 서브프로그램(subprogram)으로 사용할 수도 있다. 이런 식으로 독립적인 테스트가 가능한 작은 서브프로그램으로 '벽돌 쌓듯이' 대형 컴퓨터 프로그램을 만들 수 있다. 함수 파일은 Basic이나 Fortran의 서브루틴(subroutine), Pascal의 프로시저(procedure), C의 함수(function)와 유사하다.

6.1절에서 6.7절까지는 사용자정의 함수에 대한 기본적인 내용을 설명한다. 별도의 함수 파일에 저장한 뒤 컴퓨터 프로그램에서 호출하여 사용하는 사용자정의 함수 외에도, MATLAB은 별도의 파일에 저장하지 않고 컴퓨터 프로그램 내에서 사용자정의 수학 함수를 정의하여 사용할 수 있는 다른 방법을 제공한다. 이것은 익명함수(anonymous function)나 inline 함수를 이용하는 것으로 6.8절에서 설명한다. 내장함수나 사용자정의 함수를 호출할 때, 다른 함수들을 함께 제공해야 하는 함수들이 있는데, 이 함수들을 MATLAB에서는 함수 함수(function function)라고 하며, 간단히 함수 함수라고 부르고 6.9절에서 다룬다. 마지막 두 절에서는 부함수(subfunction)와 중첩함수(nested function)를 다룬다. 두 함수 모두 둘 이상의 사용자정의 함수들을 하나의 함수 파일로 통합시키는 방법이다.

6.1 함수 파일의 작성

함수 파일은 스크립트 파일과 마찬가지로 편집기/디버거 창(Editor/Debugger Window)에서 작성되고 수정된다. 이 창은 명령어 창에서 열린다. **File** 메뉴에서

New를 선택한 후, **M-file**을 선택하면, 편집기/디버거 창이 열린다. 이 창의 모양은 그림 6.1과 같으며, 명령어를 한 줄씩 입력할 수 있다. 다음 절에서 설명하겠지만, 함수 파일의 첫 번째 줄은 반드시 함수 정의 라인(function definition line)이어야 한다.

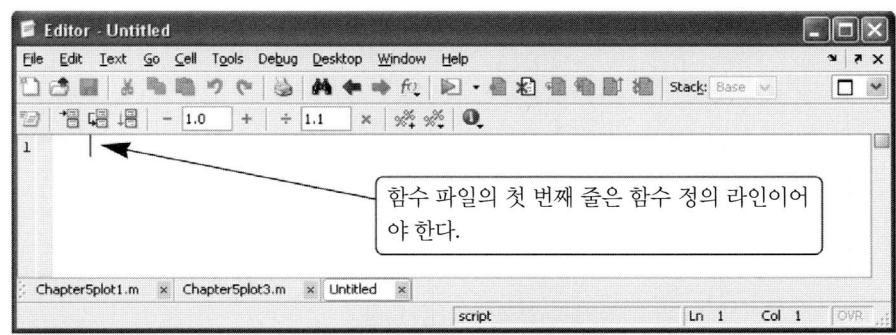

그림 6.1 편집기/디버거 창

6.2 함수 파일의 구조

전형적인 함수 파일의 구조는 그림 6.2와 같다. 이 특정 함수는 대출금의 월 상환액과 총 상환액을 계산한다. 함수에 대한 입력은 대출금과 연이율, 대출기간(대출 연수) 등이고, 함수로부터의 출력은 월 상환액과 총 상환액이다.

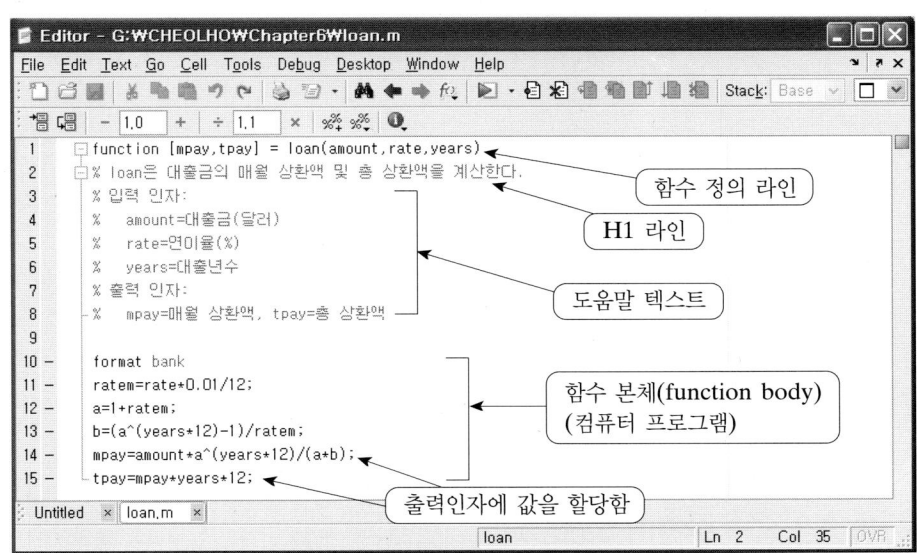

그림 6.2 전형적인 함수 파일의 구조

함수 파일의 여러 부분들에 대해 다음 절에서 자세히 기술한다.

6.2.1 함수 정의 라인

함수 파일에서 첫 번째 실행 라인은 반드시 함수 정의 라인(function definition line)이어야 한다. 그렇지 않으면 파일은 스크립트 파일로 간주된다. 함수 정의 라인의 기능은 다음과 같다.

- 파일을 함수 파일로 정의한다.

- 함수의 이름을 정의한다.

- 입력인자와 출력인자의 개수와 순서를 정의한다.

함수 정의 라인의 형식은 다음과 같다.

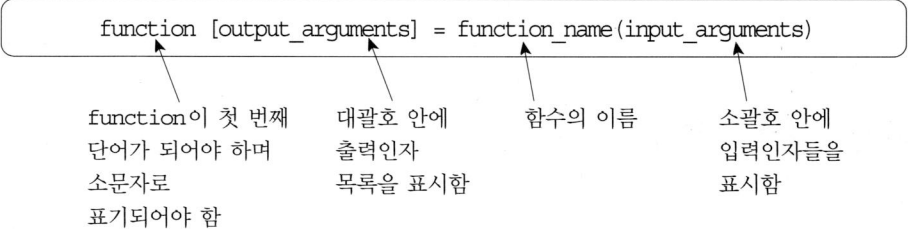

소문자로 표기된 단어 function이 반드시 함수 정의 라인의 첫 번째 단어가 되어야 한다. 화면상에서 단어 function은 파란색으로 표시된다. 함수 이름은 등호(=) 다음에 표기된다. 함수 이름은 글자와 숫자, 밑줄(_)로 구성될 수 있다. 이름에 대한 규칙은 1.6.2절에서 기술한 변수이름에 대한 규칙과 같으며, 내장함수들의 이름과 MATLAB에 의해 미리 정의된 변수나 사용자가 미리 정의한 변수들의 이름은 피하는 것이 바람직하다.

6.2.2 입력인자와 출력인자

입력인자와 출력인자는 데이터를 함수 안과 밖으로 전달하는 데 사용될 수 있다. 입력인자는 함수 이름 뒤의 소괄호 안에 나열한다. 함수는 입력인자를 전혀 갖지 않을 수도 있지만, 일반적으로는 최소 한 개의 입력인자를 갖는다. 입력인자가 한 개보다 많은 경우, 입력인자들은 콤마로 분리된다. 함수 파일 내에서 계산을 수행하는 프로그램 코드는 입력인자에 의해 작성되며 인자들은 수치 값을 할당받았다고 가정한다. 이것은 입력인자가 스칼라나 벡터, 배열이 될 수 있으므로 함수 파일 내의 수학식들은 입력인자의 차원에 맞게 작성되어야 함을 의미한다. 그림 6.2의 예에서 입력인자는 amount, rate, years로 세 개이며 수학식에서 스칼라로 가정되었다. 입력인자들의 실제 값은 함수가 사용(호출)될 때 할당된다. 마찬가지로 입력인자들이 벡터나 배열이라면, 함수 본체의 수학식들은 선형대수나 원소별 연산을 따르도록 작성되어야 한다.

함수 정의 라인에서 할당연산자(=)의 좌변의 대괄호 안에 나열되는 출력인자들은 함수 파일의 출력을 전달한다. 함수 파일은 하나 또는 여러 개의 출력인자를 갖거나 출력인자를 전혀 갖지 않을 수도 있다. 출력인자가 한 개보다 많으면, 출력인자들을 콤마로 분리한다. 출력인자가 한 개뿐이라면, 대괄호 없이 나타낼 수 있다. **함수 파일이 유효하려면, 출력인자는 함수 본체(function body)의 프로그램에서 반드시 값을 할당받아야 한다.** 그림 6.2의 예에서는 두 개의 출력인자 mpay와 tpay가 있다. 함수가 출력인자를 갖지 않으면, 함수 정의 라인에서 할당연산자(=)를 생략할 수 있다. 출력인자가 없는 함수는 예를 들어 그래프를 출력하거나 데이터를 파일에 저장하는 일 등을 하는 함수이다.

문자열(작은따옴표로 묶인 텍스트)을 입력인자로 기입함으로써 문자열을 함수 파일에 전달할 수도 있다. 문자열은 다른 함수의 이름을 함수 파일에 전달하는 데 사용될 수 있다.

일반적으로 함수 파일에 대한 모든 입력과 함수 파일로부터의 출력은 입력인자와 출력인자를 통해 이루어진다. 그러나 스크립트 파일의 모든 입출력 특징들은 함수 파일에서도 유효하며 사용될 수 있다. 이것은 함수 파일을 작성할 때 명령어 끝에 세미콜론을 붙이지 않으면 값을 할당받는 어떠한 변수도 화면에 출력됨을 의미한다. 또한 스크립트 파일에서처럼, 데이터를 대화식으로 입력하기 위해 input 명령어를 사용할 수 있으며, 화면상에 정보를 나타내거나 파일에 저장하기 위해, 또는 그래프를 출력하기 위해 disp, fprintf, plot 명령어 등을 사용할 수 있다. 다음은 다른 입력인자와 출력인자의 조합을 가진 함수 정의 라인들에 대한 예이다.

함수 정의 라인	설명
`function [mpay,tpay] = loan(amount,rate,years)`	세 입력인자와 두 출력인자
`function [A] = RectArea(a,b)`	두 입력인자와 하나의 출력인자
`function A = RectArea(a,b)`	위와 동일함. 출력인자가 하나인 경우 대괄호 없이 표기할 수 있음
`function [V,S] = SphereVolArea(r)`	하나의 입력인자와 두 출력인자
`function trajectory(v,h,g)`	세 입력인자, 출력인자는 없음

6.2.3 H1 라인과 도움말 라인

H1 라인과 도움말 라인은 함수 정의 라인 다음에 있는 주석 라인(% 기호로 시작되는 라인)으로서 선택사항이지만 함수에 대한 정보를 제공하기 위해 자주 사용된다. H1 라인은 첫 번째 줄의 주석 라인으로서 보통 함수의 이름과 간단한 정의를 포함한다. 사용자가 명령어 창에서 'lookfor a_word'를 입력하면 MATLAB은 모든 함수의 H1 라인에서 'a_word'를 탐색하며, 일치하는 것을 찾게 되면, 해당 H1 라인을 출력한다.

도움말 라인(help text line)은 H1 라인 다음의 주석 라인들이다. 이 라인들은 함수에 대한 설명과 입력인자 및 출력인자에 관련된 지시사항들을 포함한다. 명령어 창에서 'help function_name'을 입력하면, 함수 정의 라인과 첫 번째 비주석(non-comment) 라인 사이에 기록된 주석 라인들(H1 라인과 도움말 라인들)이 출력된다. 이것은 사용자정의 함수뿐만 아니라 MATLAB 내장함수에도 적용된다. 예를 들어, 그림 6.2의 함수 loan에 대해 파일이 저장된 디렉터리가 탐색경로에 포함되어 있는지 또는 현재 디렉터리로 설정되었는지 여부를 확인한 후에 명령어 창에서 'help loan'을 입력하면 다음과 같이 출력된다.

```
>> help loan
    loan은 대출금의 매월 상환액 및 총 상환액을 계산한다.
    입력인자:
       amount=대출금(달러)
       rate=연이율(%)
       years=대출년수
    출력인자:
       mpay=매월 상환액, tpay=총 상환액
```

함수 파일은 함수 본체(function body)에도 주석문을 추가로 포함할 수 있다. 이 주석문들은 help 명령어에 의해 출력되지 않고 무시된다.

6.2.4 함수 본체

함수 본체(function body)는 실제로 계산을 수행할 컴퓨터 프로그램(코드)을 포함하고 있다. 이 코드는 MATLAB 프로그래밍의 모든 특징들을 이용할 수 있다. 여기에는 계산, 할당, 임의의 내장함수 또는 사용자정의 함수, 7장에서 설명할 흐름제어(조건문과 루프), 주석문, 빈 줄(blank lines), 대화식 입출력이 포함된다.

6.3 지역변수와 전역변수

함수 파일의 모든 변수들(입력인자와 출력인자, 함수 파일 내에서 값을 할당받는 임의의 변수들)은 지역변수(local variable)이다. 이것은 변수들이 함수 파일 내에서만 정의되고 인식됨을 의미한다. 함수 파일이 실행되면, MATLAB은 작업 공간(명령어 창과 스크립트 파일이 사용하는 메모리 공간)과 분리된 별도의 메모리 영역을 사용한다. 함수 파일에서 입력변수들은 함수가 호출될 때마다 값을 할당받으며, 할당받은 변수 값은 함수 파일 내의 계산에서 사용된다. 함수 파일의 실행이 종료되면, 함수를 호출할 때 사용했던 변수에게 출력인자의 값이 전달된다. 이상으로부터 함수 파일은 명령어 창이나 스크립트 파일에서의 변수와 같은 이름의 변수를 가질 수 있다는 것을 알 수 있다. 함수 파일은 함수 파일 외부에서 값을 할당받은 같은 이름의 변수들을 인식하지 못한다. 함수 파일에서 이런 변수에 값을 할당하더라도 함수 파일 외부에서의 변수 값에는 영향을 미치지 않는다.

각 함수 파일은 다른 함수들 또는 명령어 창 및 스크립트 파일의 작업공간과 공유되지 않는 자신만의 지역변수들을 갖는다. 그러나 다른 여러 함수 파일에서 변수를 공유(인식)하거나 필요한 경우 작업공간(workspace)에서도 변수를 공유할 수 있게 만드는 것이 가능하다. 다음 형식의 global 명령어로 변수를 전역변수(global variable)로 선언하면 변수의 공유가 이루어진다.

> global variable_name

global 명령어에서 여러 변수들을 공백으로 분리하여 나열하면 여러 변수들을 전역변수로 선언할 수 있다. 예를 들면, 다음과 같다.

global GRAVITY_CONST FrictionCoefficient

- 여러 함수 파일에서 특정 변수를 인식하기를 원하는 경우, 해당 함수 파일 모두에서 그 변수를 전역변수로 선언해야 한다. 이때 선언된 전역변수는 이들 파일에 대해서만 서로 공유된다.

- global 명령어는 변수를 사용하기 전에 선언되어야 한다. global 명령어는 파일 상단에 입력하는 것이 바람직하다.

- 작업공간에서 변수를 인식되게 하려면, global 명령어를 명령어 창이나 스크립트 파일에서 입력해야 한다.

- 전역변수로 선언된 곳에서는 어디에서나 변수의 값을 할당하거나 재할당할 수

있다.

- 전역변수를 일반 변수와 구별하기 위해서는 전역변수의 이름을 길게 서술적으로 표시하거나 모두 대문자로 표시하는 것이 바람직하다.

6.4 함수 파일의 저장

함수 파일을 사용하려면 먼저 저장을 해야 한다. 스크립트 파일과 마찬가지로, File 메뉴에서 **Save as**...를 선택하고 저장할 위치(일반적으로 A 드라이브나 USB 드라이브)를 선택한 후 파일이름을 입력하면 된다. 파일은 함수 정의 라인의 함수 이름과 같은 이름으로 저장할 것을 강력하게 추천한다. 이렇게 하면, 함수 이름을 이용하여 함수를 호출(사용)할 수 있다. 함수 파일을 다른 이름으로 저장하게 되면, 함수를 호출할 때 반드시 저장한 파일의 이름을 사용해야 한다. 함수 파일의 확장자는 .m 이다. 예를 들면, 다음과 같다.

함수 정의 라인	파일이름
function[mpay,tpay]=loan (amount,rate,years)	loan.m
function [A]=RectArea(a,b)	RectArea.m
function [V,S]=SphereVolArea(r)	SphereVolArea.m
function trajectory(v,h,g)	trajectory.m

6.5 사용자정의 함수의 이용

사용자정의 함수는 내장함수와 같은 방법으로 사용된다. 즉, 명령어 창이나 스크립트 파일, 또는 다른 함수에서 사용자정의 함수를 호출할 수 있다. 함수 파일을 사용하기 위해서는, 함수 파일이 저장된 디렉터리가 현재 디렉터리이거나 탐색 경로(search path)에 있어야 한다(1.8.4절 참조).

함수는 여러 가지 방법으로 사용될 수 있다. 즉, 자신의 출력을 변수(또는 변수들)에게 할당하거나, 수학식의 일부 또는 다른 함수의 인자로 사용할 수 있으며, 명령어 창이나 스크립트 파일에서 함수 이름을 입력하여 사용할 수도 있다. 사용자는 모든 경우에서 입력인자와 출력인자가 무엇인지를 정확히 알아야 한다. 입력인자는 수, 계산 가능한 식, 또는 값이 할당된 변수 등이 될 수 있다. 인자들은 함수 정의 라인의 입력인자 및 출력인자 리스트에서 차지하는 위치에 따라 할당을 받는다.

대출금의 월 상환액과 총 상환액을 계산하는 그림 6.2의 사용자정의 함수 loan으로 함수 사용법 두 가지를 예로 들어 보자. 입력인자는 대출금과 연이율, 대출기간(연단위)이다. 다음 첫 번째 예에서는 loan 함수의 입력인자로 수가 사용되었다.

```
>> [month, total]=loan(25000,7.5,4)

month =
        600.72
total =
        28834.47
```

첫 번째 인자는 대출금, 두 번째는 이자율, 세 번째는 연수이다.

두 번째 예에서는 loan 함수의 입력인자로 미리 할당된 변수들과 한 개의 수가 사용되었다.

```
>> a=70000; b=6.5;
>> [x y]=loan(a,b,30)

x =
        440.06
y =
   158423.02
```

변수 a와 b를 정의함

입력인자로 a와 b, 수 30이 사용되고, 출력인자로 x(매월 상환액)와 y(총 상환액)가 사용됨

6.6 간단한 사용자정의 함수의 예

예제 6.1 수학함수의 사용자정의 함수

함수 $f(x) = \dfrac{x^4\sqrt{3x+5}}{(x^2+1)^2}$를 위한 함수 파일(파일이름: chp6one)을 작성하라. 함수에 대한 입력은 x, 출력은 $f(x)$이다. x가 벡터일 수 있도록 함수를 작성하고, 함수를 이용하여 다음을 계산하라.

a) $x = 6$일 때 $f(x)$의 값

b) $x = 1, 3, 5, 7, 9, 11$에 대한 $f(x)$의 값들

풀이

함수 $f(x)$에 대한 함수 파일은 다음과 같다.

```
function  y=chp6one(x)
y=(x.^4.*sqrt(3*x+5))./(x.^2+1).^2;
```
함수 정의 라인
출력인자에 결과를 할당함

함수 파일에서 원소별 계산을 고려하여 수학식을 작성해야 한다는 점에 유의하라. 이 경우, x가 벡터이면 y도 벡터가 될 것이다. 함수가 저장되고 난 후, 파일이 저장된 디렉터리를 포함하도록 탐색경로를 수정한다. 아래에 나타낸 것과 같이 명령어 창에서 함수를 사용한다.

a) 명령어 창에 chp6one(6)을 입력하거나 함수의 값을 새 변수에 할당하는 방법으로, $x = 6$에 대한 함수의 계산을 할 수 있다.

```
>> chp6one(6)
ans =
    4.5401
>> F=chp6one(6)
F =
    4.5401
```

b) x의 여러 값에 대해 함수를 계산하기 위해서는, 먼저 x의 값들을 가진 벡터를 생성하고, 이 벡터를 함수의 입력인자로 사용한다.

```
>> x=1:2:11
x =
    1     3     5     7     9     11
>> chp6one(x)
ans =
    0.7071   3.0307   4.1347   4.8971   5.5197   6.0638
```

또 다른 방법은 다음과 같이 함수의 입력인자에 벡터 x를 직접 입력하는 것이다.

```
>> H=chp6one([1:2:11])
H =
    0.7071   3.0307   4.1347   4.8971   5.5197   6.0638
```

예제 6.2 온도단위의 변환

화씨온도(°F)를 섭씨온도(°C)로 변환하는 사용자정의 함수(함수 이름: FtoC)를 작성하고, 이 함수를 이용하여 다음 문제를 풀어라. 온도 변화 ΔT에 의한 어떤 물체의 길이 변화 ΔL은 $\Delta L = \alpha L \Delta T$로 주어진다. 여기서 α는 열팽창계수이다. 온도가 40°F에서 92°F로 변할 때, 4.5 m × 2.25 m 크기의 사각형 알루미늄 판($\alpha = 23 \cdot 10^{-6}$ 1/°C)의 면적 변화를 구하라.

풀이

화씨온도(°F)를 섭씨온도(°C)로 변환하는 사용자정의 함수는 다음과 같다.

```
function C=FtoC(F)                          함수 정의 라인
% FtoC는 화씨온도 °F를 섭씨온도 °C로 변환한다.
C=5*(F-32)./9;                              출력인자에 할당함
```

온도에 의한 판의 면적 변화를 계산하는 스크립트 파일(파일이름: Chapter6Example2)은 다음과 같다.

```
a1=4.5; b1=2.25; T1=40; T2=92; alpha=23e-6;
deltaT=FtoC(T2)-FtoC(T1);                   FtoC 함수를 이용하여 온도차를
                                            섭씨온도 °C로 계산함
a2=a1+alpha*a1*deltaT;                      새 길이를 계산함
b2=b1+alpha*b1*deltaT;                      새 폭을 계산함
AreaChange=a2*b2-a1*b1;                      면적 변화를 계산함
fprintf('면적 변화는 %6.5f ㎡이다.\n',AreaChange)
```

명령어 창에서 스크립트 파일을 실행하면 다음과 같이 해를 얻을 수 있다.

```
>> Chapter6Example2
면적 변화는 0.01346 ㎡이다.
```

6.7 스크립트 파일과 함수 파일의 비교

MATLAB을 이용하여 문제를 풀어야 하는 경우, 많은 문제들이 스크립트 파일과 함수 파일 중 어느 쪽을 이용해도 되므로, MATLAB을 처음 공부하는 학생들은 두

파일의 차이점을 정확히 이해하는 데 가끔 어려움을 겪는다. 스크립트 파일과 함수 파일 사이의 유사점과 차이점은 다음과 같이 요약할 수 있다.

- 스크립트 파일과 함수 파일은 모두 확장자 .m으로 저장된다(이 때문에 이 파일들을 가끔 M-file이라고 부른다).

- 함수 파일의 첫 번째 라인은 함수 정의 라인이다.

- 함수 파일에 있는 변수들은 지역변수(local variable)이다. 스크립트 파일에 있는 변수들은 명령어 창(Command Window)에서 인식되며 전역변수(global variable)이다.

- 스크립트 파일은 작업공간에 정의되어 있는 변수들을 사용할 수 있다.

- 스크립트 파일은 일련의 MATLAB 명령어(명령문)들을 포함하고 있다.

- 함수 파일은 입력인자를 통하여 데이터를 받아들이고 출력인자를 통하여 데이터를 돌려줄 수 있다.

- 함수 파일이 저장될 때, 파일이름은 함수의 이름과 같아야 한다.

6.8 익명함수와 인라인 함수

함수 파일로 작성된 사용자정의 함수들은 간단한 수학 함수를 위해, 또는 광범위한 프로그래밍을 필요로 하는 대규모의 복잡한 수학함수들을 위해 사용될 수 있으며, 대형 컴퓨터 프로그램의 서브프로그램으로서도 사용될 수 있다. 비교적 간단한 수학식의 값을 프로그램 속에서 자주 구해야 하는 경우, MATLAB은 익명함수(anonymous function)를 선택할 수 있도록 한다. 익명함수는 별도의 함수 파일로 작성되지 않고 컴퓨터 코드 속에서 정의되고 작성된 후 코드에서 사용되는 사용자정의 함수이다. 익명함수는 명령어 창이나 스크립트 파일, 일반적인 사용자정의 함수 등 MATLAB의 어느 부분에서도 정의될 수 있다.

익명함수는 MATLAB 7에서 도입되었으며, MATLAB 이전 버전에서 같은 목적으로 사용되던 인라인 함수(inline function)를 대체한다. MATLAB 7.5(R2007b)에서 익명함수와 인라인 함수를 둘 다 사용할 수는 있으나, 익명함수가 인라인 함수에 비해 여러 가지 장점을 가지고 있으므로 인라인 함수는 점차 사라져갈 것으로 예상된다.

6.8.1 익명함수

익명함수(anonymous function)는 별도의 함수 파일(M-file)을 만들지 않고 정의하는, 한 줄로 된 간단한 사용자정의 함수이다. 익명함수는 명령어 창에서, 또는 스크립트 파일이나 일반 사용자정의 함수 안에서 정의할 수 있다.

익명함수는 다음 명령어의 입력으로 정의된다.

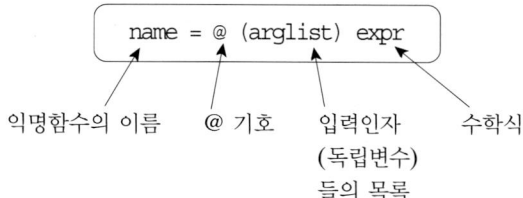

```
name = @ (arglist) expr
```

익명함수의 이름 @ 기호 입력인자 수학식
(독립변수)
들의 목록

간단한 예를 들면, cube = @ (x) x^3은 입력인자의 세제곱을 계산한다.

- 명령어가 익명함수를 생성하고 익명함수의 핸들(handle)을 = 기호 좌변의 변수 name에 할당한다. 함수의 핸들은 함수를 사용하기 위한 수단을 제공하며, 또 함수를 다른 함수에 전달하기 위한 방법을 제공한다(6.9.1절 참조).

- expr은 MATLAB으로 표현된 한 개의 유효한 수학식으로 구성된다.

- 수학식은 한 개 또는 여러 개의 독립변수를 가질 수 있다. 독립변수는 arglist에 나열되며, 독립변수가 한 개보다 많은 경우 각 독립변수는 콤마로 분리된다. 두 개의 독립변수를 갖는 익명함수의 예: circle = @ (x,y) (16*x^2+9*y^2)

- 수학식은 어떠한 내장함수나 사용자정의 함수도 포함할 수 있다.

- 수학식은 입력인자의 차원에 따라 원소별 연산 또는 선형대수 계산으로 작성되어야 한다.

- 수학식은 익명함수가 정의되기 전에 미리 정의된 변수를 포함할 수 있다. 예를 들어, 세 변수 a, b, c가 정의되었다면(수치값을 할당받았다면), 이 변수들은 익명함수의 수학식에 사용될 수 있다. 예: parabola = @ (x) a*x^2+b*x+c

중요 사항: 미리 정의된 변수가 포함된 익명함수를 정의될 때, MATLAB은 정의 당시의 변수의 값을 취하므로, 이후에 새로운 값이 이 변수에 할당이 되어도 익명함수는 새 값을 반영하지 못한다. 미리 정의된 변수의 새로운 할당값이 수학식에 반영되게 하려면, 익명함수를 다시 정의해야 한다.

익명함수의 사용

- 익명함수가 일단 정의되면, 익명함수의 이름과 괄호 안에 입력인자의 값을 입력하여 익명함수를 사용할 수 있다(다음 예 참조).

- 익명함수는 다른 함수의 입력인자로도 사용될 수 있다(6.9.1절 참조).

한 개의 독립변수를 가진 익명함수의 예

함수 $f(x) = \dfrac{e^{x^2}}{\sqrt{x^2 + 5}}$ 을 다음과 같이 스칼라 x 에 대한 인라인 함수로 명령어 창에서 정의할 수 있다.

```
>> FA = @ (x) exp(x^2)/sqrt(x^2+5)
FA =
    @(x)exp(x^2)/sqrt(x^2+5)
```

끝에 세미콜론을 붙이지 않으면, **MATLAB**은 함수를 화면에 출력함으로써 응답한다. 그다음 아래에서 보는 것처럼 x 의 다른 값들에 대해 함수를 사용할 수 있다.

```
>> FA(2)
ans =
    18.1994
>> z = FA(3)
z =
   2.1656e+0.03
```

만일 x 가 배열이고 배열의 각 원소에 대해 함수를 계산하려면, 다음과 같이 함수가 원소별 연산을 할 수 있도록 함수를 수정해야 한다.

```
>> FA = @ (x) exp(x.^2)/sqrt(x.^2+5)
FA =
    @(x)exp(x.^2)./sqrt(x.^2+5)
>> FA([1  0.5  2])          벡터를 입력인자로 사용함
ans =
    1.1097    0.5604    18.1994
```

여러 독립변수를 가진 익명함수의 예

함수 $f(x, y) = 2x^2 - 4xy + y^2$을 다음과 같이 익명함수로 정의할 수 있다.

```
>> HA = @ (x,y) 2*x^2 - 4*x*y + y^2
HA =

    @(x,y)2*x^2-4*x*y+y^2
```

그다음, 다른 x, y 값들에 대해 익명함수를 사용할 수 있다. 예를 들어, HA(2,3)을 입력하면 다음 결과를 얻는다.

```
>> HA(2,3)
ans =
   -7
```

여러 입력인자를 가진 익명함수의 사용에 대한 또 다른 예를 다음 예제 6.3에 나타내었다.

예제 6.3 극좌표로 주어진 두 점 사이의 거리

두 점의 위치가 극좌표로 주어질 때, 두 점 사이의 거리를 계산하는 익명함수를 작성하라. 이 익명함수를 사용하여 점 $A(2, \pi/6)$와 점 $B(5, 3\pi/4)$ 사이의 거리를 구하라.

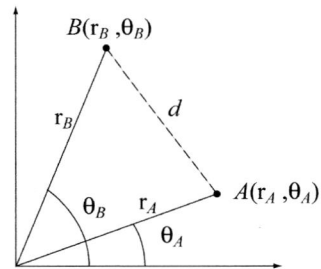

풀이

극좌표로 주어진 두 점 사이의 거리는 다음 코사인 법칙에 의해 계산될 수 있다.

$$d = \sqrt{r_A^2 + r_B^2 - 2r_A r_B \cos(\theta_A - \theta_B)}$$

거리에 대한 공식을 먼저 네 개의 입력인자 r_A, θ_A, r_B, θ_B를 가진 익명함수로 입력한다. 그다음, 이 함수를 이용하여 두 점 A와 B 사이의 거리를 계산한다.

```
>> d= @ (rA,thetA,rB,thetB) sqrt(rA^2+rB^2-2*rA*rB*cos(thetB-thetA))
                        입력인자들의 목록
d =

   @(rA,thetA,rB,thetB) sqrt(rA^2+rB^2-2*rA*rB*cos(thetB-thetA))
```

```
>> DistAtoB = d(2,pi/6,5,3*pi/4)
DistAtoB =
    5.8461
```

함수에서 정의된 순서대로 입력인자들을 입력한다.

6.8.2 인라인 함수

익명함수와 마찬가지로, 인라인 함수는 별도의 함수 파일(M-file)을 만들지 않고 정의하는 간단한 사용자정의 함수이다. 이미 언급한 것처럼 익명함수는 MATLAB의 이전 버전에서 사용되던 인라인 함수를 대체한다. 인라인 함수는 다음 형식에 따라 inline 명령어로 생성된다.

name = inline('문자열로 표기된 수학식')

간단한 예를 들면, **cube = inline('x^3')**은 입력인자의 세제곱을 계산한다.

- 수학식은 한 개 또는 여러 개의 독립변수를 가질 수 있다.

- i와 j를 제외한 어떠한 글자도 수학식의 독립변수로 사용될 수 있다.

- 수학식은 어떠한 내장함수나 사용자정의 함수도 포함할 수 있다.

- 수학식은 입력인자의 차원에 따라 원소별 연산 또는 선형대수 계산으로 작성되어야 한다.

- 수학식은 미리 할당된 변수를 포함할 수 없다.

- 일단 함수가 정의되면, 함수의 이름과 괄호 안에 입력인자의 값을 입력함으로써 함수를 사용할 수 있다(다음 예 참조).

- inline 함수는 다른 함수의 입력인자로 사용될 수도 있다.

예를 들어, 함수 $f(x) = \dfrac{e^{x^2}}{\sqrt{x^2 + 5}}$ 을 다음과 같이 x에 대한 인라인 함수로 정의할 수 있다.

```
>> FA=inline('exp(x.^2)./sqrt(x.^2+5)')
FA =
    Inline function:
    FA(x) = exp(x.^2)./sqrt(x.^2+5)
>> FA(2)
```

원소별 연산으로 작성된 식

스칼라를 입력인자로 사용함

```
ans =
    18.1994
>> FA([1 0.5 2])                              벡터를 입력인자로 사용함
ans =
    1.1097    0.5604    18.1994
```

2개 이상의 독립변수를 갖는 인라인 함수는 다음 형식을 이용하여 작성할 수 있다.

$$\text{name = inline('수학식,'arg1','arg2','arg3')}$$

함수를 호출할 때 사용하는 입력인자들의 순서는 위에 보이는 형식으로 정의된다. 만일 독립변수들을 명령어에 열거하지 않으면, MATLAB은 알파벳 순서대로 인자들을 배열한다. 예를 들어, $f(x, y) = 2x^2 - 4xy + y^2$은 다음과 같이 인라인 함수로 정의할 수 있다.

```
>> HA=inline('2*x^2-4*x*y+y^2')
HA =
    Inline function:
    HA(x,y) = 2*x^2-4*x*y+y^2
```

일단 정의가 되면, 임의의 x, y 값들에 대해 함수를 사용할 수 있다. 예를 들면, HA(2,3)을 입력하면 다음 결과를 얻는다.

```
>> HA(2,3)
ans =
    -7
```

6.9 함수 함수

함수(Function A)가 다른 함수(Function B)를 기반으로 하여(이용하여) 실행되는 경우가 많이 있다. 이것은 함수 A가 실행될 때 함수 A에 함수 B를 공급해야 한다는 것을 의미한다. 다른 함수를 입력인자로 받아들이는 함수를 MATLAB에서 함수의 함수, 또는 함수 함수(function function)라고 한다. 예를 들어, MATLAB은 수학함수 $f(x)$의 영점(zero), 즉 $f(x) = 0$인 x의 값을 구하는 내장함수 fzero를 가

지고 있다. 이 경우 $f(x)$는 함수 B에 해당되며, 내장함수 fzero는 함수 A에 해당된다. 함수 fzero의 프로그램은 임의의 $f(x)$에 대한 영점(zero)을 찾도록 작성되어 있다. fzero가 호출될 때, 해를 구할 특정함수 $f(x)$가 fzero 안으로 전달되며, fzero는 $f(x)$의 영점을 구한다. 함수 fzero에 대해서는 10장에서 자세히 기술한다.

다른 함수(전달될 함수)를 받아들이는 함수 함수(function function)는 전달될 함수의 이름을 자신의 입력인자로 갖는다. 전달된 함수의 이름은 함수 함수의 프로그램(코드)에서 연산에 사용된다. 함수 함수를 사용(호출)할 때, 전달될 특정함수를 함수 함수의 입력인자로 기입한다. 이런 식으로 여러 가지 함수들을 함수 함수에 전달할 수 있다. 함수 함수의 인자들 목록에 전달할 함수의 이름을 기입하는 방법에는 두 가지가 있다. 첫 번째는 함수의 핸들(6.9.1절)을 이용하는 것이고, 두 번째는 전달할 함수의 이름을 문자열 표현으로 표기하는 것이다(6.9.2절). 사용하는 방법에 따라 함수 함수에서 연산을 작성하는 방법이 영향을 받는다. 이에 대해서는 다음 두 절에서 좀 더 자세히 설명한다. 함수 핸들을 이용하는 것이 더 쉽고 효율적이므로 이 방법을 사용하는 것이 좋다.

6.9.1 함수 핸들을 이용하여 함수를 함수 함수에 전달하는 방법

함수 핸들(function handle)은 사용자정의 함수와 내장함수, 익명함수를 함수 함수(function function)에 전달하는 데 사용된다. 이 절에서는 먼저 함수 핸들이 무엇인지 설명한 후, 함수 핸들을 받아들이는 사용자정의 함수 함수의 작성법을 보여주고, 마지막으로 함수를 함수 함수에 전달하기 위해 함수 핸들을 어떻게 사용하는지 보여준다.

함수 핸들

함수 핸들은 함수와 관련된 MATLAB 값으로 MATLAB 데이터 타입이며, 다른 함수에 입력인자로 전달될 수 있다. 전달된 함수 핸들은 관련 함수를 호출(사용)하기 위한 수단을 제공한다. 함수 핸들은 내장함수, 함수 파일로 작성된 사용자정의 함수, 익명함수 등을 비롯하여 어떠한 종류의 MATLAB 함수에 대해서도 사용이 가능하다.

- 내장함수와 사용자정의 함수의 경우, 함수 이름 앞에 기호 @를 붙이면 함수 핸들이 생성된다. 예를 들어, @cos은 내장함수 cos의 함수 핸들이며, @FtoC는 예제 6.2에서 작성된 사용자정의 함수 FtoC의 함수 핸들이다.

- 함수 핸들은 변수 이름에 할당될 수도 있다. 예를 들어, cosHandle=@cos은 핸들 @cos을 변수 cosHandle에 할당한다. 이 경우 이름 cosHandle이 핸들의 전달에 이용될 수 있다.

- 익명함수(6.8.1절 참조)의 경우에는 익명함수의 이름 자체가 함수 핸들이다.

함수 핸들을 입력인자로 받아들이는 함수 함수의 작성

이미 언급한 바와 같이, 다른 함수를 입력으로 받아들이는 함수 함수는 전달받을 함수에 대응하는 이름(대응 함수 이름)을 입력인자로 갖는다. 이 명목상의 대응 함수는 괄호 속의 입력인자들과 함께 함수 함수 내부의 프로그램에서 연산에 사용된다.

- 실제 전달되는 함수는 프로그램 내에서 대응 함수가 사용된 방식과 양립해야 한다. 다시 말하면, 두 함수 모두 동일한 개수와 종류의 입력인자와 출력인자를 가져야 한다.

다음은 사용자정의 함수 함수의 예로서, 함수 함수 funplot은 전달받는 임의의 함수 $f(x)$의 그래프를 점 $x = a$와 점 $x = b$ 사이의 정의역에 대해 그래프를 출력한다. 입력인자는 (Fun, a, b)이다. 여기서 Fun은 전달받을 함수에 대응하는 명목상의 함수 이름이고, a와 b는 영역의 양 끝점이다. 또 함수 funplot은 수치 결과인 xyout을 갖는데, xyout은 3×2 행렬로서 세 점 $x = a$, $x = (a + b)/2$, $x = b$에서의 x값과 $f(x)$의 값을 갖는다. 프로그램 안에서 대응 함수 Fun은 한 개의 입력인자 x와 한 개의 출력인자 y를 가지며 두 인자 모두 벡터임에 유의하라.

```
function xyout=funplot(Fun,a,b)          전달될 함수를 위한 함수 이름
% funplot은 함수가 호출될 때 전달되는 함수 Fun의
% 그래프를 영역 [a, b]에 대해 그린다.
% 입력인자:
% Fun = 그래프를 그릴 함수의 함수 핸들
% a = 영역의 첫 번째 점
% b = 영역의 마지막 점
% 출력인자:
% xyout = 3×2 행렬로서, 세 점 x=a, x=(a+b)/2, x=b에서의 x와 y의 값

x=linspace(a,b,100);
y=Fun(x);                   전달받은 함수를 이용하여 100개의 점에서 f(x)를 계산함
xyout(1,1)=a; xyout(2,1)=(a+b)/2; xyout(3,1)=b;
xyout(1,2)=y(1);
xyout(2,2)=Fun((a+b)/2);  ◄── 전달받은 함수를 이용하여 중간점에서 f(x)를 계산함
xyout(3,2)=y(100);
plot(x,y)
xlabel('x'), ylabel('y')
```

영역 [0.5, 4]에 대한 함수 $f(x) = e^{-0.17x}x^3 - 2x^2 + 0.8x - 3$을 사용자정의 함수 funplot에 전달하는 예를 들어보자. 여기에는 두 가지 방법이 있는데, 첫 번째는 $f(x)$에 대한 사용자정의 함수를 작성하여 전달하는 것이고, 두 번째는 $f(x)$를 익명함수로 정의하여 전달하는 것이다.

사용자정의 함수를 함수 함수에 전달하는 방법

먼저 $f(x)$에 대한 사용자정의 함수를 작성한다. 함수 Fdemo는 주어진 x 값에 대해 $f(x)$를 계산하며, 원소별 연산을 이용하여 작성되었다.

```
function y=Fdemo(x)
y=exp(-0.17*x).*x.^3-2*x.^2+0.8*x-3;
```

그다음, 명령어 창에서 호출된 사용자정의 함수 함수인 funplot에 함수 Fdemo를 전달한다. 사용자정의 함수 Fdemo의 핸들 @Fdemo가 사용자정의 함수 함수인 funplot의 입력인자로 입력된다.

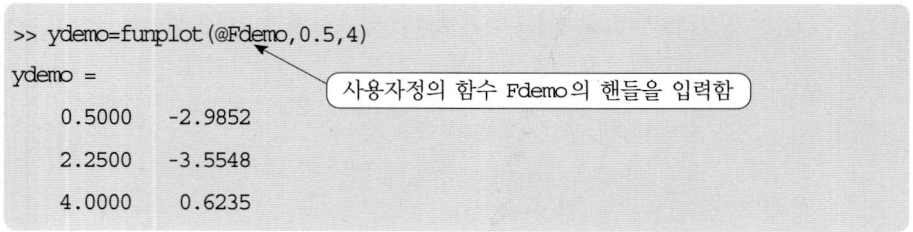

```
>> ydemo=funplot(@Fdemo,0.5,4)
ydemo =
    0.5000   -2.9852
    2.2500   -3.5548
    4.0000    0.6235
```

사용자정의 함수 Fdemo의 핸들을 입력함

수치 결과의 화면출력 외에도, 명령어가 실행될 때 그림 6.3과 같은 그래프도 그림 창에 출력된다.

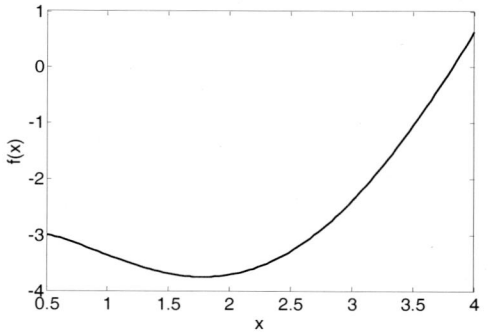

그림 6.3 함수 $f(x) = e^{-0.17x}x^3 - 2x^2 + 0.8x - 3$의 그래프

익명함수를 함수 함수에 전달하는 방법

익명함수를 사용하기 위해 먼저 함수 $f(x) = e^{-0.17x}x^3 - 2x^2 + 0.8x - 3$을 익명함수로 작성하고, 그다음 익명함수를 사용자정의 함수 funplot에 전달한다. 다음은 명령어 창에서 이 두 단계를 수행하는 것을 보여준다. 익명함수의 이름 FdemoAnony는 그 자체가 익명함수의 핸들이므로 기호 @의 표시 없이 사용자정의 함수 funplot의 입력인자 Fun에 입력한다는 점에 유의해야 한다.

```
>> FdemoAnony=@(x) exp(-0.17*x).*x.^3-2*x.^2+0.8*x-3
FdemoAnony =
    @(x) exp(-0.17*x).*x.^3-2*x.^2+0.8*x-3      ( f(x)에 대한 익명함수를 생성함 )

>> ydemo=funplot(FdemoAnony,0.5,4)
ydemo =
    0.5000    -2.9852           ( 사용자정의 함수 FdemoAnony의 핸들을 입력함 )
    2.2500    -3.5548
    4.0000     0.6235
```

명령어 창에 수치 결과를 출력함과 동시에, 그림 6.3의 그래프를 그림 창에 출력한다.

6.9.2 함수 이름을 이용하여 함수를 함수 함수에 전달하는 방법

함수를 함수 함수에 전달하기 위한 두 번째 방법은 함수 함수의 입력인자에 전달할 함수의 이름을 문자열로 표기하는 것이다. 이 방법은 사용자정의 함수를 받아들이는 데 사용할 수 있다. 이 방법은 함수 핸들이 도입되기 전에 사용되었는데, 앞에서 언급한 대로 함수 핸들이 사용하기 더 쉽고 효과적이므로 가능하면 함수 핸들을 사용하도록 한다. 사용자정의 함수의 이름을 이용하여 함수를 전달하는 방법을 여기서 설명하는 이유는 MATLAB 7 이전에 작성된 프로그램들을 이해해야 하는 독자들을 위해서이다. 새로 작성하는 프로그램은 함수 핸들을 사용하도록 한다.

사용자정의 함수의 이름을 이용하여 함수를 전달하는 경우, 전달된 함수의 값은 함수 함수 내부에서 feval 명령어로 계산해야 한다. 이것이 함수 핸들을 사용할 때와 다른 점인데, 이것은 결국 함수 함수에서의 코딩(coding) 방법에 차이가 있으며, 이 코딩 방법은 함수의 전달방법에 따라 좌우된다는 것을 의미한다.

feval 명령어

feval(**function eval**uate) 명령어는 주어진 입력인자 값에 대한 함수의 값을 계산한다. 명령어 형식은 다음과 같다.

> variable = feval('함수 이름', 입력인자 값)

feval에 의해 계산된 값은 변수에 할당될 수 있으며, 만일 변수에 대한 할당 없이 명령어만 입력되면, MATLAB은 ans =과 함수 값을 출력한다.

- 함수 이름은 문자열로 표기된다.

- 함수는 내장함수 또는 사용자정의 함수일 수 있다.

- 입력인자가 한 개보다 많으면, 콤마로 입력인자를 구분한다.

- 출력인자가 한 개보다 많으면, 할당연산자의 좌변의 변수들은 대괄호 안에 콤마로 구분하여 표기한다.

feval 명령어를 내장함수와 함께 사용하는 두 가지 예를 다음에 나타낸다.

```
>> feval('sqrt',64)
ans =
      8
>> x=feval('sin',pi/6)
x =
   0.5000
```

다음은 6장 앞부분에서 생성한 사용자정의 함수 loan(그림 6.2)을 feval 명령어에 사용하는 예를 보여준다. 이 함수는 세 개의 입력인자와 두 개의 출력인자를 갖는다.

```
                                        대출 50,000달러, 연이율 3.9%, 대출기간 10년
>> [M,T]=feval('loan',50000,3.9,10)
M =
      502.22      월 상환액
T =
    60266.47      총 상환액
```

입력인자로 함수 이름을 기입하여 함수를 받아들이는 함수 함수 작성하기

이미 언급한 대로, 사용자정의 함수의 이름을 이용하여 함수를 전달받는 경우, 함수 함수 내부에서 전달받은 함수의 값은 feval 명령어를 이용하여 계산해야 한다. 이에 대한 예를 다음 사용자정의 함수 funplotS에서 보이도록 한다. 전달된 함수로 계산을 할 때 명령어 feval이 사용된다는 점을 제외하면, 이 함수는 6.9.1절의 funplot 함수와 같다.

```
function xyout=funplotS(Fun,a,b)
```
[전달될 함수를 위한 함수 이름]

```
% funplot은 함수가 호출될 때 전달되는 함수 Fun의
% 그래프를 영역 [a, b]에 대해 그린다.
% 입력인자:
% Fun = 그래프를 그릴 함수의 이름 (문자열 표시)
% a = 영역의 첫 번째 점
% b = 영역의 마지막 점
% 출력인자:
% xyout = 3×2 행렬로서, 세 점 x=a, x=(a+b)/2, x=b에서의 x와 y의 값

x=linspace(a,b,100);
y=feval(Fun,x);
```
[전달된 함수를 이용하여 100개의 점에서 $f(x)$를 계산함]

```
xyout(1,1)=a; xyout(2,1)=(a+b)/2; xyout(3,1)=b;
xyout(1,2)=y(1);
xyout(2,2)=feval(Fun,(a+b)/2);
```
[전달된 함수를 이용하여 중간점에서 $f(x)$를 계산함]

```
xyout(3,2)=y(100);
plot(x,y)
xlabel('x'), ylabel('y')
```

사용자정의 함수를 문자열로 표현하여 다른 함수에 전달하는 방법

다음은 전달할 함수의 이름을 입력인자에 문자열로 기입하여 사용자정의 함수를 함수 함수에 전달하는 방법을 보여준다. 6.9.1절에서 사용자정의 함수 Fdemo로 생성된 함수 $f(x) = e^{-0.17x}x^3 - 2x^2 + 0.8x - 3$이 사용자정의 함수 funplotS에 전달된다. 함수 이름 Fdemo가 사용자정의 함수 funplotS의 입력인자 Fun에 문자열로 입력된 점에 유의하라.

```
>> ydemoS=funplotS('Fdemo',0.5,4)
ydemoS =
```
[전달될 함수 이름이 문자열로 입력됨]

```
        0.5000    -2.9852
        2.2500    -3.5548
        4.0000     0.6235
```

명령어 창에 수치 결과를 출력할 뿐만 아니라 그림 6.3의 그래프를 그림 창에 출력한다.

6.10 부함수

함수 파일은 한 개 이상의 사용자정의 함수들을 포함할 수 있다. 이 경우 함수들은 하나씩 차례대로 작성되며, 각 함수는 함수 정의 라인으로 시작한다. 첫 번째 함수를 주함수(primary function)라고 하며 나머지 함수들을 부함수(subfunction)라고 한다. 부함수들은 임의의 순서대로 작성될 수 있다. 저장할 때 함수 파일의 이름은 주함수의 이름과 일치해야 한다. 파일의 각 함수들은 파일에 있는 나머지 어떠한 함수들도 호출할 수 있다. 함수 외부, 또는 프로그램(스크립트 파일)은 주함수만 호출할 수 있다. 파일에 있는 각 함수들은 자신만의 작업공간(workspace)을 가지며, 따라서 각 함수의 변수들은 지역변수이다. 다시 말하면, 주함수와 부함수들은 변수들이 전역변수로 선언되어 있지 않는 한 서로 상대방 변수들에게 접근할 수 없다.

부함수는 사용자정의 함수를 체계적인 방법으로 작성하도록 도울 수 있다. 즉, 주함수의 프로그램을 더 작은 작업단위(task)들로 나누고, 각 작업단위가 부함수에서 수행되도록 할 수 있다. 예제 6.4에서 이에 대한 예를 보여준다.

예제 6.4 평균과 표준편차

수 집합의 평균과 표준편차를 계산하는 사용자정의 함수를 작성하라. 함수를 이용하여 다음 성적 목록의 평균과 표준편차를 계산하라.

$$80 \; 75 \; 91 \; 60 \; 79 \; 89 \; 65 \; 80 \; 95 \; 50 \; 81$$

풀이

주어진 n개의 수 집합 $x_1, x_2, \ldots, x_n$의 평균 x_{ave}는 다음 식으로 주어진다.

$$x_{ave} = (x_1 + x_2 + \ldots + x_n)/n$$

표준편차는 다음 식으로 주어진다.

$$\sigma = \sqrt{\frac{\sum_{i=1}^{i=n}(x_i - x_{ave})}{n-1}}$$

문제를 풀기 위해 사용자정의 함수 stat를 작성한다. 부함수의 사용 예를 보이기 위해, 함수 파일은 주함수 stat와 두 개의 부함수 AVG와 StandDiv를 포함한다. 함수

AVG는 x_{ave}를 계산하며, 함수 StandDiv는 σ를 계산한다. 부함수들은 주함수에 의해 호출된다. 다음 프로그램은 함수 파일 stat에 저장된다.

```
function [me SD] = stat(v)          주함수(primary function)
n=length(v);
me=AVG(v,n);
SD=StandDiv(v,me,n);


function av=AVG(x,num)              부함수(subfunction)
av=sum(x)/num;


function Sdiv=StandDiv(x,xAve,num)  부함수(subfunction)
xdif=x-xAve;
xdif2=xdif.^2;
Sdiv= sqrt(sum(xdif2)/(num-1));
```

명령어 창에서 사용자정의 함수 stat를 사용하여 성적들의 평균과 표준편차를 계산한다.

```
>> Grades=[80 75 91 60 79 89 65 80 95 50 81];
>> [AveGrade StanDeviation] = stat(Grades)
AveGrade =
   76.8182
StanDeviation =
   13.6661
```

6.11 중첩함수

중첩함수(nested function)는 사용자정의 함수 속에 작성된 또 다른 사용자정의 함수이다. 중첩함수에 해당되는 코드 부분은 함수 정의 라인으로 시작해서 end 문으로 끝난다. end 문은 중첩함수를 포함하고 있는 함수의 끝부분에도 입력되어야 한다. 일반적인 경우의 사용자정의 함수는 end 문으로 끝맺을 필요가 없다. 그러나 함수가 한 개 이상의 중첩함수를 포함하면 end 문이 필요하다. 중첩함수는 또 다른 중첩함수를 포함할 수도 있다. 중첩함수들의 레벨이 많아지게 되면 헷갈릴 가능성이 많다. 이 절에서는 단 두 레벨의 중첩함수만을 고려한다.

중첩함수가 한 개인 경우

한 개의 중첩함수 B를 포함하는 사용자정의 함수 A(주함수)의 형식은 다음과 같다.

```
function y=A(a1,a2)
.......
    function z=B(b1,b2)
    .......
    end
end
```

- 함수 B와 A의 끝에 있는 end 문에 유의하라.

- 중첩함수 B는 주함수 A의 작업공간에 접근할 수 있으며, 주함수 A는 중첩함수 B의 작업공간에 접근할 수 있다. 이는 주함수 A에서 정의된 변수를 중첩함수 B에서 읽거나 재정의할 수 있으며 그 역도 성립함을 의미한다.

- 함수 A는 함수 B를 호출할 수 있으며, 함수 B는 함수 A를 호출할 수 있다.

같은 레벨에서 중첩함수가 두 개 이상인 경우

같은 레벨에서 두 개의 중첩함수 B와 C를 포함하는 사용자정의 함수 A(주함수)의 형식은 다음과 같다.

```
function y=A(a1,a2)
.......
    function z=B(b1,b2)
    .......
    end
.......
    function w=C(c1,c2)
    .......
    end
.......
end
```

- 세 함수는 서로의 작업공간에 접근할 수 있다.

- 세 함수는 서로를 호출할 수 있다.

예를 들어, 같은 레벨에서 두 개의 중첩함수를 가진 다음 사용자정의 함수 statNest를 이용하여 예제 6.4의 문제를 풀어보자. 두 중첩함수가 주함수에서 정의된 변수 n과 m을 사용하고 있음에 유의하라.

```
function [me SD]=statNest(v)          주함수(primary function)
n=length(v);
me=AVG(v);


    function av=AVG(x)                중첩함수(nested function)
    av=sum(x)/n;
    end


    function Sdiv=StandDiv(x)         중첩함수(nested function)
    xdif=x-me;
    xdif2=xdif.^2;
    Sdiv= sqrt(sum(xdif2)/(n-1));
    end


SD=StandDiv(v);
end
```

명령어 창에서 사용자정의 함수 statNest를 이용하여 주어진 데이터의 평균과 표준편차를 계산하면 다음과 같다.

```
>> Grades=[80 75 91 60 79 89 65 80 95 50 81];
>> [AveGrade StanDeviation] = statNest(Grades)
AveGrade =
   76.8182
StanDeviation =
   13.6661
```

두 레벨의 중첩함수

중첩함수 속에 또 다른 중첩함수를 쓰면 두 레벨의 중첩함수가 생성된다. 두 레벨에 네 개의 중첩함수를 가진 사용자정의 함수의 형식에 대한 예를 다음에 나타낸다.

```
function y=A(a1,a2)              (주함수 A)
.......
    function z=B(b1,b2)         (B는 A의 중첩함수이다.)
    .......
        function w=C(c1,c2)     (C는 B의 중첩함수이다.)
        .......
        end
    end
    function u=D(d1,d1)         (D는 A의 중첩함수이다.)
    .......
        function h=E(e1,e1)     (E는 D의 중첩함수이다.)
        .......
        end
    end
.......
end
```

다음 규칙들이 중첩함수에 적용된다.

- 중첩함수는 자신보다 높은 레벨에서 호출될 수 있다. 위의 예에서 함수 A는 B나 D를 호출할 수 있지만, C나 E를 호출할 수는 없다.

- 주함수 안에서 같은 레벨에 있는 중첩함수끼리는 서로를 호출할 수 있다. 위의 예에서 함수 B는 D를, D는 B를 호출할 수 있다.

- 중첩함수는 자신보다 낮은 레벨의 중첩함수에서 호출될 수 있다.

- 주함수에서 정의된 변수는 주함수 안에 있는 어떠한 레벨의 중첩함수에서도 인식되며 재정의될 수 있다.

- 중첩함수에서 정의된 변수는 그 중첩함수를 포함하는 어떠한 함수에서도 인식되며 재정의될 수 있다.

6.12 MATLAB 응용 예제

예제 6.5 지수함수적 증가와 감쇠

어떤 양의 지수함수적 증가와 감쇠에 대한 모델은 다음 식으로 주어진다.

$$A(t) = A_0 e^{kt}$$

여기서 $A(t)$와 A_0는 각각 시간 t와 시간 0에서의 양이며, k는 특정 응용문제에 따른 상수이다.

이 모델을 사용하여 A_0와 다른 어떤 시간 t_1에서의 $A(t_1)$을 알 때 시간 t에서의 양 $A(t)$를 예측하는 사용자정의 함수를 작성하라. 함수 이름과 입력인자들은 At=expGD (A0,AT1,t1,t)를 사용하라. 여기서 출력인자 At는 $A(t)$에 해당되며, 입력인자 A0,At1,t1,t는 각각 A_0, $A(t_1)$, t_1, t에 해당된다.

명령어 창에서 함수 파일을 이용하여 다음 두 경우의 해를 구하라.

a) 멕시코의 인구는 1980년에 6700만 명, 1986년에 7900만 명이었다. 2000년에서의 인구를 추정하라.

b) 방사성 물질의 반감기(half-life)는 5.8년이다. 7g의 샘플 중 30년 후에 남게 되는 샘플의 양은 얼마인가?

풀이

지수함수적 증가 모델을 사용하기 위해서는, 먼저 상수 k의 값을 다음 식과 같이 A_0, $A(t_1)$, t_1에 의해 구해야 한다.

$$k = \frac{1}{t_1} \ln \frac{A(t_1)}{A_0}$$

일단 k가 구해지면, 모델을 사용하여 임의 시간에서의 인구를 추정할 수 있다.

문제를 풀기 위한 사용자정의 함수는 다음과 같다.

```
function At=expGD(A0,At1,t1,t)                    함수 정의 라인
%  expGD는 지수함수적 증가와 감쇠를 계산한다.
%  입력인자들:
%  A0 = 시간 0에서의 양
%  At1 = 시간 t1에서의 양
%  t1 = 시간 t1
```

```
%  t = 시간 t
%  출력인자:
%  At = 시간 t에서의 양
k=log(At1/A0)/t1;                                    k를 계산함
At=A0*exp(k*t)                                       A(t)를 계산함
                                                     (출력인자에 값을 할당함)
```

함수가 저장되고 나면, 명령어 창에서 함수를 이용하여 두 경우에 대한 해를 구한다. a)의 경우, $A_0 = 67$, $A(t_1) = 79$, $t_1 = 6$, $t = 20$이므로 다음과 같이 해를 구한다.

```
>> expGD(67,79,6,20)
ans =
      116.03                                         2000년의 인구를 추정함
```

b)의 경우, $A_0 = 7$이며, t_1은 반감기로서 물질이 초기 양의 반으로 감쇠하는 데 필요한 시간이므로 $A(t_1) = 3.5$이고, $t_1 = 5.8$, $t = 30$이다. 따라서 해는 다음과 같이 구한다.

```
>> expGD(7,3.5,5.8,30)
ans =
      0.19                                           30년 후의 물질의 양
```

예제 6.6 발사체의 운동

발사체의 궤적을 계산하는 함수 파일을 작성하라. 함수에 대한 입력은 발사체가 발사되는 초기 속도와 각도이다. 함수의 출력은 최고 높이와 최대 거리이다. 함수는 추가로 궤적의 그래프를 그린다. 함수를 사용하여 39°의 각도에서 속도 230 m/s로 발사된 발사체의 궤적을 구하라.

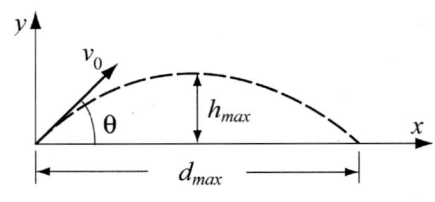

풀이

발사체의 운동은 수평 성분과 수직 성분을 고려함으로써 해석할 수 있다. 초기속도 v_0는 다음과 같이 수평 성분과 수직 성분으로 분해될 수 있다.

$$v_{0x} = v_0\cos(\theta), \qquad v_{0y} = v_0\sin(\theta)$$

수직 방향에 대한 발사체의 속도와 위치는 다음 식으로 주어진다.

$$v_y = v_{0y} - gt, \qquad y = v_{0y}t - \frac{1}{2}gt^2$$

발사체가 최고점($v_y = 0$)에 도달하는 데 걸리는 시간과 해당 높이는 다음 식으로 주어진다.

$$t_{hmax} = \frac{v_{0y}}{g}, \qquad h_{max} = \frac{v_{0y}^2}{2g}$$

총 비행시간은 발사체가 최고점에 도달하는 데 걸리는 시간의 두 배로, $t_{tot} = 2t_{hmax}$이다. 수평 방향에 대해서는 속도가 일정하며 발사체의 위치는 다음 식으로 주어진다.

$$x = v_{0x}t$$

MATLAB 표기법으로 함수 이름과 인자들은 [hmax,dmax]=trajectory (v0,theta)와 같이 정한다. 함수 파일은 다음과 같다.

```
function [hmax,dmax]=trajectory(v0,theta)          함수 정의 라인
% trajectory는 발사체의 최고 높이와 최대 거리를 계산하며,
% 궤적의 그래프를 그린다.
% 입력인자들:
%  v0 = 초기 속도(m/s)
%  theta = 발사각(도)
% 출력인자들:
%  hmax = 최고 높이(m)
%  dmax = 최대 거리(m)
% 추가로 함수는 궤적의 그래프도 그린다.
g=9.81;
v0x=v0*cos(theta*pi/180);
v0y=v0*sin(theta*pi/180);
thmax=v0y/g;
hmax=v0y^2/(2*g);
ttot=2*thmax;
dmax=v0x*ttot;
```

```
% 궤적 그래프의 생성
tplot=linspace(0,ttot,200);                     200개의 원소를 가진 시간 벡터를 생성함
x=v0x*tplot;
y=v0y*tplot-0.5*g*tplot.^2;                      각 시간에서 발사체의 x, y 좌표를 계산함
plot(x,y)                         원소별 곱셈에 유의할 것
xlabel('DISTANCE (m)')
ylabel('HEIGHT (m)')
title('PROJECTILE''S TRAJECTORY')
```

함수를 저장한 후, 39°의 각도에서 속도 230 m/s로 발사되는 발사체의 궤적을 구하기 위해 명령어 창에서 함수를 사용한다.

```
>> [h d]=trajectory(230,39)
h =
   1.0678e+003
d =
   5.2746e+003
```

추가로, 다음 그림이 그림 창에 출력된다.

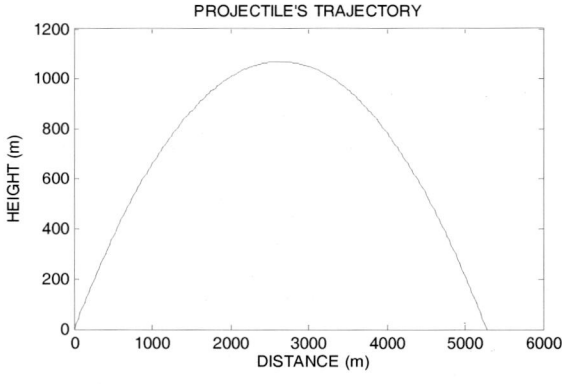

연습문제

1. 자동차의 연비는 mi/Gal(miles per gallon) 또는 km/L(kilometers per liter)로 측정된다. 연비값을 mi/Gal에서 km/L로 변환하는 MATLAB 사용자정의 함수를 작성하라. 함수명과 인자로는 kmL=mgTOkm(mpg)를 사용한다. 입력인자 mpg는 mi/Gal으로 표시된 연비이며 출력인자 kmL은 km/L로 표시된 연비이다. 명령어 창에서 함수를 사용하여 다음을 구하라.

   a) 23 mi/Ga을 소비하는 자동차의 연비를 km/L로 나타내라.

   b) 50 mi/Gal을 소비하는 자동차의 연비를 km/L로 나타내라.

2. 인치와 파운드로 표시된 사람의 키와 몸무게를 센티미터와 킬로그램으로 표시하는 사용자정의 MATLAB 함수를 작성하라. 입력인자와 출력인자는 각각 두 개씩이다. 함수 이름과 인자로는 [cm,kg]=STtoSI(in,ib)를 사용한다. 입력인자는 인치와 파운드로 표시된 키와 몸무게이며, 출력인자는 센티미터와 킬로그램으로 표시된 키와 몸무게이다. 명령어 창에서 함수를 사용하여 다음을 구하라.

   a) 몸무게가 181 lb이고 키가 5 ft 11 in.인 사람의 키와 몸무게를 SI 단위로 구하라.

   b) 자신의 키와 몸무게를 SI 단위로 구하라.

3. 다음 수학함수에 대한 사용자정의 MATLAB 함수를 작성하라.

$$y(x) = 0.9x^4 e^{-0.1x} - 15x^2 - 5x$$

   함수에 대한 입력은 x이며 출력은 y이다. x가 벡터가 될 수 있도록 함수를 작성하라.

   a) 이 함수를 이용하여 $y(-2)$와 $y(4)$를 계산하라.

   b) 이 함수를 이용하여 $-3 \leq x \leq 5$에 대한 $y(x)$의 그래프를 그려라.

4. km/h로 주어진 속도를 ft/s의 속도로 변환하는 사용자정의 MATLAB 함수를 작성하라. 함수 이름과 인자는 ftps=kmphTPfps(kmh)로 한다. 입력인자는 km/h 단위의 속도이고, 출력인자는 ft/s 단위의 속도이다. 함수를 이용하여 70 km/h를 ft/s 단위로 변환하라.

5. 다음 함수에 대한 사용자정의 MATLAB 함수를 작성하라.

$$r(\theta) = \sin(3\theta)\cos\theta$$

함수에 대한 입력은 θ(라디안 단위)이며 출력은 r이다. θ가 벡터가 될 수 있도록 작성하라.

a) 함수를 이용하여 $r(\pi/4)$와 $r(5\pi/2)$를 계산하라.

b) 함수를 이용하여 $0 \leq \theta \leq 2\pi$에 대한 $r(\theta)$의 극좌표 그래프를 그려라.

6. $f(x) = ax^2 + bx + c$ 형태의 2차함수의 극대값 또는 극소값을 계산하는 사용자정의 MATLAB 함수를 작성하라. 함수 이름과 인자로는 [x,y]=maxmin (a,b,c)를 사용하라. 입력인자는 상수 a, b, c이며, 출력인자는 극대값 또는 극소값의 좌표 x, y이다.

함수를 이용하여 다음 함수들의 극대값 또는 극소값을 구하라.

a) $f(x) = 2x^2 + 9x - 20$

b) $f(x) = -3x^2 + 15x + 50$

7. 연이율 $r(\%)$, 대출기간 N년의 대출금 P에 대한 월 상환액 M은 다음 식으로 계산할 수 있다.

$$M = P\frac{\dfrac{r}{1200}}{1 - \left(1 + \dfrac{r}{1200}\right)^{-12N}}$$

대출금의 월 상환액을 계산하는 MATLAB 사용자정의 함수를 작성하라. 함수 이름과 인자는 M=amort(P,r,N)으로 하라. 입력인자는 대출금 P, 연이율(%) r, 대출기간(년) N이며, 출력인자 M은 월 상환액이다. 이 함수를 이용하여 연이율 6.75%로 15년 동안 대출한 260,000달러에 대한 월 상환액을 계산하라.

8. 안쪽 반지름 r과 직경 d를 가진 도넛 모양의 반지 무게 W는 다음 식으로 주어진다.

$$W = \gamma\frac{1}{4}\pi^2(2r + d)d^2$$

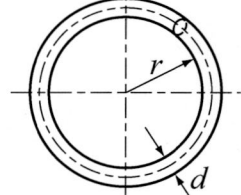

여기서 γ는 반지 재료의 비중량(specific weight)이다. 반지의 무게를 계산하는 익명함수를 작성하라.

함수는 세 개의 입력인자, r, d, γ를 가져야 한다. 익명함수를 사용하여 $r = 0.6$ in., $d = 0.092$ in.인 금반지(γ = 0.696 lb/in^3)의 무게를 계산하라.

9. 삼각형의 세 변의 길이가 주어질 때 삼각형의 면적을 구하는 사용자정의 MATLAB 함수를 작성하라. 함수 이름과 인자는 [Area]=triangle(a,b,c)로 한다. 이 함수를 이용하여 다음과 같은 세 변을 갖는 삼각형의 면적을 구하라.

a) $a = 10$, $b = 15$, $c = 7$

b) $a = 6$, $b = 8$, $c = 10$

c) $a = 200$, $b = 75$, $c = 250$

10. 공간에 있는 두 점 *A*와 *B*를 연결하는 직선 방향의 단위벡터를 계산하는 사용자정의 MATLAB 함수를 작성하라. 함수 이름과 인자는 n=unitvec(A,B)로 한다. 함수에 대한 입력은 두 벡터 *A*와 *B*로서, 각 벡터는 해당 점의 직각좌표계인 세 원소를 갖는다. 출력은 *A*에서 *B*를 가리키는 단위벡터의 세 성분을 가진 벡터이다. 함수를 이용하여 다음 단위벡터들을 구하라.

a) 점 (1.5, 2.1, 4)에서 점 (11, 15, 9)의 방향

b) 점 (−11, 3, −2)에서 점 (−13, −4, −5)의 방향

c) 점 (1, 0, 1)에서 점 (0, 1, 1)의 방향

11. 극좌표계에서 2차원 벡터는 자신의 반지름과 각도인 (r, θ)로 주어진다. 극좌표로 주어진 두 벡터를 더하는 사용자정의 MATLAB 함수를 작성하라. 함수 이름과 인자는 [r th]=AddVecPol(r1,th1,r2,th2)로 한다. 여기서 입력인자는 (r_1, θ_1), (r_2, θ_2)이며, 출력인자는 더해진 벡터의 반지름과 각도이다. 이 함수를 이용하여 다음 덧셈을 수행하라.

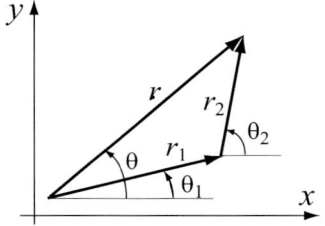

a) $r_1 = (5, 23°)$, $r_2 = (12, 40°)$ *b*) $r_1 = (6, 80°)$, $r_2 = (15, 125°)$

12. 두 수 사이에 속하는 정수 난수를 발생시키는 사용자정의 MATLAB 함수를 작성하라. 함수 이름과 인자는 n = randint(a,b)로 한다. 여기서 두 입력인자 a, b는 두 수이며, 출력인자 n은 난수이다.

명령어 창에서 이 함수를 사용하여 다음을 구하라.

a) 1과 49 사이의 난수를 발생시켜라.

b) −35와 −2 사이의 난수를 발생시켜라.

13. 다음 공식을 이용하여 3 × 3 행렬의 행렬식(determinant)을 계산하는 사용자정의 MATLAB 함수를 작성하라.

$$det = A_{11} \begin{vmatrix} A_{22} & A_{23} \\ A_{32} & A_{33} \end{vmatrix} - A_{12} \begin{vmatrix} A_{21} & A_{23} \\ A_{31} & A_{33} \end{vmatrix} + A_{13} \begin{vmatrix} A_{21} & A_{22} \\ A_{31} & A_{32} \end{vmatrix}$$

함수 이름과 인자는 d3 = det3by3(A)로 한다. 여기서 입력인자 A는 행렬이며, 출력인자 d3는 행렬식(determinant)의 값이다. 함수 det3by3가 2 × 2 행렬의

행렬식을 계산하는 부함수를 갖도록 함수 det3by3 의 코드를 작성하라. det3by3 함수를 이용하여 다음 행렬의 행렬식을 계산하라.

$a)$ $\begin{bmatrix} 1 & 3 & 2 \\ 6 & 5 & 4 \\ 7 & 8 & 9 \end{bmatrix}$ $b)$ $\begin{bmatrix} -2.5 & 7 & 1 \\ 5 & -3 & -2.6 \\ 4 & 2 & -1 \end{bmatrix}$

14. 세 번의 중간고사와 한 번의 기말고사, 여섯 번의 숙제에 대한 점수를 이용하여 과목에 대한 학생의 최종 평점을 계산하는 사용자정의 MATLAB 함수를 작성하라. 각 중간고사는 100점 만점이며 각각 최종 성적의 15% 씩을 차지한다. 기말고사는 100점 만점이며 최종 성적의 45%를 차지한다. 여섯 개의 숙제는 각각 10점 만점이며 숙제 점수의 총합은 최종 성적의 10% 이다.

함수 이름과 인자는 g = fgrade(R)로 한다. 입력인자 R은 행렬로서 각 행(row)의 원소들은 각 학생에 대한 항목별 점수를 나타낸다. 첫 번째 여섯 개의 열은 숙제 점수(0에서 10점 사이)이고, 다음 세 개의 열은 중간고사 점수(0에서 100점 사이)이며, 마지막 열은 기말고사 점수(0에서 100점 사이)이다. 함수의 출력 g는 과목에 대한 최종 성적을 가진 열벡터(column vector)로서, 각 행(row)은 행렬 R의 해당 행의 점수를 가진 학생의 최종 성적이다.

이 함수를 이용하여 임의의 수의 학생들의 성적을 계산하라. 학생이 한 명이면, 행렬 R의 행은 한 개이다. 다음 경우들에 대하여 함수를 사용하라.

$a)$ 명령어 창을 이용하여 각 항목의 점수가 8, 9, 6, 10, 9, 8, 76, 86, 91, 80 인 어떤 학생의 최종 성적을 계산하라.

$b)$ 프로그램을 스크립트 파일로 작성하라. 프로그램은 사용자에게 학생들의 점수를 배열 형태(한 학생당 한 행씩)로 입력하도록 요구하며, 그다음 함수 fgrade를 이용하여 최종 성적을 계산한다. 명령어 창에서 이 스크립트 파일을 실행시켜 다음 네 학생의 성적을 계산하라.

학생 A: 8, 10, 6, 9, 10, 9, 91, 71, 81, 85
학생 B: 5, 5, 6, 1, 8, 6, 59, 72, 66, 59
학생 C: 6, 8, 10, 4, 5, 9, 55, 65, 75, 78
학생 D: 7, 7, 8, 8, 9, 8, 83, 82, 81, 84

15. n 개의 저항기가 병렬로 연결되어 있을 때, 등가저항 R_{Eq} 는 다음 식으로부터 구할 수 있다.

$$\frac{1}{R_{Eq}} = \frac{1}{R_1} + \frac{1}{R_2} + \dots + \frac{1}{R_n}$$

R_{Eq}를 계산하는 사용자정의 MATLAB 함수를 작성하라. 함수 이름과 인자는 REQ = req(R)로 한다. 함수에 대한 입력은 저항 값들을 원소로 가진 벡터이며, 함수의 출력은 R_{Eq}이다. 50 Ω, 75 Ω, 300 Ω, 60 Ω, 500 Ω, 180 Ω, 200 Ω의 저항을 갖는 저항기들이 병렬로 연결되어 있을 때 이 함수를 이용하여 등가저항을 구하라.

16. 그림과 같은 U자형 단면적의 질량중심을 구하는 사용자정의 함수를 작성하라. 함수 이름과 인자는 yc = centroidU(w,h,t)로 한다. 여기서 입력인자 w, h, t는 그림에 표시된 치수이며, 출력인자 yc는 좌표 y_C이다.

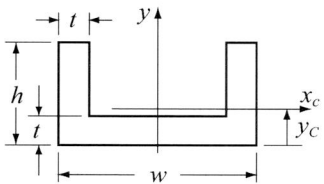

$w = 250$ mm, $h = 160$ mm, $t = 26$ mm인 면적에 대해 함수를 이용하여 y_C를 구하라.

17. 하중을 받는 재료에서 한 점의 2차원 응력상태는 세 응력성분인 σ_{xx}, σ_{yy}, τ_{xy}에 의해 정의된다. 그 점에서의 최대 및 최소 수직응력(주응력), σ_{max}와 σ_{min}은 다음 식에 의해 응력성분들로부터 계산할 수 있다.

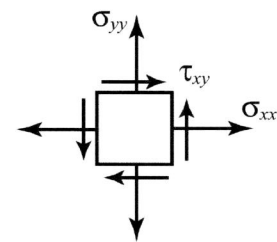

$$\sigma_{\substack{max \\ min}} = \frac{\sigma_{xx} + \sigma_{yy}}{2} \pm \sqrt{\left(\frac{\sigma_{xx} - \sigma_{yy}}{2}\right)^2 + \tau_{xy}^2}$$

응력성분들부터 주응력(principal stress)을 계산하는 사용자정의 MATLAB 함수를 작성하라. 함수 이름과 인자는 [Smax,Smin]=princstress(Sxx,Syy,Sxy)로 한다. 입력인자는 세 응력성분들이며, 출력인자는 최대응력과 최소응력이다.

이 함수를 이용하여 다음 응력상태에 대한 주응력을 구하라.

a) $\sigma_{xx} = -190$ MPa, $\sigma_{yy} = 145$ MPa, $\tau_{xy} = 110$ MPa

b) $\sigma_{xx} = 14$ ksi, $\sigma_{yy} = -15$ ksi, $\tau_{xy} = 8$ ksi

18. 질량중심을 통과하는 축 x_0에 대한 직사각형의 면적관성모멘트 I_{x_o}는 $I_{x_o} = \frac{1}{12}bh^3$이다. x_0에 평행인 축 x에 대한 관성모멘트는 $I_x = I_{x_o} + Ad_x^2$으로 주어진다. 여기서 A는 직사각형의 면적이고 d_x는 두 축 사이의 거리이다.

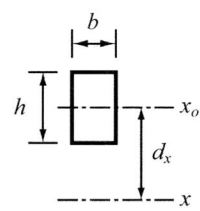

'U'자형 빔의 질량중심(그림 참조)을 통과하는 축에 대한 면적관성모멘트 I_{x_c}를 구하는 MATLAB 사용자정의 함수를 작성하라. 함

수 이름과 인자는 Ixc = IxcBeam (w,h,t)로 한다. 함수에 대한 입력인자는 폭 w, 높이 h, 두께 t이다. 출력인자 Ixc는 I_{x_C}이다. 문제 16의 사용자정의 함수 centroidU를 IxcBeam 내부의 서브함수로 정의하고 이 함수를 이용하여 질량중심

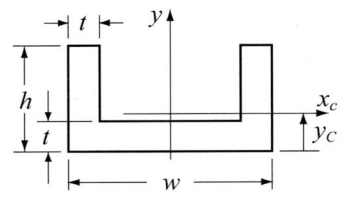

의 좌표 y_C를 구하라. 복합면적의 관성모멘트는 면적을 부품들로 나누고 각 부품의 관성모멘트를 더하여 구한다.

함수를 이용하여 $w = 320$ mm, $h = 180$ mm, $t = 32$ mm인 'I'자형 빔의 관성모멘트를 구하라.

19. 저역통과 RC 필터(저주파수의 신호를 통과시키는 필터)에서 전압의 크기 비는 다음 식으로 주어진다.

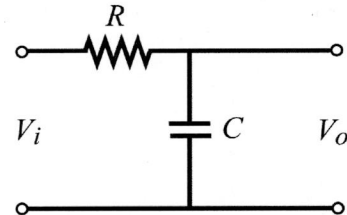

$$RV = \left| \frac{V_o}{V_i} \right| = \frac{1}{\sqrt{1 + (\omega RC)^2}}$$

여기서 ω는 입력신호의 주파수이다.

크기 비를 계산하는 사용자정의 MATLAB 함수를 작성하라. 함수 이름과 인자는 RV = lowpass(R,C,w)로 한다. 입력인자는 저항기의 크기 R(Ω 단위), 커패시터의 용량 C(F 단위), 입력신호의 주파수 w(rad/s 단위)이며, w가 벡터로 입력될 수 있도록 프로그램을 작성하라.

$10^{-2} \leq \omega \leq 10^6$ rad/s에 대해 RV의 그래프를 ω의 함수로 출력하기 위해 lowpass 함수를 사용하는 프로그램을 스크립트 파일로 작성하라. 그래프의 수평축(ω)은 로그 눈금을 사용하라. 스크립트 파일이 실행되면, 사용자에게 R과 C의 값을 입력하도록 프로그램을 작성하고, 그래프 축에 라벨을 붙이도록 하라.

$R = 1200$ Ω, $C = 8$ μF의 값으로 스크립트 파일을 실행하라.

20. 대역통과 필터는 어떤 범위에 속하는 주파수들을 가진 신호를 통과시킨다. 이 필터에서, 전압의 크기 비는 다음 식으로 주어진다.

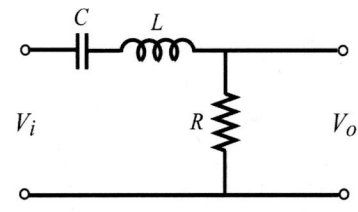

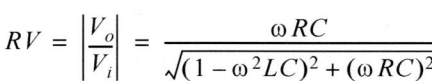

$$RV = \left| \frac{V_o}{V_i} \right| = \frac{\omega RC}{\sqrt{(1 - \omega^2 LC)^2 + (\omega RC)^2}}$$

여기서 ω는 입력신호의 주파수이다. 크기 비를 계산하는 사용자정의 MATLAB 함수를 작성하라. 함수 이름과 인자는 RV = bandpass(R,C,L,w)로 한다. 입력인자는 저항기의 크기 R(Ω 단위), 커패시터의 크기 C(F 단위), 코일의 인덕턴스 L(H 단위), 입력신호의 주파수 w(rad/s 단위)이다. w가 벡터가 될 수 있도록 함수를 작성하라.

$10^{-2} \leq \omega \leq 10^7$ rad/s에 대해 RV의 그래프를 ω의 함수로 출력하기 위해 bandpass 함수를 사용하는 프로그램을 스크립트 파일로 작성하라. 그래프의 수평축(ω)은 로그 눈금을 사용한다. 스크립트 파일이 실행되면, 프로그램은 사용자에게 R과 L, C의 값을 입력하도록 요구하며, 그래프 축에 라벨을 붙인다.

다음 두 경우에 대해 스크립트 파일을 실행하라.

a) R = 1100 Ω, C = 9 μF, L = 7 mH

b) R = 500 Ω, C = 300 μF, L = 400 mH

21. 이슬점 온도 T_d는 상대 습도 RH와 실제 온도 T로부터 다음 식에 의해 계산될 수 있다(http://www.paroscientific.com/dewpoint.htm).

$$T_d = \frac{b\,f(T,\,RH)}{a - f(T,\,RH)}, \quad \text{여기서} \quad f(T,\,RH) = \frac{aT}{b+T} + \ln\left(\frac{RH}{100}\right)$$

위 식에서 온도는 섭씨온도이며, RH는 %, a = 17.27, b = 237.7 °C이다.

주어진 온도와 상대습도에 대해 이슬점 온도를 계산하는 사용자정의 MATLAB 함수를 작성하라. 함수 이름과 인자는 Td = dewpoint(T,RH)로 한다. 여기서 두 입력인자 T와 RH는 각각 온도와 상대 습도이며, 출력인자 Td는 이슬점 온도이다. 사용자정의 함수 dewpoint를 이용하여 다음 경우에 대한 이슬점 온도를 계산하라.

a) T = 15 °C, RH = 40%

b) T = 35 °C, RH = 80%

제 7 장

MATLAB 프로그래밍

컴퓨터 프로그램은 일련의 컴퓨터 명령어들이다. 간단한 프로그램에서는 명령어들이 기록된 순서대로 순차적으로 실행된다. 예를 들면, 이 책에서 지금까지 스크립트 파일이나 함수 파일로 제시된 모든 프로그램들은 간단한 프로그램들이다. 그러나 명령어들이 기록된 순서대로만 실행되지 않거나, 프로그램이 실행될 때 입력변수에 따라 다른 명령어들(또는 다른 그룹의 명령어들)이 실행되는 좀 더 정교한 프로그램들이 필요한 경우가 많다. 예를 들어, 우체국에서 소포 우송료를 계산하는 컴퓨터 프로그램은 소포의 무게와 크기, 소포의 내용(책은 우편에 비해 저렴함), 우송 종류(항공우편, 육상우편 등) 등에 따라 달라지는 우송료를 계산하기 위해 여러 가지 수학식들을 사용한다. 다른 경우로는 프로그램 내에서 일련의 명령어들을 여러 번 반복해야 할 필요가 있을 수도 있다. 예를 들어, 방정식을 수치적으로 푸는 프로그램은 해의 오차가 어떤 크기보다 작아질 때까지 일련의 계산들을 반복한다.

MATLAB은 프로그램의 흐름을 조절하는 데 사용할 수 있는 여러 가지 도구들을 제공한다. 조건문(7.2절)과 switch 구조(7.3절)는 명령어들을 건너뛰거나 상황별로 특정 명령어 그룹을 실행시키는 것을 가능하게 한다. for 루프와 while 루프(7.4절)는 일련의 명령어들을 여러 번 반복시키는 것을 가능하게 한다.

프로그램의 흐름을 바꾸기 위해서는 분명히 해당 프로그램 안에 어떤 종류의 의사결정(decision-making) 과정이 있어야 한다. 컴퓨터는 다음 명령어를 실행할지, 아니면 하나 이상의 명령어들을 건너뛰어 프로그램의 다른 라인에서 명령어를 계속 실행할지의 여부를 결정해야 한다. 프로그램은 7.1절에서 설명할 관계 연산자와 논리 연산자들을 이용하여 변수들의 값을 비교함으로써 이러한 의사결정을 하게 된다.

또한 6장의 함수 파일이 프로그래밍에 사용될 수 있다는 점에 유의해야 한다. 함수 파일은 부프로그램(subprogram)이다. 프로그램이 함수가 있는 명령어 라인에 도달하게 되면, 프로그램은 함수에 입력을 제공하고 결과를 '기다린다'. 함수는 계산을 수행하고, 함수를 '호출한' 프로그램에 결과를 돌려주며, 이어서 프로그램은 다음 명령어를 계속 수행한다.

7.1 관계 연산자와 논리 연산자

관계 연산자(relational operator)는 비교문(예를 들어, 5 < 8)이 참인지 거짓인지를 결정함으로써 두 수를 비교한다. 비교문(comparison statement)이 참이면 값 1이 할당되고, 거짓이면 값 0이 할당된다. 논리 연산자(logical operator)는 참/거짓 명령문을 조사하여 특정 연산자에 따라 참(1)이나 거짓(0)인 결과를 제공한다. 예를 들어, 논리 AND 연산자는 두 명령문이 모두 참인 경우에만 1을 준다. 관계 및 논리 연산자는 수학식에 사용될 수 있으며, 이 장에서 설명하겠지만, 컴퓨터 프로그램의 흐름을 제어하는 의사결정을 만들기 위해 다른 명령어들과 조합하여 종종 사용된다.

관계 연산자

MATLAB에서 관계 연산자들은 다음과 같다.

관계 연산자	설명
<	우변보다 작음
>	우변보다 큼
<=	우변보다 작거나 같음
>=	우변보다 크거나 같음
==	우변과 같음
~=	우변과 같지 않음

'우변과 같음(==)' 관계 연산자는 한 개의 = 기호가 할당 연산자이므로 공백 없이 붙여 쓴 두 개의 = 기호로 표시한다. 두 개의 글자로 구성된 다른 관계 연산자들(<=, >=, ~=)도 글자 사이에 공백이 없다.

- 관계 연산자들은 수학식에서 산술 연산자로 사용된다. 연산 결과는 다른 수학 연

산이나 배열의 주소지정(addressing)에 사용될 수 있으며, 프로그램의 흐름을 제어하기 위해 다른 MATLAB 명령어들(예를 들어, `if`)과 함께 사용될 수 있다.

- 두 수를 비교할 때, 관계 연산자에 따른 비교가 참이면 결과는 1(논리적 참)이고, 비교가 거짓이면 0(논리적 거짓)이다.

- 두 스칼라를 비교하는 경우, 결과는 스칼라 1 또는 0이다. 두 배열을 비교(같은 크기의 배열만 비교할 수 있음)하는 경우, 같은 주소의 원소와 원소를 비교하며, 결과는 각 주소에서의 비교 결과에 따라 1과 0을 갖는 같은 크기의 논리배열이다.

- 스칼라를 배열과 비교하는 경우, 스칼라는 배열의 모든 요소와 비교되며, 결과는 각 원소와의 비교 결과에 따라 1과 0을 갖는 논리 배열이다.

몇 가지 예를 들면 다음과 같다.

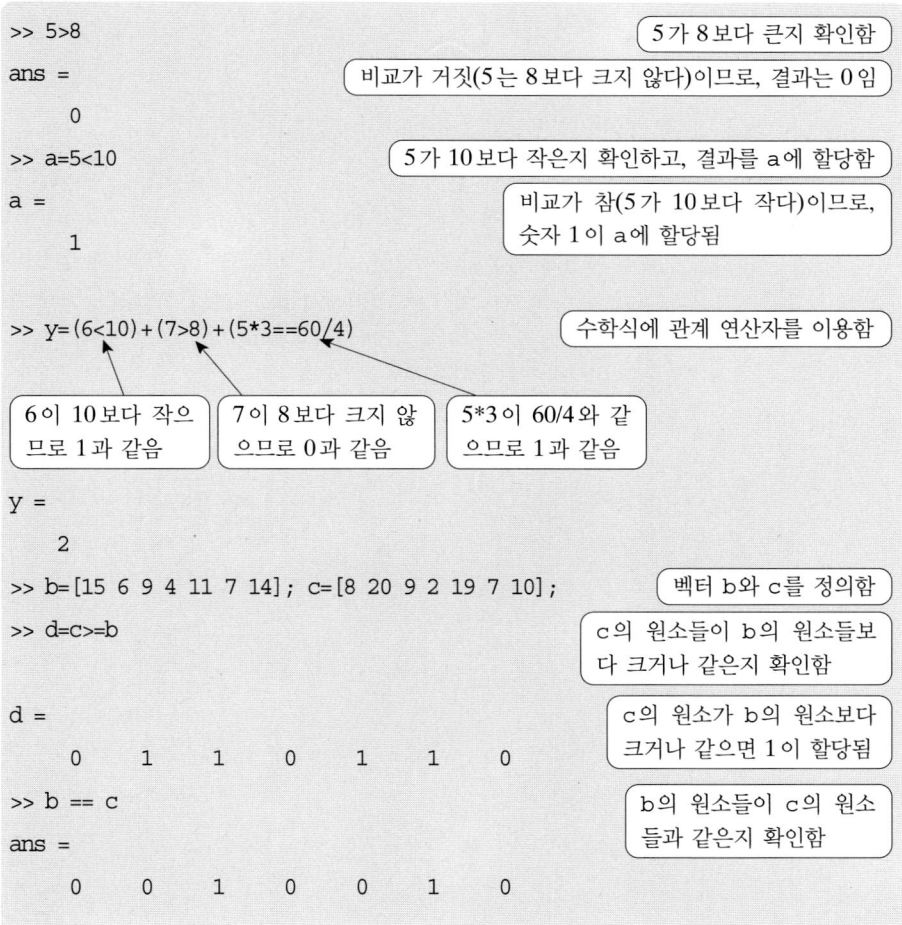

```
>> 5>8                                    [5가 8보다 큰지 확인함]
ans =                   [비교가 거짓(5는 8보다 크지 않다)이므로, 결과는 0임]
     0
>> a=5<10           [5가 10보다 작은지 확인하고, 결과를 a에 할당함]
a =                           비교가 참(5가 10보다 작다)이므로,
                              숫자 1이 a에 할당됨
     1

>> y=(6<10)+(7>8)+(5*3==60/4)            [수학식에 관계 연산자를 이용함]

   6이 10보다 작으    7이 8보다 크지 않    5*3이 60/4와 같
   므로 1과 같음      으므로 0과 같음      으므로 1과 같음
y =
     2
>> b=[15 6 9 4 11 7 14]; c=[8 20 9 2 19 7 10];    [벡터 b와 c를 정의함]
>> d=c>=b                   c의 원소들이 b의 원소들보
                            다 크거나 같은지 확인함
d =                         c의 원소가 b의 원소보다
     0    1    1    0    1    1    0    크거나 같으면 1이 할당됨
>> b == c                   b의 원소들이 c의 원소
ans =                       들과 같은지 확인함
     0    0    1    0    0    1    0
```

```
>> b~=c
ans =

     1     1     0     1     1     0     1

>> f=b-c>0
f =

     1     0     0     1     0     0     1

>> A=[2 9 4; -3 5 2; 6 7 -1]
A=

     2     9     4
    -3     5     2
     6     7    -1

>> B=A<=2
B =

     1     0     0
     1     0     1
     0     0     1
```

> b의 원소들이 c의 원소들과 같지 않은지 확인함

> b에서 c를 빼고 원소들이 0보다 큰지 확인함

> 3 × 3 행렬 A를 정의함

> A의 원소들이 2보다 작거나 같은지 확인하고, 결과를 행렬 B에 할당함

- 벡터들과의 관계 연산 결과는 0과 1을 가진 벡터로 논리 벡터라고 하며, 벡터의 주소지정에 사용될 수 있다. 논리 벡터를 다른 벡터의 주소지정에 사용하는 경우, 논리 벡터의 원소가 1인 위치에서 다른 벡터의 원소가 추출된다. 예를 들어 보자:

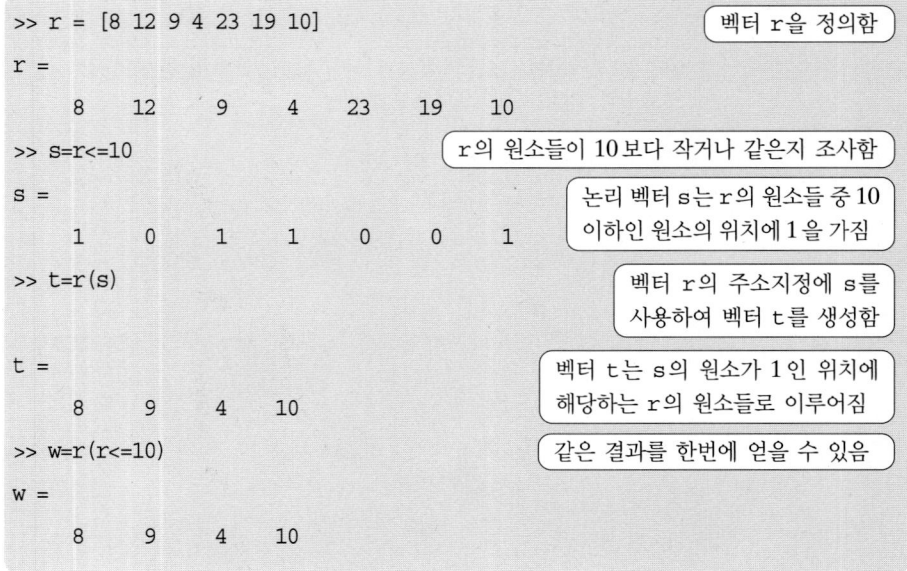

```
>> r = [8 12 9 4 23 19 10]
r =

     8    12     9     4    23    19    10

>> s=r<=10
s =

     1     0     1     1     0     0     1

>> t=r(s)

t =

     8     9     4    10

>> w=r(r<=10)
w =

     8     9     4    10
```

> 벡터 r을 정의함

> r의 원소들이 10보다 작거나 같은지 조사함

> 논리 벡터 s는 r의 원소들 중 10 이하인 원소의 위치에 1을 가짐

> 벡터 r의 주소지정에 s를 사용하여 벡터 t를 생성함

> 벡터 t는 s의 원소가 1인 위치에 해당하는 r의 원소들로 이루어짐

> 같은 결과를 한번에 얻을 수 있음

- 0과 1을 가진 수치 벡터 및 배열은 0과 1을 가진 논리 벡터 및 배열과 같지 않다. 수치 벡터와 수치 배열은 주소지정에 사용될 수 없다. 그러나 논리 벡터와 논리 배열은 산술 연산에 사용될 수 있다. 논리 벡터나 논리 배열은 일단 산술 연산에서 사용되고 나면 수치 벡터나 수치 배열로 바뀐다.

- 우선순위: 관계 연산과 산술 연산을 포함하는 수학식에서, 산술 연산(+, −, *, /, \)은 관계 연산보다 우선순위를 갖는다. 관계 연산자들끼리는 같은 우선순위를 가지며 왼쪽에서 오른쪽 순서로 계산을 한다. 우선순위를 바꾸기 위해 괄호를 사용할 수 있다. 예를 들면, 다음과 같다.

```
>> 3+4<16/2

ans =

     1

>> 3+(4<16)/2

ans =

   3.5000
```

+ 와 / 가 먼저 실행됨

7 < 8이 참이므로 답은 1임

4 < 16이 먼저 실행되며, 참이므로 1과 같음

3 + 1/2로부터 3.5가 얻어짐

논리 연산자

MATLAB에서 논리 연산자들은 다음과 같다.

논리 연산자	이름	설명
& 예) A&B	AND	두 피연산자(operand) A와 B에 작용한다. 둘 다 참이면, 결과는 참(1)이며, 그렇지 않으면 결과는 거짓(0)이다.
| 예) A|B	OR	두 피연산자 A와 B에 작용한다. 만일 둘 중 하나 또는 둘 다 참이면 결과는 참(1)이며, 그렇지 않고 둘 다 거짓이면 결과는 거짓(0)이다.
~ 예) ~A	NOT	한 개의 피연산자에 작용하며, 피연산자의 반대 값을 준다. 피연산자가 거짓이면 참(1)을, 피연산자가 참이면 거짓(0)을 준다.

- 논리 연산자는 수를 피연산자로 갖는다. 0이 아닌 수는 참이며, 0인 수는 거짓이다.

- 논리 연산자는 관계 연산자처럼 수학식 내에서 산술 연산자로 사용된다. 결과는 다른 수학연산이나 배열의 주소지정에 사용될 수 있으며, 다른 MATLAB 명령

어들(예를 들어, if)과 함께 사용하여 프로그램의 흐름을 제어할 수 있다.

* 논리 연산자는 관계 연산자처럼 스칼라나 배열과 함께 사용될 수 있다.

* 논리 연산자 **AND**와 **OR**의 양쪽 피연산자는 둘 다 스칼라 또는 배열이 되거나, 한쪽은 배열이고 다른 쪽은 스칼라가 될 수도 있다. 양쪽이 스칼라이면, 결과는 스칼라 0 또는 1이다. 양쪽이 배열이면, 두 배열은 크기가 같아야 하며 논리 연산은 원소별로 수행된다. 결과는 각 위치에서의 연산 결과에 따라 1 또는 0을 갖는 같은 크기의 배열이 된다. 피연산자가 한쪽은 스칼라이고 나머지 한쪽은 배열인 경우, 논리 연산은 스칼라와 배열의 각 원소 사이에 수행되며 결과는 1과 0을 가진 같은 크기의 배열이다.

* 논리 연산 **NOT**은 한 개의 연산자를 갖는다. 스칼라와 함께 사용되면 결과는 스칼라 0 또는 1이다. 배열과 함께 사용되면, 0이 아닌 원소의 위치에는 0을, 0인 원소의 위치에는 1을 갖는 같은 크기의 배열을 결과로 갖는다.

다음에 몇 가지 예를 나타낸다.

```
>> 3&7                                          [ 3 AND 7 ]
ans =                 [ 3과 7은 모두 참(0이 아님)이므로, 결과는 1임 ]
     1
>> a=5|0                              [ 5 OR 0(변수 a에 결과를 할당함) ]
a =             [ 적어도 한 개의 수가 참(0이 아님)이므로 a에 1이 할당됨 ]
     1
>> ~25                                            [ NOT 25 ]
ans =                [ 25는 참(0이 아님)이고 반대는 거짓이므로 결과는 0임 ]
     0
>> t=25*((12&0)+(~0)+(0|5))            [ 수학식에 논리 연산자를 사용함 ]
t =
    50
>> x=[9 3 0 11 0 15]; y=[2 0 13 -11 0 4];   [ 두 벡터 x와 y를 정의함 ]
>> x&y          [ x와 y 모두 참(0이 아닌 원소)인 위치에는 1을 ]
ans =           [ 갖고 아닌 곳에는 0을 갖는 벡터를 결과로 출력함 ]
     1     0     0     1     0     1
>> z=x|y        [ x와 y 모두 또는 어느 한 쪽이 참(0이 아닌 원소)인 ]
z =             [ 위치에는 1을, 아닌 곳에는 0을 갖는 벡터가 결과임 ]
     1     1     1     1     0     1
```

```
>> ~(x+y)
ans =
     0     0     0     1     1     0
```

벡터 x + y가 참(0이 아닌 원소)인 위치에는 0을, x + y가
거짓(0인 원소)인 위치에는 1을 갖는 벡터를 결과로 출력함

우선순위

산술 연산자와 관계 연산자, 논리 연산자는 수학식에서 모두 함께 조합될 수 있다.
수학식이 이러한 조합을 갖는 경우, 연산이 수행되는 순서에 따라 결과가 좌우된다.
다음은 MATLAB에서 사용되는 우선순위이다.

우선순위	연산
1(최상위)	괄호(중첩된 괄호들이 있는 경우, 안쪽 괄호가 우선순위를 가짐)
2	지수연산
3	NOT 논리($\sim$)
4	곱셈, 나눗셈
5	덧셈, 뺄셈
6	관계 연산자($>$, $<$, $>=$, $<=$, $==$, $\sim=$)
7	AND 논리(&)
8(최하위)	OR 논리(|)

둘 이상의 연산이 같은 우선순위를 가지면, 식은 왼쪽에서 오른쪽 순서로 실행된다.

위에 나타낸 우선순위는 MATLAB 6 이후부터 적용된다는 사실을 짚고 넘어갈
필요가 있다. MATLAB의 이전 버전들은 약간 다른 우선순위(&가 |에 대해 우선순
위를 갖지 않았음)를 가지고 있으므로, 사용자는 주의해야 한다. MATLAB의 다른
버전들 사이에서 발생하는 호환성 문제는 수식에서 괄호가 필요하지 않더라도 괄호를
사용함으로써 피할 수 있다.

다음은 산술 연산자와 관계 연산자, 그리고 논리 연산자를 포함한 식들에 대한 예
이다.

```
>> x=-2; y=5;
>> -5<x<-1
ans =
     0
>> -5<x & x<-1
```

변수 x와 y를 정의함

이 부등식은 수학적으로는 옳지만, MATLAB이 왼쪽
에서 오른쪽으로 실행을 하므로 답은 거짓이 됨. $-5 < x$
가 참(=1)이므로, 결국 $1 < -1$이 되어 거짓(0)이 됨.

```
ans =
     1
>> ~(y<7)
ans =
     0
>> ~y<7
ans =
     1
>> ~((y>=8)|(x<-1))
ans =
     0
>> ~(y>=8)|(x<-1)
ans =
     1
```

> 논리 연산자 &를 이용함으로써 수학적으로 옳은 문장이 얻어짐. 두 부등식이 먼저 수행되며, 둘 다 참(1)이므로 답은 1임.

> $y < 7$이 먼저 수행되며 참(1)이므로, ~ 1은 0임.

> $\sim y$가 먼저 수행되며, y는 0이 아니므로 참(1)이며, ~ 1은 0이고 $0 < 7$은 참(1)임.

> $y >= 8$(거짓)과 $x < -1$(참)이 먼저 수행되고 OR가 다음으로 수행됨. 마지막으로 $\sim$이 수행되며 거짓(0)을 줌.

> $y >= 8$(거짓)과 $x < -1$(참)이 먼저 수행되며, 다음으로 $(y >= 8)$의 NOT이 수행됨(참). 마지막으로 OR가 수행되며 참(1)을 줌.

내장 논리함수

MATLAB은 논리 연산자들과 동등한 내장함수들을 가지고 있다. 이 함수들은 다음과 같다.

and(A,B)	A&B와 동등함
or(A,B)	A|B와 동등함
not(A)	~A와 동등함

추가로 MATLAB은 다른 논리 내장함수들을 가지고 있으며 이들 중 일부를 다음 표에 기술한다.

함수	설명	예

xor(a,b)	배타적(exclusive) or. 피연산자가 한 쪽만 참이고 나머지는 거짓일 때 참(1)을 돌려준다.	`>> xor(7,0)`
		 `ans =`
		 `     1`
		 `>> xor(7,-5)`
		 `ans =`
		 `     0`

함수	설명	예

all(A)	벡터 A의 모든 원소가 참이면(0이 아니면) 1(참)을 돌려주며, 한 개 이상의 원소들이 거짓(0)이면 0(거짓)을 돌려준다.
	A가 행렬이면, A의 각 열(column)을 벡터로 다루며, 1과 0을 가진 벡터를 돌려준다.
		`>> A=[6 2 15 9 7 11];`
		`>> all(A)`
		`ans =`
		`    1`
		`>> B=[6 2 15 9 0 11];`
		`>> all(B)`
		`ans =`
		`    0`

any(A)	벡터 A의 원소 중 한 개라도 참이면(0이 아니면) 1을 돌려주며, 모든 원소들이 거짓(0)이면 0(거짓)을 돌려준다.
	A가 행렬이면, A의 각 열을 벡터로 다루며, 1과 0을 가진 벡터를 돌려준다.
		`>> A=[6 0 15 0 0 11];`
		`>> any(A)`
		`ans =`
		`    1`
		`>> B = [0 0 0 0 0];`
		`>> any(B)`
		`ans =`
		`    0`

find(A)
 	
find(A>d)
	A가 벡터이면, 0이 아닌 원소들의 인덱스를 돌려준다.
	
	A가 벡터이면, d보다 큰 원소들의 주소를 돌려준다(어떠한 관계 연산자도 사용될 수 있다).
		`>> A=[0 9 4 3 7 0 0 1 8];`
		`>> find(A)`
		`ans =`
		`    2    3    4`
		`    5    8    9`
		`>> find(A>4)`
		`ans =`
		`    2    5    9`

네 논리 연산자인 and, or, xor, not의 연산은 다음 진리표로 요약할 수 있다.

입력		출력				
A	B	AND A&B	OR A|B	XOR (A,B)	NOT ~A	NOT ~B
거짓	거짓	거짓	거짓	거짓	참	참
거짓	참	거짓	참	참	참	거짓
참	거짓	거짓	참	참	거짓	참
참	참	참	참	거짓	거짓	거짓

예제 7.1 온도 데이터의 분석

2002년 4월 한 달 동안의 워싱턴 DC의 하루 최고기온(°F)들은 다음과 같다: 58 73 73 53 50 48 56 73 73 66 69 63 74 82 84 91 93 89 91 80 59 69 56 64 63 66 64 74 63 69(자료 출처: 미국 국립해양기상청). 관계 연산자와 논리 연산자들을 이용하여 다음을 구하라.

a) 온도가 75° 이상인 날짜 수

b) 온도가 65° 이상이고 80° 이하인 날짜 수

c) 온도가 50° 이상이고 60° 이하인 날짜 수

풀이

다음 스크립트 파일에서 기온은 벡터로 입력된다. 그다음, 관계식과 논리식을 이용하여 자료를 분석한다.

```
T=[58 73 73 53 50 48 56 73 73 66 69 63 74 82 84 ...
   91 93 89 91 80 59 69 56 64 63 66 64 74 63 69];
Tabove75=T>=75;                              [ T>=75인 원소의 주소에 1을 갖는 벡터 ]
NdaysTabove75=sum(Tabove75)                  [ 벡터 Tabove75에서 1인 원소들을 모두 더함 ]
Tbetween65and80=(T>=65)&(T<=80);             [ T>=65이고 T<=80인 원소의
                                               주소에 1을 갖는 벡터 ]
NdaysTbetween65and80=sum(Tbetween65and80)    [ 벡터 Tbetween65and80에서
                                               1인 원소들을 모두 더함 ]
datesTbetween50and60=find((T>=50)&(T<=60))   [ 함수 find가 T에서 50 이상 60 이
                                               하인 원소들의 주소를 돌려준다. ]
```

Exp7_1로 저장된 스크립트 파일을 명령어 창에서 실행하면 다음과 같다.

```
>> Exp7_1
NdaysTabove75 =                              [ 7일 동안 기온이 75도 이상이었음 ]

     7

NdaysTbetween65and80 =                       [ 12일 동안 기온이 65도와 80도 사이에 있었음 ]

     12

datesTbetween50and60 =                       [ 4월 중 기온이 50도와
                                               60도 사이에 있던 날짜 ]
     1     4     5     7    21    23
```

7.2 조건문

조건문은 조건문 다음에 오는 명령어 그룹을 실행할지, 아니면 무시하고 건너뛸지를 MATLAB이 결정하도록 하는 명령어이다. 조건문에 조건식이 기술되며, 조건식이 참이면, 조건문 다음의 명령어 그룹이 실행된다. 조건식이 거짓이면, 컴퓨터는 명령어 그룹을 무시하고 건너뛴다. 조건문의 기본 형식은 다음과 같다.

> if 관계 연산자, 논리 연산자로 구성된 조건식

예:

```
if  a  <  b
if  c  >=  5
if  a  ==  b
if  a  ~=  0
if  (d<h)&(x>7)
if  (x~=13)|(y<0)
```

모든 변수들은 미리 값을 할당받아야 한다.

- 조건문은 스크립트 파일이나 함수 파일로 작성된 프로그램의 일부가 될 수 있다.

- 아래에 나타낸 것과 같이, 모든 if 문에는 end 문이 있다.

if 문은 일반적으로 if-end와 if-else-end, 그리고 if-elseif-else-end의 세 구조로 사용되며, 다음 절에서 세 구조에 대해 기술한다.

7.2.1 if-end 구조

그림 7.1에 조건문의 if-end 구조를 개략적으로 나타내었다. 그림은 프로그램에서의 명령어들의 작성 방법과 명령어가 실행되는 흐름, 즉 순서를 기호로 보여주는 흐름도(flowchart)를 나타낸다. 프로그램이 실행되면 if 문에 도달하게 된다. if 문의 조건식이 참(1)이면, 프로그램은 계속해서 if 문 다음의 명령어에서 end 문까지 명령어들을 실행한다. 조건식이 거짓(0)이면, 프로그램은 if와 end 사이의 명령어 그룹을 무시하고 end 문 다음의 명령어를 실행하게 된다.

단어 if와 end는 화면상에서 파란색으로 표시되며, if 문과 end 문 사이의 명령어들은 자동으로 들여쓰기가 되어(일부러 들여쓰기를 할 필요가 없음) 프로그램 읽기를 쉽게 해준다. if-end 문이 스크립트 파일에서 사용되는 예를 예제 7.2에서 볼 수 있다.

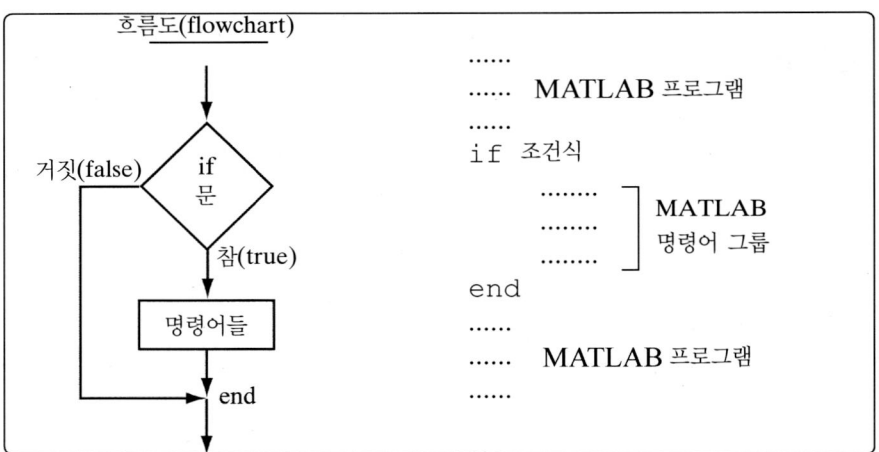

그림 7.1 if-end 조건문의 구조

예제 7.2 노동자의 급료 계산

어떤 노동자가 40시간까지는 자신의 시간당 임금에 따라 급료를 받으며, 초과시간에 대해서는 50%를 더 받는다. 노동자의 급료를 계산하는 프로그램을 스크립트 파일로 작성하라. 프로그램은 사용자가 근로시간과 시간당 임금을 입력하도록 요구하며, 입력이 끝나면, 프로그램은 급료를 출력한다.

풀이

스크립트 파일로 작성된 프로그램을 아래에 나타낸다. 프로그램은 먼저 근로시간과 시간당 임금을 곱하여 급료를 계산하고, if문을 사용하여 근로시간이 40보다 많은지 검사한다. 40보다 많으면, 다음 명령어가 수행되며 40시간을 초과하는 시간에 대한 초과급료를 더한다. 아니면, 프로그램은 end로 건너뛰게 된다.

```
t=input('근무한 시간 수를 입력하시오: ');
h=input('시간당 임금을 달러로 입력하시오: ');
Pay=t*h;
if t>40
    Pay=Pay+(t-40)*0.5*h;
end
fprintf('노동자의 임금은 $%5.2f입니다.\n',Pay)
```

파일을 Workerpay라는 이름으로 저장하고, 명령어 창에서 두 경우에 프로그램을 적용하면, 결과는 다음과 같다.

```
>> Workerpay
근무한 시간 수를 입력하시오: 35
시간당 임금을 달러로 입력하시오: 8
노동자의 임금은 $280.00 입니다.
>> Workerpay
근무한 시간 수를 입력하시오: 50
시간당 임금을 달러로 입력하시오: 10
노동자의 임금은 $550.00 입니다.
>>
```

7.2.2 `if-else-end` 구조

이 조건문 구조는 두 명령어 그룹 중에서 한 그룹을 선택하여 실행하기 위한 수단을 제공한다. 그림 7.2에 `if-else-end` 구조를 나타내었다. 그림은 프로그램에서의 명령어 작성 방법과 명령어가 수행되는 흐름, 즉 순서를 설명하는 흐름도를 보여준다. 첫 번째 줄은 조건식을 가진 `if` 문이다. 만일 조건식이 참이면, 프로그램은 `if`와 `else` 문 사이의 명령어 그룹 1을 수행한 후, end로 건너뛴다. 만일 조건식이 거짓이면, 프로그램은 `else`로 건너뛴 후, `else`와 end 사이의 명령어 그룹 2를 수행한다.

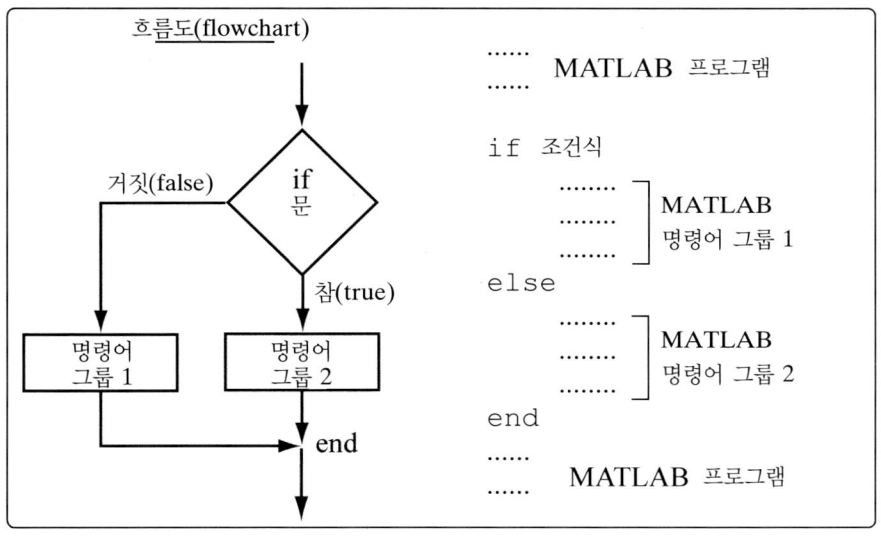

그림 7.2 `if-else-end` 조건문의 구조

다음 예제는 함수 파일에서 if-else-end 구조를 사용한다.

예제 7.3 급수탑의 물 높이

급수탑의 탱크는 그림과 같이 아랫부분은 원통이고, 윗부분은 원뿔대(frustum cone)를 뒤집은 형태의 기하구조를 하고 있다. 탱크 안에는 물 높이를 표시하는 부표(float)가 있다. 부표의 위치, 즉 높이 h로부터 탱크 안의 물의 체적을 구하는 사용자정의 함수를 작성하라. 함수에 대한 입력은 h의 값(m)이고, 출력은 물의 체적(m^3)이다.

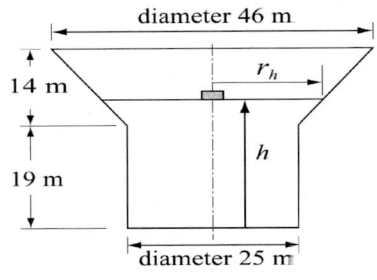

풀이

$0 \le h \le 19$ m인 경우, 물의 체적은 높이가 h인 실린더의 체적 $V = \pi(12.5^2)h$에 의해 주어진다.

$19 < h \le 33$ m인 경우, 물의 체적은 높이가 $h = 19$인 실린더의 체적에 원뿔대의 체적을 더하여 다음과 같이 구한다.

$$V = \pi 12.5^2 \cdot 19 + \frac{1}{3}\pi(h-19)(12.5^2 + 12.5 \cdot r_h + r_h^2)$$

여기서 r_h는 다음과 같다: $r_h = 12.5 + \frac{10.5}{14}(h-19)$

아래에 나타낸 함수의 이름은 v = watervol(h)이다.

```
function v = watervol(h)
% watervol은 급수탑의 물의 체적을 계산한다.
% 입력은 물의 높이(m)이다.
% 출력은 물의 체적(m^3)이다.

if h<=19
    v=pi*12.5^2*h;
else
    rh=12.5+10.5*(h-19)/14;
    v=pi*12.5^2*19+pi*(h-19)*(12.5^2+12.5*rh+rh^2)/3;
end
```

명령어 창에서 위의 함수를 이용하는 두 예를 다음에 나타낸다.

```
>> watervol(8)
ans =
  3.9270e+003
>> VOL=watervol(25.7)
VOL =
  1.4115e+004
>>
```

7.2.3 `if-elseif-else-end` 구조

`if-elseif-else-end` 구조가 그림 7.3에 표시되어 있다. 그림은 프로그램에서의 명령어 작성 방법과 명령어가 수행되는 흐름, 즉 순서를 설명하는 흐름도를 보여준다. 이 구조는 세 명령어 그룹 중에서 한 그룹을 선택하여 수행시킬 수 있도록 두 조건문 `if`와 `elseif`를 포함한다. 첫 번째 줄은 조건식을 가진 `if` 문이다. 만일 조건식이 참이면, 프로그램은 `if`와 `elseif` 문 사이의 명령어 그룹 1을 수행한 후 `end` 문으로

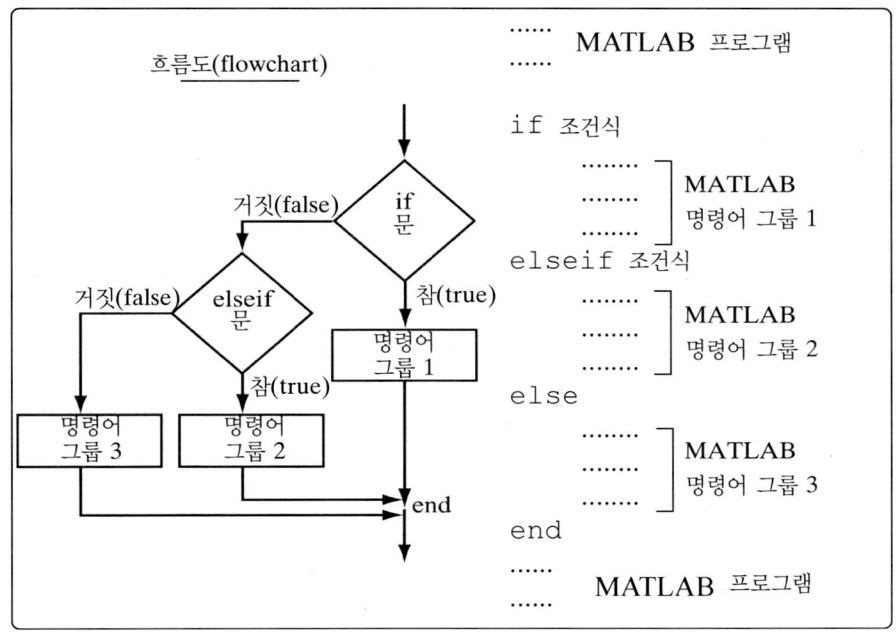

그림 7.3 `if-elseif-else-end` 조건문의 구조

건너뛴다. 만일 if 문의 조건식이 거짓이면, 프로그램은 elseif 문으로 건너뛴다. elseif 문에서 조건식이 참이면, 프로그램은 elseif와 else 사이의 명령어 그룹 2를 수행하고 end로 건너뛴다. 만일 elseif 문의 조건식이 거짓이면, 프로그램은 else로 건너뛰며 else와 end 사이의 명령어 그룹 3을 수행하게 된다.

여기서 지적할·것은 여러 개의 elseif 문과 해당 명령어 그룹을 더 추가할 수 있다는 점이다. 이렇게 하면 더 많은 조건들을 포함할 수 있다. 또한 else 문은 선택사항이다. 이 말은 elseif 문이 여러 개이고 else 문은 하나도 없는 경우, 조건문들 중에서 어느 하나가 참이면 관련 명령어들이 수행되지만, 그렇지 않은 경우에는 아무것도 수행되지 않는다는 것을 의미한다.

7.3 switch-case 문

switch-case 문은 프로그램의 흐름에 영향을 주기 위해 사용할 수 있는 또다른 방법이다. 이 구조는 여러 가능한 명령어 그룹들 중에서 한 명령어 그룹을 선택하여 실행시키는 수단을 제공한다. switch-case 문의 구조는 그림 7.4와 같다.

```
......            MATLAB 프로그램
......

switch 스위치 식
    case 값1
    ........
    ........        ] 명령어 그룹 1
    case 값2
    ........
    ........        ] 명령어 그룹 2
    case 값3
    ........
    ........        ] 명령어 그룹 3
    otherwise
    ........
    ........        ] 명령어 그룹 4
end
......         MATLAB 프로그램
......
```

그림 7.4 switch-case 문의 구조

- 첫 번째 줄은 다음 형식을 갖는 switch 문이다.

> switch 스위치 식

스위치 식은 스칼라나 문자열이 될 수 있다. 일반적으로 스위치 식은 값이 할당된 스칼라 변수이거나 문자열 변수지만, 값이 할당된 변수들이 포함된 계산 가능한 수학식도 될 수 있다.

- switch 명령어 다음에 한 개 또는 여러 개의 case 명령어들이 있다. 각 case 명령어는 case 옆에 값1, 값2 등과 같이 값(스칼라 또는 문자열)을 가지며, case 밑에 관련 명령어 그룹을 갖는다.

- 마지막 case 명령어 뒤에는 선택사항인 otherwise 명령어와 여기에 속한 관련 명령어 그룹이 있다.

- 마지막 줄은 end 문이어야 한다.

switch-case 문의 작동 방식

switch 명령어의 스위치 식의 값이 각 case 문 옆의 값들과 차례대로 비교된다. 일치하는 값이 있으면, 이 값을 가진 case 문에 속한 명령어 그룹이 수행되는데, 일치하는 case 문과 그 다음 case 문(otherwise, 또는 end 문) 사이의 단 한 개의 명령어 그룹만 수행된다.

- 두 개 이상 일치하는 경우에는 첫 번째로 일치하는 case만 수행된다.

- 일치하는 case가 없고 선택사항인 otherwise 문이 있다면, otherwise와 end 사이의 명령어 그룹이 수행된다.

- 일치하는 case가 없고 otherwise 문도 없다면, 어느 명령어 그룹도 실행되지 않는다.

- case 문은 두 개 이상의 값을 가질 수 있으며, 이 경우 값들은 {값1, 값2, 값3, ...}과 같이 나타내면 된다. 이 형태를 셀 배열(cell array)이라고 하며, 이 책에서는 다루지 않는다. 이 값들 중 적어도 하나가 스위치 식의 값과 일치하면, 해당 case가 실행된다.

유의사항: MATLAB에서는 첫 번째로 일치하는 case만 실행된다. 첫 번째 일치하는 것과 관련된 명령어 그룹이 실행된 후, 프로그램은 end 문으로 건너뛴다. 이 점이 break 문을 필요로 하는 C언어와의 다른 점이다.

예제 7.4 에너지의 단위 변환

Joule, ft-lb, cal, eV 단위로 주어진 에너지(일) 양을 사용자가 지정하는 다른 단위의 등가 양으로 변환하는 프로그램을 스크립트 파일로 작성하라. 프로그램은 사용자에게 에너지의 양과 현재 단위, 그리고 새로 원하는 단위 등을 입력하도록 요구한다. 출력은 새 단위의 에너지량이다.

환산계수는 다음과 같다: $1 \text{ J} = 0.738 \text{ ft-lb} = 0.239 \text{ cal} = 6.24 \times 10^{18} \text{ eV}$. 프로그램을 사용하여 다음 변환을 하라.

a) 150 J을 ft-lb로 변환하라.

b) 2800 cal를 Joule로 변환하라.

c) 2.7 eV를 cal로 변환하라.

풀이

프로그램은 두 세트의 switch-case 문과 if-else-end 문 하나를 포함한다. 첫 번째 switch-case 문은 입력 양을 원래 단위에서 Joule 단위로 변환하며, 두 번째 switch-case 문은 Joule 단위의 양을 지정한 새 단위로 변환하는 데 사용된다. if-else-end 문은 단위가 부정확하게 입력될 때 오류 메시지를 출력하기 위해 사용된다.

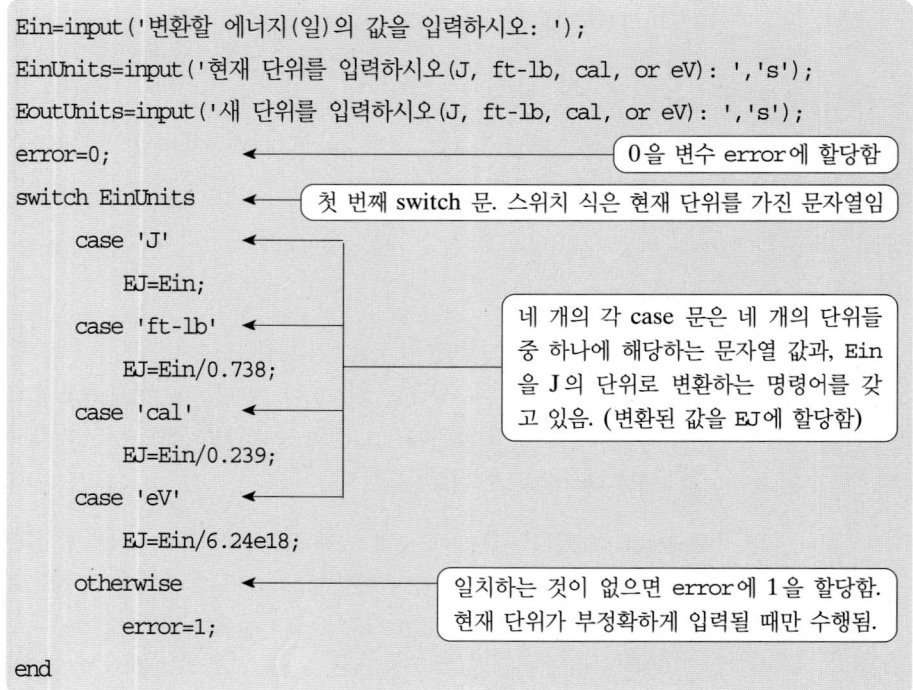

```
Ein=input('변환할 에너지(일)의 값을 입력하시오: ');
EinUnits=input('현재 단위를 입력하시오(J, ft-lb, cal, or eV): ','s');
EoutUnits=input('새 단위를 입력하시오(J, ft-lb, cal, or eV): ','s');
error=0;                      ◀——— 0을 변수 error에 할당함
switch EinUnits    ◀——— 첫 번째 switch 문. 스위치 식은 현재 단위를 가진 문자열임
    case 'J'       ◀———
        EJ=Ein;
    case 'ft-lb'   ◀———         네 개의 각 case 문은 네 개의 단위들
        EJ=Ein/0.738;            중 하나에 해당하는 문자열 값과, Ein
    case 'cal'     ◀———          을 J의 단위로 변환하는 명령어를 갖
        EJ=Ein/0.239;            고 있음. (변환된 값을 EJ에 할당함)
    case 'eV'      ◀———
        EJ=Ein/6.24e18;
    otherwise      ◀———          일치하는 것이 없으면 error에 1을 할당함.
        error=1;                 현재 단위가 부정확하게 입력될 때만 수행됨.
end
```

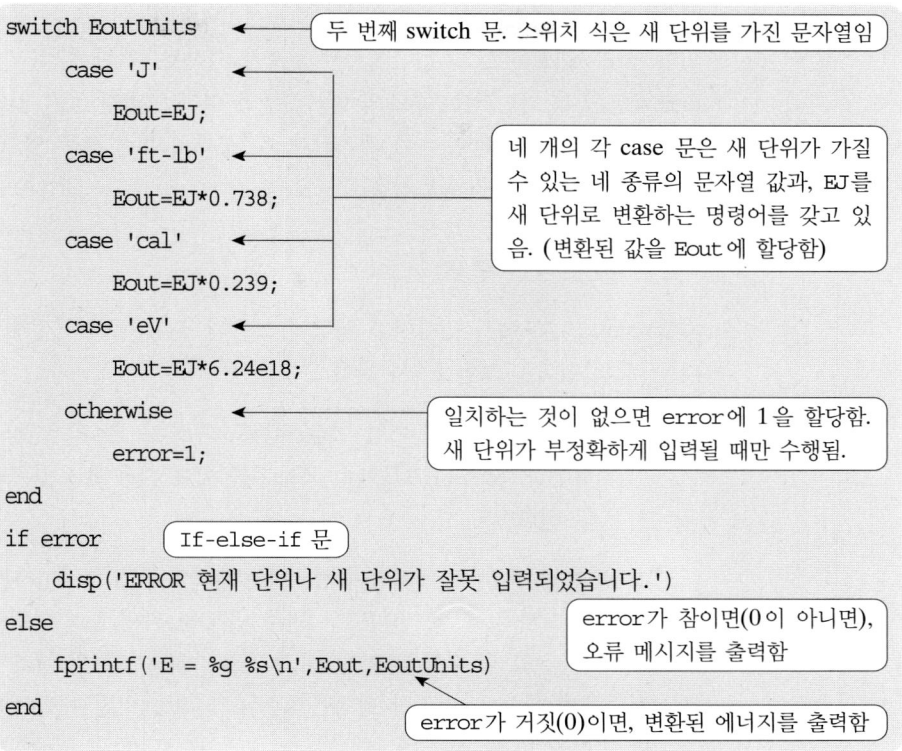

```
switch EoutUnits
    case 'J'
        Eout=EJ;
    case 'ft-lb'
        Eout=EJ*0.738;
    case 'cal'
        Eout=EJ*0.239;
    case 'eV'
        Eout=EJ*6.24e18;
    otherwise
        error=1;
end
if error
    disp('ERROR 현재 단위나 새 단위가 잘못 입력되었습니다.')
else
    fprintf('E = %g %s\n',Eout,EoutUnits)
end
```

두 번째 switch 문. 스위치 식은 새 단위를 가진 문자열임

네 개의 각 case 문은 새 단위가 가질 수 있는 네 종류의 문자열 값과, EJ를 새 단위로 변환하는 명령어를 갖고 있음. (변환된 값을 Eout에 할당함)

일치하는 것이 없으면 error에 1을 할당함. 새 단위가 부정확하게 입력될 때만 수행됨.

If-else-if 문

error가 참이면(0이 아니면), 오류 메시지를 출력함

error가 거짓(0)이면, 변환된 에너지를 출력함

예를 들어, 위의 스크립트 파일(파일 이름: EnergyConversion으로 저장됨)을 이용하여 문제의 문항 b)를 구하면 다음과 같다.

```
>> EnergyConversion
변환할 에너지(일)의 값을 입력하시오: 2800
현재 단위를 입력하시오(J, ft-lb, cal, or eV): cal
새 단위를 입력하시오(J, ft-lb, cal, or eV): J
E = 11715.5 J
>>
```

7.4 루프

루프(loop)는 컴퓨터 프로그램의 흐름을 바꾸기 위한 또 하나의 방법이다. 루프에서는 명령어나 명령어 그룹의 실행이 연속적으로 여러 번 반복된다. 루프의 한 번 실행을 반복이라고 할 때, 매회 반복할 때마다 루프 내에서 정의되는 변수들 중 적어도

한 개 이상의 변수들이 새 값을 할당받는다. **MATLAB**은 두 종류의 루프를 가지고 있다. for-end 루프(7.4.1절)에서는 루프가 시작될 때 반복횟수가 지정되며, while-end 루프(7.4.2절)에서는 루프의 반복횟수가 미리 알려져 있지 않으며, 지정한 조건이 만족될 때까지 루프의 반복이 계속된다. 두 종류의 루프 모두 언제든지 **break** 명령어 (7.6절 참조)로 루프를 종료시킬 수 있다.

7.4.1 for-end **루프**

for-end 루프에서 명령어나 명령어 그룹의 실행은 미리 정해진 횟수만큼 반복된다. 루프의 형식은 그림 7.5와 같다.

- 루프 인덱스 변수는 어떠한 변수 이름도 가질 수 있다. 일반적으로 i, j, k, m, n 이 사용된다. **MATLAB**에서 복소수를 함께 사용하고 있으면, i와 j를 사용해서는 안 된다.

- 첫 번째 반복에서 k = f이며 컴퓨터는 for와 end 명령어 사이의 명령어들을 실행한다. 그다음, 프로그램은 두 번째 반복을 위해 for 명령어로 돌아간다. k는 k = f + s의 새 값을 얻으며, 새 k값을 가지고 for와 end 명령어 사이의 명령어들을 실행한다. 이러한 반복은 k = t가 되는 마지막 반복까지 계속되며, 마지막 반복을 마친 후 프로그램은 for로 돌아가지 않고, end 명령어 다음 줄의 명령어를 계속 실행한다. 예를 들어, 만일 k = 1:2:9라면, 루프는 다섯 번을 반복하며 각 루프의 k 값은 1, 3, 5, 7, 9이다.

- 증분 s는 음수가 될 수 있다. 즉, k = 25:−5:10은 k = 25, 20, 15, 10으로 네 번 반복하게 된다.

- 증분 s가 생략되면, 기본 설정값은 1이다. 즉, k = 3:7은 k = 3, 4, 5, 6, 7로 다섯 번 반복을 하게 된다.

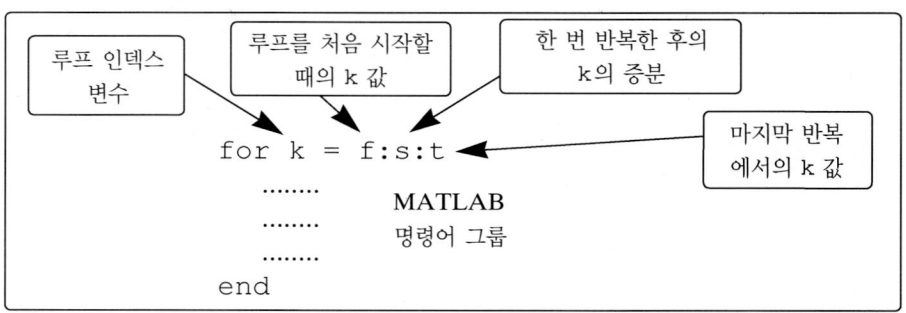

그림 7.5 for-end 루프의 구조

- f = t이면, 루프는 한 번 실행된다.

- f > t와 s > 0 또는 f < t와 s < 0이면, 루프는 실행되지 않는다.

- k, s, t의 값들이 k가 t와 같아질 수 없도록 구성되어 있다면, s가 양수인 경우 마지막 반복에서 k는 t보다 작은 제일 큰 수가 된다. 예를 들어, k = 8:10:50은 k = 8, 18, 28, 38, 48로 다섯 번 반복한다. 만일 s가 음수이면, 마지막 반복은 k가 t보다는 크면서 제일 작은 수가 된다.

- for 명령어에서 k는 벡터로 지정된 특정 값을 할당받을 수도 있다. 예를 들면, 다음과 같다: for k = [7, 9, -1, 3, 3, 5]

- k의 값을 루프 내에서 다시 정의해서는 안 된다.

- 프로그램에서 for 명령어 한 개마다 반드시 한 개의 end 명령어를 가져야 한다.

- 루프 인덱스 변수(k)의 값은 자동으로 화면에 출력되지 않는다. k를 루프 안의 명령어들 중의 하나로 입력하면, 루프를 돌 때마다 루프 인덱스 변수를 표시할 수 있으며, 이렇게 함으로써 때때로 디버깅(debugging)에 유용하게 이용할 수 있다.

- 루프가 끝날 때, 루프 인덱스 변수(k)는 마지막으로 할당받은 값을 가지고 있다.

스크립트 파일에서의 for-end 루프에 대한 간단한 예를 들면 다음과 같다.

```
for k=1:3:10
    x = k^2
end
```

이 프로그램이 실행되면, 루프는 네 번 수행된다. 네 번 반복하는 동안 k의 값은 k = 1, 4, 7, 10이며, 매번 반복할 때 x에 할당되는 값은 각각 x = 1, 16, 49, 100이다. 두 번째 줄 끝에 세미콜론이 없으므로 루프를 매번 반복할 때마다 명령어 창에 x의 값이 출력된다. 스크립트 파일이 실행되면, 명령어 창의 화면은 다음과 같다.

```
>> x =
     1
x =
    16
x =
    49
x =
   100
```

예제 7.5 급수의 합

a) 급수(series)의 첫 *n*항을 더한 합 $\displaystyle\sum_{k=1}^{n}\frac{(-1)^{k}k}{2^{k}}$ 를 계산하기 위해 스크립트 파일에서 for-end 루프를 사용하라. $n = 4$와 $n = 20$에 대해 스크립트 파일을 실행하라.

b) 함수 $\sin(x)$는 다음 식과 같이 Taylor 급수로 쓸 수 있다.

$$\sin x = \sum_{k=0}^{\infty}\frac{(-1)^{k}x^{2k+1}}{(2k+1)!}$$

Taylor 급수를 이용하여 $\sin(x)$를 계산하는 사용자정의 함수 파일을 작성하라. 함수 이름과 인자는 y = Tsin(x,n)으로 한다. 입력인자는 각도(°) x와 급수의 항의 개수 n이다. 함수를 사용하여 항의 개수가 세 개와 일곱 개일 때 150°를 계산하라.

풀이

a) 급수의 처음 *n*항의 합을 계산하는 스크립트 파일은 다음과 같다.

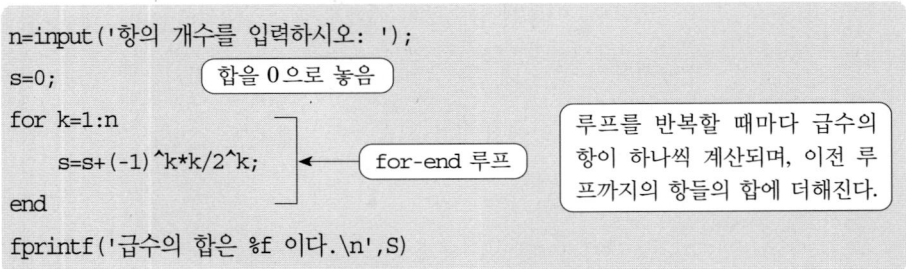

```
n=input('항의 개수를 입력하시오: ');
s=0;                    합을 0으로 놓음
for k=1:n
    s=s+(-1)^k*k/2^k;        for-end 루프
end
fprintf('급수의 합은 %f 이다.\n',S)
```

루프를 반복할 때마다 급수의 항이 하나씩 계산되며, 이전 루프까지의 항들의 합에 더해진다.

루프의 반복을 통해 합이 계산된다. 첫 번째 반복에서 첫 항이, 두 번째 반복에서 두 번째 항이 계산되며, 이런 식으로 매번 반복할 때마다 급수의 항이 하나씩 새로 계산되어 이전 항들의 합에 더해진다. 파일은 Exp7_4a라는 이름으로 저장되며, 다음과 같이 명령어 창에서 두 번 실행된다.

```
>> Exp7_4a
항의 개수를 입력하시오: 4
급수의 합은 -0.125000 이다.
>> Exp7_4a
항의 개수를 입력하시오: 20
급수의 합은 -0.222216 이다.
>>
```

b) Taylor 공식의 *n* 개의 항들을 더하여 sin(*x*)를 계산하는 사용자정의 함수 파일은
다음과 같다.

```
function y = Tsin(x,n)
% Tsin은 Taylor 공식을 이용하여 sin을 계산한다.
% 입력 인자 :
% x = 각도로 표시된 각
% n = 항의 개수


xr=x*pi/180;                          각을 도에서 라디안으로 변환함
y=0;
for k=0:n-1
    y=y+(-1)^k*xr^(2*k+1)/factorial(2*k+1);       for-end 루프
end
```

첫 번째 항은 *k* = 0에 해당하므로, 급수에서 *n* 개의 항들을 더하기 위해서는 마지막
루프가 *k* = *n* − 1이 되어야 한다. 명령어 창에서 함수를 이용하여 항 세 개와 일곱
개를 사용하여 sin(150°)를 계산한다.

```
>> Tsin(150,3)              Taylor 급수의 세 개 항으로 sin(150°)를 계산함

ans =

      0.6523

>> Tsin(150,7)             Taylor 급수의 일곱 개 항으로 sin(150°)를 계산함

ans =
                                        정확한 값은 0.5 임
      0.5000
```

for-end 루프와 원소별 연산에 대한 유의사항

어떤 경우에는 for-end 루프나 원소별 연산 어느 쪽을 사용해도 같은 최종 결과를
얻을 수 있다. 예제 7.5는 for-end 루프가 어떻게 동작하는지를 보여주는데, 이 예제
는 원소별 연산을 사용해도 풀 수 있다(3.9절의 문제 7과 8 참조). 배열과의 원소별 연
산은 MATLAB의 뛰어난 특징들 중 하나로 루프가 필요한 상황에서 루프를 대체하
는 연산 수단을 제공한다. 일반적으로 원소별 연산이 루프보다 더 빠르며, 두 방법 모
두 사용할 수 있다면 원소별 연산을 사용하기를 추천한다.

예제 7.6 벡터 원소의 수정

벡터가 다음과 같이 주어진다. $V = [5, 17, -3, 8, 0, -7, 12, 15, 20, -6, 6, 4, -2, 16]$. 벡터의 원소 중에서 양수이면서 3이나 5, 또는 3과 5로 나누어떨어지는 원소는 두 배를 하고, 음수이면서 -5보다 큰 원소는 세제곱을 하는 프로그램을 스크립트 파일로 작성하라.

풀이

if-elseif-end 조건문이 포함된 for-end 루프를 이용하여 문제를 풀 수 있다. 반복횟수는 벡터의 원소 개수와 같다. 매회 반복할 때마다 조건문에서 한 원소씩 체크한다. 이때 원소가 문제에서 기술한 조건을 만족하면, 원소는 새로 계산된 값으로 대체된다. 필요한 연산을 수행하는 스크립트 파일의 프로그램은 다음과 같다.

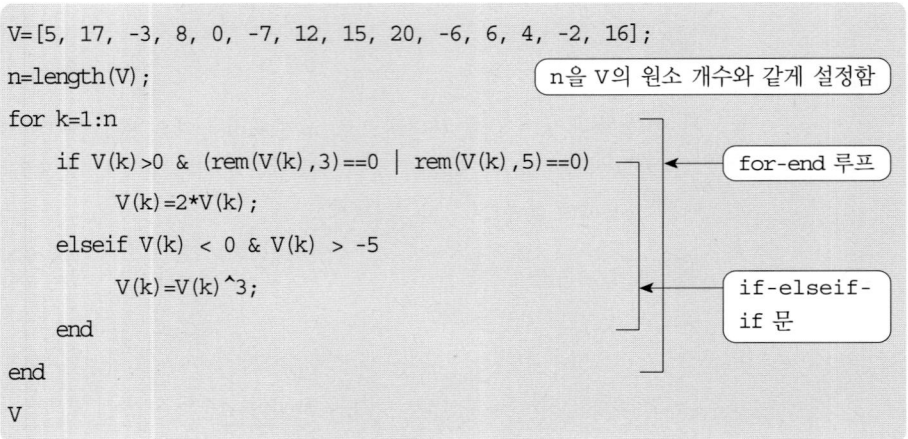

```
V=[5, 17, -3, 8, 0, -7, 12, 15, 20, -6, 6, 4, -2, 16];
n=length(V);                         n을 V의 원소 개수와 같게 설정함
for k=1:n
    if V(k)>0 & (rem(V(k),3)==0 | rem(V(k),5)==0)     for-end 루프
        V(k)=2*V(k);
    elseif V(k) < 0 & V(k) > -5
        V(k)=V(k)^3;                                  if-elseif-
    end                                                 if 문
end
V
```

프로그램을 명령어 창에서 실행하면 다음과 같다.

```
>> Exp7_5
V =
    10    17   -27     8     0    -7    24    30    40    -6    12     4
    -8    16
```

7.4.2 while-end 루프

while-end 루프는 루프 반복이 필요하나 반복횟수가 미리 알려져 있지 않은 상황에서 사용된다. while-end 루프에서 루프 반복과정을 시작할 때 반복횟수는 지정되

그림 7.6 while-end 루프의 구조

지 않으며, 그 대신 기술된 조건이 만족될 때까지 루프 과정을 반복한다. while-end 루프의 구조는 그림 7.6과 같다.

첫 번째 줄은 조건식을 포함한 while 문이다. 프로그램이 이 줄에 도달하면 조건식을 조사한다. 조건식이 거짓(0)이면, MATLAB은 end 문까지 건너뛴 후, 그 다음 명령어를 계속 수행한다. 조건식이 참(1)이면, MATLAB은 while과 end 문 사이의 명령어 그룹을 실행한 후, while 명령어로 돌아가서 조건식을 다시 조사한다. 이 루프 반복과정은 조건식이 거짓이 될 때까지 계속된다.

while-end 루프의 적절한 실행을 위한 유의사항

- while 명령어의 조건식은 적어도 하나의 변수를 포함해야 한다.

- MATLAB이 while 명령어를 처음 실행할 때 조건식의 변수들은 미리 값이 할당되어 있어야 한다.

- 조건식의 변수들 중 적어도 하나는 while과 end 사이의 명령어에서 새 값을 할당받아야 한다. 그렇지 않으면, 조건식이 계속 참으로 존재하게 되어 루프가 일단 실행되면 멈추지 않고 무한반복을 하게 될 것이다.

while-end 루프의 간단한 예를 다음 프로그램에서 볼 수 있다. 이 프로그램에서 초기 값이 1인 변수 x는 15 이하를 만족하는 동안은 루프를 반복할 때마다 두 배가 된다.

```
x=1                               x의 초기 값은 1 임
while x<=15                       x <= 15일 때만 다음 명령어가 수행됨
    x=2*x                         루프를 반복할 때마다 x가 두 배가 됨
end
```

이 프로그램이 실행되면, 명령어 창의 화면은 다음과 같다.

```
x=
    1
x =
    2
x =
    4
x =
    8
x =
    16
```

x의 초기 값

루프를 반복할 때마다 x는 두 배가 됨

x = 16일 때, while 명령어의 조건식은 거짓이 되며 루프를 중지함

중요사항

while-end 루프를 작성할 때 프로그래머는 반드시 조건식의 변수가 루프 반복과정에서 새 값을 할당받아 결국에는 while 명령어의 조건식이 거짓이 되도록 만들어야 한다. 그렇지 않으면, 루프는 무한히 반복되어 무한루프가 될 것이다. 예를 들어, 앞의 예에서 조건식이 x >= 0.5로 바뀌면, 루프는 무한히 반복될 것이다. 이런 상황은 루프의 반복횟수를 세어 반복횟수가 어떤 큰 값을 초과할 때 반복을 중지시킴으로써 피할 수 있다. 이를 위해서는 최대 반복횟수를 조건식에 추가하거나 break 명령어를 사용한다(7.6절).

실수로부터 자유로운 사람은 없으므로, 주의해서 프로그램을 작성해도 무한루프 상황이 일어날 수 있다. 만일 이런 상황이 발생하면, **Ctrl + C** 키나 **Ctrl + Break** 키를 눌러 무한루프의 실행을 멈출 수 있다.

예제 7.7 함수의 Taylor 급수 표현

함수 $f(x) = e^x$는 Taylor 급수 $e^x = \sum_{n=0}^{\infty} \dfrac{x^n}{n!}$로 표현될 수 있다. Taylor 급수 표현을 이용하여 e^x를 구하는 프로그램을 스크립트 파일로 작성하라. 프로그램은 급수의 항들을 하나씩 더하며, 마지막으로 더했던 항의 절대값이 0.0001보다 작으면 더 이상의 더하기를 중지하고 e^x를 계산한다. while-end 루프를 사용하되, 반복횟수를 30으로 제한하라. 30번째 반복에서 더해질 항의 값이 0.0001보다 작아지지 않으면, 프로그램 반복을 중지하고 30개보다 많은 항이 필요하다는 메시지를 출력한다.

프로그램을 이용하여 e^2, e^{-4}, e^{21}을 계산하라.

풀이

Taylor 급수의 처음 몇 항은 다음과 같다.

$$e^x = 1 + x + \frac{x^2}{2!} + \frac{x^3}{3!} + \dots$$

급수를 사용하여 함수 계산을 하는 프로그램을 다음에 나타낸다. 프로그램은 사용자에게 x의 값을 입력하도록 요구한다. 그다음, 첫 번째 항 an이 수 1을 할당하고, an을 합계 S에 할당한다. 그다음, 두 번째 항 이후부터, 프로그램은 while 루프를 이용하여 급수의 n번째 항을 계산하여 합계에 더하고 항의 개수 n을 센다. n번째 항 an의 절대값이 0.0001보다 크고 반복횟수 n이 30보다 작은 한, while 명령어의 조건식은 참이다. 이것은 30번째 항이 0.0001보다 작아지지 않으면 루프반복을 멈춘다는 것을 의미한다.

```
x=input('x를 입력하시오 : ');
n=1; an=1; S=an;
while abs(an) >= 0.0001 & n <= 30          ┤while 루프의 시작├
    an=x^n/factorial(n);                   ┤n번째 항을 계산함├
    S=S+an;                                ┤n번째 항을 합에 더함├
    n=n+1;                                 ┤반복횟수를 셈├
end                                        ┤while 루프의 끝├
if n >= 30                                 ┤if-else-end 루프├
    disp('30개보다 많은 항이 필요하다.')
else
    fprintf('exp(%f) = %f',x,S)
    fprintf('\n사용된 항의 개수는 %i 개이다.\n', n)
end
```

프로그램은 결과 출력을 위해 if-else-end 문을 사용한다. 30번째 항이 0.0001보다 작아지지 않아서 루프반복을 중지한다면, 이를 나타내는 메시지를 출력한다. 함수의 값이 성공적으로 계산되면, 함수의 값과 사용된 항의 개수를 출력한다. 프로그램이 실행될 때, 반복횟수는 x의 값에 따라 좌우된다. 프로그램을 expox라는 이름으로 저장하고 다음과 같이 e^2, e^{-4}, e^{21}의 계산에 사용한다.

```
>> expox
x를 입력하시오 : 2                         ┤exp(2)를 계산함├
exp(2.000000) = 7.389046
```

사용된 항의 개수는 12개이다.   12개 항이 사용됨

>> expox

x를 입력하시오 : -4   exp(-4)를 계산함

exp(-4.000000) = 0.018307

사용된 항의 개수는 18개이다.   18개의 항이 사용됨

>> expox

x를 입력하시오 : 21   exp(21)의 계산을 시도함

30개보다 많은 항이 필요하다.

7.5 중첩 루프와 중첩 조건문

루프와 조건문은 각자 자기 자신 속에서 중첩되거나 상대방 속에서 중첩될 수 있다.
이것은 루프나 조건문이 다른 루프나 조건문 속에서 시작과 종료를 할 수 있음을 의
미한다. 중첩될 수 있는 루프와 조건문의 수에는 제한이 없다. 그러나 if, case, for,
while 문 각각은 해당 end 문을 가져야 함을 명심해야 한다. 그림 7.7은 for-end
루프 속에 중첩된 다른 for-end 루프의 구조를 보여준다.

그림의 루프에서, 예를 들어 n = 3이고 m = 4이면, 시작은 k = 1이며 중첩 루프는
h = 1, 2, 3, 4로 네 번 실행된다. 다음은 k = 2이며 중첩 루프는 다시 h = 1, 2, 3,
4로 네 번 실행된다. 마지막은 k = 3이며 중첩 루프는 다시 네 번 실행된다. 중첩 루
프를 입력할 때마다 MATLAB은 바깥 루프에 대해 새 루프를 자동으로 들여쓰기
한다. 다음의 간단한 예제에서 중첩 루프와 조건문을 예로 나타낸다.

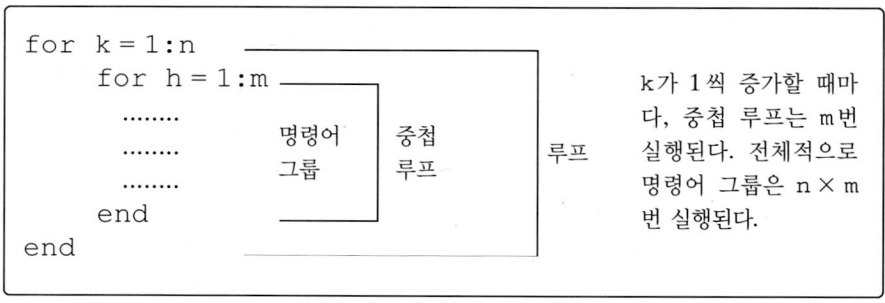

그림 7.7 중첩 루프(nested loop)의 구조

예제 7.8 루프에 의한 행렬 생성

다음 값들을 갖는 원소를 가진 $n \times m$ 행렬을 생성하는 프로그램을 스크립트 파일로 작성하라. 첫 번째 행(row)의 원소들의 값은 해당 원소가 속한 열(column)의 번호와 같다. 첫 번째 열(column)의 원소들의 값은 해당 원소가 속한 행(row)의 번호와 같다. 나머지 원소들은 자기 바로 위의 원소와 자기 왼쪽 원소를 더한 값과 같다. 프로그램이 실행되면 사용자에게 n과 m의 값을 입력하도록 요구한다.

풀이

다음 프로그램은 중첩된 루프 한 개를 포함해서 두 개의 루프를 가지고 있으며, 한 개의 중첩된 if-elseif-else-end 문을 가지고 있다. 행렬의 원소들은 행별로 값을 할당받는다. 첫 번째 루프의 루프 인덱스 변수 k는 행의 주소이며, 두 번째 루프의 루프 인덱스 변수 h는 열의 주소이다.

```
n=input('행의 개수를 입력하시오: ');
m=input('열의 개수를 입력하시오: ');
A=[];                                    빈 행렬 A를 정의함
for k=1:n                                첫 번째 for-end 루프를 시작함
    for h=1:m                            두 번째 for-end 루프를 시작함
        if k==1                          조건문의 시작
            A(k,h)=h;                    첫 번째 행(row)의 원소들에 값을 할당함
        elseif h==1
            A(k,h)=k;                    첫 번째 열(column)의 원소들에 값을 할당함
        else
            A(k,h)=A(k,h-1)+A(k-1,h);    다른 원소들에 값을 할당함
        end                              if 문의 end
    end                                  중첩된 for-end 루프의 end
end                                      for-end 루프의 end
A
```

프로그램이 명령어 창에서 실행되면 다음과 같이 4×5 행렬을 생성한다.

```
>> Chap7_exp7
행의 개수를 입력하시오: 4
열의 개수를 입력하시오: 5
A =
```

1	2	3	4	5
2	4	7	11	16
3	7	14	25	41
4	11	25	50	91

7.6 break 명령어와 continue 명령어

break 명령어

- break 명령어가 루프(for와 while) 속에 있을 때, break 명령어는 루프(해당 루프 반복만이 아닌 전체 루프)의 수행을 종료한다. 루프에서 break 명령어가 나타나면, MATLAB은 루프의 end 명령어로 점프한 후 end 다음 명령어를 계속 수행한다(해당 루프의 for 명령어로 되돌아가지 않는다).

- break 명령어가 중첩 루프 속에 있는 경우, 해당 중첩 루프만 종료된다.

- break 명령어가 스크립트 파일이나 함수 파일의 루프 밖에 있다면, 파일의 실행을 종료시킨다.

- break 명령어는 일반적으로 조건문 속에서 사용된다. break 명령어는 루프에서 어떤 조건이 만족될 때 루프 반복과정을 종료하기 위한 방법을 제공한다. 예를 들어, 루프의 횟수가 미리 정해진 값을 초과하거나 어떤 수치계산 과정에서의 오차가 미리 정해진 값보다 작아지면, 루프를 종료한다. 루프 밖에 break 명령어가 있는 경우, break 명령어는 파일의 실행을 중지시키는 수단을 제공한다. 예를 들어, 함수 파일로 전달된 데이터가 기대했던 것과 일치하지 않는 경우, break 명령어로 함수 파일의 실행을 중지시킬 수 있다.

continue 명령어

- continue 명령어가 for와 while 루프 속에 사용되면 현재 수행중인 반복과정을 멈추고 루프의 다음 반복과정을 시작한다.

- continue 명령어는 일반적으로 조건문의 일부이다. MATLAB이 continue 명령어에 도달하면, 루프의 나머지 명령어들을 실행하지 않고 end 명령어로 건너뛴 후, 반복을 계속한다.

7.7 MATLAB 응용 예제

예제 7.9 퇴직연금계정에서의 인출

어떤 퇴직자가 연리 5%의 저축계좌에 300,000달러($)를 예금하고 있다. 이 퇴직자가 일 년에 1회씩 계좌에서 다음과 같이 돈을 인출하려고 계획하고 있다. 1년 후 25,000달러 인출을 시작으로, 인플레이션 비율에 따라 인출금액을 증가시킨다. 예를 들어, 인플레이션 비율이 3%이면, 2년 후에 25,750달러를 인출한다. 인플레이션 비율이 매년 2%로 일정하다고 가정하여, 계좌의 예금이 유지되는 연수를 계산하라. 경과년수에 대한 매년 인출금액과 계좌잔고를 보여주는 그래프를 그려라.

풀이

루프가 시작되기 전에 반복횟수가 알려져 있지 않으므로, while 루프를 이용하여 문제를 푼다. 루프를 반복할 때마다 인출할 금액과 계좌잔고가 계산된다. 계좌잔고가 인출할 금액보다 크거나 같은 한, 루프는 계속 반복된다. 다음은 스크립트 파일로 작성된 문제 풀이를 위한 프로그램이다. 프로그램에서 year는 경과년수를 원소로 가진 벡터이고, W는 매년 인출되는 금액을 가진 벡터이며, AB는 매년에 대한 계좌잔고를 가진 벡터이다.

```
rate=0.05; inf=0.02;
clear W AB year
year(1)=0;                             첫 번째 원소는 0년임
W(1)=0;                                초기 인출금액
AB(1)=300000;                          초기 계좌잔고
Wnext=25000;                           일 년 후에 인출할 금액
ABnext=300000*(1 + rate);             일 년 후의 계좌잔고
n=2;
while ABnext >= Wnext      while은 다음 잔고가 다음 인출금액보다 큰지 조사함
    year(n)=n-1;
    W(n)=Wnext;                        n − 1년 후에 인출할 금액
    AB(n)=ABnext-W(n);                 n − 1년 후의 인출 뒤 계좌잔고
    ABnext=AB(n)*(1+rate);            인출 뒤 1년이 지난 후의 계좌잔고
    Wnext=W(n)*(1+inf);              인출 뒤 1년이 지난 후의 인출금액
    n=n+1;
```

```
end
fprintf('계좌의 잔고는 %f년 동안 유지된다.\n',year(n-1))
bar(year,[AB', W'],2.0)
```

명령어 창에서 위의 프로그램(파일이름: Chap7_exp9)을 실행시키면 다음과 같다.

```
>> Chap7_exp9
계좌의 잔고는 15년 동안 유지된다.
```

프로그램은 다음 그래프도 출력한다. 축 라벨과 범례는 그래프 편집기를 이용하여 그래프에 추가하였다.

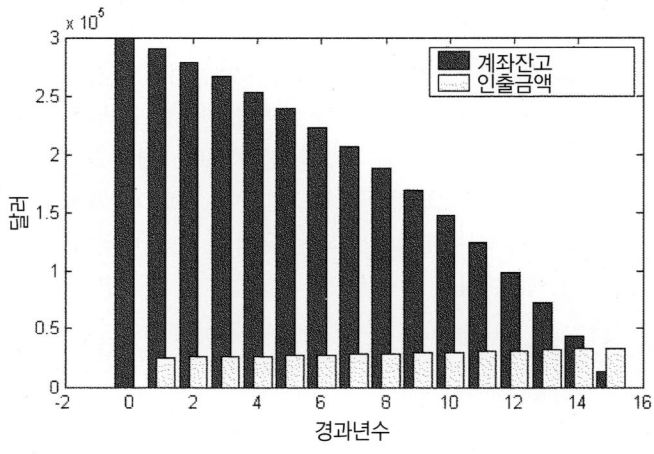

예제 7.10 복권 번호의 선택

복권 구입자는 숫자 목록에서 여러 개의 수를 선택해야 한다. 수 a와 b 사이에 균일하게 분포된 n개의 정수 리스트를 생성하는 사용자정의 함수를 작성하라. 생성된 리스트의 정수들은 모두 서로 달라야 한다.

$a)$ 함수를 이용하여 1부터 49까지의 정수 중에서 6개의 정수 리스트를 생성하라.

$b)$ 함수를 이용하여 60부터 75까지의 정수 중에서 8개의 정수 리스트를 생성하라.

$c)$ 함수를 이용하여 -15부터 15까지의 정수 중에서 9개의 정수 리스트를 생성하라.

풀이

아래의 함수는 MATLAB의 rand 함수(3.7절 참조)를 사용한다. 모든 수를 서로 다르게 하기 위해, 하나씩 수를 선택한다. rand 함수에 의해 수를 하나씩 선택할 때마다 이미 선택한 모든 수들과 비교한다. 같은 수가 있으면 선택한 수를 버리고 다시 새로운 수를 고른다.

```
function x = lotto(a,b,n)
% lotto는 (a,b)의 영역으로부터 모두 다른 n개의 정수를 선택한다.
% x는 n개의 정수를 가진 벡터이다.
    x(1)=round((b-a)*rand+a);                    a와 b 사이의 첫 번째 정수를 선택함
for p=2:n
    x(p)=round((b-a)*rand+a);                    그다음 수를 x(p)에 할당함
    r=0;                                         r을 0으로 설정함
    while r==0                                   아래의 설명 참조
        r=1;                                     r을 1로 설정함
        for k=1:p-1                              for 루프는 x(p)에 할당된 수와
                                                 이미 선택된 수들을 비교함
            if x(k)==x(p)                        일치하는 수가 있으면, 새로
                x(p)=round((b-a)*rand+a);        운 수를 다시 x(p)에 할당
                r=0;                             하고 r을 0으로 설정함
                break                            중첩된 for 루프가 중지되고, while 루프로 되돌아
            end                                  간다. r = 0이므로 while 루프 속의 중첩 for 루프
        end                                      가 다시 시작되며 x(p)에 할당된 새 정수가 이미 선
    end                                          택된 벡터 x의 정수들과 같은지 조사한다.
end
end
```

while 루프는 벡터 x에 추가될 새 정수(원소)가 벡터 x에 이미 들어있는 원소들(이미 선택한 정수들)과 일치하지 않는지 확인한다. 일치하는 정수가 있으면, 벡터 x에 이미 들어있는 원소와는 다른 정수를 얻을 때까지 계속해서 새로운 정수를 고른다.

문제에서 기술된 세 경우에 대해 명령어 창에서 함수를 사용한 결과를 다음에 나타내었다.

```
>> lotto(1,49,6)
ans =
```

```
       3     42     46     34     37     20
>> lotto(60,75,8)
ans =
      70     63     71     60     64     61     72     65
>> lotto(-15,15,9)
ans =
     -11     -7     10      9     -8     13     -5     -9      3
```

예제 7.11 로켓 모델의 비행

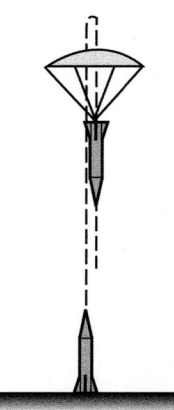

로켓 모델의 비행은 다음과 같이 모델링될 수 있다. 처음 0.15 s 동안 로켓은 16 N 의 힘으로 로켓 엔진에 의해 위로 추진되며, 이후에는 중력의 영향으로 올라가는 속도가 점점 느려진다. 정점에 도달한 후, 로켓은 아래로 낙하하기 시작한다. 로켓의 낙하속도가 20 m/s 에 도달하면, 낙하산이 순간적으로 펴지며 이후 땅에 닿을 때까지 20 m/s 의 일정한 속도로 계속 낙하한다. 로켓이 비행하는 동안, 로켓의 속도와 고도를 시간의 함수로 계산하고 그래프로 출력하는 프로그램을 작성하라.

풀이

로켓을 수직평면상의 직선을 따라 움직이는 질점으로 가정한다. 직선을 따라 일정한 가속도로 운동하는 경우, 속도와 위치는 시간의 함수로서 다음 식으로 주어진다.

$$v(t) = v_0 + at, \qquad s(t) = s_0 + v_0 t + \frac{1}{2}at$$

여기서 v_0와 s_0는 각각 초기속도와 초기변위이다. 컴퓨터 프로그램에서 로켓의 비행은 세 구간으로 나뉜다. 각 구간은 while 루프로 계산되며, 루프가 반복될 때마다 프로그램에서 설정한 시간 증분만큼 시간이 증가한다.

구간 1: 엔진이 켜진 처음 0.15 s 동안의 운동

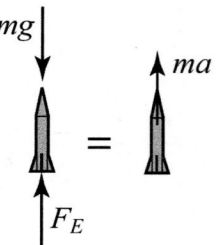

이 구간에서 로켓은 일정한 가속도로 위로 올라간다. 가속도는 우측의 자유물체도와 질량-가속도 다이어그램을 그려서 구한다. Newton 의 제2 법칙으로부터, 수직방향 힘들의 합은 질량과 가속도의 곱과 같다(평형방정식). 즉,

$$+\uparrow \Sigma F = F_E - mg = ma$$

가속도에 대해 식을 풀면 다음과 같다.

$$a = \frac{F_E - mg}{m}$$

속도와 높이는 시간의 함수로서 다음과 같다.

$$v(t) = 0 + at, \qquad h(t) = 0 + 0 + \frac{1}{2}at^2$$

여기서 초기 속도와 초기 위치는 모두 0이다. 컴퓨터 프로그램에서 이 구간은 $t = 0$ 일 때 시작하며, 루프는 $t < 0.15$ s를 만족하는 한 계속된다. 이 구간 끝에서의 시간, 속도, 높이는 각각 t_1, v_1, h_1이다.

구간 2: 엔진이 멈춘 시점부터 낙하산이 펴질 때까지의 운동

이 구간에서 로켓은 일정한 감속도 g로 움직인다. 시간의 함수로서 로켓의 속도와 높이는 다음 식으로 주어진다.

$$v(t) = v_1 - g(t - t_1), \qquad h(t) = h_1 + v_1(t - t_1) - \frac{1}{2}g(t - t_1)^2$$

이 구간에서 루프 반복은 로켓의 속도가 -20 m/s(로켓이 아래로 움직이므로 음수임)가 될 때까지 계속된다. 이 구간 끝에서의 시간과 높이는 t_2와 h_2이다.

구간 3: 낙하산이 펴진 시점부터 로켓이 땅에 닿을 때까지의 운동

이 구간에서 로켓은 일정한 속도(가속도 0)로 움직인다. 높이는 시간의 함수로서 식 $h(t) = h_2 - v_{chute}(t - t_2)$로 주어진다. 여기서 v_{chute}는 낙하산이 펴진 후의 로켓의 일정한 속도이다. 이 구간에서 루프 반복은 높이가 0보다 큰 동안 계속 된다.

계산을 수행하는 프로그램을 스크립트 파일로 작성하면 다음과 같다.

```
m=0.05; g=9.81; tEngine=0.15; Force=16; vChute=-20; Dt=0.01;
clear t  v  h
n=1;
t(n)=0; v(n)=0; h(n)=0;
% 구간 1
a1=(Force-m*g)/m
```

```
while t(n) < tEngine & n < 50000                        첫 번째 while 루프
    n=n+1;
    t(n)=t(n-1)+Dt;
    v(n)=a1*t(n);
    h(n)=0.5*a1*t(n)^2;
end
v1=v(n); h1=h(n); t1=t(n);


% 구간 2
while v(n) >= vChute & n < 50000                        두 번째 while 루프
    n=n+1;
    t(n)=t(n-1)+Dt;
    v(n)=v1-g*(t(n)-t1);
    h(n)=h1+v1*(t(n)-t1)-0.5*g*(t(n)-t1)^2;
end
v2=v(n); h2=h(n); t2=t(n);


% 구간 3
while h(n) > 0 & n < 50000                              세 번째 while 루프
    n=n+1;
    t(n)=t(n-1)+Dt;
    v(n)=vChute;
    h(n)=h2 + vChute*(t(n)-t2);
end
subplot(1,2,1)
plot(t,h,t2,h2,'o')
subplot(1,2,2)
plot(t,v,t2,v2,'o')
```

결과의 정확도는 시간 증분 Dt의 크기에 따라 좌우된다. 0.01초의 증분 값이 좋은 결과를 준 것으로 보인다. while 명령어의 조건식은 n이 50,000보다 크면 루프를 멈추도록 n에 대한 조건도 포함하고 있는데, 이것은 루프 내의 명령문에 오류가 있을 경우 무한루프를 피하기 위한 예방책이다. 프로그램에 의해 생성된 그래프를 다음에 나타내었다. 축 라벨과 텍스트는 그래프 편집기를 이용하여 그래프에 추가하였다.

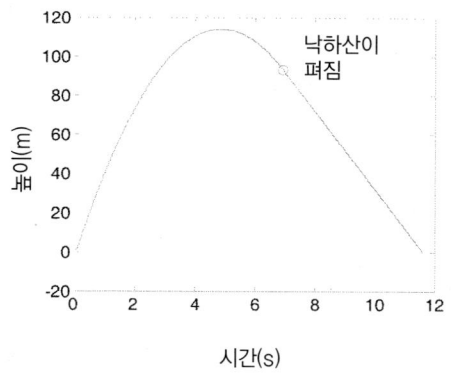

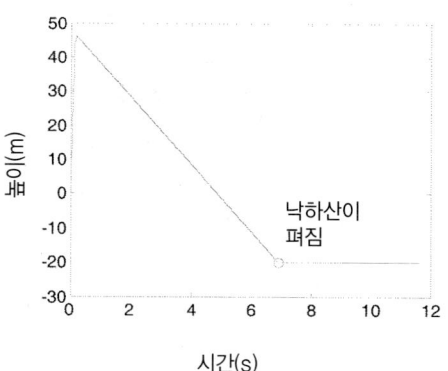

유의사항

이 문제는 여러 방법으로 해를 구하고 프로그래밍할 수 있다. 여기서 보인 해는 그 중 한 가지일 뿐이다. 예를 들어, while 루프 대신 낙하산이 펴지는 시간과 로켓이 땅에 닿는 시간을 먼저 계산하여, while 루프 대신 for-end 루프를 사용할 수도 있다. 시간이 첫 번째로 결정된다면, 루프 대신 원소별 계산을 이용할 수도 있다.

예제 7.12 교류-직류 변환기(AC to DC converter)

반파 다이오드(half-wave diode) 정류기는 AC 전압을 DC 전압으로 변환하는 전기회로이다. 정류기 회로는 그림과 같이 AC 전압원(voltage source), 다이오드, 커패시터, 부하(저항기)로 구성되어 있다. 전압원은 $v_s = v_0\sin(\omega t)$이며, 여기서 $\omega = 2\pi f$이고, f는 주파수이다. 오른쪽 그림에 회로의 동작을 나타내었다. 그림에서 파선은 전압원의 전압을 나타내며, 실선은 저항기 양단의 전압을 나타낸다. 첫 사이클에서 다

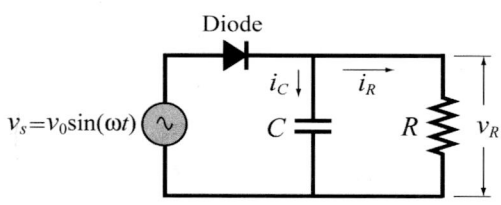

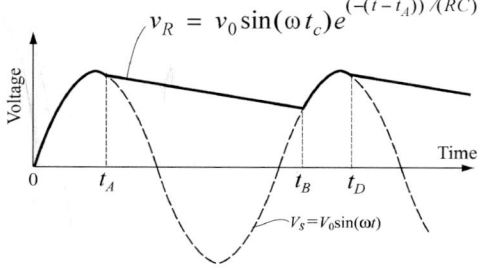

이오드는 $t = 0$에서 $t = t_A$까지 켜져 있다(전류를 통과시킨다). $t = t_A$에서 다이오드가 꺼지고, 커패시터의 방전에 의해 저항기에 전력이 공급된다. $t = t_B$에서 다이오드가 다시 켜지며 $t = t_D$까지 전류를 통과시킨다. 사이클은 전압원이 켜져 있는 한 계속된다. 이 회로의 단순해석에서 다이오드는 이상적인 것으로 가정하며 커패시터는 초기에, 즉 $t = 0$에서 전혀 충전되지 않은 것으로 가정한다. 다이오드가 켜지면, 저항기의 전압과 전류는 다음 식으로 주어진다.

$$v_R = v_0 \sin(\omega t), \qquad i_R = v_0 \sin(\omega t) / R$$

커패시터의 전류는 다음과 같다.

$$i_C = \omega C v_0 \cos(\omega t)$$

다이오드가 꺼지면, 저항기 양단의 전압은 다음 식으로 주어진다.

$$v_R = v_0 \sin(\omega t_A) e^{(-(t - t_A))/(RC)}$$

다이오드가 꺼지는 시간들(t_A, t_D 등)은 $i_R = -i_C$의 조건으로부터 계산된다. 전원의 전압이 저항기 양단의 전압에 도달할 때(그림에서 시간 t_B), 다이오드는 다시 켜진다.

저항 양단의 전압 v_R과 전원 전압 v_s를 시간 $0 \le t \le 7$ ms에 대해 시간의 함수로 그래프를 그리는 MATLAB 프로그램을 작성하라. 부하의 저항은 1800 Ω이며, 전원의 전압은 $v_0 = 12$ V이고, $f = 60$ Hz이다. 부하 양단의 전압에 대한 커패시터 크기의 영향을 조사하기 위해, $C = 45$ μF과 $C = 10$ μF에 대해 프로그램을 각각 실행하라.

풀이

문제 풀이를 위한 프로그램은 아래와 같다. 프로그램은 두 부분으로 이루어져 있다. 하나는 다이오드가 켜져 있을 때의 전압 v_R을 계산하며, 나머지 하나는 다이오드가 꺼져 있을 때의 전압 v_R을 계산한다. 두 부분 사이의 스위칭을 위해 switch 명령어를 사용한다. 계산은 다이오드가 켜진 상태(변수 state='on')에서 시작되며, $i_R + i_C \le 0$이 되면 변수 state의 값이 'off'로 바뀌면서 off 상태에서의 v_R을 계산하는 명령어로 프로그램이 스위칭된다. 이 계산은 $v_s \ge v_R$이 되어 다이오드가 켜졌을 때의 식으로 다시 스위칭될 때까지 계속된다.

```
V0=12; C=45e-6; R=1800; f=60;
Tf=70e-3; w=2*pi*f;
```

```
clear t VR Vs
t=0:0.05e-3:Tf;
n=length(t);
state='on'
for i=1:n
    Vs(i)=V0*sin(w*t(i));
    switch state
        case 'on'
            VR(i)=Vs(i);
            iR=Vs(i)/R;
            iC=w*C*V0*cos(w*t(i));
            sumI=iR+iC;
            if sumI <= 0
                state='off'
                tA=t(i);
            end
        case 'off'
            VR(i)=V0*sin(w*tA)*exp(-(t(i)-tA)/(R*C));
            if Vs(i) >= VR(i)
                state='on';
            end
    end
end
plot(t,Vs,':',t,VR,'k','linewidth',1)
xlabel('시간 (s)'); ylabel('전압 (V)')
```

변수 state에 'on'을 할당함

시간 t에서 전원의 전압을 계산함

다이오드가 켜짐

$i_R + i_C \leq 0$인지 확인함
참이면, 'off'를 state에 할당함
t_A에 값을 할당함

다이오드가 꺼짐

$v_s \geq v_R$인지 확인함
참이면, 'on'을 변수 state에 할당함

프로그램에 의해 생성된 두 그래프를 다음에 나타낸다. 위쪽 그래프는 $C = 45\ \mu\mathrm{F}$에 대한 결과이며, 아래쪽 그래프는 $C = 10\ \mu\mathrm{F}$에 대한 결과이다. 커패시터가 클수록 DC 전압이 더 평탄함(전압신호에서 리플이 더 작음)을 알 수 있다.

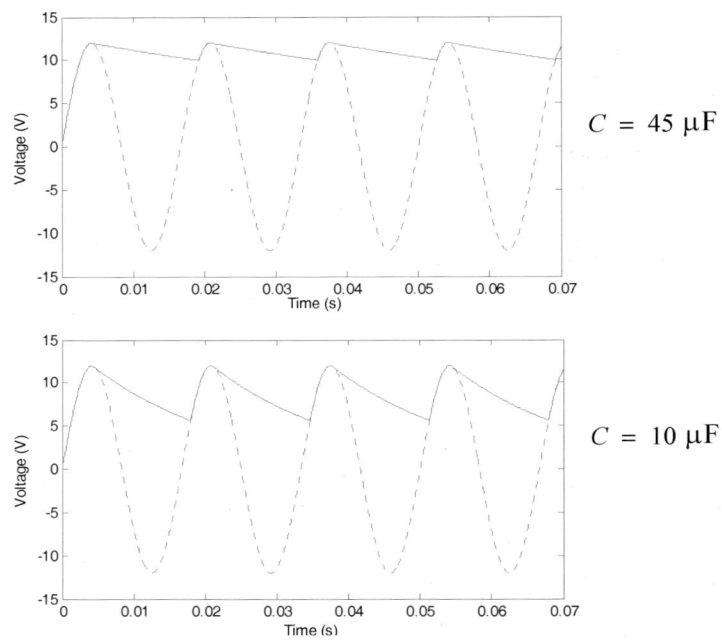

$C = 45 \ \mu\text{F}$

$C = 10 \ \mu\text{F}$

연습문제

1. MATLAB을 사용하지 않고 다음 식들을 계산한 후, MATLAB으로 답을 확인하라.

   a) $14 > 15/3$

   b) $y = 8/2 < 5 \times 3 + 1 > 9$

   c) $y = 8/(2 < 5) \times 3 + (1 > 9)$

   d) $2 + 4 \times 3 \sim = 60/4 - 1$

2. $a = 4$와 $b = 7$이 주어져 있다. MATLAB을 사용하지 않고 다음 식들을 계산한 후, MATLAB으로 답을 확인하라.

   a) $y = a + b > = a \times b$

   b) $y = a + (b > = a) \times b$

   c) $y = b - a < a < a/b$

3. $v = [4 \ \ -2 \ \ -1 \ \ 5 \ \ 0 \ \ 1 \ \ -3 \ \ 8 \ \ 2]$와 $w = [0 \ \ 2 \ \ 1 \ \ -1 \ \ 0 \ \ -2 \ \ 4 \ \ 3 \ \ 2]$가 주어져 있다. MATLAB을 사용하지 않고 다음 식들을 계산한 후, MATLAB으로 답을 확인하라.

a) $v <= w$ *b)* $w = v$

c) $v < w + v$ *d)* $(v < w) + v$

4. 앞 문제의 벡터 v와 w를 이용하라. 관계 연산자들을 이용하여 v의 원소들보다 작은 w의 원소들만으로 구성된 벡터 y를 생성하라.

5. MATLAB을 사용하지 않고 다음 식들을 계산한 후, MATLAB으로 답을 확인하라.

a) -3&0   *b)* 4<-1&5>0

c) 8-12|6+5&~-2   *d)* ~4&0+8*~(4|0)

6. 2001년 1월의 뉴욕시와 알래스카 앵커리지에 대한 일 최고기온(°F)이 다음과 같이 벡터로 주어진다(자료 출처: 미국 해양기후청).

TNY = [31 26 30 33 33 39 41 41 34 33 45 42 36 39 37 45 43 36 41 37 32 32 35 42 38 33 40 37 36 51 50]

TNAC = [37 24 28 25 21 28 46 37 36 20 24 31 34 40 43 36 34 41 42 35 38 36 35 33 42 42 37 26 20 25 31]

스크립트 파일로 프로그램을 작성하여 다음 질문에 답하라.

a) 각 시의 월 평균기온을 계산하라.

b) 각 시에서 기온이 평균기온 미만이었던 날은 모두 며칠인가?

c) 앵커리지의 기온이 뉴욕시의 기온보다 더 높았던 날은 모두 며칠이며, 날짜는 언제인가?

d) 두 도시의 기온이 같았던 날은 모두 며칠이며, 날짜는 언제인가?

e) 두 도시의 기온이 모두 결빙온도(32 °F) 위인 날은 며칠이며, 날짜는 언제인가?

7. 아래의 다른 두 방법을 이용하여 다음 함수의 그래프를 정의역 $-2 \leq x \leq 5$에 대해 그려라.

$$f(x) = \begin{cases} 20, & x \leq -1 \\ -5x + 10, & -1 \leq x \leq 1 \\ -10x^2 + 35x - 20, & 1 \leq x \leq 3 \\ -5x + 10, & 3 \leq x \leq 4 \\ -10, & x \geq 4 \end{cases}$$

a) 조건문과 루프를 사용하여 프로그램을 스크립트 파일로 작성하라.

b) $f(x)$에 대한 사용자정의 함수를 만들고, 이 함수를 사용하여 그래프를 그리는 스크립트 파일을 작성하라.

8. 루프를 이용하여, 행렬의 각 원소가 자신의 두 인덱스(원소의 행 번호와 열 번호)의 차를 두 인덱스의 합으로 나눈 값을 갖는 3×5 행렬을 생성하라. 예를 들어, 원소 (2,5)의 값은 $(2 - 5)/(2 + 5) = -0.4286$이다.

9. 이차방정식 $ax^2 + bx + c = 0$의 실(수)근을 구하는 프로그램을 스크립트 파일로 작성하라. 파일이름은 quadroots로 한다. 파일을 실행시키면, 파일은 사용자에게 상수 a, b, c의 값을 입력하도록 요구한다. 프로그램은 다음의 판별식 D를 이용하여 방정식의 근을 계산한다.

$$D = b^2 - 4ac$$

만일 $D > 0$이면, 프로그램은 메시지 "방정식은 다음 두 실근을 갖는다:"를 출력하고, 다음 줄에 두 실근을 출력한다.

만일 $D = 0$이면, 프로그램은 메시지 "방정식은 다음 중근을 갖는다:"를 출력하고, 이어서 옆에 중근을 출력한다.

만일 $D < 0$이면, 프로그램은 메시지 "방정식은 실근을 갖지 않는다."를 출력한다.

명령어 창에서 스크립트 파일을 실행하여 다음 세 방정식의 해를 구하라.

a) $-2x^2 + 16x - 32 = 0$
b) $8x^2 + 9x + 3 = 0$
c) $3x^2 + 5x - 6 = 0$

10. 다음 식을 구하는 프로그램을 루프를 이용하여 작성하라.

$$\left(12 \sum_{n=1}^{m} \frac{(-1)^n}{n^2} \right)^{\frac{1}{2}} \quad (n = 1, 2, ..., m)$$

$m = 10$, $m = 1000$, $m = 10,000$으로 각각 프로그램을 실행하고, 결과를 π와 비교하라.

11. 벡터가 다음과 같이 주어진다: $x = [15 \ -6 \ 0 \ 8 \ -2 \ 5 \ 4 \ -10 \ 0.5 \ 3]$. 조건문과 루프를 이용하여, 벡터의 양의 원소들의 합과 음의 원소들의 합을 각각 구하고 화면에 출력하는 프로그램을 작성하라.

12. n개의 양수 집합, $x_1, x_2, \ldots, x_n$의 기하평균 GM은 다음 식으로 정의된다.

$$GM = (x_1 \cdot x_2 \cdot \ldots \cdot x_n)^{1/n}$$

양수 집합의 기하평균을 계산하는 사용자정의 함수를 작성하라. 함수이름과 인자는 GM=Geomean(x)로 하며, 여기서 입력인자 x는 수들의 벡터(임의의 길이)이고, 출력인자 GM은 입력인자 원소들의 기하평균이다. 기하평균은 주식의 평균 수익률을 계산하는 데 유용하다. 다음 표는 지난 10년 동안 **IBM**의 주식 수익률(예를 들어, 16%의 수익률은 1.16을 의미함)을 나타낸다. 사용자정의 함수 Geomean을 사용하여 주식의 평균 수익률을 계산하라.

연도	1997	1998	1999	2000	2001	2002	2003	2004	2005	2006
보상	1.38	1.76	1.17	0.79	1.42	0.64	1.2	1.06	0.83	1.18

13. 양의 정수의 계승(factorial) $n!$은 다음 식으로 정의된다.

$$n! = n \cdot (n-1) \cdot (n-2) \cdot \ldots \cdot 3 \cdot 2 \cdot 1$$

여기서 $0! = 1$이다. 어떤 수의 계승 $n!$을 계산하는 사용자정의 함수를 작성하라. 함수이름과 인자는 y=fact(x)로 하며, 여기서 입력인자 x는 계승을 계산할 수이고, 출력인자 y는 $x!$의 값이다. 함수가 호출될 때 입력인자가 음수이거나 정수가 아닌 수가 입력되면, 함수는 오류 메시지를 출력한다. fact를 사용하여 다음 계승을 구하라.

a) 12!   *b)* 0!   *c)* −7!   *d)* 6.7!

14. $\cos(x)$에 대한 Taylor 급수 전개는 다음과 같다.

$$\cos(x) = 1 - \frac{x^2}{2!} + \frac{x^4}{4!} - \frac{x^6}{6!} + \ldots = \sum_{n=0}^{\infty} \frac{(-1)^n}{(2n)!} x^{(2n)}$$

여기서 x는 라디안(rad)이다. Taylor 급수 전개를 이용하여 $\cos(x)$를 구하는 사용자정의 함수를 작성하라. 함수 이름과 인자는 y=cosTaylor(x)로 하며, 여기서 입력인자 x는 각도(°)로 표시된 각이고, 출력인자 y는 $\cos(x)$의 값이다. 사용자정의 함수의 프로그램에서, Taylor 급수의 항들을 더하기 위해 루프를 사용하라. a_n이 급수의 n번째 항이라면, n개의 항들의 합 S_n은 $S_n = S_{n-1} + a_n$이다. 루프를 반복할 때마다 $E = \left| \frac{S_n - S_{n-1}}{S_{n-1}} \right|$로 주어지는 추정 오차값 E를 계산하고, $E \leq 0.000001$이면 항의 더하기를 중지하라. 문제 13에 대한 해를 가지고 있으면, 그 해를 함수 cosTaylor 안에 부함수로 삽입하고, 이 부함수를 이용하여 식의 계승(factorial) 항을 계산하라(문제 13의 해가 없으면, MATLAB의 내장함수 factorial을 이용하라).

cosTaylor를 이용하여 다음을 계산하고, 결과를 계산기로 구한 값과 비교하라.

a) cos(55°)   *b)* cos(190°)

15. 7로 나누어지면서 세제곱한 값이 40,000보다 큰 짝수 정수 중에서 가장 작은 수를 찾는 프로그램을 루프를 이용하여 스크립트 파일로 작성하라. 루프는 1부터 시작해야 하며 수를 찾으면 중지해야 한다. 프로그램은 메시지 "원하는 수 : "를 출력하고, 이어서 찾은 수를 출력한다.

16. 1과 *n* 사이의 모든 소수(prime number)를 찾는 사용자정의 함수를 작성하라. 함수 이름은 pr=prime(n)으로 하며, 여기서 입력인자 n은 양의 정수이고, 출력인자 pr은 소수를 가진 벡터이다. 만일 함수가 호출될 때 입력인자가 음수이거나 정수가 아닌 수가 입력되면, 오류 메시지 "입력인자는 양의 정수이어야 한다."를 출력해야 한다. 함수를 이용하여 다음을 구하라.

a) prime(30).   *b)* prime(52.5).

c) prime(79).   *d)* prime(-20).

17. 벡터의 원소들을 가장 큰 수에서 가장 작은 수의 순서로 정렬(sorting)하는 사용자정의 함수를 작성하라. 함수 이름과 인자는 y = downsort(x)로 한다. 함수의 입력은 임의의 길이의 벡터 x이고, 출력 y는 x의 원소들을 내림차순으로 정렬한 벡터이다. MATLAB의 내장함수들인 sort, max, min은 사용하지 않는다. 작성한 함수로 −30과 30 사이에 랜덤하게 분포된 14개의 정수를 가진 벡터를 정렬하라. 이 벡터는 MATLAB의 rand 함수를 이용하여 생성한다.

18. 행렬의 원소들을 정렬하는 사용자정의 함수를 작성하라. 함수 이름과 인자는 B = matrixsort(A)로 한다. 여기서 A는 임의의 크기의 행렬이며, B는 행렬 A의 원소들을 행을 따라 내림차순으로 정렬하여 (1,1) 원소가 가장 크고 (*m,n*) 원소가 가장 작도록 한 행렬로서 A와 같은 크기이다. 문제 17의 사용자정의 함수 downsort를 matrixsort의 서브함수로 사용하라.

작성한 함수로 −30과 30 사이에 랜덤하게 분포된 정수 원소들을 가진 4 × 7 행렬을 테스트하라. 이 벡터는 MATLAB의 rand 함수를 이용하여 생성한다.

19. Karvonen 공식은 훈련 시 심박률(training heart rate, *THR*)을 계산하기 위한 한 방법이다.

$$THR = [(220 - AGE) - RHR] \times INTEN + RHR$$

여기서 *AGE*는 나이, *RHR*은 안정 시 심박률(rest heart rate), *INTEN*은 체력등급(fitness level)으로서 낮은 등급은 0.55, 중간 등급은 0.65, 높은 등급은 0.8이다. *THR*을 구하는 프로그램을 스크립트 파일로 작성하라. 프로그램은 사용자에게 자신의 나이(수)와 안정 시 심박률(수), 체력등급(낮음, 중간, 높음)을 입력하도록 요구하며, 입력이 끝나면 *THR*을 출력한다.

20. 2차원 평면의 직각좌표계에 있는 한 점의 극좌표를 구하는 사용자정의 함수를 작성하라. 함수 이름과 인자는 [theta radius]=CartesianToPolar(x,y)로 한다. 입력인자는 점의 *x*, *y* 좌표이며, 출력인자는 각 θ와 점까지의 반경 거리이다. 각 θ는 각도(°)로 표시하며, 양의 *x*축에 대해 측정하므로 I, II, III 사분면에서는 양수이고 IV 사분면에서는 음수이다. 함수를 이용하여 네 개의 점, (15, 3), (−7, 12), (−17, −9), (10, −6.5)의 극좌표를 각각 구하라.

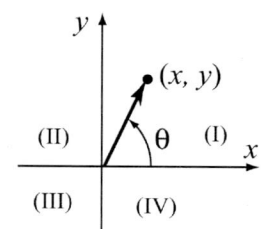

21. 다음 가격표에 의해 자동차 렌트 비용을 계산하는 프로그램을 스크립트 파일로 작성하라.

차종	렌트 기간		
	1~6일	**7~27일**	**28~60일**
B 타입	27달러/일	7일에 162달러이며, 하루 추가할 때마다 25달러씩 추가	28일에 662달러이며, 하루 추가할 때마다 23달러씩 추가
C 타입	34달러/일	7일에 204달러이며, 하루 추가할 때마다 31달러씩 추가	28일에 284달러이며, 하루 추가할 때마다 28달러씩 추가
D 타입	D 타입은 7일 미만의 렌트는 할 수 없음	7일에 276달러이며, 하루 추가할 때마다 43달러씩 추가	28일에 1,136달러이며, 하루 추가할 때마다 38달러씩 추가

프로그램은 사용자에게 차종과 렌트 기간을 입력하도록 요구한 다음, 비용을 출력한다. 60일보다 긴 기간을 입력하면, 메시지 "렌탈은 60일을 초과할 수 없습니다."를 출력한다. D 타입에 대해 6일보다 짧은 렌트 기간이 입력되면, 메시지 "D 타입의 자동차는 6일 이하로 렌트할 수 없습니다."가 출력된다.

다음 각 경우에 대해 프로그램을 실행하라.

a) B 타입을 3일, 14일, 50일 동안 각각 렌트하는 경우
b) C 타입을 20일, 28일, 61일 동안 각각 렌트하는 경우
c) D 타입을 6일, 18일, 60일 동안 각각 렌트하는 경우

22. 연료 탱크는 그림과 같이 중앙의 직육면체와 좌우의 반원기둥으로 이루어져 있으며, 여기서, $r = 20$ cm, $H = 15$ cm, $L = 60$ cm이다.

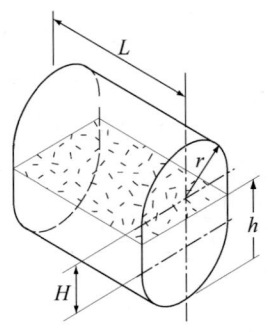

바닥으로부터의 높이 h의 함수로 탱크 연료의 체적(리터 단위)을 계산하는 사용자정의 함수를 작성하라. 함수 이름과 인자는 V = Volfuel(h)로 한다. 함수를 이용하여 $0 \le h \le 70$ cm에 대한 연료 체적을 h의 함수로 그래프를 그려라.

23. 직선을 따라 움직이는 질점의 시간에 따른 위치 x는 다음 식으로 주어지며 그림과 같다.

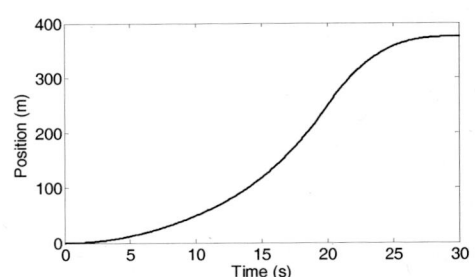

$$x(t) = \begin{cases} 0.5t^2 \text{ m} & \text{for} \quad 0 \le t \le 10 \text{ s} \\ 0.05t^3 - t^2 + 15t - 50 \text{ m} & \text{for} \quad 10 \le t \le 20 \text{ s} \\ 0.0025t^4 - 0.15t^3 + 135t - 1650 \text{ m} & \text{for} \quad 20 \le t \le 30 \text{ s} \end{cases}$$

다음의 세 사용자정의 함수를 작성하라: 첫 번째 함수는 시간 t에서 질점의 위치를 계산하며, 함수의 이름과 인자는 v = position(t)로 한다. 두 번째 함수는 시간 t에서 질점의 속도를 계산하며, 함수의 이름과 인자는 v = velocity(t)로 한다. 세 번째 함수는 시간 t에서 질점의 가속도를 계산하며, 함수의 이름과 인자는 a = acceleration(t)로 한다. 시간의 함수로 질점의 위치와 속도, 가속도의 세 그래프를 같은 페이지에 그리는 프로그램을 스크립트 파일로 작성하라. 프로그램에서, $0 \le t \le 30$ s에 대한 벡터 t를 먼저 생성하고, 함수 position, velocity, acceleration을 이용하여 그래프에 사용될 위치와 속도, 가속도의 벡터를 생성한다.

24. 10달러까지의 구매에 대해 슈퍼마켓의 무인계산대가 고객에게 지불할 거스름돈을 계산하는 프로그램을 작성하라. 프로그램은 고객에게 청구해야 할 물건 값으로서 0.01에서 10.00 사이의 난수를 발생시키고 화면에 출력한다. 그다음, 프로그램은 1달러 지폐와 5달러 지폐, 10달러 지폐 중에서 고객이 사용할 지폐 한

장의 종류를 입력하도록 요구한다. 고객의 지불금액이 청구금액보다 적으면, 오류 메시지가 출력된다. 지불금액이 충분하면, 프로그램은 거스름돈을 계산하고 거스름돈을 구성하는 지폐와 동전들의 내역을 출력한다. 이때 거스름돈은 최소 개수의 지폐와 동전으로 이루어져야 한다. 예를 들어, 청구금액이 2.33 달러이고 10달러 지폐를 지불금액으로 입력한다면, 거스름돈은 5달러 지폐 1장, 1달러 지폐 2장, 25센트 동전(quarter) 2개, 10센트 동전(dime) 1개, 5센트 동전 (nickel) 1개, 그리고 1센트 동전(cent) 2개가 되어야 한다.

주프로그램을 스크립트 파일로 작성하고, 스크립트 파일에서 사용될 두 개의 사용자정의 함수를 작성하라. 사용자정의 함수 중 하나는 0.01과 10.00 사이의 난수를 발생시키며, 나머지 하나는 거스름돈의 구성을 계산한다.

25. 인체에서의 약의 농도 C_P는 다음 식으로 모델링될 수 있다.

$$Cp = \frac{D_G}{V_d}\frac{k_a}{(k_a - k_e)}(e^{-k_e t} - e^{-k_a t})$$

여기서 D_G는 1회 투여량(mg), V_d는 분포 체적(L), k_a는 흡수율 상수(h⁻¹), k_e는 배설률 상수(h⁻¹), t는 약이 투여된 후의 경과시간(h)이다. 어떤 약에 대해, 다음 양들이 주어진다: D_G = 150 mg, V_d = 50 L, k_a = 1.6 h⁻¹ , k_e = 0.4 h⁻¹.

a) t = 0에서 1회 분량이 투여된다. 10시간 동안 t에 대한 C_P를 계산하고 그래프를 그려라.

b) t = 0에서 1회 분량이 처음 투여되고, 이어서 네 시간 간격으로, 즉 t = 4, 8, 12, 16에서 네 번 더 투여된다. 24시간 동안 t에 대한 C_P를 계산하고 그래프를 그려라.

26. 비선형방정식 $x^3 - P = 0$의 해는 수 P의 세제곱근이다. 이 방정식의 수치해는 Newton의 방법으로 계산할 수 있다. 해를 구하는 과정은 해의 첫 번째 추정값으로 값 x_1을 선택함으로써 시작된다. 이 값을 이용하여, 좀 더 정확한 두 번째 해 x_2를 $x_2 = x_1 - \frac{x_1^3 - P}{3x_1^2}$ 식으로 계산할 수 있으며, 다시 x_2는 좀 더 정확한 세 번째 해 x_3를 계산하는 데 사용되며, 이런 식으로 점점 더 정확한 해를 계속 구해나갈 수 있다. 해 x_i로부터 해 x_{i+1}의 값을 계산하기 위한 일반적인 식은 $x_{i+1} = x_i - \frac{x_i^3 - P}{3x_i^2}$ 이다. 수의 세제곱근을 계산하는 사용자정의 함수를 작성하라. 함수 이름과 인자는 y=cubic(P)로 하며, 여기서 입력인자 P는 세제곱근을 구하고자 하는 수이며, 출력인자 y는 값 $\sqrt[3]{P}$이다. 프로그램에서, 해의 첫 번째 추정값으로 $x = P$를 사용하라. 그다음, 루프에서 일반식을 이용하여 좀 더 정확

한 새 해들을 계산하라. $E = \left| \dfrac{x_{i+1} - x_i}{x_i} \right|$ 로 정의되는 추정 상대오차 E 가 0.00001 보다 작게 되면 루프 반복을 중지한다.

함수 cubic을 이용하여 다음을 계산하라.

a) $\sqrt[3]{100}$ b) $\sqrt[3]{9261}$ c) $\sqrt[3]{-70}$

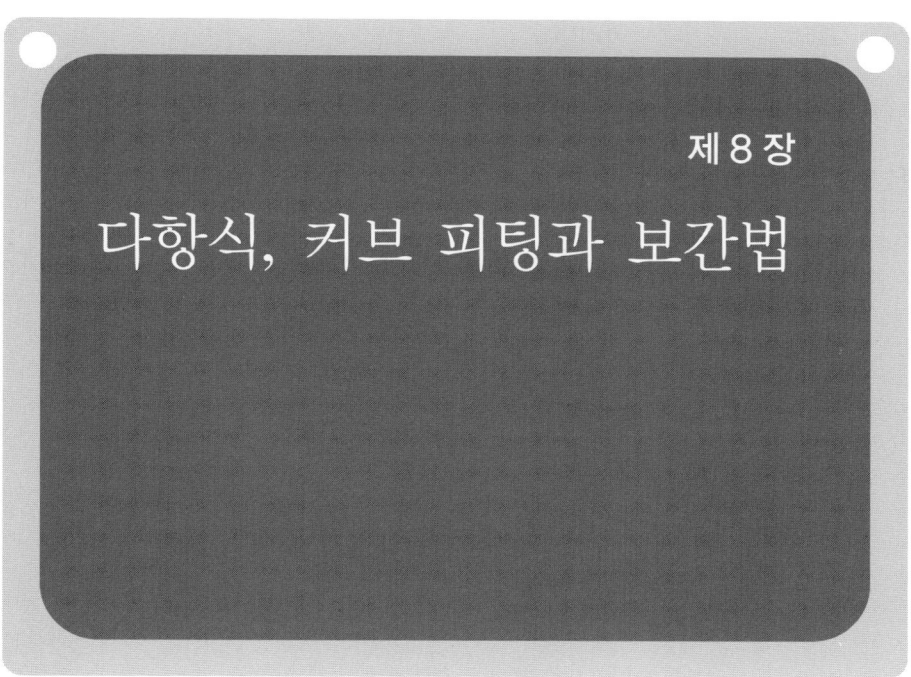

제 8 장

다항식, 커브 피팅과 보간법

다항식은 과학과 공학에서 문제를 풀거나 모델링하기 위해 종종 사용되는 수학식이다. 많은 경우, 문제를 푸는 과정에서 얻게되는 식이 다항식이며, 문제의 해는 다항식이 0이 되게 하는 영점(zero)이다. MATLAB은 다항식을 다루기 위해 특별히 설계된 다양한 함수들을 가지고 있다. MATLAB에서 다항식을 다루는 방법을 8.1절에서 기술한다.

커브 피팅(curve fitting)은 데이터를 모델링하는 데 사용할 수 있는 함수를 찾는 과정이다. 이 함수는 모든 점들을 꼭 지나갈 필요는 없지만, 가능한 한 최소 오차로 데이터를 모델링한다. 커브 피팅에 사용될 수 있는 식의 종류에는 제한이 없다. 그러나 다항식, 지수함수(exponential), 멱함수(power function) 등이 자주 사용된다. MATLAB에서 커브 피팅은 프로그램을 작성하여 수행하거나 그림 창(Figure Window)에 그려진 데이터를 대화식으로 분석함으로써 수행할 수 있다. 8.2절에서는 다항식과 다른 함수들을 커브 피팅에 이용하기 위해 MATLAB 프로그래밍을 사용하는 방법을 설명한다. 8.4절에서는 대화식 커브 피팅과 보간법에 사용되는 기본적인 피팅 인터페이스에 대해 기술한다.

보간법(interpolation)은 데이터 점들 사이에 있는 값을 추정하는 과정이다. 가장 간단한 보간법은 점들을 직선으로 연결하고 해당 두 점 사이의 값을 추정하는 것이다. 좀 더 정교한 보간법에서는 더 많은 점들의 데이터를 추가로 사용한다. MATLAB으로 보간을 하는 방법은 8.3절과 8.4절에서 기술한다.

8.1 다항식

다항식은 다음 형태를 갖는 함수이다.

$$f(x) = a_n x^n + a_{n-1} x^{n-1} + \ldots + a_1 x + a_0$$

계수들 a_n, a_{n-1}, $\ldots$, a_1, a_0는 실수이며, 음수가 아닌 정수 n은 다항식의 차수(order)이다.

다항식의 예를 몇 가지 들면, 다음과 같다.

$$f(x) = 5x^5 + 6x^2 + 7x + 3 \qquad \text{5차 다항식}$$
$$f(x) = 2x^2 - 4x + 10 \qquad \text{2차 다항식}$$
$$f(x) = 11x - 5 \qquad \text{1차 다항식}$$

상수, 예를 들어 $f(x) = 6$은 0차 다항식이다.

MATLAB에서, 다항식은 계수들 a_n, a_{n-1}, $\ldots$, a_1, a_0를 원소로 갖는 행벡터(row vector)에 의해 기술된다. 첫 번째 원소는 가장 높은 차수를 가진 x의 계수이다. 벡터는 모든 계수를 포함해야 하며, 0인 계수들도 포함해야 한다. 예를 들면, 다음과 같다.

다항식	MATLAB 표현
$8x + 5$	p = [8 5]
$2x^2 - 4x + 10$	d = [2 −4 10]
$6x^2 - 150$, MATLAB 형식: $6x^2 + 0x - 150$	h = [6 0 −150]
$5x^5 + 6x^2 - 7x$, MATLAB 형식: $5x^5 + 0x^4 + 0x^3 + 6x^2 - 7x + 0$	c = [5 0 0 6 −7 0]

8.1.1 다항식의 값 계산

한 점 x에서 다항식의 값은 다음 형식의 함수 polyval로 계산될 수 있다.

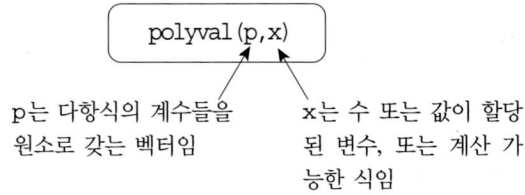

polyval(p,x)

p는 다항식의 계수들을 원소로 갖는 벡터임

x는 수 또는 값이 할당된 변수, 또는 계산 가능한 식임

x는 벡터나 행렬이 될 수 있다. 이 경우 다항식은 각 원소에 대해 원소별로 계산되며, 해는 다항식의 해당 값들을 가진 벡터 또는 행렬이 된다.

예제 8.1 MATLAB에 의한 다항식 계산

다항식 $f(x) = x^5 - 12.1x^4 + 40.59x^3 - 17.015x^2 - 71.95x + 35.88$에 대해
a) $f(9)$의 값을 계산하라.
b) $-1.5 \leq x \leq 6.7$의 범위에 대해 다항식을 그래프로 그려라.

풀이

명령어 창에서 다음과 같이 문제를 풀 수 있다.

a) 다항식의 계수들은 벡터 p에 할당된다. 그다음, 함수 polyval을 이용하여 $x = 9$에서 값을 계산한다.

```
>> p = [1  -12.1  40.59  -17.015  -71.95  35.88];
>> polyval(p,9)
ans =
   7.2611e+003
```

b) 다항식의 그래프를 그리기 위해, -1.5에서 6.7까지의 범위에 해당하는 원소들로 벡터 x를 먼저 정의한다. 그다음, x의 모든 원소들에 대해 다항식의 값들을 계산하여 벡터 y를 생성한다. 마지막으로 x에 대한 y의 그래프를 그린다.

```
>> x=-1.5:0.1:6.7;
>> y=polyval(p,x);     ◀──── 벡터 x의 모든 원소에 대한 다항식의 값을 계산함
>> plot(x,y)
```

MATLAB에 의해 생성된 그래프는 다음과 같다. 축 라벨은 그래프 편집기로 추가하였다.

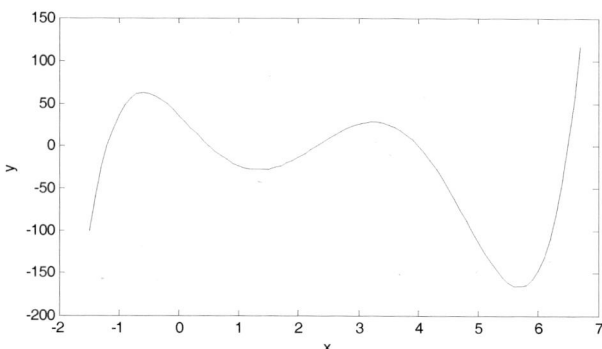

8.1.2 다항식의 근

다항식의 근은 다항식의 값이 0이 되게 하는 변수의 값이다. 예를 들어, 다항식 $f(x) = x^2 - 2x - 3$의 근은 $x^2 - 2x - 3 = 0$이 되는 x의 값으로, $x = -1$과 $x = 3$이다.

MATLAB은 다항식의 근을 구하는 함수 roots를 가지고 있으며, 함수의 형식은 다음과 같다.

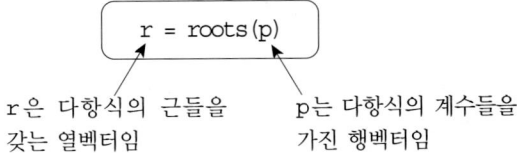

예를 들어, 예제 8.1의 다항식의 근은 다음과 같이 구할 수 있다.

```
>> p=[1  -12.1  40.59  -17.015  -71.95  35.88];
>> r=roots(p)
r =
    6.5000
    4.0000
    2.3000
   -1.2000
    0.5000
```

> 근이 알려지면, 다항식은 다음과 같이 쓸 수 있다.
> $$f(x) = (x + 1.2)(x - 0.5)(x - 2.3)(x - 4)(x - 6.5)$$

roots 명령어는 2차방정식의 근을 구하는 데 매우 유용하다. 예를 들어, $f(x) = 4x^2 + 10x - 8$의 근을 구하려면, 다음과 같이 입력한다.

```
>> roots([4  10  -8])
ans =
   -3.1375
    0.6375
```

다항식의 근이 알려지면, poly 명령어를 사용하여 다항식의 계수들을 구할 수 있다. poly 명령어의 형식은 다음과 같다.

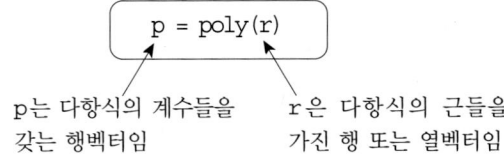

예를 들어, 예제 8.1의 다항식의 계수들은 위의 다항식의 근들로부터 다음과 같이 얻을 수 있다.

```
>> r=[6.5  4  2.3  -1.2  0.5]
>> p=poly(r)
p =
    1.0000  -12.1000   40.5900  -17.0150  -71.9500   35.8800
```

8.1.3 다항식의 사칙연산

덧셈

두 다항식의 뺄셈이나 덧셈은 두 다항식의 계수 벡터를 빼거나 더함으로써 구할 수 있다. 만일 다항식의 차수가 같지 않으면, 즉 계수들의 벡터의 길이가 같지 않으면, 짧은 쪽 벡터의 앞부분에 0을 추가(채워 넣기 또는 padding이라고 함)하여 긴 쪽 벡터와 같은 길이가 되도록 수정해야 한다. 예를 들어, 다음 다항식 $f_1(x) = 3x^6 + 15x^5 - 10x^3 - 3x^2 + 15x - 40$과 $f_2(x) = 3x^3 - 2x - 6$의 덧셈은 다음과 같이 할 수 있다.

```
>> p1=[3  15  0  -10  -3  15  -40];
>> p2=[3  0  -2  -6];
>> p=p1+[0  0  0  p2]   ◄──   p1의 차수는 6이고 p2의 차수는 3이므
p =                           로, p2의 앞부분에 세 개의 0을 채움
    3   15    0   -7   -3   13   -46
```

곱셈

두 다항식의 곱셈은 다음 형식을 갖는 MATLAB의 내장함수 conv로 구할 수 있다.

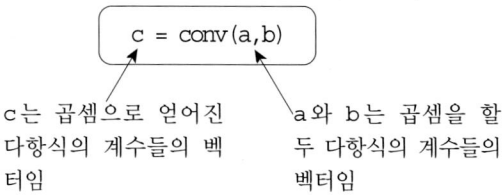

c는 곱셈으로 얻어진 다항식의 계수들의 벡터임   a와 b는 곱셈을 할 두 다항식의 계수들의 벡터임

- 두 다항식의 차수는 같을 필요가 없다.

- 셋 이상인 다항식들의 곱셈은 **conv** 함수를 반복하여 사용하면 된다.

예를 들어, 위에서 예로 든 다항식 $f_1(x)$와 $f_2(x)$의 곱셈은 다음과 같다.

```
>> pm=conv(p1,p2)
pm =
     9    45    -6   -78   -99    65   -54   -12   -10   240
```

위의 결과는 곱셈으로 얻은 다항식이 다음 식과 같음을 의미한다.

$$9x^9 + 45x^8 - 6x^7 - 78x^6 - 99x^5 + 65x^4 - 54x^3 - 12x^2 - 10x + 240$$

나눗셈

다음 형식을 갖는 MATLAB 내장함수 **deconv**로 다항식을 다른 다항식으로 나눌 수 있다.

$$[\text{q,r}] = \text{deconv(u,v)}$$

q는 다항식 몫의 계수들을 갖는 벡터임   u는 분자인 다항식의 계수들을 가진 벡터임
r은 다항식 나머지의 계수들을 갖는 벡터임   v는 분모인 다항식의 계수들을 가진 벡터임

예를 들어, $2x^3 + 9x^2 + 7x - 6$을 $x + 3$으로 나누는 나눗셈은 다음과 같이 한다.

```
>> u=[2  9  7  -6];
>> v=[1  3];
>> [a  b]=deconv(u,v)
a =
     2    3   -2        몫: 2x² + 3x - 2
b =
     0    0    0    0      나머지: 0
```

나머지가 있는 나눗셈의 예로서, $2x^6 - 13x^5 + 75x^3 - 2x^2 + 60$을 $x^2 - 5$로 나누어 보자.

```
>> w=[2  -13  0  75  2  0  -60];
>> z=[1  0  -5];
```

```
>> [g h]=deconv(w,z)
g =
      2    -13     10     10     52
h =
      0      0      0      0      0     50    200
```

몫: $2x^4 - 13x^3 + 10x^2 + 10x + 52$

나머지: $50x + 200$

위 다항식들의 나눗셈 결과는 $2x^4 - 13x^3 + 10x^2 + 10x + 52 + \dfrac{50x + 200}{x^2 - 5}$ 이다.

8.1.4 다항식의 미분

내장함수 polyder는 다음 세 명령어와 같이, 다항식의 미분, 두 다항식의 곱의 미분, 두 다항식의 몫의 미분을 계산하는 데 사용할 수 있다.

k = polyder(p)　　　　　　　다항식의 미분. p는 다항식 계수들의 벡터이다. k는 미분한 다항식의 계수들을 갖는 벡터이다.

k = polyder(a,b)　　　　　　두 다항식의 곱의 미분. a와 b는 곱할 두 다항식의 계수를 가진 벡터들이다. k는 곱한 결과를 미분한 다항식의 계수들을 갖는 벡터이다.

[n d] = polyder(u,v)　　　두 다항식의 나눗셈 몫의 미분. u와 v는 분자 다항식과 분모 다항식의 계수를 가진 벡터들이다. n과 d는 몫을 미분하여 얻은 다항식의 분자 다항식과 분모 다항식의 계수를 갖는 벡터들이다.

마지막 두 명령어의 유일한 차이점은 출력인자의 개수이다. 출력인자가 둘이면, **MATLAB**은 두 다항식의 나눗셈 몫을 미분한다. 출력인자가 하나이면, 두 다항식의 곱을 미분한다.

예를 들어, 두 함수가 $f_1(x) = 3x^2 - 2x + 4$와 $f_2(x) = x^2 + 5$일 때, $3x^2 - 2x + 4$와 $(3x^2 - 2x + 4) \times (x^2 + 5)$, $\dfrac{3x^2 - 2x + 4}{x^2 + 5}$의 미분은 다음과 같이 구한다.

```
>> f1=[3 -2  4];
>> f2=[1 0 5];
>> k=polyder(f1)
k =
      6     -2
>> d=polyder(f1,f2)
d =
```

f_1과 f_2의 벡터 계수들을 생성함

f_1의 미분: $6x - 2$

$f_1 \times f_2$의 미분: $12x^3 - 6x^2 + 38x - 10$

```
    12    -6    38    -10
>> [n d]=polyder(f1,f2)
n =

    2    22    -10
d =

    1    0    10    0    25
```

$$\dfrac{3x^2 - 2x + 4}{x^2 + 5} \text{의 미분:} \quad \dfrac{2x^2 + 22x - 10}{x^4 + 10x^2 + 25}$$

8.2 커브 피팅

커브 피팅(curve fitting)은 주어진 데이터 집합에 함수를 맞추는 과정으로 회귀분석(regression analysis)이라고도 한다. 커브 피팅된 함수는 데이터의 수학적 모델로 사용될 수 있다. 선형함수, 다항식 함수, 멱함수, 지수함수 등 많은 유형의 함수들이 있으므로, 커브 피팅은 복잡한 과정이 될 수 있다. 많은 경우 주어진 데이터에 어떤 유형의 함수를 피팅하는 것이 좋은지 어느 정도 알고 있으며, 이 경우에 필요한 것은 단지 함수의 계수를 결정하는 것이다. 데이터에 대해 알려진 것이 전혀 없는 경우에는, 여러 종류의 그래프를 그림으로써 데이터에 잘 맞는 함수의 가능한 형태가 무엇인지에 대한 정보를 얻을 수 있다. 이번 절은 커브 피팅에 대한 몇 가지 기본적인 기법과 이를 위해 MATLAB이 가지고 있는 도구들에 대해 기술한다.

8.2.1 다항식에 의한 커브 피팅과 polyfit 함수

다항식을 이용한 데이터 집합의 커브 피팅에는 두 가지 방법이 있다. 첫 번째 방법에서는 다항식이 데이터 점들을 모두 통과하며, 두 번째 방법에서는 다항식이 임의의 점을 반드시 통과하지는 않고 전체적인 관점에서 데이터를 근사적으로 잘 나타낸다.

주어진 데이터 점을 모두 통과하는 다항식

n개의 점 (x_i, y_i)가 주어지면, 모든 점을 통과하는 차수 $n - 1$의 다항식을 쓸 수 있다. 예를 들어 두 점이 주어지면, 두 점을 통과하는 $y = mx + b$ 형태의 선형 방정식을 쓸 수 있다. 세 점이 주어지면, 식은 $y = ax^2 + bx + c$의 형태를 갖는다. n개의 점들이 주어지면, 다항식의 형태는 $a_{n-1}x^{n-1} + a_{n-2}x^{n-2} + \cdots + a_1 x + a_0$와 같다. 다항식에 n개의 점을 각각 대입하여 얻은 n개의 방정식을 계수들에 대해 풀면 다항식의 계수들을 구할 수 있다. 이 절 후반부에서 설명하는 대로, 데이터 점들 사이의 값을 추정할 때 고차 다항식을 사용하면 큰 오차를 얻게 될 수도 있다.

임의의 점을 반드시 통과하는 것은 아닌 다항식

n개의 점들이 주어질 때, 이 점들을 반드시 통과하는 것은 아니지만 전체적으로는 데이터를 근사적으로 잘 나타내는 $n - 1$ 차수 미만의 다항식을 쓸 수 있다. 데이터 점들에 대한 최상의 커브 피팅을 찾기 위한 가장 일반적인 방법은 최소자승법(least squares method)이다. 이 방법에서는, 모든 데이터 점에서의 잔여오차(residual)의 제곱들을 더한 값을 최소화하는 방법으로 다항식 계수들을 구한다. 각 점에서의 잔여오차는 데이터 값과 다항식으로 계산한 값 사이의 차이로 정의된다. 예를 들어, 그림 8.1과 같이 네 개의 데이터 점에 가장 잘 맞는 직선의 방정식을 구하는 경우를 생각해보자. 네 점은 (x_1, y_1), (x_2, y_2), (x_3, y_3), (x_4, y_4)이며, 1차 다항식은 $f(x) = a_1x + a_0$로 쓸 수 있다. 각 점에서의 잔여오차 R_i는 x_i에서의 함수값과 y_i 사이의 차이 $R_i = f(x_i) - y_i$이다. 모든 점에서의 잔여오차 R_i의 제곱의 합은 다음 식으로 주어진다.

$$R = [f(x_1) - y_1]^2 + [f(x_2) - y_2]^2 + [f(x_3) - y_3]^2 + [f(x_4) - y_4]^2$$

다항식에 각 점을 대입하면, 다음과 같다.

$$R = [a_1x_1 + a_0 - y_1]^2 + [a_1x_2 + a_0 - y_2]^2 + [a_1x_3 + a_0 - y_3]^2 + [a_1x_4 + a_0 - y_4]^2$$

이 단계에서 R은 a_1과 a_0의 함수이다. R을 a_1와 a_0에 대해 각각 편미분하여 얻은 두 개의 식을 다음과 같이 0으로 놓으면 R의 최소값을 구할 수 있다.

$$\frac{\partial R}{\partial a_1} = 0, \qquad \frac{\partial R}{\partial a_0} = 0$$

앞의 식으로부터 두 미지수 a_1과 a_0를 가진 두 방정식을 얻는다. 이 방정식의 해가 데

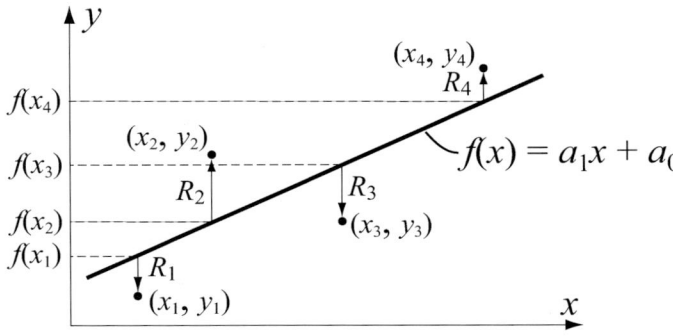

그림 8.1 네 점에 대한 1차 다항식의 최소자승 커브 피팅

이터에 피팅이 가장 잘 된 다항식의 계수 값들을 준다. 더 많은 데이터 점들과 더 고차인 다항식에 대해서도 같은 과정을 따르면 된다. 최소자승에 대한 더 자세한 내용은 수치해석에 관한 책들을 참고하기 바란다.

MATLAB에서 다항식에 의한 커브 피팅은 최소자승법을 이용하는 polyfit 함수로 할 수 있다. polyfit 함수의 기본적인 형식은 다음과 같다.

$$p = \text{polyfit}(x, y, n)$$

p는 데이터에 커브 피팅된
다항식의 계수들의 벡터임

x는 데이터 점들의 수평좌표를
가진 벡터(독립변수)임
y는 데이터 점들의 수직좌표를
가진 벡터(종속변수)임
n은 다항식의 차수임

polyfit 함수는 m개의 점들의 집합에 대해 $m - 1$까지의 임의의 차수의 다항식을 피팅하는 데 사용될 수 있다. $n = 1$이면 다항식은 직선, $n = 2$이면 다항식은 포물선, ... 등이다. $n = m - 1$이면(다항식의 차수가 점의 개수보다 하나 작으면), 다항식은 모든 점들을 통과한다. 여기서 지적해야 할 점은 모든 점들을 통과하는 다항식, 즉 더 높은 차수의 다항식들이 어느 위치에서나 반드시 더 좋은 피팅을 제공하는 것은 아니라는 것이다. 고차 다항식들이 데이터 점들 사이에서 상당한 편차를 보이는 경우도 있다.

그림 8.2는 동일한 데이터 점들에 대해 다른 차수의 다항식들을 이용하여 피팅한 것을 보여준다. 주어진 일곱 개의 데이터 점들은 다음과 같다: (0.9, 0.9), (1.5, 1.5), (3, 2.5), (4, 5.1), (6, 4.5), (8, 4.9), (9.5, 6.3). polyfit 함수를 이용하여 1차에서 6차까지의 다항식들로 점들을 각각 피팅하였다. 그림 8.2의 각 그래프는 원형 표식(marker)으로 표시된 동일한 데이터 점들과 지정된 차수의 다항식에 해당하는 커브 피팅된 곡선을 보여준다. $n = 1$의 다항식은 직선이며 $n = 2$의 다항식은 약간 굽은 곡선임을 알 수 있다. 다항식의 차수가 증가함에 따라, 곡선이 더 많은 점들을 더 가깝게 지나갈 수 있도록 구부러짐이 심해진다. 점의 개수보다 한 개 적은 $n = 6$일 때 곡선은 모든 점들을 지나가지만, 몇몇 점들 사이에서는 데이터의 추세에서 곡선이 상당히 벗어나게 된다.

그림 8.2의 그래프 중 한 개($n = 3$인 다항식)를 출력하는 데 사용되는 스크립트 파일을 다음에 나타낸다. 다항식을 그래프로 그리기 위해 좁은 간격의 새 벡터 xp를 생성해야 한다는 점에 유의하라. 이 벡터를 함수 polyval에 사용하여, xp의 각 원소에서의 다항식의 값을 가진 벡터 yp를 생성한다.

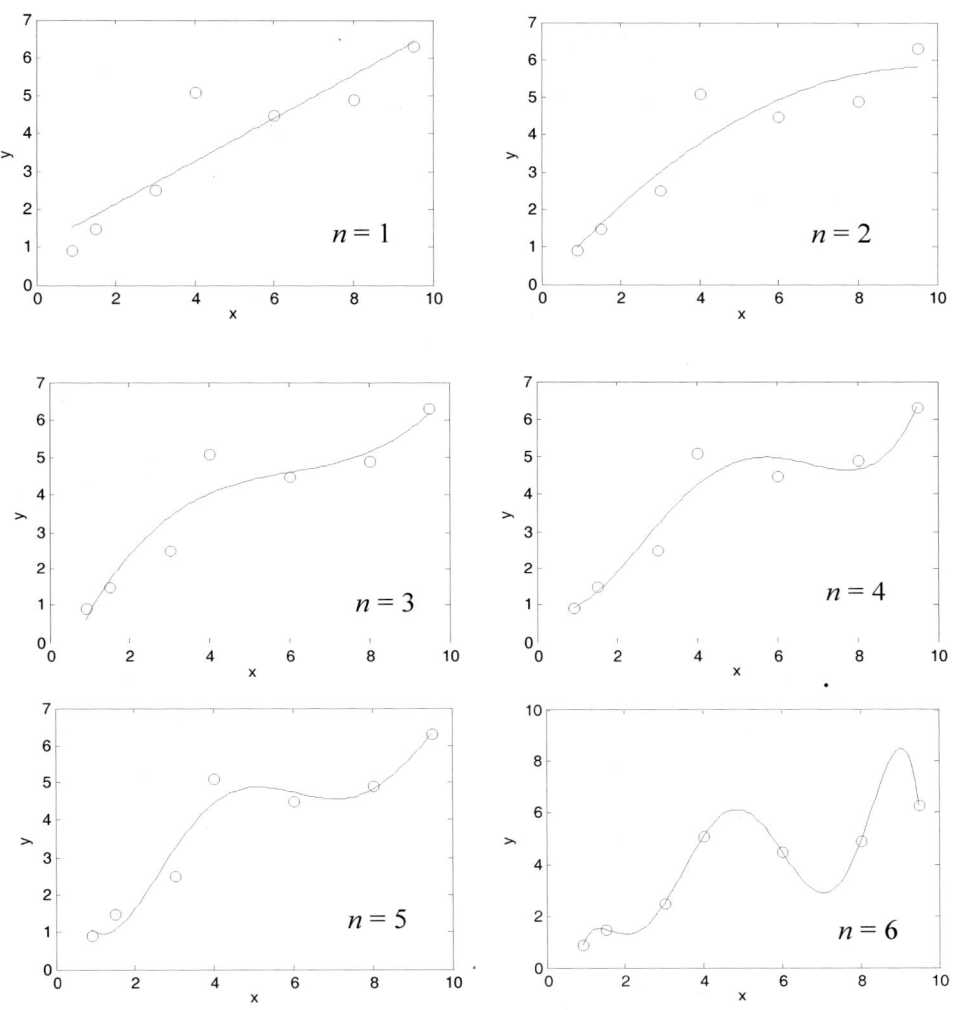

그림 8.2 차수가 다른 다항식에 의한 데이터의 커브 피팅

```
x=[0.9  1.5  3  4  6  8  9.5];
y=[0.9  1.5  2.5  5.1  4.5  4.9  6.3];
p=polyfit(x,y,3)
xp=0.9:0.1:9.5;
yp=polyval(p,xp);
plot(x,y,'o',xp,yp)
xlabel('x'); ylabel('y')
```

데이터 점들의 좌표를 가진 x, y 벡터를 생성함

polyfit 함수를 이용하여 벡터 p를 생성함

다항식을 그래프로 그리기 위해 사용할 벡터 xp를 생성함

각 xp에서의 다항식의 값을 갖는 벡터 yp를 생성함

7개의 점과 다항식의 그래프를 그림

스크립트 파일이 실행되면, 다음과 같이 벡터 p가 명령어 창에 출력된다.

```
p =
   0.0220   -0.4005    2.6138   -1.4158
```

위의 결과는 그림 8.2의 3차 다항식이 다음 식의 형태를 가짐을 의미한다. $0.022x^3 - 0.4005x^2 + 2.6138x - 1.4148$.

8.2.2 다항식이 아닌 다른 함수에 의한 커브 피팅

과학과 공학 분야에서 주어진 데이터에 대해 다항식이 아닌 피팅 함수를 요구하는 경우가 많다. 이론적으로는 어떤 함수도 어느 정도 범위 내에서는 데이터의 모델링에 사용될 수 있다. 그러나 특정 데이터 집합에 대해서는 어떤 함수들이 다른 함수들보다 더 우수한 커브 피팅을 제공할 수 있다. 또 어떤 함수들의 경우에는 최적 피팅계수를 구하는 것이 다른 함수들보다 더 어려울 수도 있다. 이 절은 흔히 사용되는 멱함수 (power function), 지수함수(exponential function), 로그함수, 역수함수(reciprocal function)에 의한 커브 피팅을 다룬다. 이들 함수의 형태는 다음과 같다.

$$y = bx^m \qquad\qquad\qquad\qquad\qquad\qquad\quad \text{(멱함수)}$$
$$y = be^{mx} \quad \text{또는} \quad y = b10^{mx} \qquad\qquad \text{(지수함수)}$$
$$y = m\ln(x) + b \quad \text{또는} \quad y = m\log(x) + b \quad \text{(로그함수)}$$
$$y = \frac{1}{mx + b} \qquad\qquad\qquad\qquad\qquad\quad \text{(역수함수)}$$

이 함수들은 모두 `polyfit` 함수를 이용하여 주어진 데이터에 쉽게 피팅될 수 있다. 이를 위해서는 $y = mx + b$의 형태를 갖는 선형 다항식($n = 1$)으로 피팅될 수 있도록, 이 함수들을 다시 써야 한다. 로그 함수는 이미 이런 형태로 되어 있으며, 멱함수와 지수함수, 역수함수는 다음과 같이 다시 쓸 수 있다.

$$\ln(y) = m\ln(x) + \ln b \qquad\qquad\qquad\qquad \text{(멱함수)}$$
$$\ln(y) = mx + \ln(b) \quad \text{또는} \quad \log(y) = mx + \log(b) \quad \text{(지수함수)}$$
$$\frac{1}{y} = mx + b \qquad\qquad\qquad\qquad\qquad\quad \text{(역수함수)}$$

위 식들은 멱함수에 대한 $\ln(y)$와 $\ln(x)$의 선형관계, 지수함수에 대한 $\ln(y)$와 x의 선형관계, 로그함수에 대한 y와 $\ln(x)$ 또는 y와 $\log(x)$의 선형관계, 역수함수에 대한 $\frac{1}{y}$과 x 사이의 선형관계 등을 기술한다. 이것은 `polyfit(x,y,1)` 함수에서 x와 y 대신 다음 인자들을 사용하면 최적 피팅을 위한 최적 피팅상수 m과 b를 구할 수 있음을 의미한다.

함수		polyfit **함수 형태**
멱함수	$y = bx^m$	p=polyfit(log(x),log(y),1)
지수함수	$y = be^{mx}$ 또는	p=polyfit(x,log(y),1) 또는
	$y = b10^{mx}$	p=polyfit(x,log10(y),1)
로그함수	$y = m\ln(x) + b$ 또는	p=polyfit(log(x),y,1) 또는
	$y = m\log(x) + b$	p=polyfit(log10(x),y,1)
역수함수	$y = \dfrac{1}{mx + b}$	p=polyfit(x,1./y,1)

polyfit 함수의 결과는 두 원소를 갖는 벡터 p에 할당된다. 첫 번째 원소 p(1)은 상수 m이고, 두 번째 원소 p(2)는 로그와 역수함수의 경우에는 b, 지수함수의 경우는 $\ln(b)$ 또는 $\log(b)$, 멱함수의 경우 $\ln(b)$이다. b의 값은 지수함수의 경우에는 $b = e^{p(2)}$ 또는 $b = 10^{p(2)}$이고 멱함수의 경우는 $b = e^{p(2)}$이다.

주어진 데이터에 대해 어떤 함수가 좋은 커브 피팅을 제공할 가능성이 있는지에 대해 어느 정도까지는 예측이 가능한데, 이를 위해서는 선형 축과 로그 축의 여러 조합을 이용하여 데이터 그래프들을 그린다. 만일 그래프들 중 한 그래프에서 데이터 점들이 직선에 잘 피팅되는 것으로 보이면, 아래 목록에 따른 해당 함수는 좋은 피팅을 제공할 수 있다.

x축	y축	함수
선형	선형	선형함수 $y = mx + b$
로그	로그	멱함수 $y = bx^m$
선형	로그	지수함수 $y = bx^{mx}$ 또는 $y = b10^{mx}$
로그	선형	로그함수 $y = m\ln(x) + b$ 또는 $y = m\log(x) + b$
선형	선형	역수함수 $y = \dfrac{1}{mx + b}$
	($1/y$을 그림)	

함수 선택 시 다른 고려사항들

- 지수함수는 원점을 통과할 수 없다.

- 지수함수는 y가 모두 양수이거나 모두 음수인 데이터만 피팅할 수 있다.

- 로그함수는 $x = 0$이나 음의 x 값들을 모델링할 수 없다.

- 멱함수의 경우, $x = 0$일 때 $y = 0$이다.

- 역수함수는 $y = 0$을 모델링할 수 없다.

다음 예제는 주어진 데이터 점들에 함수를 피팅하는 과정을 예로 보여준다.

예제 8.2 주어진 데이터 점들에 대한 함수의 커브 피팅

다음과 같이 주어진 데이터에 커브 피팅이 가장 잘 되는 함수로서 이 절에서 기술한 형태를 가진 함수 $w = f(t)$를 구하라. 여기서 t는 독립변수이며, w는 종속변수이다.

t	0.0	0.5	1.0	1.5	2.0	2.5	3.0	3.5	4.0	4.5	5.0
w	6.00	4.83	3.70	3.15	2.41	1.83	1.49	1.21	0.96	0.73	0.64

풀이

먼저 양축이 모두 선형축인 그래프에 데이터를 그린다. 오른쪽 그래프에서 보듯이 점들이 직선을 따라 정렬되어 있지 않으므로 선형함수로는 최적의 피팅을 얻을 수 없음을 알 수 있다. 다른 가능한 함수들 중에서 로그 관련 함수는 첫 번째 점이 $t = 0$이라는 점에서

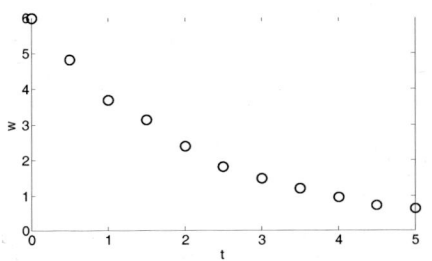

배제되며, $t = 0$에서 $w \neq 0$이므로 역함수는 배제된다. 나머지 두 함수인 지수함수와 역수함수가 피팅을 더 잘 할 수 있는지 알아보기 위해, 아래의 그림과 같이 두 개의 그래프를 그린다. 왼쪽 그래프는 수직축이 로그축이며 수평축이 선형축이다. 오른쪽 그래프는 둘 다 선형축이며 수직축에 $1/w$ 값을 표시하였다.

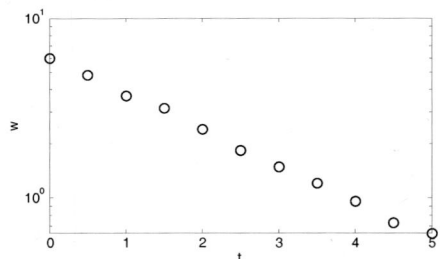 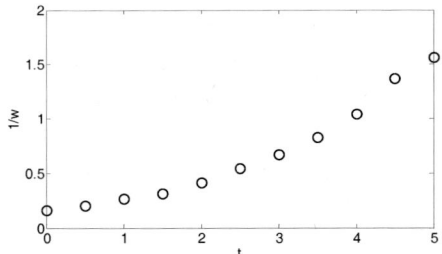

왼쪽 그림에서 데이터 점들이 직선을 따라 정렬한 것으로 보이므로 $y = be^{mx}$ 형태의 지수함수가 데이터에 잘 피팅될 수 있음을 알 수 있다. 상수 b와 m을 구하고 데이터 점들과 함수의 그래프를 그리는 프로그램을 스크립트 파일로 작성하면 다음과 같다.

```
t=0:0.5:5;
w=[6  4.83  3.7  3.15  2.41  1.83  1.49  1.21  0.96  0.73  0.64];
p=polyfit(t,log(w),1);
m=p(1)
b=exp(p(2))
tm=0:0.1:5;
wm=b*exp(m*tm);
plot(t,w,'o',tm,wm)
```

데이터 점들의 좌표를 가진 벡터 t와 w를 생성함

t와 log(w)를 인자로 하여 polyfit 함수를 사용함

계수 b를 구함

다항식의 그래프 출력에 사용할 벡터 tm을 생성함

tm의 각 원소에서의 함수 값을 계산함

데이터 점들과 함수의 그래프를 출력함

프로그램이 실행되면, 다음과 같이 명령어 창에 상수 b와 m의 값이 출력된다.

```
m =
   -0.4580
b =
   5.9889
```

프로그램에 의해 생성된 그래프는 다음과 같이 데이터 점들과 함수를 보여준다(축 라벨은 그래프 편집기로 추가하였다).

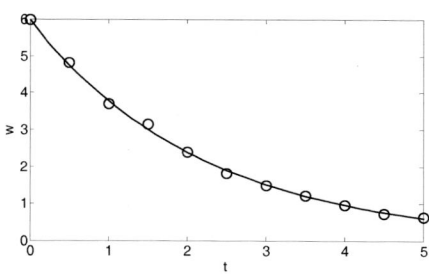

여기서 짚고 넘어가야 할 것은, 이 절에서 논의한 멱함수, 지수함수, 로그함수, 역수함수 외에도 다른 많은 함수들을 polyfit 함수로 커브 피팅하기에 적당한 형태로 쓸 수 있다는 점이다. 2차 다항식으로 polyfit 함수를 사용하여 $y = e^{(a_2x^2 + a_1x + a_0)}$ 형태의 함수를 데이터 점들에 피팅시키는 예를 예제 8.7에서 기술할 것이다.

8.3 보간법

보간법은 데이터 점들 사이의 값을 추정하는 것이다. MATLAB은 이 절에서 기술할 다항식들에 근거한 보간함수들과 이 책의 범위를 넘는 Fourier 변환에 근거한 보간함수들을 가지고 있다. 1차원 보간법에서 각 점은 한 개의 독립변수(x)와 한 개의 종속변수(y)를 갖는다. 2차원 보간법에서 각 점은 두 개의 독립변수(x와 y)와 한 개의 종속변수(z)를 갖는다.

1차원 보간법

단 두 개의 점만 존재하는 경우, 두 점은 직선으로 연결할 수 있으며 선형방정식(1차 다항식)을 사용하여 두 점 사이의 값들을 추정할 수 있다. 앞 절에서 논의한 것과 같이 세 개(또는 네 개)의 데이터 점들이 존재하는 경우, 이 점들을 통과하는 2차(또는 3차) 다항식을 구할 수 있으며 이 다항식을 이용하여 점들 사이의 값을 추정할 수 있다. 점들의 개수가 증가함에 따라, 모든 점들을 통과하기 위해서는 더 높은 차수의 다항식이 필요하다. 그러나 이러한 다항식이 점들 사이의 값을 추정하는 데 반드시 좋은 결과를 주는 것은 아니다. 그림 8.2의 $n = 6$에 대한 그래프가 그러한 경우에 대한 예를 보여준다.

데이터 집합의 모든 점들을 통과하는 대신에, 즉 모든 점들을 통과하는 한 개의 다항식을 이용하는 대신에 보간법이 필요한 근처의 몇 개 데이터 점들만 고려한다면, 좀 더 정확한 보간을 얻을 수 있다. 스플라인(spline) 보간법이라 불리는 이 방법에서는 많은 저차 다항식들이 사용되며, 각 다항식은 데이터 집합의 작은 영역에서만 유효하다.

스플라인 보간법 중에서 가장 간단한 방법을 선형 스플라인 보간법이라고 한다. 오른쪽 그림과 같이 이 방법에서는 인접한 두 점을 모두 직선(1차 다항식)으로 연결한다. 인접한 두 점 (x_i, y_i)와 (x_{i+1}, y_{i+1})을 통과하는 직선으로서 두 점 사이의 임의의 x에 대한 y 값의 계산에 사용될 수 있는 직선 식은 다음과 같다.

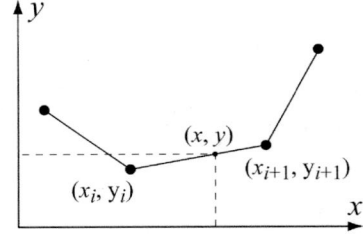

$$y = \frac{y_{i+1} - y_i}{x_{i+1} - x_i}x + \frac{y_i x_{i+1} - y_{i+1} x_i}{x_{i+1} - x_i}$$

선형 보간법에서 두 점 사이의 직선은 일정한 기울기를 가지며 모든 점에서 기울기의 변화가 있다. 2차 또는 3차 다항식을 이용하면 좀 더 매끄러운 보간 곡선을 얻을 수 있다. 2차 스플라인 또는 3차 스플라인으로 불리는 이 방법에서는, 각 두 점들 사이의 보간을 위해 모두 2차 또는 3차 다항식을 사용한다. 다항식의 계수들은 두 데이터 점에 인접한 점들의 데이터를 추가로 이용하여 구한다. 다항식들의 계수를 구하는 이론적 배경은 이 책의 범위를 벗어나므로 수치해석에 관한 책을 참고하기 바란다.

MATLAB에서 1차원 보간법은 다음 형식을 갖는 interp1(마지막 글자는 숫자 1임) 함수로 할 수 있다.

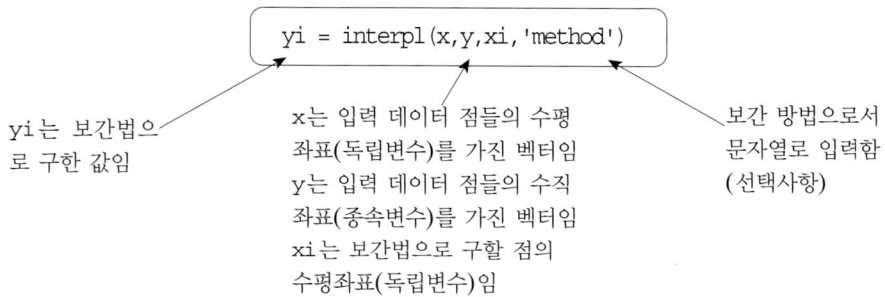

∞ 벡터 x는 원소들이 오름차순 또는 내림차순으로 단조 증가 또는 단조 감소해야 한다.

∞ xi는 스칼라(한 점의 보간)가 될 수도 있고 벡터(많은 점들의 보간)가 될 수도 있으며, 각각에 대해 yi는 해당 보간 값들을 가진 스칼라 또는 벡터이다.

∞ MATLAB은 여러 보간법들 중에서 한 가지 방법을 지정하여 보간을 할 수 있다. 이 보간법들에는 다음 방법들이 포함되어 있다.

'nearest' 보간법으로 구할 점에 가장 가까이 있는 데이터 점의 값을 돌려 준다.

'linear' 선형 스플라인 보간법을 사용한다.

'spline' 3차 스플라인 보간법을 사용한다.

'pchip' 'cubic'이라고도 하며, 구간별로 3차 Hermite 보간법을 사용 한다. Piecewise Cubic Hermite Interpolating Polynomial 의 약자이다.

∞ 'nearest'와 'linear' 방법을 사용하는 경우, xi의 값(들)은 x의 영역 안에 있어야 한다. 'spline'이나 'pchip' 방법을 사용하는 경우, xi는 x 영역 밖의 값들을 가질 수 있으며 이 경우 함수 interp1은 보외법(외삽법; extrapolation)을 수행한다.

∞ 입력 데이터 점들이 고르게 분포되지 않고 몇몇 점들이 다른 점들보다 서로 훨

씬 가깝게 있는 경우, 'spline' 방법은 큰 오차를 줄 수 있다.

∞ 보간법을 지정하는 것은 선택사항이다. 방법을 지정하지 않으면, 기본 설정값으로 'linear'가 사용된다.

예제 8.3 보간법

함수 $f(x) = 1.5^x \cos(2x)$의 점들인 다음 데이터 점들이 아래 표에 주어져 있다. 'linear', 'spline', 'pchip'의 보간법을 각각 이용하여 데이터 점들 사이의 y 값을 계산하고, 각 방법들에 대한 그래프를 그려라. 각 그래프에는 함수의 곡선과 각 보간법으로 구한 곡선, 그리고 데이터 점들을 표시한다.

x	0	1	2	3	4	5
y	1.0	-0.6242	-1.4707	3.2406	-0.7366	-6.3717

풀이

다음은 문제 풀이를 위해 스크립트 파일로 작성한 프로그램이다.

```
x=0:1.0:5;                              데이터 점들의 좌표를 가진 벡터 x와 y를 생성함
y=[1.0  -0.6242  -1.4707  3.2406  -0.7366  -6.3717];
xi=0:0.1:5;                             보간법으로 계산할 점들의 좌표를 가진 벡터 xi를 생성함
yilin=interp1(x,y,xi,'linear');         선형 보간법으로부터 벡터 xi의
                                        각 원소에 대한 y 좌표들을 계산함

yispl=interp1(x,y,xi,'spline');         스플라인 보간법으로부터 벡터 xi의
                                        각 원소에 대한 y 좌표들을 계산함

yipch=interp1(x,y,xi,'pchip');          pchip 보간법으로부터 벡터 xi의
                                        각 원소에 대한 y 좌표들을 계산함

yfun=1.5.^xi.*cos(2*xi);                함수로부터 벡터 xi의 각 원소
subplot(1,3,1)                          에 대한 y 좌표들을 계산함
plot(x,y,'o',xi,yfun,xi,yilin,'--');
subplot(1,3,2)
plot(x,y,'o',xi,yfun,xi,yispl,'--');
subplot(1,3,3)
plot(x,y,'o',xi,yfun,xi,yipch,'--');
```

프로그램에 의해 생성된 세 그림을 다음에 나타내었다(축 라벨은 그래프 편집기를 이용

하여 추가하였다). 데이터 점들은 원으로 표시하고, 보간 곡선은 점선으로 그렸으며, 함수는 실선으로 나타내었다. 아래 그림은 왼쪽부터 차례대로 선형보간법, 스플라인 보간법, pchip 보간법을 적용한 것이다.

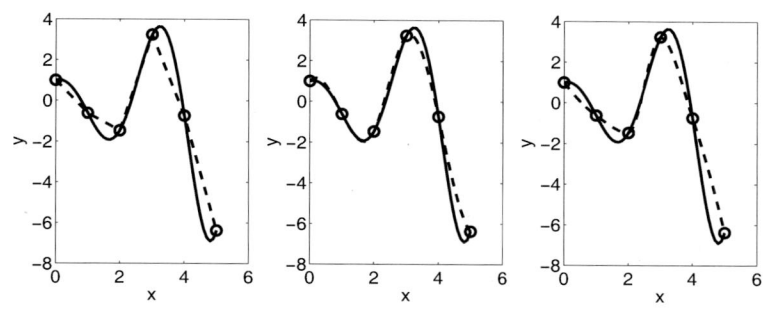

8.4 기본 피팅 인터페이스

기본 피팅 인터페이스는 커브 피팅과 보간법을 대화식으로 수행하는 데 사용할 수 있는 도구이다. 인터페이스를 이용하여 사용자는 다음을 할 수 있다.

∞ 스플라인 및 Hermite 보간법 방법을 이용하여, 10차까지 여러 차수의 다항식으로 데이터 점들에 커브 피팅을 할 수 있다.

∞ 여러 피팅 결과를 동시에 그래프로 나타내어 비교할 수 있다.

∞ 여러 다항식 피팅의 잔여오차(residual)들을 그래프로 그리고, 잔여오차들의 놈(norm)을 비교할 수 있다.

∞ 여러 커브 피팅에 의한 특정 점들에서의 값을 계산할 수 있다.

∞ 그래프에 다항식들의 식을 표시할 수 있다.

기본 피팅 인터페이스를 활성화하기 위해 먼저 데이터 점들의 그래프를 그린다. 그다음, 오른쪽 그림과 같이 Tools 메뉴에서 Basic

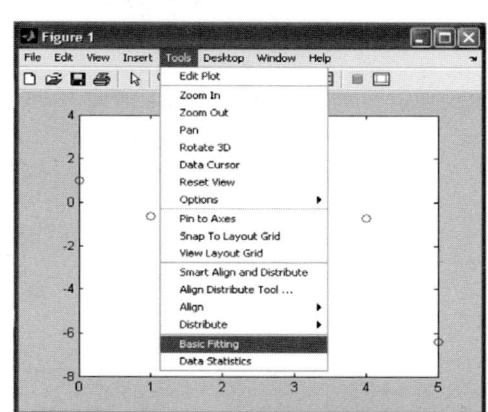

Fitting을 선택하면, 그림 8.3과 같은 기본 피팅 창(Basic Fitting Window)이 열린다. 창이 처음 열리면, 한 패널(Plot fits 패널)만 보인다. 오른쪽 하단의 ➡ 버튼을 누르면 창이 확장되면서 두 번째 패널인 **Numerical Results** 패널이 나타난다. ➡ 버튼을 한 번 더 누르면 그림 8.3과 같은 윈도 모양이 된다. ⬅ 버튼을 누르면 윈도를 다시 축소시킬 수 있다. 기본 피팅 창에서 처음 두 항목은 데이터 점들의 선택과 관련이 있다.

Select Data: 두 세트 이상의 데이터 점들을 가진 그림 창(Figure Window)에서 커브 피팅을 위해 특정 데이터 세트를 선택하고자 할 때, 이 항목을 이용한다. 한 번에 한 세트의 데이터 점들에 대해서만 커브 피팅을 할 수 있지만, 같은 세트에 대해서는 동시에 복수개의 피팅을 수행할 수 있다.

Center and scale x data: 이 항목의 체크박스에 표시를 하면, 데이터가 평균이 0이고 표준편차가 1이 되도록 조정된다. 수치계산의 정확도를 향상시키기 위해 이러한 변환이 필요할 수도 있다.

'Plot fits' 패널에 있는 다음 네 항목은 피팅의 화면출력과 관련되어 있다.

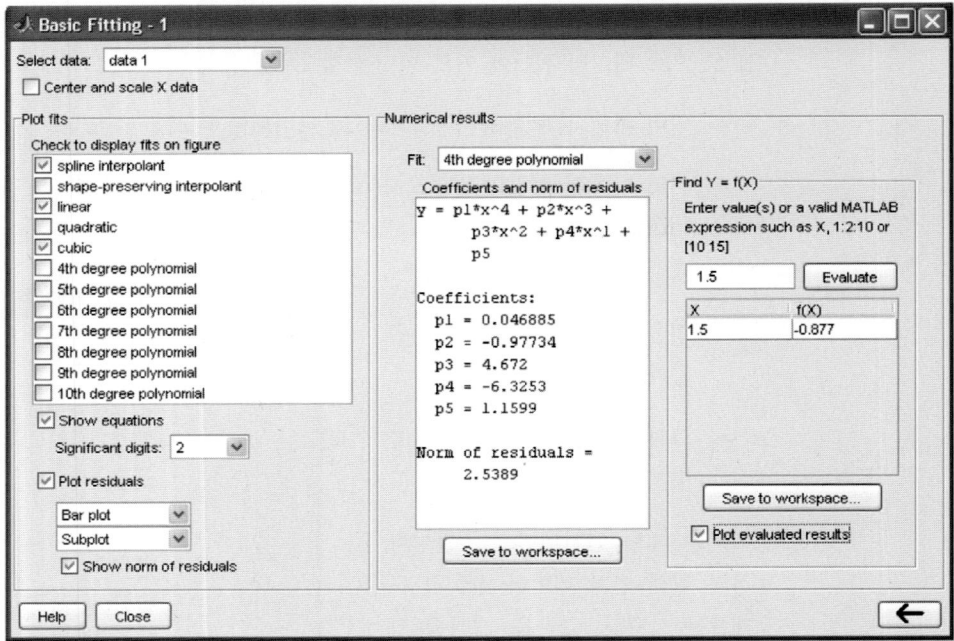

그림 8.3 기본 피팅 창(Basic Fitting Window)

Check to display fits on figure: 사용자는 그림 창에 나타낼 피팅을 선택하게 되는데, 여기에는 `spline` 함수를 이용하는 스플라인 보간함수에 의한 보간법, `pchip` 함수를 이용하는 Hermite 보간함수에 의한 보간법, `polyfit` 함수를 이용하는 여러 차수의 다항식 등이 포함되어 있다. 여러 개의 피팅을 선택할 수 있으며 동시에 나타낼 수 있다.

Show equations: 이 항목의 체크박스에 표시를 하면, 피팅을 위해 선택한 다항식들의 방정식이 그림 창에 표시된다. 'Significant digits:' 메뉴에서 선택한 유효숫자 자릿수의 계수를 가진 방정식이 화면에 출력된다.

Plot residuals: 이 항목의 체크박스에 표시를 하면, 각 데이터 점에서의 잔여오차(residual)를 보여주는 그래프가 생성된다(잔여오차는 8.2.1 절에서 정의됨). 이어지는 두 입력 창에서 적당한 선택을 하면, 잔여오차들을 막대그래프(bar plot)나 산포도(scatter plot), 또는 선 그래프(line plot)로 나타낼 수 있으며, 데이터 점들의 그래프가 그려진 같은 그림 창(Figure Window) 안에 부그래프(subplot)로 표시하거나 다른 그림 창(Figure Window)에 별도의 그래프로 표시할 수 있다.

Show norm of residuals: 이 항목의 체크박스에 표시를 하면, 잔여오차의 norm이 residual의 그래프에 표시된다. 잔여오차의 norm은 피팅의 질(quality)에 대한 척도이다. norm이 작을수록 더 좋은 피팅에 해당된다.

Numerical results 패널에는 다음 세 항목이 있으며, 이 항목들은 그림 창에 출력된 피팅과 무관하게 사용자가 원하는 하나의 피팅에 대한 수치적인 정보를 제공한다.

Fit: 수치적으로 검토하고 싶은 피팅을 선택한다. 이 피팅은 **Plot fit** 패널에서 이미 선택된 경우에만 그래프에서 볼 수 있다.

Coefficients and norm of residuals: **Fit** 메뉴에서 선택한 다항식 피팅에 대한 수치 결과들을 화면에 출력한다. 여기에는 다항식 계수들과 잔여오차들의 norm이 포함된다. **Save to workspace** 버튼을 누르면 이 결과들을 저장할 수 있다.

Find Y=f(X): 이 항목을 이용하여 독립 변수의 특정 값들에 대해 보간(또는 보외)된 수치 값들을 얻을 수 있다. 입력박스에 독립변수의 값을 입력하고, **Evaluate** 버튼을 클릭한다. **Plot evaluated results** 항목의 체크박스에 표시를 하면, 그래프에 계산된 값이 표시된다.

한 예로서, 기본 피팅 인터페이스를 이용하여 예제 8.3의 데이터 점들을 피팅해 보자. 기본 피팅 창(Basic Fitting Window)은 그림 8.3의 창이며, 해당 그림 창(Figure Window)은 그림 8.4의 창이다. 그림 창에 데이터 점들과 한 개의 보간 피팅(spline), 두 개의 다항식 피팅(linear 및 cubic) 그래프와 다항식 피팅 방정식의 표시, 기본 피팅 창의 Find Y = f(x)에서 입력한 $x = 1.5$에 해당하는 점의 표식 등이 포함되어 있다. 또 다항식 피팅의 잔여오차(residuals) 그래프와 norm의 화면 표시도 그림 창에 포함되어 있다.

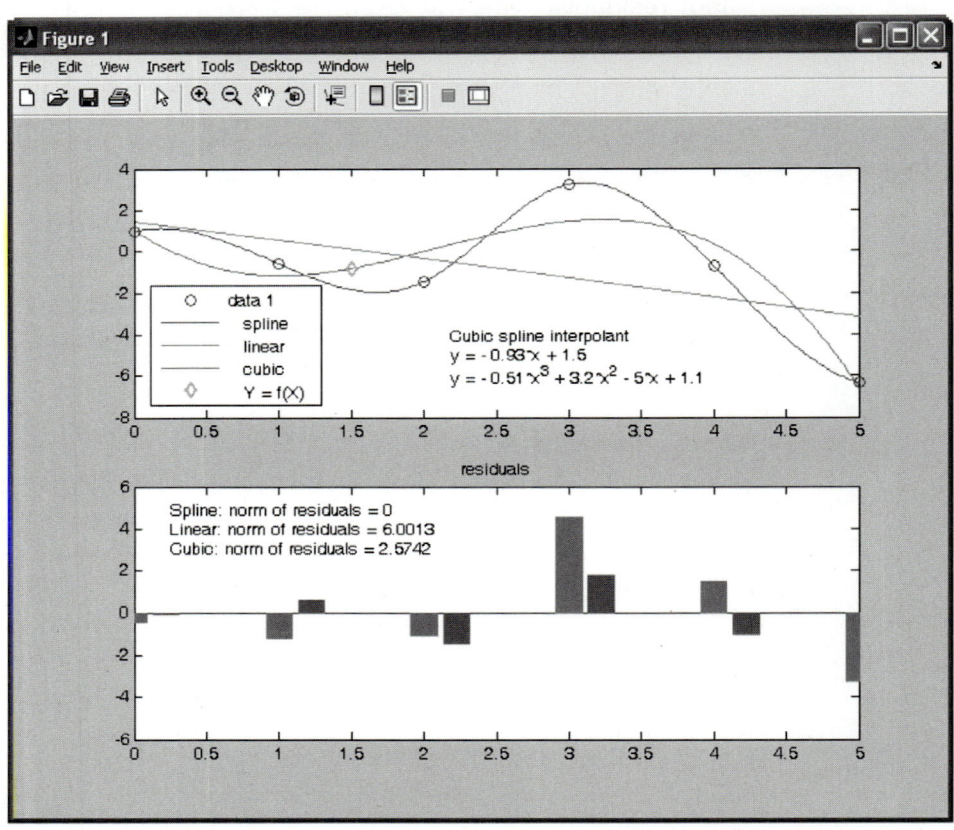

그림 8.4 기본 피팅 인터페이스에 의해 수정된 그림 창

8.5 MATLAB 응용 사례

예제 8.4 상자의 판 두께 구하기

알루미늄으로 만들어진 사각형 상자 (윗면은 없고 밑면과 네 개의 옆면으로 구성됨)의 바깥치수는 24 × 12 × 4 in.이다. 바닥과 옆면의 판 두께는 x 이다. 상자의 무게와 판 두께 x 의 관계식을 유도하라. 무게가 15 lb인 상자의 두께 x 를 구하라. 알루미늄의 비중량은 0.101 lb/in³ 이다.

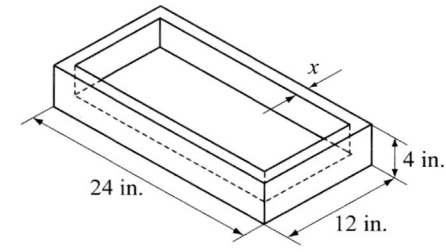

풀이

알루미늄의 체적 V_{Al} 은 무게 W 로부터 다음 식에 의해 계산된다.

$$V_{Al} = \frac{W}{\gamma}$$

여기서 γ 는 비중량이다. 상자의 치수로부터 알루미늄의 체적은 다음 식으로 주어진다.

$$V_{Al} = 24 \cdot 12 \cdot 4 - (24 - 2x)(12 - 2x)(4 - x)$$

여기서 상자의 체적은 바깥쪽 체적에서 안쪽 체적을 빼서 구했다. 이 식을 다음과 같이 다시 쓸 수 있다.

$$(24 - 2x)(12 - 2x)(4 - x) + V_{Al} - (24 \cdot 12 \cdot 4) = 0$$

이 식은 3차 다항식이다. 이 다항식의 근이 구하려는 두께 x 이다. 다항식을 결정하고 근을 구하는 프로그램을 스크립트 파일로 작성하면 다음과 같다.

```
W=15; gamma=0.101;                  W와 gamma를 할당함
VAlum=W/gamma;                      알루미늄의 체적을 계산함
a=[-2  24];                         다항식 24 − 2x를 a에 할당함
b=[-2  12];                         다항식 12 − 2x를 b에 할당함
c=[-1  4];                          다항식 4 − x를 c에 할당함
Vin=conv(c, conv(a,b));             위의 세 다항식을 곱함
```

```
polyeq=[0 0 0 (VAlum-24*12*4)]+Vin
x=roots(polyeq)
```

> $V_{Al} - 24*12*4$를 Vin에 더함
>
> 다항식의 근을 구함

밑에서 두 번째 줄에서, $V_{Al} - (24 \cdot 12 \cdot 4)$의 값을 다항식 Vin에 더하기 위해서는 이 스칼라 값을 Vin과 같은 차수(Vin은 3차 다항식임)의 다항식으로 표현해야 한다는 점에 유의해야 한다. 프로그램(파일이름: Chap8SamPro4)을 실행하면, 다항식의 계수들과 x의 값이 다음과 같이 화면에 출력된다.

```
>> Chap8SamPro4
polyeq =
  -4.0000   88.0000  -576.0000   148.5149
x =
 10.8656 + 4.4831i
 10.8656 - 4.4831i
  0.2687
```

> 다항식은 $-4x^3 + 88x^2 - 576x + 148.515$ 임

> 다항식은 한 개의 실수해 $x = 0.2687$ in. 를 가지며 이 값이 알루미늄 판의 두께임

예제 8.5 부표의 수면 위 높이

알루미늄 재질의 얇은 구가 위치표시용 부표(buoy)로 사용된다. 구의 반지름은 60 cm이며 두께는 12 mm이다. 알루미늄의 밀도는 $\rho_{Al} = 2690$ kg/m^{3}이다. 물의 밀도가 1030 kg/m^{3}인 해양에 부표가 떠 있다. 부표의 정점과 수면 사이의 높이 h를 구하라.

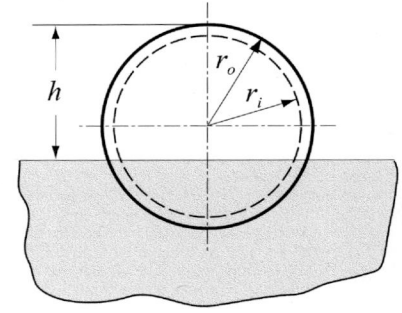

풀이

아르키메데스(Archimedes) 법칙에 의하면, 유체에 놓인 물체에 작용하는 부력은 물체가 밀어낸 유체의 무게와 같다. 따라서 알루미늄 구는 물에 잠긴 구의 부분이 밀어낸 유체의 무게와 구의 무게가 같아지는 깊이에서 떠 있게 될 것이다.

구의 무게는 다음 식으로 주어진다.

$$W_{sph} = \rho_{Al}V_{Al}g = \rho_{Al}\frac{4}{3}\pi(r_o^3 - r_i^3)g$$

여기서 V_{Al}은 알루미늄의 부피이고, r_o와 r_i는 각각 구의 안지름과 바깥지름이며, g는

중력가속도이다.

물속에 잠긴 구의 부분이 밀어낸 물의 무게는 다음 식으로 주어진다.

$$W_{wtr} = \rho_{wtr}V_{wtr}g = \rho_{wtr}\frac{1}{3}\pi(2r_o - h)^2(r_o + h)g$$

두 무게를 서로 같다고 놓으면 다음 식을 얻을 수 있다.

$$h^3 - 3r_oh^2 + 4r_o^3 - 4\frac{\rho_{Al}}{\rho_{wtr}}(r_o^3 - r_i^3) = 0$$

마지막 식은 h에 대한 3차 다항식이다. 다항식의 근이 구하는 답이다. MATLAB에 의한 해는 다음의 스크립트 파일과 같이 다항식을 쓰고 roots 함수를 이용하여 h의 값을 구하면 얻을 수 있다.

```
rout=0.60; rin=0.588;                            반지름을 변수에 할당함
rhoalum=2690; rhowtr=1030;                       밀도를 변수에 할당함
a0=4*rout^3-4*rhoalum*(rout^3-rin^3 )/rhowtr;    계수 a0에 할당함
p = [1  -3*rout  0  a0];                          다항식의 계수 벡터를 할당함
h = roots(p)                                      다항식의 근들을 계산함
```

스크립트 파일을 명령어 창에서 실행하면, 다항식이 3차이므로 답은 아래와 같이 세 개의 근을 갖는다. 물리적으로 가능한 유일한 답은 두 번째의 $h = 0.9029$ m 이다.

```
>> Chap8SamPro5
h =
    1.4542        다항식은 세 개의 근을 갖는다. 문제에서 물리
    0.9029        적으로 가능한 유일한 해는 0.9029 m 이다.
   -0.5570
```

예제 8.6 커패시터 크기 구하기

전기 커패시터(capacitor)가 미지의 용량 (capacitance)을 가지고 있다. 이 커패시터의 용량을 구하기 위해 커패시터가 그림의 회로에 연결되어 있다. 먼저 스위치가 B에 연결되어 커패시터가 충전된 후, 스위치가 A로 전환되어 커패시터가 저항기

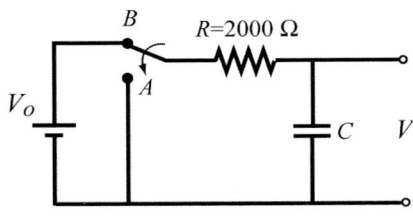

를 통해 방전된다. 커패시터가 방전되는 동안, 커패시터 양단의 전압을 1초 간격으로 10초 동안 측정한다. 기록한 측정치가 아래 표에 주어진다. 전압을 시간의 함수로 그래프를 그리고, 지수곡선을 데이터 점들에 피팅시킴으로써 커패시터의 용량을 구하라.

t(s)	1	2	3	4	5	6	7	8	9	10
V(V)	9.4	7.31	5.15	3.55	2.81	2.04	1.26	0.97	0.74	0.58

풀이

커패시터가 저항기를 통해 방전될 때, 커패시터의 전압은 시간의 함수로서 다음 식으로 주어진다.

$$V = V_0 e^{(-t)/(RC)}$$

여기서 V_0는 초기 전압, R은 저항기의 저항, C는 커패시터의 용량이다. 8.2.2절에서 설명한 대로, 지수함수는 다음 형태와 같이 $\ln(V)$와 t에 대한 선형방정식으로 쓸 수 있다.

$$\ln(V) = -\frac{1}{RC}t + \ln(V_0)$$

$y = mx + b$의 형태를 가진 위의 식은 t를 독립변수 x로, $\ln(V)$를 종속변수 y로 하여 polyfit(x,y,1) 함수를 이용함으로써 데이터 점들에 피팅시킬 수 있다. polyfit 함수에 의해 결정된 계수 m과 b를 이용하여, 다음 식으로 C와 V_0를 구할 수 있다.

$$C = -\frac{1}{Rm}, \qquad V_0 = e^b$$

스크립트 파일로 작성된 다음 프로그램은 데이터 점들에 가장 잘 맞는 지수함수를 결정하고, C와 V_0를 구하며, 데이터 점들과 피팅된 함수의 그래프를 그린다.

```
R=2000;                                                    R을 정의함
t=1:10;                                      데이터 점들을 벡터들 t와 v에 할당함
v=[9.4  7.31  5.15  3.55  2.81  2.04  1.26  0.97  0.74  0.58];
p=polyfit(t, log(v),1);                      t와 log(v)로 polyfit 함수를 사용함
C=-1/(R*p(1))                                식에서 m인 p(1)으로부터 C를 계산함
V0=exp(p(2))                                 식에서 b인 p(2)로부터 V0를 계산함
tplot=0:0.1:10;                         함수를 그리기 위해 시간의 벡터 tplot을 생성함
```

```
vplot=V0*exp(-tplot./(R*C));
plot(t,v,'o',tplot,vplot)
```

함수를 그리기 위해 벡터 vplot을 생성함

위의 스크립트 파일(파일이름:Chap8SamPro6)이 실행되면, C와 V_0의 값이 아래와 같이 명령어 창에 표시된다.

```
>> Chap8SamPro6
C =
     0.0016
V0 =
    13.2796
```

커패시터의 용량은 1600 μF임

또한 프로그램은 다음 그래프를 출력한다. 축 라벨은 그래프 편집기(Plot Editor)를 이용하여 그래프에 추가하였다.

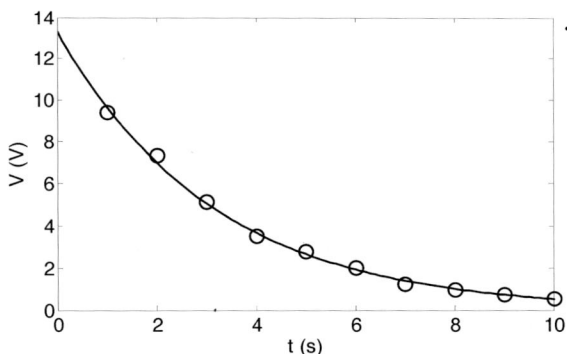

예제 8.7 점도의 온도 의존

점도 μ는 유동(flow)에 대한 가스와 유체의 저항 특성을 나타내는 특성값이다. 대부분의 물질에 대해, 점도는 온도에 매우 민감하다. 아래의 표는 여러 온도에서의 SAE 10W 오일의 점도를 나타낸다(자료 출처: B. R. Munson, D. F. Young, and T. H. Okiishi, "Fundamental of Fluid Mechanics," 4th Edition, John Wiley and Sons, 2002). 데이터에 피팅시킬 수 있는 식을 구하라.

$T(°C)$	−20	0	20	40	60	80	100	120
$\mu(Ns/m^2)$ ($\times 10^{-5}$)	4	0.38	0.095	0.032	0.015	0.0078	0.0045	0.0032

풀이

어떤 유형의 식이 데이터에 잘 피팅될 수 있는지를 조사하기 위해 절대온도 T를 선형축으로, μ를 로그축으로 설정하고, μ를 T의 함수로 그래프를 그린다. 오른쪽 그래프로부터, 데이터 점들이 직선으로 정렬되어 있지 않음을 알 수 있다. 결국 이 축에서 직선을 나타내는 $y = be^{mx}$ 형태의 단순 지수함수는 최상의 피팅을 제공하지 않을 것임

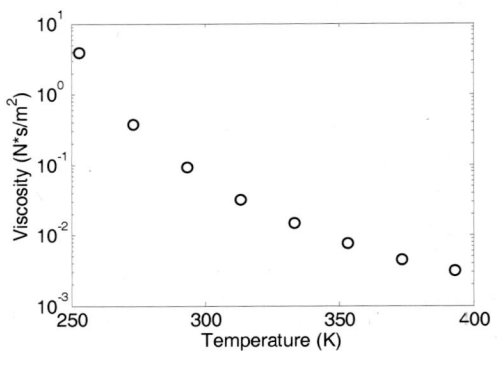

을 알 수 있다. 그림에서 점들이 곡선을 따라 분포되어 있는 것으로 나타나므로, 데이터에 가장 잘 피팅될 수 있는 함수는 다음과 같은 형태가 될 수 있을 것이다.

$$\ln(\mu) = a_2 T^2 + a_1 T + a_0$$

MATLAB의 `polyfit(x,y,2)` 함수(2차 다항식)를 이용하여 위 함수를 데이터에 피팅시킬 수 있다. 여기서 독립변수는 T이고, 종속변수는 $\ln(\mu)$이다. 위 식을 μ에 대해 풀면 다음과 같이 점도를 시간의 함수로 나타낼 수 있다.

$$\mu = e^{(a_2 T^2 + a_1 T + a_0)} = e^{a_0} e^{a_1 T} e^{a_2 T^2}$$

다음 프로그램은 최상의 피팅 함수를 구하고, 데이터 점들과 함수를 화면에 표시하는 그래프를 생성한다.

```
T=[-20:20:120];
mu=[4 0.38 0.095 0.032 0.015 0.0078 0.0045 0.0032];
TK=T+273;
p=polyfit(TK,log(mu),2)
Tplot=273+[-20:120];
muplot = exp(p(1)*Tplot.^2 + p(2)*Tplot + p(3));
semilogy(TK,mu,'o',Tplot,muplot)
```

위 프로그램(파일이름: Chap8SamPro7)이 실행되면, `polyfit` 함수에 의해 구해진 계수들이 벡터 p의 세 원소로서 아래와 같이 명령어 창에 출력된다.

```
>> Chap8SamPro7
p =
    0.0003   -0.2685    47.1673
```

온도의 함수로서 위의 계수를 가진 오일의 점도는 다음과 같다.

$$\mu = e^{(0.0003\,T^2 - 0.2685\,T + 47.1673)} = e^{47.1673}\,e^{(-0.2685)\,T}\,e^{0.0003\,T^2}$$

생성된 그래프로부터 위 식이 데이터 점들과 잘 연관되어 있음을 알 수 있다. 축 라벨은 그래프 편집기(Plot Editor)로 추가하였다.

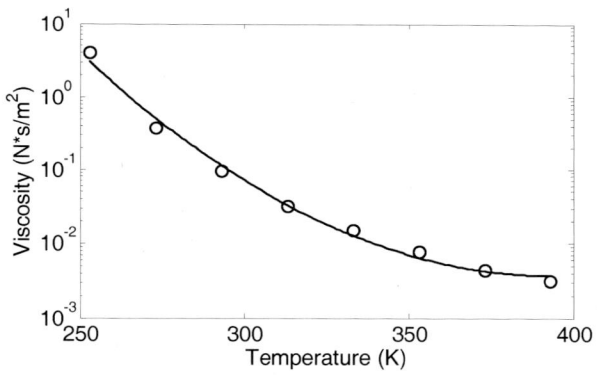

연습문제

1. $-6 \leq x \leq 6$의 정의역에 대해 다항식 $y = 0.02x^4 - 0.75x^3 + 12.5x - 2$의 그래프를 그려라. 먼저 x에 대한 벡터를 생성한 다음, `polyval` 함수를 이용하여 y를 계산하고, `plot` 함수를 사용하라.

2. 다항식 $12x^6 + 21x^5 - 11x^4 - 14x^3 + 18x^2 + 28x - 4$를 다항식 $4x^2 + 7x - 1$로 나누어라.

3. 다항식 $4x^4 + 6x^3 - 2x^2 - 5x + 3$을 다항식 $x^2 + 4x + 2$로 나누어라.

4. 실린더 모양의 스테인리스 스틸 연료탱크는 바깥지름이 40 cm이고, 길이가 70 cm이다. 실린더의 밑면과 윗면, 옆면의 두께는 모두 x이다. 탱크의 질량이 18 kg일 때, x를 구하라. 스테인리스 스틸의 밀도는 7920 kg/m^{3}이다.

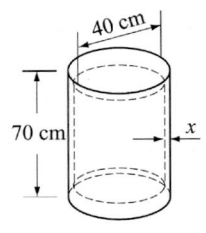

5. 길이와 폭이 각각 40인치와 22인치인 사각형 마분지의 네 귀퉁이에서 한 변의 길이가 x인 정사각형 조각을 잘라낸 후, 측면을 접어서 윗면이 열린 직사각형 상자를 만든다.

a) x에 의한 체적 V의 다항식을 벡터로 생성하라.

b) x에 대한 V의 그래프를 그려라.

c) 상자의 체적이 1000 in^{3}이라면, x는 얼마인가?

d) 상자가 가능한 한 최대 체적을 갖도록 x의 값을 구하고 이때의 상자 체적을 구하라.

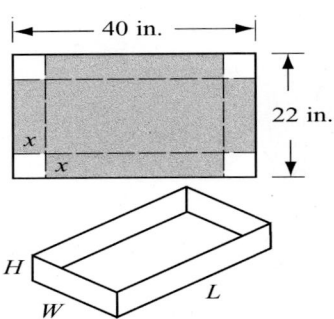

6. 가스탱크가 그림과 같이 원통형 실린더에 두 개의 절두체(frustrum) 뚜껑이 붙어있는 기하학적 형태를 하고 있다. 실린더는 반지름이 R이고 길이가 $2R$이다. 각 절두체는 밑면은 반지름이 R이고 윗면은 반지름이 0.25 m이며, 높이는 0.4 m이다. 탱크의 체적이 1.7 m^{3}인 경우, R을 구하라.

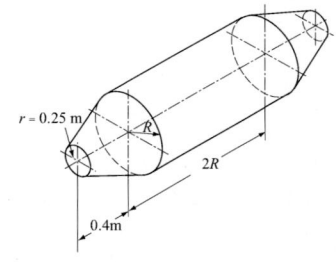

7. 임의의 차수의 두 다항식을 더하거나 빼는 사용자정의 함수를 작성하라. 함수이름은 p=polyadd(p1,p2,operation)으로 한다. 처음 두 입력인자인 p1과 p2는 두 다항식의 계수들의 벡터이다. 두 다항식의 차수가 다르면, 짧은 벡터 쪽에 0의 원소들을 필요한 만큼 채워야 한다. 세 번째 입력인자 operation은 문자열로서, 다항식을 빼거나 더하기 위해 'add' 또는 'sub'가 될 수 있으며, 출력인자는 결과로 얻을 다항식이다.

함수를 사용하여 다음 두 다항식을 더하고 빼라.

$$f_1(x) = x^5 - 7x^4 + 11x^3 - 4x^2 - 5x - 2, \qquad f_2(x) = 9x^2 - 10x + 6.$$

8. 다음 형태의 2차 방정식의 최대(또는 최소)를 구하는 사용자정의 함수를 작성하라.

$$f(x) = ax^2 + bx + c$$

함수의 이름은 $[x,y,w]$=maxormin(a,b,c)로 한다. 입력인자는 계수 a, b, c 이다. 출력인자는 최대(또는 최소)값의 좌표 x와 최대(또는 최소)값 y, 그리고 y 가 최대이면 1, 최소이면 2를 갖는 w이다.

이 함수를 이용하여 다음 함수들의 최대 또는 최소를 구하라.

a) $f(x) = 3x^2 - 7x + 14$ b) $f(x) = -5x^2 - 11x + 15$

9. 그림과 같이 밑면의 반지름이 $R = 10$ in.이고 높 이가 $H = 30$ in.인 원뿔 안에 반지름이 r이고 높이가 h인 원통이 들어있다.

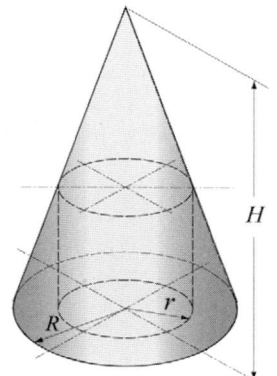

a) r에 의한 실린더 체적 V의 다항식을 벡터로 생성하라.

b) r에 대한 V의 그래프를 그려라.

c) 원통의 체적이 800 in^{3}인 경우, r을 구하라.

d) 원통이 가능한 한 최대 체적을 갖도록 r의 값 을 구하고 이때의 원통 체적을 구하라.

10. 반데르발스(van der Waals) 방정식은 실제 기체에 대한 압력 p(atm 단위)와 체적 V(L 단위), 온도 T(K 단위) 사이의 관계식을 다음과 같이 제공한다.

$$p = \frac{nRT}{V - nb} - \frac{n^2 a}{V^2}$$

여기서 n은 몰(mole)개수이며, $R = 0.08206$(L atm)/(mole K)은 기체상수, a (L^2 atm/mole^2)와 b (L/mole)는 재료 상수이다. T와 V가 주어지고 p를 계산 할 때, 또는 p와 V가 주어지고 T를 계산할 때는 이 식을 쉽게 사용할 수 있다. 그러나 p와 T가 주어지고 V를 구하는 경우에는 이 식이 V에 대해 비선형이 되 므로 쉽게 풀 수 없다. V를 풀기 위한 한 가지 유용한 방법은 식을 다음과 같은 3차 다항식으로 다시 쓰고 다항식의 근을 구하는 것이다.

$$V^3 - \left(nb + \frac{nRT}{p}\right)V^2 + \frac{n^2 a}{p}V - \frac{n^3 ab}{p} = 0$$

주어진 p, T, n, a, b에 대해 V를 계산하는 사용자정의 함수를 작성하라. 함수 이름과 인자는 V=waals(p,T,n,a,b)로 하며, MATLAB의 내장함수 roots 를 이용하여 V를 계산한다. 다항식의 해가 실근이 아닌 복소수 근을 가질 수 있 음에 유의하라. waals에서 출력인자 V는 물리적으로 가능한 해(양의 실수)가 되 어야 한다. MATLAB의 내장함수 imag(x)는 근이 실수인지를 결정하는 데 사용될 수 있다.

사용자정의 함수를 이용하여 $p = 30$ atm, $T = 300$ K, $n = 1.5$, $a = 1.345$ L²atm/mole², $b = 0.0322$ L/mole 에 대해 V를 계산하라.

11. 다음과 같은 점들이 주어져 있다.

x	−6	−3.5	−2.5	−1	0	1.5	2.2	4	5.2	6	8
y	0.3	0.4	1.1	3.6	3.9	4.5	4.2	3.5	4.0	5.3	6.1

a) 1차 다항식으로 데이터를 피팅하라. 점들과 다항식의 그래프를 그려라.
b) 2차 다항식으로 데이터를 피팅하라. 점들과 다항식의 그래프를 그려라.
c) 4차 다항식으로 데이터를 피팅하라. 점들과 다항식의 그래프를 그려라.
d) 10차 다항식으로 데이터를 피팅하라. 점들과 다항식의 그래프를 그려라.

12. 1910년부터 2000년까지 인도의 인구수가 다음 표에 주어져 있다.

연도	1910	1930	1940	1950	1960	1970	1980	1990	2000
인구 (백만)	249	277	316	350	431	539	689	833	1014

a) 데이터에 피팅이 가장 잘 된 지수함수를 구하라. 함수를 이용하여 1975년의 인구를 추정하라.
b) 2차 방정식(2차 다항식)을 데이터에 커브 피팅하라. 함수를 이용하여 1975년의 인구를 추정하라.
c) 선형 보간법과 스플라인 보간법으로 데이터를 피팅하고 1975년의 인구를 추정하라.

각 문항에 대해, 데이터 점들(원으로 표시)과 커브 피팅, 즉 보간 곡선의 그래프를 그려라. 문항 *c*는 보간 곡선이 두 개임에 유의하라. 1955년의 실제 인도 인구는 6억8십만이었다.

13. 해수면에서 33 km의 고도에 걸쳐 여러 고도 h에서의 표준 공기밀도 D(평균 측정치)가 아래 표에 주어져 있다.

h(km)	0	3	6	9	12	15
D(kg/m³)	1.2	0.91	0.66	0.47	0.31	0.19
h(km)	18	21	24	27	30	33
D(kg/m³)	0.12	0.075	0.046	0.029	0.018	0.011

a) 고도의 함수인 위의 밀도 데이터에 대해 다음 네 경우에 대한 그래프를 각각 그려라: (1) 두 축 모두 선형축인 경우, (2) *h*가 로그축이고 *D*가 선형축인 경우, (3) *h*가 선형축이고 *D*가 로그축인 경우, (4) 두 축 모두 로그축인 경우. 그래프의 결과에 따라, 데이터 점들에 가장 피팅이 잘 될 수 있는 함수(선형함수, 멱함수, 지수함수, 또는 로그함수)를 선택하고, 선택한 함수의 계수들을 구하라.

b) 선형축을 이용하여 데이터 점들과 함수의 그래프를 그려라.

14. $y = be^{mx}$ 형태의 지수함수를 데이터 점들에 피팅시키는 사용자정의 함수를 작성하라. 함수 이름은 `[b,m] = expofit(x,y)`로 한다. 입력인자 x와 y는 데이터 점들의 좌표를 가진 벡터이고, 출력인자 b와 m은 피팅된 지수함수의 상수들이다. `expofit` 함수를 이용하여 아래의 데이터를 피팅하라. 데이터 점들과 함수의 그래프를 그려라.

x	0.6	2.1	3.1	5.1	6.2	7.6
y	0.9	9.1	24.7	58.2	105	222

15. 자동차에 가해지는 공기역학적 항력 F_D는 다음 식으로 주어진다.

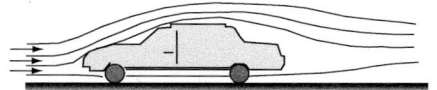

$$F_D = \frac{1}{2}\rho C_D A v^2$$

여기서 ρ = 1.2 kg/m³은 공기밀도, C_D는 항력계수, A는 투사된 자동차의 전면 면적이며, *v*는 바람에 대한 자동차의 상대속도(m/s)이다. $C_D A$는 자동차의 공기 저항 특성을 나타낸다. 70 km/h 이상의 속도에서 공기역학적 항력은 일반적으로 운동에 대한 총 저항의 절반을 넘는다. 풍동(wind tunnel) 시험에서 얻어진 데이터가 아래 표에 표시되어 있다. 이 데이터에 커브 피팅을 하여 시험 차량에 대한 $C_D A$의 곱을 구하라. 데이터 점들과 커브 피팅된 식의 그래프를 그려라.

v(km/h)	20	40	60	80	100	120	140	160
F_D(N)	10	50	109	180	300	420	565	771

16. 두 변수 *P*와 *t* 사이의 관계식이 다음과 같다.

$$P = \frac{5}{m\sqrt{t+b}}$$

다음 데이터 점들이 주어져 있다.

t	1	2	3	4	5	6	7
P	8.9	3.4	2.1	2.0	1.6	1.3	1.2

식을 데이터 점들에 커브 피팅하여 상수 m과 b를 구하라. t에 대한 P의 그래프를 그려라. 그래프에서 데이터 점들은 표식(marker)으로, 커브 피팅된 식은 실선으로 나타내어라. 식의 역수를 취한 후, 1차 다항식을 사용하여 커브 피팅을 할 수 있다.

17. 많은 금속의 항복응력 σ_y는 결정(grain)의 크기에 의존한다. 이러한 금속들에서 평균 결정 지름과 항복응력 사이의 관계는 다음의 Hall-Petch 식에 의해 모델링될 수 있다.

$$\sigma_y = \sigma_0 + kd^{\left(\frac{-1}{2}\right)}$$

다음은 평균 결정 직경과 항복응력 측정값들이다.

d(mm)	0.005	0.009	0.016	0.025	0.040	0.062	0.085	0.110
σ_y(MPa)	205	150	135	97	89	80	70	67

a) 커브 피팅을 이용하여, 이 재료에 대한 Hall-Petch 식의 상수 σ_0와 k를 구하라. 이들 상수를 가진 식을 이용하여, 결정 지름이 0.05 mm인 재료의 항복응력을 구하라. 또 실선으로 Hall-Petch 식을 나타내는 그래프를 그리고, 데이터 점들을 원형 표식(marker)으로 표시하라.

b) 선형 보간법을 이용하여 결정 지름이 0.05 mm인 재료의 항복응력을 구하라. 실선으로 선형 보간을 나타내는 그래프를 그리고, 데이터 점들을 원형 표식(marker)으로 표시하라.

c) 3차 보간법을 이용하여 결정 지름이 0.05 mm인 재료의 항복응력을 구하라. 실선으로 3차 보간을 나타내는 그래프를 그리고, 데이터 점들을 원형 표식(marker)으로 표시하라.

18. 이상기체 방정식에 대한 체적과 압력, 온도, 양 사이의 관계식은 다음과 같다.

$$V = \frac{nRT}{P}$$

여기서 V는 리터 단위의 체적, P는 atm 단위의 압력, T는 K도의 온도이며, n

은 몰(mole)의 수, R은 기체상수이다.

기체상수 R의 값을 구하기 위해 실험을 수행하였다. 실험에서 0.05몰의 기체에 압력을 가하여 다른 체적으로 압축시키면서, 각 체적마다 기체의 압력과 온도를 기록하였다. 아래의 기록 데이터를 이용하여 T/P에 대한 V의 그래프를 그리고, 선형식으로 데이터 점들을 피팅하여 R을 구하라.

V(L)	0.75	0.65	0.55	0.45	0.35
T(°C)	25	37	45	56	65
P(atm)	1.63	1.96	2.37	3.00	3.96

19. 점도는 유동에 대한 저항 특성을 나타내는 기체와 유체의 성질이다. 대부분의 물질에 대해 점도는 온도에 매우 민감하다. 기체의 경우, 온도에 따른 점도의 변화는 종종 다음 형태의 식으로 모델링된다.

$$\mu = \frac{CT^{3/2}}{T + S}$$

여기서 μ는 점도, T는 온도이며, C와 S는 실험상수들이다. 아래의 표는 여러 온도에서의 공기의 점도를 나타낸다(자료 출처: B. R. Muson, D. F. Young, and T. H. Okiishi, "Fundamental of Fluid Mechanics," 4th Edition, John Wiley and Sons, 2002).

T(°C)	−20	0	40	100	200	300	400	500	1000
μ(N s/m²) (×10⁻⁵)	1.63	1.71	1.87	2.17	2.53	2.98	3.32	3.64	5.04

식을 데이터 점들에 커브 피팅하여 상수 C와 S를 구하라. 온도(°C)에 대한 점도의 그래프를 그려라. 그래프에서 데이터 점들은 표식(marker)으로 표시하고, 커브 피팅된 식은 실선으로 나타내어라.

$$\frac{T^{3/2}}{\mu} = \frac{1}{C}T + \frac{S}{C}$$

위 식을 다음 형태로 다시 쓰고, 1차 다항식을 이용하여 커브 피팅을 한다.

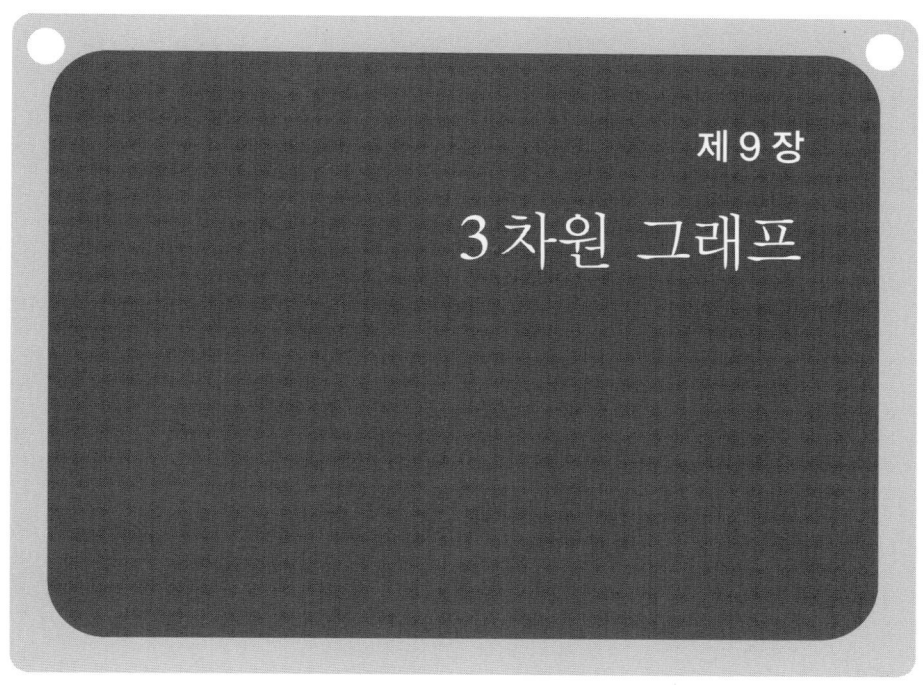

제 9 장
3 차원 그래프

 3차원(3-D) 그래프는 두 변수보다 많은 변수들로 이루어진 데이터를 나타내는 데 유용한 방법이 될 수 있다. MATLAB은 3차원 데이터 표시를 위한 여러 옵션들을 제공한다. 이 옵션들에는 선(line), 와이어(wire), 표면(surface), 그물망(mesh) 그래프들을 비롯하여 다른 많은 그래프들이 포함되어 있다. 그래프들이 특정한 모양과 특별한 효과를 갖도록 형식을 지정할 수도 있다. 이 장에서는 많은 3차원 그래픽 기능들에 대해 기술할 것이다. 추가 정보는 도움말 창의 **'Plotting and Data Visualization'** 제목에서 찾을 수 있다.

 이 장은 여러 면에서 2차원 그래프가 기술되어 있는 5장의 연장이다. 모든 MATLAB 사용자들이 3차원 그래프를 사용하는 것은 아니므로 3차원 그래프를 분리하여 별도의 장에서 소개하는 것이며, 또 MATLAB을 처음 사용하는 사용자들을 위해서도 2차원 그래프를 먼저 연습하고 6∼8장의 내용을 배우고 난 후에 3차원 그래프를 시도하는 것이 더 나을 것으로 생각한다. 이 장은 2차원 그래프에 대해서는 이미 알고 있는 것을 전제로 한다.

9.1 선 그래프

3차원 선 그래프는 3차원 공간의 점들을 연결하여 얻어지는 선이다. 기본적인 3-D 그래프는 plot3 명령어로 생성되는데, 이 명령어는 plot 명령어와 매우 유사하며 다음 형식을 갖는다.

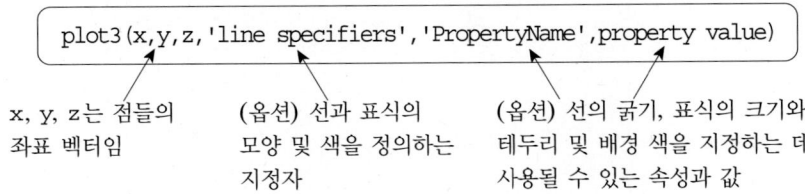

평 plot3(x,y,z,'line specifiers','PropertyName',property value)

| x, y, z는 점들의 좌표 벡터임 | (옵션) 선과 표식의 모양 및 색을 정의하는 지정자 | (옵션) 선의 굵기, 표식의 크기와 테두리 및 배경 색을 지정하는 데 사용될 수 있는 속성과 값 |

- 데이터 점들의 좌표를 가진 세 벡터는 같은 수의 원소를 가져야 한다.

- 선 지정자(line specifier), 속성(property), 속성값(property value)은 2차원 그래프의 경우와 동일하다(5.1절 참조).

예를 들어, 좌표 x, y, z가 다음과 같이 매개변수 t의 함수로 주어진다고 하자.

$$x = \sqrt{t}\sin(2t)$$
$$y = \sqrt{t}\cos(2t)$$
$$z = 0.5t$$

$0 \le t \le 6\pi$에 대한 점들의 그래프를 다음 스크립트 파일로 생성할 수 있다.

```
t=0:0.1:6*pi;
x=sqrt(t).*sin(2*t);
y=sqrt(t).*cos(2*t);
z=0.5*t;
plot3(x,y,z,'k','linewidth',1)
grid on
xlabel('x'); ylabel('y'); zlabel('z')
```

스크립트 파일의 실행으로 생성된 그래프는 다음 그림 9.1과 같다.

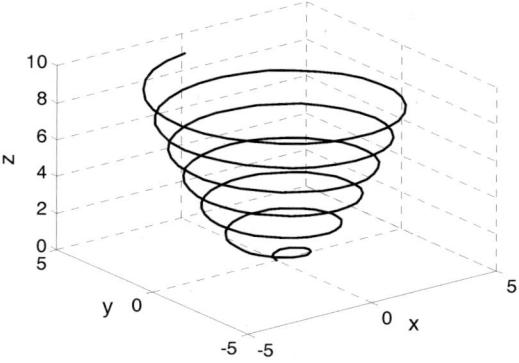

그림 9.1 $0 \leq t \leq 6\pi$에 대한 함수 $x = \sqrt{t} \sin(2t)$, $y = \sqrt{t} \cos(2t)$, $z = 0.5t$의 그래프

9.2 그물망 그래프와 표면 그래프

그물망 그래프(mesh plot)와 표면 그래프(surface plot)는 $z = f(x, y)$ 형태의 함수를 그리는 데 사용되는 3차원 그래프이다. $z = f(x, y)$에서 x, y는 독립변수이고 z는 종속변수이다. 이것은 주어진 정의역 내에서 x와 y의 임의의 조합에 대해 z의 값이 계산될 수 있음을 의미한다. 그물망 그래프와 표면 그래프는 세 단계로 생성된다. 첫 번째 단계는 함수의 정의역에 대해 x-y 평면에서 격자(grid)를 생성하는 것이다. 두 번째 단계는 격자의 각 점에서 z의 값을 계산하는 것이며, 세 번째 단계는 그래프를 생성하는 것이다. 다음에서 세 단계에 대해 설명한다.

x-y 평면에서의 격자 생성

격자(grid)는 x-y 평면상에서 함수의 정의역에 속한 점들의 집합이다. 격자의 밀도(정의역을 정의하는 데 사용되는 점의 개수)는 사용자에 의해 정의된다. 예를 들어, 그림 9.2는 정의역 $-1 \leq x \leq 3$과 $1 \leq y \leq 4$에서의 격자를 보여준다.

이 격자에서 격자점 사이의 거리는 1 단위이다. 격자점들은 두 행렬 X와 Y에 의해 정의될 수 있다. 행렬 X는 모든 점들의 x 좌표를 가지며, 행렬 Y는 모든 점들의 y 좌표를 갖는다. 즉,

$$X = \begin{bmatrix} -1 & 0 & 1 & 2 & 3 \\ -1 & 0 & 1 & 2 & 3 \\ -1 & 0 & 1 & 2 & 3 \\ -1 & 0 & 1 & 2 & 3 \end{bmatrix}, \qquad Y = \begin{bmatrix} 4 & 4 & 4 & 4 & 4 \\ 3 & 3 & 3 & 3 & 3 \\ 2 & 2 & 2 & 2 & 2 \\ 1 & 1 & 1 & 1 & 1 \end{bmatrix}$$

행렬 X는 같은 행(row)들로 이루어져 있는데, 이는 격자의 각 행에 있는 점들이 다

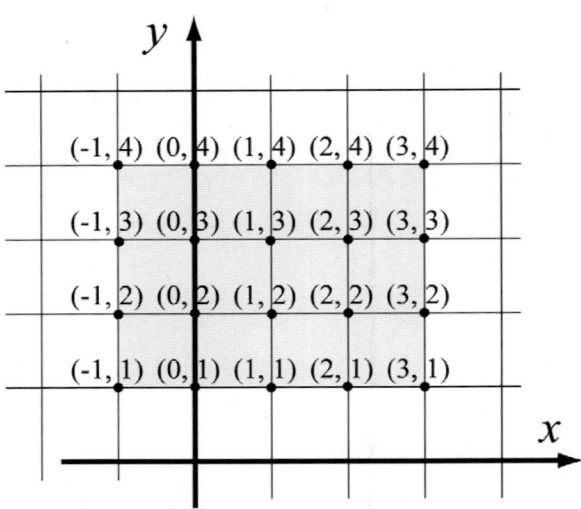

그림 9.2 정의역 $-1 \le x \le 3$ 과 $1 \le y \le 4$ 에 대한 x-y 평면에서의 격자(격자 간격 $= 1$)

른 행의 점들과 x 좌표가 같기 때문이다. 마찬가지로 행렬 Y 도 격자의 각 열 (column)에 있는 점들이 다른 열의 점들과 같은 y 좌표를 가지므로 같은 열로 구성되어 있다.

MATLAB은 행렬 X와 Y를 생성하는 데 사용할 수 있는 meshgrid라는 내장함수를 가지고 있다. meshgrid 함수의 형식은 다음과 같다.

$$[X,Y] = meshgrid(x,y)$$

X는 격자점들의 x 좌표들로 구성된 행렬이다.   x는 x의 정의역을 나누는 벡터이다.
Y는 격자점들의 y 좌표들로 구성된 행렬이다.   y는 y의 정의역을 나누는 벡터이다.

벡터 x, y에서 첫째 원소와 마지막 원소는 정의역의 해당 경계값이다. 격자의 밀도는 벡터의 원소 개수에 의해 결정된다. 예를 들면, 그림 9.2의 격자에 해당하는 그물망 (mesh) 행렬 X와 Y는 다음과 같이 meshgrid 명령어로 생성할 수 있다.

```
>> x=-1:3;
>> y=1:4;
>> [X,Y]=meshgrid(x,y)
X =
    -1     0     1     2     3
    -1     0     1     2     3
    -1     0     1     2     3
```

```
      -1     0     1     2     3
Y =

       1     1     1     1     1
       2     2     2     2     2
       3     3     3     3     3
       4     4     4     4     4
>>
```

일단 격자 행렬이 존재하게 되면, 이 행렬을 이용하여 각 격자점에서 z의 값을 계산할 수 있다.

격자의 각 점에서 z의 값 계산하기

각 점에서의 z의 값은 벡터 계산과 같은 방법으로 원소별 연산을 이용하여 계산된다. 독립 변수 x와 y가 행렬(반드시 같은 크기여야 함)이면, 계산된 종속변수 또한 같은 크기의 행렬이다. 행렬 z의 각 주소에서의 값은 x와 y의 해당 값들로부터 계산된다. 예를 들어, z가 다음 식으로 주어진다면,

$$z = \frac{xy^2}{x^2 + y^2}$$

각 격자점에서의 z의 값은 다음과 같이 계산된다.

```
>> Z = X.*Y.^2./(X.^2 + Y.^2)
Z =

   -0.5000          0     0.5000     0.4000     0.3000
   -0.8000          0     0.8000     1.0000     0.9231
   -0.9000          0     0.9000     1.3846     1.5000
   -0.9412          0     0.9412     1.6000     1.9200
```

일단 세 행렬이 존재하면, 이 세 행렬을 이용하여 그물망 그래프(mesh plot)나 표면 그래프(surface plot)를 그릴 수 있다.

그물망 그래프와 표면 그래프 그리기

그물망 그래프(mesh plot)나 표면 그래프(surface plot)는 다음 형식의 mesh 또는 surf 명령어로 생성된다.

```
mesh(X,Y,Z)
```

```
surf(X,Y,Z)
```

여기서 X, Y는 격자의 좌표들을 가진 행렬이며, Z는 격자점들에서의 z 값을 가진 행렬이다. 그물망 그래프는 점들을 연결하는 선들로 이루어지며, 표면 그래프에서는 그물망 선 안의 면적들이 색으로 표시된다.

한 예로서, 다음 스크립트 파일은 정의역 $-1 \leq x \leq 3$과 $1 \leq y \leq 4$에 대해 격자를 생성하고 함수 $z = \dfrac{xy^2}{x^2 + y^2}$의 그물망(또는 표면) 그래프를 그리는 완전한 프로그램을 포함하고 있다.

```
x=-1:0.1:3;
y=1:0.1:4;
[X,Y]=meshgrid(x,y);
Z=X.*Y.^2./(X.^2+Y.^2);
mesh(X,Y,Z)        표면 그래프인 경우에는 surf(X,Y,Z)로 입력함
xlabel('x'); ylabel('y'); zlabel('z')
```

위 프로그램의 벡터 x와 y는 이 절 앞쪽에서 예로 든 간격보다 훨씬 간격이 작다는 것에 유의하라. 간격을 더 작게 하면 격자가 더 조밀해진다. 위 프로그램에 의해 생성된 그림은 다음과 같다.

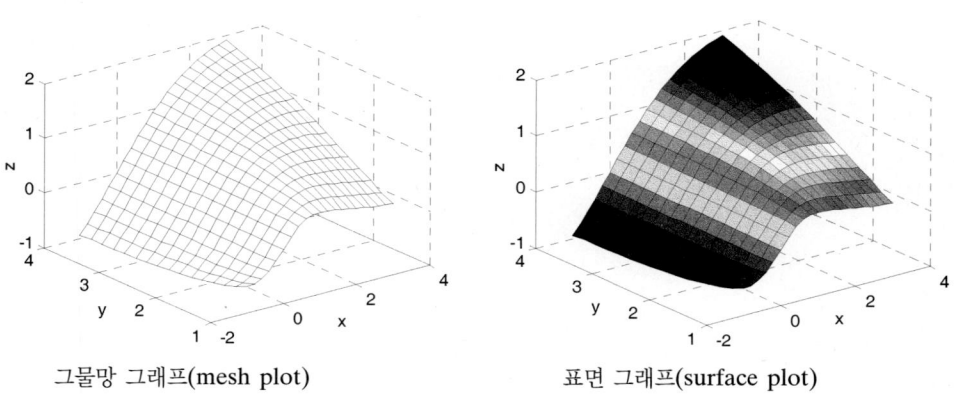

그물망 그래프(mesh plot)　　　　　　　표면 그래프(surface plot)

mesh 명령어에 대한 추가 설명

• 생성된 그래프는 z의 크기에 따라 변하는 색들을 갖는다. 색의 변화가 그래프의 입체적인 시각효과를 더한다. 색을 일정하게 하려면, 그림 창의 그래프 편집기를 이용('Edit Plot' 화살표를 선택하고, 그래프를 더블클릭하여 'Property Editor' 창을 연 다음, 'Edges'에서 색깔을 변경)하거나, colormap(C) 명령어를 이용하면 된다. 이 명령어에서 C는 세 원소의 벡터로서, 첫째, 둘째, 셋째 원소는 각각 빨

강(Red), 초록(Green), 파랑(Blue), 즉 RGB의 강도를 지정한다. 각 원소는 최소 강도인 0과 최대 강도인 1 사이의 숫자가 될 수 있다. 몇 가지 전형적인 색깔은 다음과 같다.

C = [0 0 0] 검정   C = [1 0 0] 빨강   C = [0 1 0] 초록
C = [0 0 1] 파랑   C = [1 1 0] 노랑   C = [1 0 1] 자홍
C = [0.5 0.5 0.5] 회색

- mesh 명령어가 실행되면, 기본적으로 격자(grid)가 표시된다. grid off 명령어로 격자를 표시하지 않을 수 있다.

- box on 명령어로 그래프 둘레에 상자를 그릴 수 있다.

- mesh와 surf 명령어는 mesh(Z)와 surf(Z)의 형식으로 사용될 수도 있다. 이 경우, Z의 값은 행렬의 각 원소의 주소의 함수로서 그려진다. 행(row) 번호는 x 축에 놓이며, 열(column) 번호는 y 축에 놓인다.

mesh, surf 명령어와 유사하면서 다른 특색을 가진 그래프를 생성하는 그래프 명령어들이 여러 개 더 있다. 표 9.1은 그물망(mesh)과 표면(surface) 그래프를 그리는 명령어들을 요약해 놓은 것이다. 표에 있는 모든 예는 정의역 $-3 \le x \le 3$과 $-3 \le y \le 3$에 대한 함수 $z = 1.8^{-1.5\sqrt{x^2+y^2}}\sin(x)\cos(0.5y)$의 그래프이다.

표 9.1 그물망 그래프와 표면 그래프

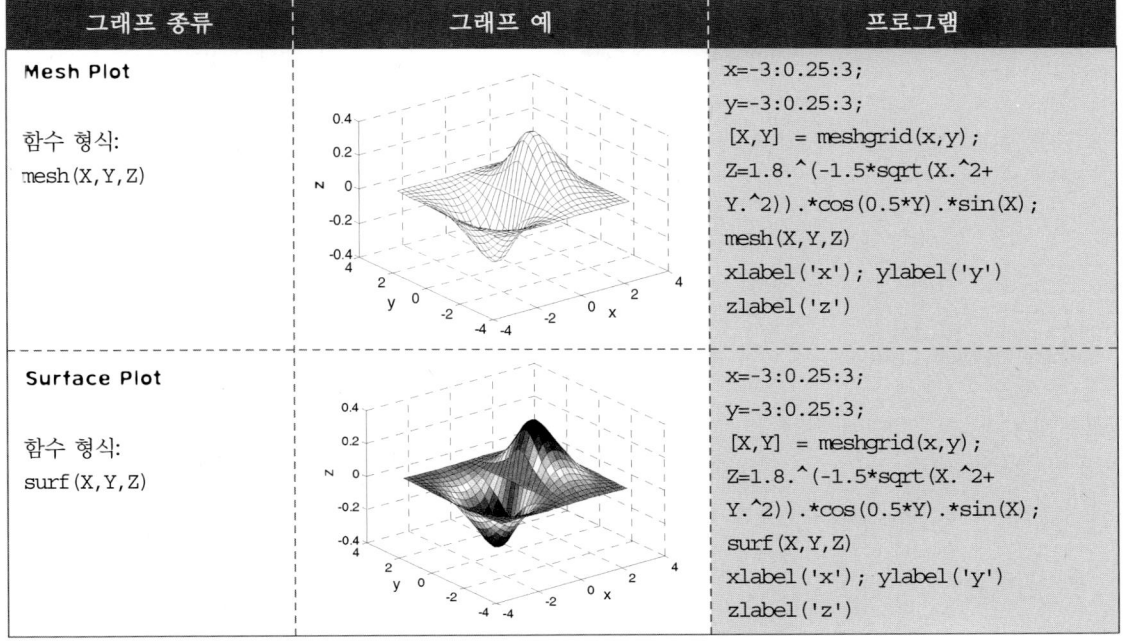

그래프 종류	그래프 예	프로그램

Mesh Plot
 	
함수 형식:
mesh(X,Y,Z)
		`x=-3:0.25:3;`
		`y=-3:0.25:3;`
		`[X,Y] = meshgrid(x,y);`
		`Z=1.8.^(-1.5*sqrt(X.^2+`
		`Y.^2)).*cos(0.5*Y).*sin(X);`
		`mesh(X,Y,Z)`
		`xlabel('x'); ylabel('y')`
		`zlabel('z')`

Surface Plot
 	
함수 형식:
surf(X,Y,Z)
		`x=-3:0.25:3;`
		`y=-3:0.25:3;`
		`[X,Y] = meshgrid(x,y);`
		`Z=1.8.^(-1.5*sqrt(X.^2+`
		`Y.^2)).*cos(0.5*Y).*sin(X);`
		`surf(X,Y,Z)`
		`xlabel('x'); ylabel('y')`
		`zlabel('z')`

표 9.1 그물망 그래프와 표면 그래프(계속)

그래프 종류	그래프 예	프로그램

Mesh Curtain Plot
(그물망 그래프 주위에 커튼을 그림)
 	
함수 형식:
meshz(X,Y,Z)
	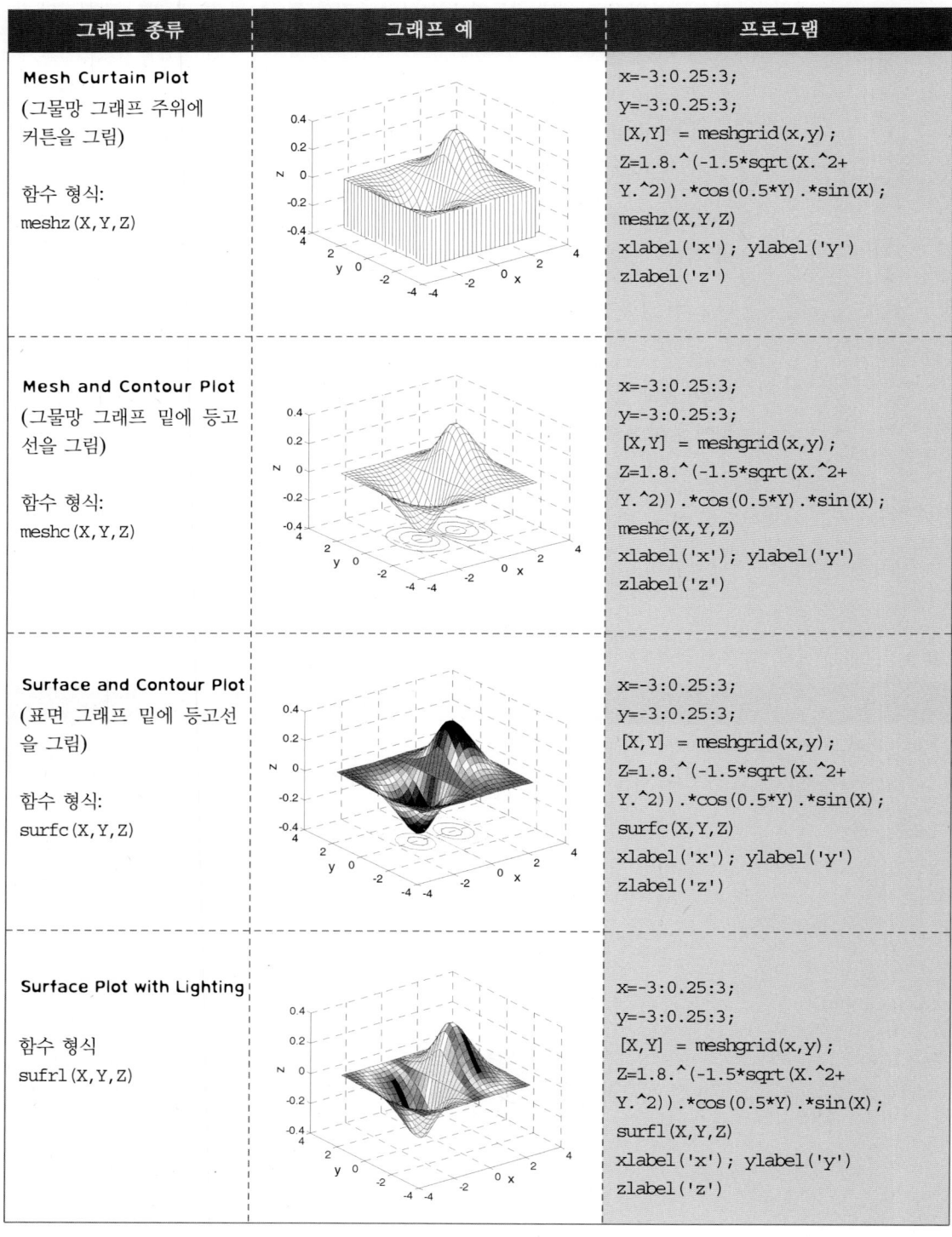	x=-3:0.25:3;
		y=-3:0.25:3;
		[X,Y] = meshgrid(x,y);
		Z=1.8.^(-1.5*sqrt(X.^2+
		Y.^2)).*cos(0.5*Y).*sin(X);
		meshz(X,Y,Z)
		xlabel('x'); ylabel('y')
		zlabel('z')

Mesh and Contour Plot
(그물망 그래프 밑에 등고선을 그림)
 	
함수 형식:
meshc(X,Y,Z)
		x=-3:0.25:3;
		y=-3:0.25:3;
		[X,Y] = meshgrid(x,y);
		Z=1.8.^(-1.5*sqrt(X.^2+
		Y.^2)).*cos(0.5*Y).*sin(X);
		meshc(X,Y,Z)
		xlabel('x'); ylabel('y')
		zlabel('z')

Surface and Contour Plot
(표면 그래프 밑에 등고선을 그림)
 	
함수 형식:
surfc(X,Y,Z)
		x=-3:0.25:3;
		y=-3:0.25:3;
		[X,Y] = meshgrid(x,y);
		Z=1.8.^(-1.5*sqrt(X.^2+
		Y.^2)).*cos(0.5*Y).*sin(X);
		surfc(X,Y,Z)
		xlabel('x'); ylabel('y')
		zlabel('z')

Surface Plot with Lighting
 	
함수 형식
sufrl(X,Y,Z)
		x=-3:0.25:3;
		y=-3:0.25:3;
		[X,Y] = meshgrid(x,y);
		Z=1.8.^(-1.5*sqrt(X.^2+
		Y.^2)).*cos(0.5*Y).*sin(X);
		surfl(X,Y,Z)
		xlabel('x'); ylabel('y')
		zlabel('z')

표 9.1 그물망 그래프와 표면 그래프(계속)

그래프 종류	그래프 예	프로그램

Waterfall Plot
(한 방향으로만 그물망을
그림)
 	
함수 형식:
waterfall(X,Y,Z)
	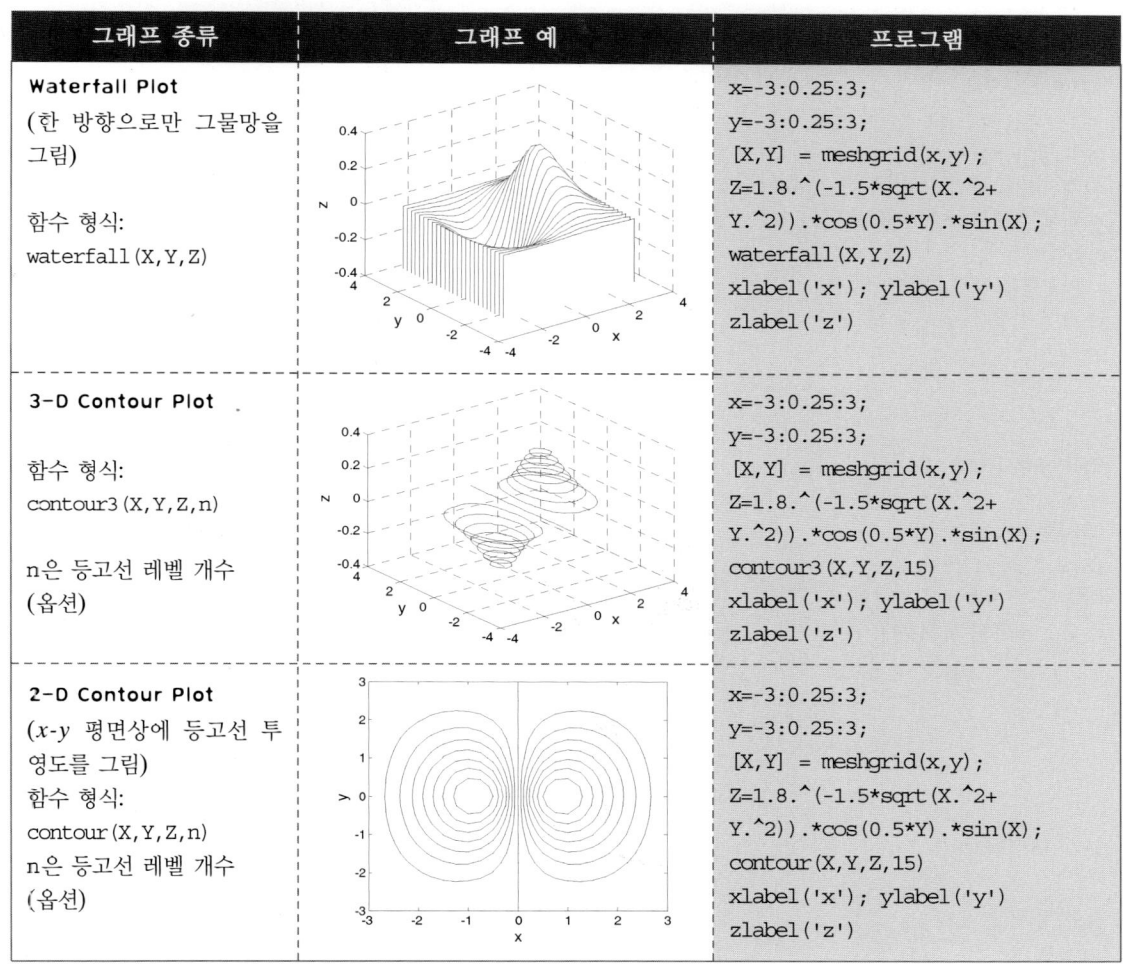	x=-3:0.25:3;
		y=-3:0.25:3;
		[X,Y] = meshgrid(x,y);
		Z=1.8.^(-1.5*sqrt(X.^2+
		Y.^2)).*cos(0.5*Y).*sin(X);
		waterfall(X,Y,Z)
		xlabel('x'); ylabel('y')
		zlabel('z')

3-D Contour Plot
 	
함수 형식:
contour3(X,Y,Z,n)
 	
n은 등고선 레벨 개수
(옵션)
		x=-3:0.25:3;
		y=-3:0.25:3;
		[X,Y] = meshgrid(x,y);
		Z=1.8.^(-1.5*sqrt(X.^2+
		Y.^2)).*cos(0.5*Y).*sin(X);
		contour3(X,Y,Z,15)
		xlabel('x'); ylabel('y')
		zlabel('z')

2-D Contour Plot
(x-y 평면상에 등고선 투
영도를 그림)
함수 형식:
contour(X,Y,Z,n)
n은 등고선 레벨 개수
(옵션)
		x=-3:0.25:3;
		y=-3:0.25:3;
		[X,Y] = meshgrid(x,y);
		Z=1.8.^(-1.5*sqrt(X.^2+
		Y.^2)).*cos(0.5*Y).*sin(X);
		contour(X,Y,Z,15)
		xlabel('x'); ylabel('y')
		zlabel('z')

9.3 특수한 그래프들

MATLAB은 다양한 종류의 특수한 3차원 그래프 생성을 위한 함수들을 더 가지고 있다. 전체 함수 목록은 도움말 창의 'Plotting and Data Visualization' 제목에서 찾을 수 있다. 표 9.2는 이들 3차원 그래프 중에서 일부이다.

표 9.2 특수한 3차원 그래프들

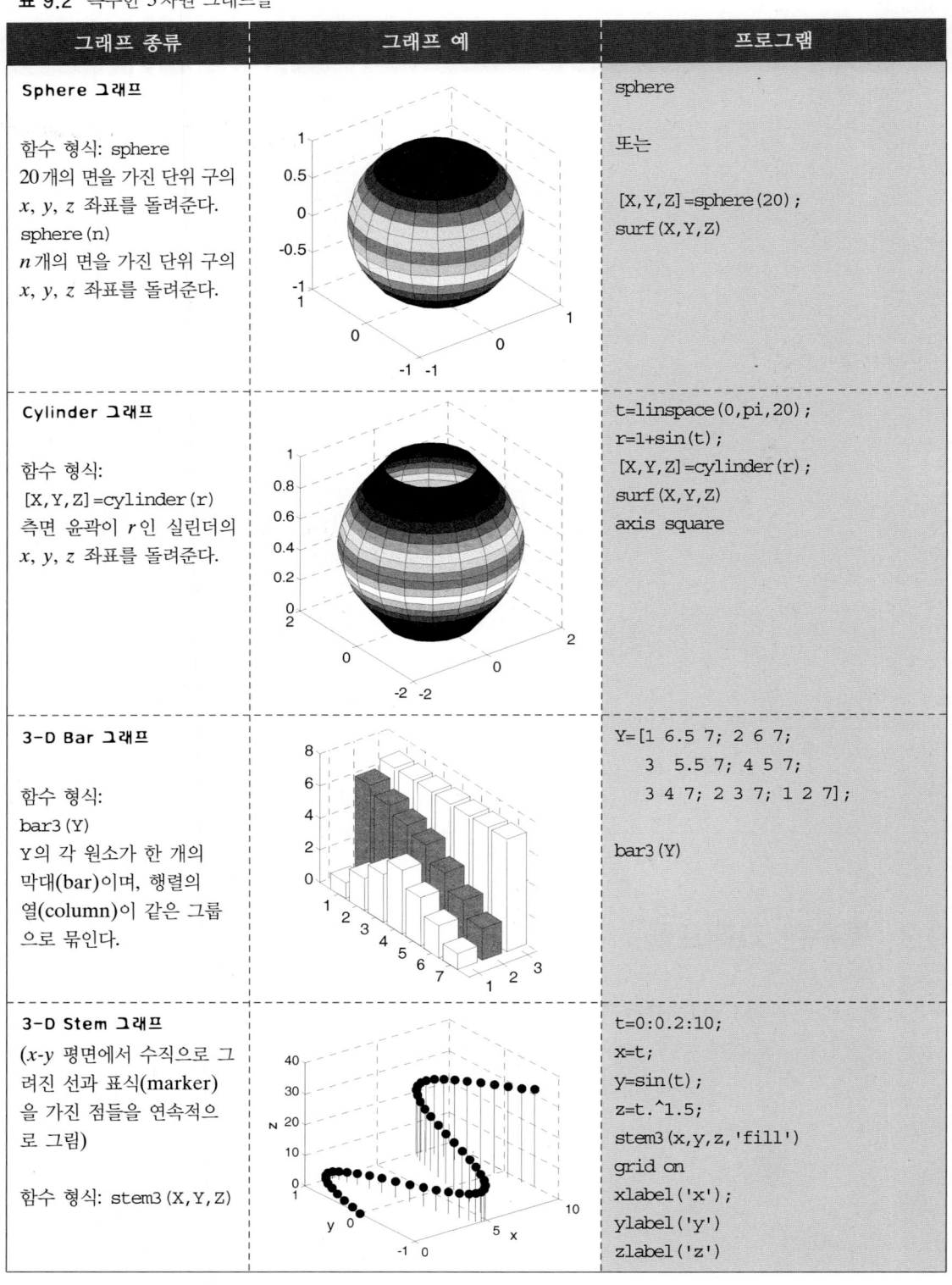

그래프 종류	그래프 예	프로그램
Sphere 그래프 함수 형식: sphere 20개의 면을 가진 단위 구의 x, y, z 좌표를 돌려준다. sphere(n) n개의 면을 가진 단위 구의 x, y, z 좌표를 돌려준다.		sphere 또는 [X,Y,Z]=sphere(20); surf(X,Y,Z)

Cylinder 그래프
 	
함수 형식:
[X,Y,Z]=cylinder(r)
측면 윤곽이 r인 실린더의 x, y, z 좌표를 돌려준다.
		t=linspace(0,pi,20);
		r=1+sin(t);
		[X,Y,Z]=cylinder(r);
		surf(X,Y,Z)
		axis square

3-D Bar 그래프
 	
함수 형식:
bar3(Y)
Y의 각 원소가 한 개의 막대(bar)이며, 행렬의 열(column)이 같은 그룹으로 묶인다.
		Y=[1 6.5 7; 2 6 7;
		  3 5.5 7; 4 5 7;
		  3 4 7; 2 3 7; 1 2 7];
		
		bar3(Y)

3-D Stem 그래프
(x-y 평면에서 수직으로 그려진 선과 표식(marker)을 가진 점들을 연속적으로 그림)
 	
함수 형식: stem3(X,Y,Z)
		t=0:0.2:10;
		x=t;
		y=sin(t);
		z=t.^1.5;
		stem3(x,y,z,'fill')
		grid on
		xlabel('x');
		ylabel('y')
		zlabel('z')

표 9.2 특수한 3차원 그래프들(계속)

그래프 종류	그래프 예	프로그램

3-D Scatter 그래프
 	
함수 형식:
scatter3(X,Y,Z)
	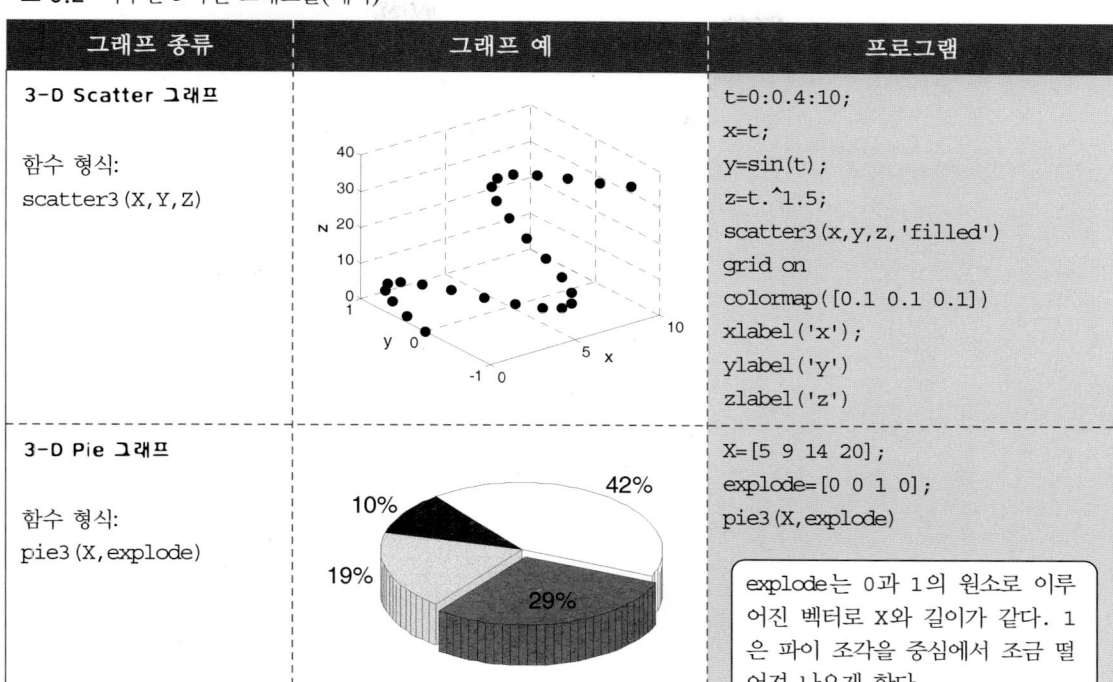	`t=0:0.4:10;`
		`x=t;`
		`y=sin(t);`
		`z=t.^1.5;`
		`scatter3(x,y,z,'filled')`
		`grid on`
		`colormap([0.1 0.1 0.1])`
		`xlabel('x');`
		`ylabel('y')`
		`zlabel('z')`

3-D Pie 그래프
 	
함수 형식:
pie3(X,explode)
	(3-D 파이 그래프: 42%, 29%, 19%, 10%)	`X=[5 9 14 20];`
		`explode=[0 0 1 0];`
		`pie3(X,explode)`
		
		explode는 0과 1의 원소로 이루어진 벡터로 X와 길이가 같다. 1은 파이 조각을 중심에서 조금 떨어져 나오게 한다.

표에 있는 예들이 각 그래프 종류에서 사용 가능한 모든 옵션을 보여주지는 않는다. 각 그래프 종류에 대한 좀 더 자세한 사항은 명령어 창에서 'help command_name'을 입력하여 도움말 창으로부터 구할 수 있다.

9.4 view 명령어

view 명령어는 그래프를 어느 방향에서 바라볼 것인지를 제어한다. 이것은 그림 9.3과 같이 방위각과 고도각으로 방향을 지정하거나 그래프를 바라볼 공간상의 한 점을 정의함으로써 이루어진다. 그래프의 시야각 지정을 위해 view 명령어는 다음 형식을 갖는다.

> view(az,el) 또는 view([az,el])

- az는 방위각(azimuth)으로서, 음의 y축 방향에 대한 x-y 평면상에서의 각(° 단위)이며 반시계 방향이 양의 방향으로 정의된다.

- el은 *x-y* 평면으로부터의 고도각(elevation angle)으로 ° 단위이다. 양의 값은 *z* 축 방향으로 각이 커지는 방향에 해당된다.

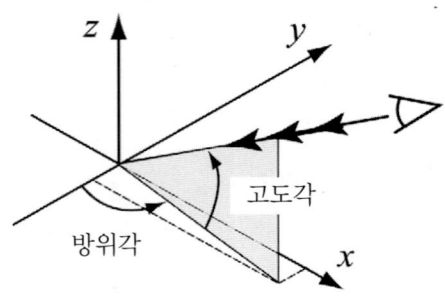

그림 9.3 방위각과 고도각

- 기본값으로 설정된 시야각은 $az = -37.5°$와 $el = 30°$이다.

예를 들어, 표 9.1의 표면 그래프(surface plot)를 $az = 20°$와 $el = 35°$의 시야각으로 다시 그리면 아래의 그림 9.4와 같다.

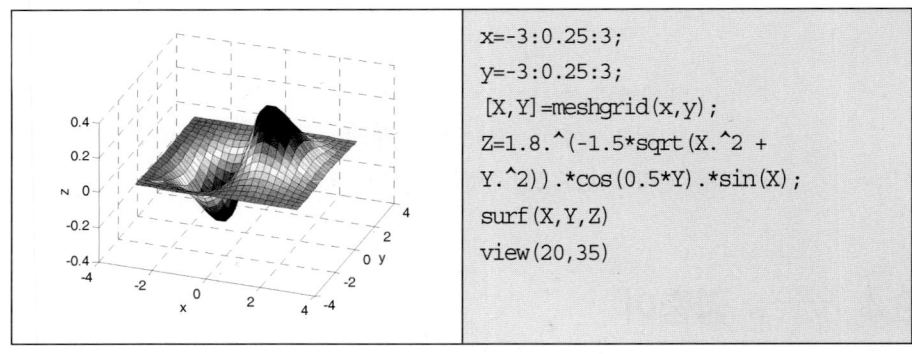

```
x=-3:0.25:3;
y=-3:0.25:3;
 [X,Y]=meshgrid(x,y);
Z=1.8.^(-1.5*sqrt(X.^2 +
Y.^2)).*cos(0.5*Y).*sin(X);
surf(X,Y,Z)
view(20,35)
```

그림 9.4 시야각이 $az = 20°$, $el = 35°$일 때, 함수 $z = 1.8^{-1.5\sqrt{x^2+y^2}}$의 표면 그래프

- 적당한 방위각과 고도각을 선택함으로써, view 명령어를 이용하여 다음 목록에 따라 다양한 평면상에 3-D 그래프의 투영도를 그릴 수 있다.

투영 평면	*az* 값	*el* 값
x-y (평면도)	0	90
x-z (측면도)	0	0
y-z (측면도)	90	0

다음은 위에서 바라본 평면도의 예이다. 그래프는 그림 9.1 에 그려진 함수의 평면도
이다.

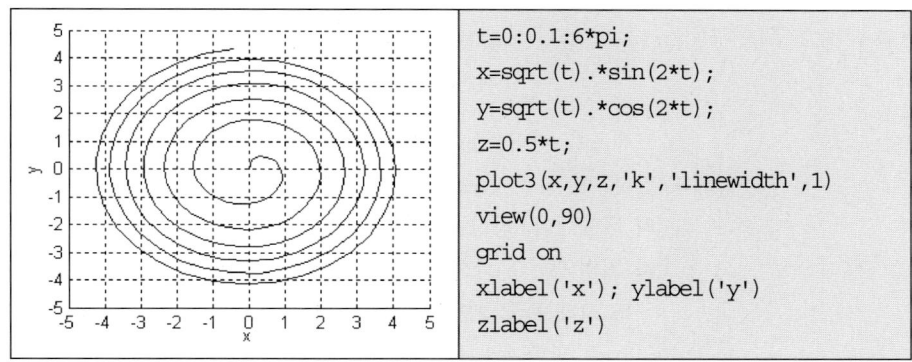

```
t=0:0.1:6*pi;
x=sqrt(t).*sin(2*t);
y=sqrt(t).*cos(2*t);
z=0.5*t;
plot3(x,y,z,'k','linewidth',1)
view(0,90)
grid on
xlabel('x'); ylabel('y')
zlabel('z')
```

그림 9.5 $0 \leq t \leq 6\pi$ 에 대한 함수 $x = \sqrt{t}\sin(2t)$, $y = \sqrt{t}\cos(2t)$, $z = 0.5t$ 의 평면도 그래프

다음으로 x-z 평면과 y-z 평면에 대한 투영도의 예를 그림 9.6과 9.7 에 각각 나타낸
다. 두 그림은 표 9.1 에 그려진 함수의 그물망 그래프 투영도를 보여준다.

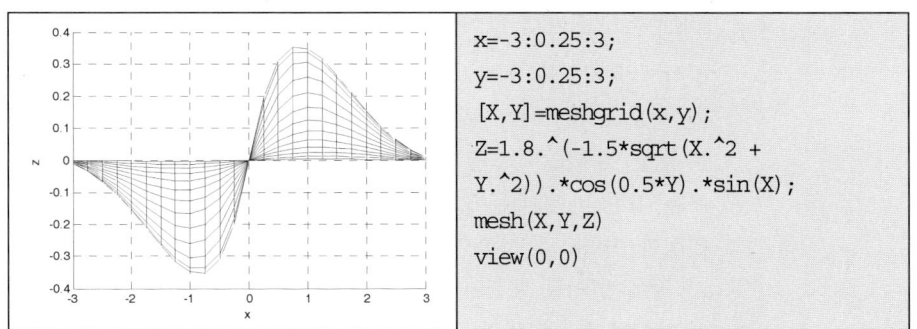

```
x=-3:0.25:3;
y=-3:0.25:3;
 [X,Y]=meshgrid(x,y);
Z=1.8.^(-1.5*sqrt(X.^2 +
Y.^2)).*cos(0.5*Y).*sin(X);
mesh(X,Y,Z)
view(0,0)
```

그림 9.6 함수 $z = 1.8^{-1.5\sqrt{x^2+y^2}}\sin(x)\cos(0.5y)$ 의 x-z 평면에 대한 투영도

```
x=-3:0.25:3;
y=-3:0.25:3;
 [X,Y]=meshgrid(x,y);
Z=1.8.^(-1.5*sqrt(X.^2 +
Y.^2)).*cos(0.5*Y).*sin(X);
surf(X,Y,Z)
view(90,0)
```

그림 9.7 함수 $z = 1.8^{-1.5\sqrt{x^2+y^2}}\sin(x)\cos(0.5y)$ 의 y-z 평면에 대한 투영도

- view 명령어는 다음과 같이 시야각의 초기 설정값을 정할 수도 있다.

  view(2) $az = 0°$와 $el = 90°$로 x-y 평면에 투영되는 평면도를 기본으로 정한다.

  view(3) $az = -37.5°$와 $el = 30°$의 시야각을 가진 표준 3-D 그래프를 기본으로 설정한다.

- 그래프를 바라보는 공간상의 한 점을 선택함으로써 시야각 방향을 설정할 수도 있다. 이 경우 view 명령어는 형식이 view([x,y,z])이며, 여기서 x, y, z는 점의 좌표이다. 방향은 지정한 점으로부터 좌표계 원점을 잇는 방향에 의해 결정되며 거리와는 무관하다. 이것은 점 [6, 6, 6]이나 점 [10, 10, 10] 어느 쪽을 사용해도 그래프 모양이 동일함을 의미한다. 위에서 바라본 평면도는 [0, 0, 1]로, 음의 y축 방향에서 바라본 x-z 평면의 측면도는 [0, -1, 0]으로 설정할 수 있으며, 이런 방식으로 다른 투영도도 설정할 수 있다.

9.5 MATLAB 응용 예제들

예제 9.1 3차원 발사체의 궤적

발사체가 지면에 대해 $\theta = 65°$의 각도로 초기 속도 250 m/s로 발사된다. 발사체는 정북쪽을 향하도록 조준되어 있다. 서쪽으로 부는 강한 바람 때문에, 발사체도 30 m/s의 일정한 속력으로 서쪽으로 움직인다. 발사체가 땅에 떨어질 때까지 발사체의 궤적을 구

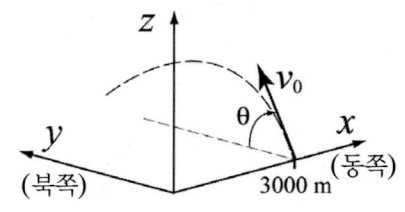

하고 그래프로 그려라. 비교를 위해서, 바람이 없는 경우 발사체가 갖게 될 궤적도 같은 그림에 그려라.

풀이

그림에서 보듯이, 좌표계는 x축과 y축이 각각 동쪽과 북쪽 방향을 가리키도록 정한다. 그러면 수직 방향 z와 두 수평 성분 x, y를 고려하여 발사체의 운동을 해석할 수 있다. 발사체가 정 북쪽으로 발사되므로, 초기 속도 v_0를 다음과 같이 수평 y 성분과 수직 z 성분으로 분해할 수 있다.

$$v_{0y} = v_0 \cos(\theta), \quad v_{0z} = v_0 \sin(\theta)$$

또한 바람으로 인해 발사체는 음의 x 방향으로 일정한 속도 $v_x = -30$ m/s를 가진다.

발사체의 초기 위치 (x_0, y_0, z_0)는 점 (3000, 0, 0)에 있다. 발사체의 수직 방향 속도와 위치는 다음 식으로 주어진다.

$$v_z = v_{0z} - gt, \quad z = z_0 + v_{0z}t - \frac{1}{2}gt^2$$

발사체가 최고점($v_z = 0$)에 도달하는 데 걸리는 시간은 $t_{hmax} = \dfrac{v_{0z}}{g}$ 이다. 총 비행시간은 이 시간의 두 배로 $t_{tot} = 2t_{hmax}$ 이다. 수평 방향(x와 y 방향 모두)의 속도는 일정하며, 발사체의 위치는 다음 식으로 주어진다.

$$x = x_0 + v_x t, \quad y = y_0 + v_{0y}t$$

다음은 문제 풀이를 위해 위의 식들에 따라 스크립트 파일로 작성한 **MATLAB** 프로그램이다.

```
v0=250; g=9.81; theta=65;
x0=3000; vx=-30;
v0z=v0*sin(theta*pi/180);
v0y=v0*cos(theta*pi/180);
t=2*v0z/g;
tplot=linspace(0,t,100);          ← 100개의 원소를 가진 시간 벡터를 생성함
z=v0z*tplot - 0.5*g*tplot.^2;     ← 매 시각마다 투사체의 x, y, z 좌표를 계산함
y=v0y*tplot;
x=x0+vx*tplot;
xnowind(1:length(y))=x0;          ← 바람이 없을 때의 일정한 x 좌표
plot3(x,y,z,'k-',xnowind,y,z,'k--')  ← 두 개의 3차원 선 그래프
grid on
axis([0 6000 0 6000 0 2500])
xlabel('x (m)'); ylabel('y (m)'); zlabel('z (m)')
```

프로그램에 의해 생성된 그림은 다음과 같다.

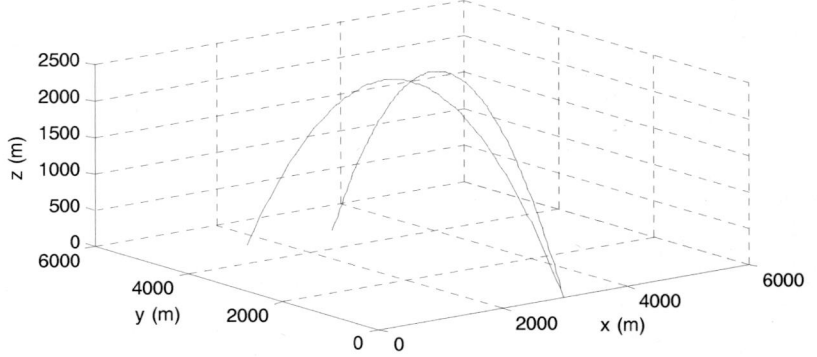

예제 9.2 두 점전하(point charge)의 전위

전하입자(charged particle) 주변의 전위(electric potential) V는 다음 식으로 주어진다.

$$V = \frac{1}{4\pi\varepsilon_0}\frac{q}{r}$$

여기서 $\varepsilon_0 = 8.8541878 \times 10^{-12}\frac{C}{N\cdot m^2}$는 유전율 상수이고, q는 쿨롱(Coulomb) 단위의 전하의 크기이며, r은 입자로부터의 거리(m)이다. 둘 이상의 입자들에 의한 전기장은 중첩을 이용하여 계산한다. 예를 들어, 두 입자에 의한 한 점에서의 전위는 다음 식으로 주어진다.

$$V = \frac{1}{4\pi\varepsilon_0}\left(\frac{q_1}{r_1} + \frac{q_2}{r_2}\right)$$

여기서 q_1, q_2는 각 입자의 전하이며, r_1, r_2는 해당 입자로부터 전위를 구하려는 점까지의 거리이다.

$q_1 = 2 \times 10^{-10}$ C와 $q_2 = 3 \times 10^{-10}$ C의 전하를 가진 두 입자가 그림과 같이 x-y 평면상의 두 점 (0.25, 0, 0)과 (−0.25, 0, 0)에 있다. 정의역 $-0.2 \leq x \leq 0.2$와 $-0.2 \leq y \leq 0.2$(x-y 평면에서 단위는 미터임)에 속한 점들에서 두 입자로 인한 전위를

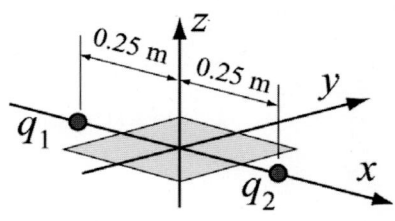

계산하고 그래프로 나타내라. x-y 평면이 점들의 평면이 되도록 하고 z 축이 전위의 크기가 되도록 그래프를 작성하라.

풀이

다음 단계들에 의해 문제를 푼다.

a) 정의역 $-0.2 \leq x \leq 0.2$와 $-0.2 \leq y \leq 0.2$에 대해 x-y 평면상에 격자를 생성한다.

b) 각 격자점에서 각 전하까지의 거리들을 계산한다.

c) 각 격자점에서 전위를 계산한다.

d) 전위 그래프를 그린다.

다음은 문제 풀이를 위해 스크립트 파일로 작성된 프로그램이다.

```
eps0=8.85e-12; q1=2e-10; q2=3e-10;
k=1/(4*pi*eps0);
x=-0.2:0.01:0.2;
y=-0.2:0.01:0.2;
[X, Y]=meshgrid(x,y);          x-y 평면상에 격자를 생성함
r1=sqrt((X+0.25).^2 + Y.^2);   각 격자점에 대해 거리 r1을 계산함
r2=sqrt((X-0.25).^2 + Y.^2);   각 격자점에 대해 거리 r2를 계산함
V=k*(q1./r1 + q2./r2);         각 격자점에서 전위 V를 계산함
mesh(X,Y,V)
xlabel('x (m)'); ylabel('y (m)'); zlabel('V (V)')
```

프로그램의 실행으로 생성된 그래프는 다음과 같다.

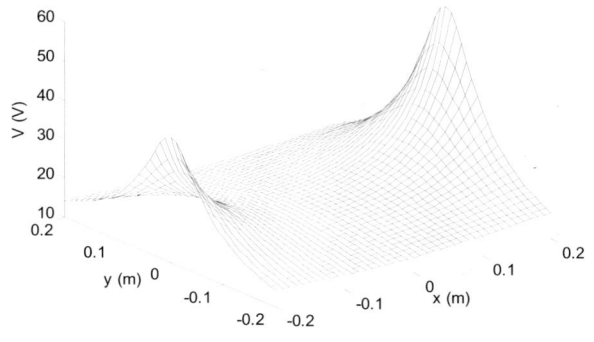

예제 9.3 사각형 판에서의 열전달

그림과 같이 직사각형 평판($a = 5$ m, $b = 4$ m)의 세 변은 $0°C$의 온도로 유지되며, 나머지 한 변은 $T_1 = 80°C$의 온도로 유지된다. 평판에서의 온도 분포 $T(x, y)$를 구하고 그래프로 나타내라.

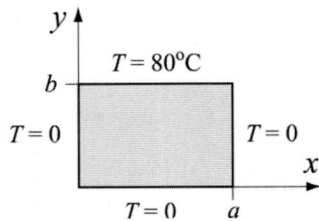

풀이

평판에서의 온도 분포 $T(x, y)$는 2차원 열방정식을 풀어서 구할 수 있다. 주어진 경계조건에 대해 $T(x, y)$는 다음과 같이 푸리에(Fourier) 급수(Erwin Kreyszig, "Advanced Engineering Mathematics," John Wiley and Sons, 1993)에 의해 해석적으로 나타낼 수 있다.

$$T(x, y) = \frac{4T_1}{\pi} \sum_{n=1}^{\infty} \frac{\sin\left[(2n-1)\frac{\pi x}{a}\right]}{(2n-1)} \frac{\sinh\left[(2n-1)\frac{\pi y}{a}\right]}{\sinh\left[(2n-1)\frac{\pi b}{a}\right]}$$

문제 풀이를 위해 스크립트 파일로 작성된 프로그램을 아래에 수록하였다. 프로그램은 다음 단계를 따른다.

a) 정의역 $0 \leq x \leq a$와 $0 \leq y \leq b$에서 X, Y 격자를 생성한다. 평판의 길이 a를 20개 부분으로 나누고, 평판의 폭 b를 16개 부분으로 나눈다.

b) 그물망(mesh)의 각 점에서 온도를 계산한다. 이중 루프를 사용하여 각 점별로 계산을 한다. 각 점에서의 온도는 k개의 푸리에 급수 항을 더하여 구한다.

c) T의 표면 그래프(surface plot)를 그린다.

```
a=5; b=4; na=20; nb=16; k=5; T0=80;
clear T
x=linspace(0,a,na);
y=linspace(0,b,nb);
[X,Y]=meshgrid(x,y);          x-y 평면상에 격자를 생성함
for i=1:nb                    첫째 루프. i는 격자의 행(row)의 인덱스이다.
    for j=1:na                둘째 루프. j는 격자의 열(column)의 인덱스이다.
        T(i,j)=0;
        for n=1:k             셋째 루프. n은 푸리에 급수의 n번
            ns=2*n-1;         째 항이며, k는 항의 개수이다.
            T(i,j)=T(i,j)+sin(ns*pi*X(i,j)/a) ...
```

```
                    .*sinh(ns*pi*Y(i,j)/a)/(sinh(ns*pi*b/a)*ns);
        end
        T(i,j)=T(i,j)*4*T0/pi;
    end
end
mesh(X,Y,T)
xlabel('x (m)'); ylabel('y (m)'); zlabel('T ( ^oC)')
```

프로그램은 두 번 실행되었다. 첫 번째 실행에서는 각 점에서의 온도를 계산하기 위해 푸리에 급수에서 $k = 5$로 5개의 항을 사용하였고, 두 번째 실행에서는 $k = 50$으로 50개의 항을 사용하였다. 각 실행에서 생성된 두 그물망 그래프는 아래의 그림과 같다. $y = 4$ m에서의 온도는 80°C로 균일해야 한다. 항의 개수(k)가 $y = 4$ m에서의 정확도에 미치는 영향에 주목하라.

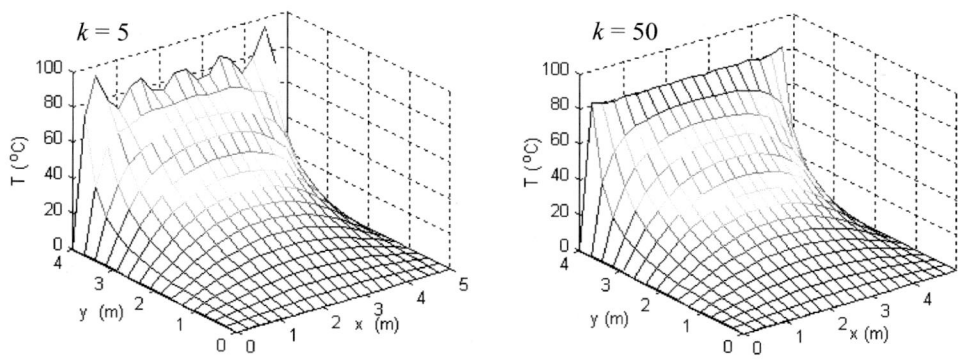

연습문제

1. 움직이는 질점의 위치가 다음과 같이 시간의 함수로 주어진다.

$$x = (1 + 0.1t)\cos(t)$$
$$y = x = (1 + 0.1t)\sin(t)$$
$$z = 0.2\sqrt{t}$$

$0 \le t \le 30$에 대해 질점의 위치를 그래프로 그려라.

2. 높이가 h인 타원형 계단이 다음 식과 같이 매개변수 t의 식으로 모델링된다.

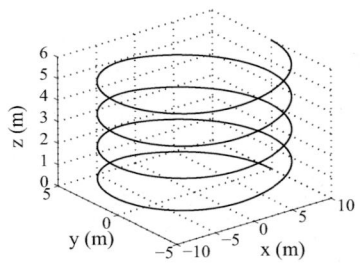

$$x = r\cos(t)$$
$$y = r\sin(t)$$
$$z = \frac{ht}{2\pi n}$$

여기서, $r^2 = \dfrac{b}{\sqrt{1 - \varepsilon^2 \cos^2(t)}}$ 이다. ε은

$\varepsilon = \sqrt{1 - \dfrac{b^2}{a^2}}$으로 정의된 타원의 편심율이다. a와 b는 타원의 장축과 단축이며, n은 계단이 형성하는 회전 횟수이다. $a = 10$ m, $b = 5$ m, $h = 6$ m, $n = 4$일 때 타원형 계단의 3차원 그래프를 그려라. (0에서 $2\pi n$까지의 정의역에 대해 벡터 t를 생성하고 plot3 명령어를 이용하라.)

3. 소방차의 사다리는 각 ϕ를 증가시키면 올라가고, 각 θ를 증가시키면 z축에 대해 회전하며, r을 증가시키면 사다리가 길어진다. 초기에 사다리는 트럭 위에 놓여 있으며, $\phi = 0$, $\theta = 0$, $r = 8$ m이다. 사다리를 5 °/s의 비율로 올리고 8

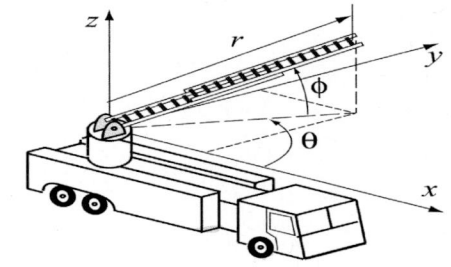

°/s의 비율로 회전시키며 0.6 m/s의 비율로 늘어나게 하여 새 위치로 옮긴다. 10초 동안에 대해 사다리 끝 부분의 위치를 구하고 그래프로 그려라.

4. 정의역 $-2 \leq x \leq 2$와 $-2 \leq y \leq 2$에 대해 함수 $z = 4\sqrt{\dfrac{x^2}{2} + \dfrac{y^2}{2} + 1}$의 3차원 표면 그래프(surface plot)와 3-D 등고선 그래프(contour plot)를 그려라.

5. 반대칭(anti-symmetric)인 복합재료 직교 적층판은 두 층으로 되어 있으며, 두 층의 섬유조직은 서로 직교하도록 결합되어 있다. 이런 유형의 적층판은 다음 식

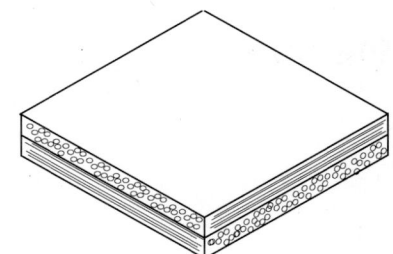

$$w = k(x^2 - y^2)$$

으로 기술되는 잔류 열응력에 따라 안장 (saddle) 형상으로 변형될 것이다. 여기서 x와 y는 평면상의 좌표이고 w는 평면의 수직 변형이며 k는 곡률로서 재료의 특성과 결합구조의 복잡한 함수이다. $k = 0.01$ in^{-1}을 가정하여 6인치 정사각형 평판($-3 \leq x \leq 3$, $-3 \leq y \leq 3$)

의 변형을 보여주는 표면 그래프(surface plot)를 그려라.

6. 정의역 $0 \le x \le 60$과 $0 \le y \le 60$에 대해 함수 $z = \sin\left(\frac{2\pi x}{60}\right)\sin\left(\frac{3\pi y}{60}\right)$의 3-D 표면 그래프(surface plot)를 그려라.

7. 반데르발스(van der Waals) 방정식은 이상기체에 대해 압력 $P(\text{atm})$과 체적 $V(\text{L})$, 온도 $T(\text{K})$ 사이의 관계식을 제공한다.

$$P = \frac{nRT}{V - b} - \frac{n^2 a}{V^2}$$

여기서, n은 몰(mole) 수, $R = 0.08206$ (L atm)/(mole K)는 기체상수, $a(\text{L}^2\ \text{atm/mol}^2)$와 $b(\text{L/mole})$는 재료상수이다.

1.5몰의 질소($a = 1.39$ L²atm/mol², $b = 0.03913$ L/mole)를 고려해 보자. 체적(독립변수, x축)과 온도(독립변수, y축)에 따른 압력 변화(종속 변수, z축)를 나타내는 3-D 그래프를 그려라. 체적과 온도에 대한 정의역은 $0.3 \le V \le 1.2$ L와 $273 \le T \le 473$ K이다.

8. 용기 안의 기체 분자들이 각기 다른 속도로 운동하고 있다. 맥스웰의 속도분포법칙은 확률분포 $P(v)$를 다음과 같이 온도와 속도의 함수로 준다.

$$P(v) = 4\pi\left(\frac{M}{2\pi RT}\right)^{3/2} v^2 e^{(-Mv^2)/(2RT)}$$

여기서 M은 기체의 몰 질량(kg/mol), $R = 8.31$ J/mol-K는 기체상수, T는 온도(K), v는 분자속도(m/s)이다.·

산소(몰 질량 0.032 kg/mol)에 대해 $P(v)$의 3-D 그래프를 v와 T의 함수로 그려라. 단, $0 \le v \le 1000$ m/s, $70 \le T \le 320$ K이다.

9. 열지수(겉보기온도라고도 함)는 상대습도의 효과가 더해질 때 기온이 실제로 어떻게 느껴지는지에 대한 척도이다. 다음 식은 열지수(heat index)를 계산하는 데 사용되는 한 가지 공식이다(www.noaa.gov).

$$HI = -42.379 + 2.04901523\,T + 10.14333127\,R_H - 0.22475541\,T\,R_H - $$
$$- 6.83783 \times 10^{-3}\,T^2 - 5.481717 \times 10^{-2}\,R_H^2 + 1.22874 \times 10^{-3}\,T^2\,R_H + $$
$$+ 8.5282 \times 10^{-4}\,T\,R_H^2 - 1.99 \times 10^{-6}\,T^2\,R_H^2$$

여기서, HI는 열지수, T는 온도(°F), R_H는 상대습도(%)이다.

HI의 3-D 그래프를 $80° \le T \le 105°$F와 $30 \le R_H \le 90\%$에 대해 T와 R_H의 함수로 그려라.

10. 그림은 교류 전압원을 가진 RLC 회로를 나타낸다. 전압원 v_s는 $v_s = v_m \sin(\omega_d t)$로 주어진다. 여기서 $\omega_d = 2\pi f_d$이고 f_d는 구동 주파수이다. 이 회로에서, 전류 I의 진폭은 다음 식으로 주어진다.

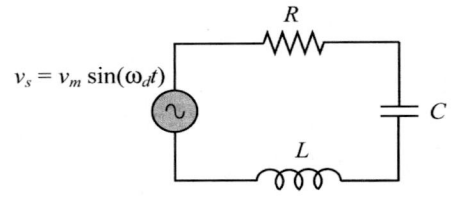

$$I = \frac{v_m}{\sqrt{R^2 + (\omega_d L - 1/(\omega_d C))^2}}$$

여기서 R과 C는 각각 저항기의 저항과 커패시터의 커패시턴스이다. 그림의 회로에 대해 $C = 15 \times 10^{-6}$ F, $L = 240 \times 10^{-3}$ H, $v_m = 24$ V이다.

a) $I(z$축)의 3-D 그래프를 $\omega_d(x$축)와 $R(y$축)의 함수로 그려라. 정의역은 $60 \leq f \leq 110$ Hz와 $10 \leq R \leq 40$ Ω이다.

b) x-y 평면에 투영된 그래프를 그려라. 이 그래프로부터 회로의 고유진동수(전류 I가 최대가 되는 주파수)를 추정하라. 또 이 추정값을 $1/(2\pi\sqrt{LC})$의 계산값과 비교하라.

11. 직사각형 보(beam)의 횡단면상의 한 점 (y_F, z_F)에 가해진 힘 F로 인한 단면상의 점 (y, z)에서의 수직응력 σ_{xx}는 다음 식으로 주어진다.

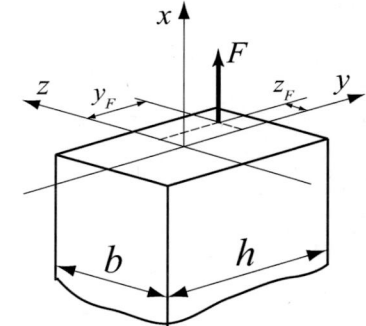

$$\sigma_{xx} = \frac{F}{A} + \frac{F z_F z}{I_{yy}} + \frac{F y_F y}{I_{zz}}$$

여기서 I_{zz}와 I_{yy}는 면적 관성모멘트로 다음과 같이 정의된다.

$$I_{zz} = \frac{1}{12} bh^3, \qquad I_{yy} = \frac{1}{12} hb^3$$

$h = 40$ mm, $b = 30$ mm, $y_F = -15$ mm, $z_F = -10$ mm와 $F = -250,000$ N이 주어질 때, 그림의 횡단면에서의 수직응력을 계산하고 그래프로 그려라. 좌표 y와 z를 수평면에, 수직응력을 수직 방향에 그려라.

12. 원자 한 줄이 빠져있는 결정격자(crystal lattice)의 결함을 칼날전위(edge dislocation)라고 부른다. 칼날전위 주위의 응력장(stress field)은 다음 식으로

주어진다.

$$\sigma_{xx} = \frac{-Gb}{2\pi(1-\nu)}\frac{y(3x^2+y^2)}{(x^2+y^2)^2}$$

$$\sigma_{yy} = \frac{Gb}{2\pi(1-\nu)}\frac{y(x^2-y^2)}{(x^2+y^2)^2}$$

$$\tau_{xy} = \frac{Gb}{2\pi(1-\nu)}\frac{x(x^2-y^2)}{(x^2+y^2)^2}$$

여기서 G는 전단계수, b는 버거스(Burgers) 벡터, ν는 푸아송비(Poisson's ratio)이다. $G = 27.7 \times 10^9$ Pa, $b = 0.286 \times 10^{-9}$ m, $\nu = 0.334$인 알루미늄의 칼날전위에 의한 세 응력성분의 그래프를 각각 그려라. 응력성분 그래프의 정의역은 $-5 \times 10^{-9} \le x \le 5 \times 10^{-9}$ m와 $-5 \times 10^{-9} \le y \le -1 \times 10^{-9}$ m로 한다. 좌표 x, y는 수평면에, 응력은 수직 방향에 그린다.

13. 반도체 다이오드를 흐르는 전류 I가 다음 식으로 주어진다.

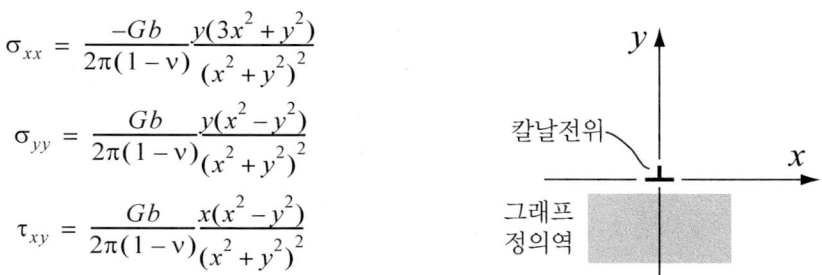

$$I = I_S \left(e^{\frac{qv_D}{kT}} - 1 \right)$$

여기서 $I_S = 10^{-12}$ A는 포화전류, $q = 1.6 \times 10^{-19}$ C은 기본 전하값, $k = 1.38 \times 10^{-23}$ J/K는 볼츠만(Boltzmann) 상수, v_D는 다이오드 양단의 전압 강하이며, T는 켈빈(Kelvin) 온도이다. v_D(x축)와 T(y축)에 대한 I(z축)의 3-D 그래프를 $0 \le v_D \le 0.4$와 $290 \le T \le 320$ K에 대해 그려라.

14. 실린더 주위의 균일유동에 대한 유선(streamline) 방정식은 다음 식으로 주어진다.

$$\psi(x, y) = y - \frac{y}{x^2 + y^2}$$

여기서 ψ는 유선함수(stream function)이다. 예를 들어, $\psi = 0$이면, $y = 0$이고 방정식이 모든 x에 대해 만족되므로 x축은 0($\psi = 0$)의 유선이다. 또한 $x^2 + y^2 = 1$을 만족하는 점들의 집합도 유선임에 주목하라. 따라서 위의 유선함수는 반지름이 1인 실린더에 대한 것이다. 반지름이 1인치인 실린더 주위의 유선에 대한 2-D 등고선 그래프를 그려라. x와 y의 정의역을 -3에서 3까지의 범위로 설정하고, 등고선 레벨 수는 100으로 한다. 반지름이 1인 원의 그래프를 그림에 추가하라. MATLAB은 실린더 내에도 유선들을 그린다는 점에 유의하

라. 이것은 수학에 의한 인공적 산물이다.

15. 다음 식으로 주어진 페어홀스트(Verhulst) 모델은 과밀, 자원의 부족 등과 같은 여러 인자들에 의해 제한을 받는 개체군의 성장을 기술한다.

$$N(t) = \frac{N_\infty}{1 + \left(\dfrac{N_\infty}{N_0} - 1\right)e^{-rt}}$$

여기서, $N(t)$는 개체군의 개체 수이며, N_0는 초기 개체군의 크기이고, N_∞는 다양한 제한요소들에 의해 가능한 최대 개체군의 크기이며, r은 비율 상수이다. $r = 0.1 \text{ s}^{-1}$과 $N_0 = 10$을 가정하여, t와 N_∞에 대한 $N(t)$의 표면 그래프를 그려라. t는 0과 100 사이에서, N_∞는 100과 1000 사이에서 변하도록 한다.

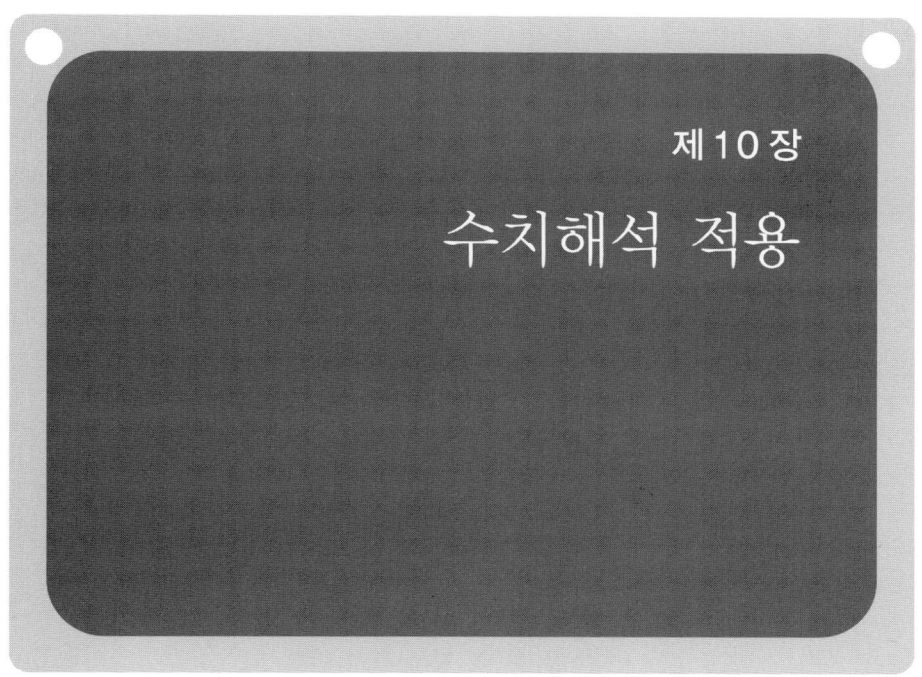

제 10 장

수치해석 적용

과학과 공학에서 식으로 표현된 수학 문제들 중에서 정확한 해를 얻기가 어렵거나 불가능한 경우에는 일반적으로 수치적인 방법들이 사용된다. MATLAB 은 광범위한 수학문제들을 수치적으로 풀기 위한 많은 함수 라이브러리를 가지고 있다. 이 장에서는 이러한 함수들 중에서 가장 빈번하게 사용되는 많은 함수들의 사용방법에 대해 설명한다. 여기서 짚고 넘어갈 것은 이 책의 목적은 사용자에게 MATLAB 의 사용방법을 보여주는 것이라는 점이다. 수치적인 방법에 대한 어느 정도의 일반적인 정보는 주어지겠지만, 수치해석 관련 책에서 찾을 수 있는 자세한 사항들은 포함되어 있지 않다.

이 장에서는 미지수가 한 개인 방정식의 풀이, 함수의 최소값 또는 최대값 구하기, 수치적분, 일차 상미분방정식 등의 주제들을 다룬다.

10.1 일변수 방정식의 풀이

변수가 한 개인 일변수 방정식은 $f(x) = 0$의 형식으로 쓸 수 있다. 해는 함수가 x축과 교차하는, 즉 함수의 값이 0이 되는 x의 값이며, 이는 x에서 함수의 부호가 바뀜을 의미한다. 정확한 해는 함수의 값이 정확히 0이 되는 x의 값이다. 만일 이러한 값이 존재하지 않거나 구하기 어렵다면, 함수의 부호가 바뀌는, 즉 x축과 교차하는 점에 매우 근접한 x를 찾음으로써 수치해를 구할 수 있다. 이러한 수치해는 반복과정을 통해 구할 수 있는데, 매번 반복할 때마다 컴퓨터가 해에 더 가까운 x의 값을 구한다. 두 반복에서의 x값의 차이가 어떤 한도보다 작으면 더 이상의 반복을 중지한다. 일반적으로 함수의 해는 없거나, 한 개, 여러 개, 또는 무한개다.

MATLAB에서 함수의 영점(zero)은 다음 형식을 갖는 명령어(내장함수) fzero를 이용하여 구할 수 있다.

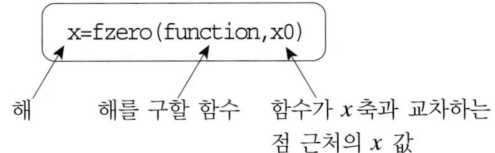

내장함수인 fzero는 다른 함수(해를 구할 함수)를 입력인자로 받아들임을 의미하는 MATLAB 함수 함수(function function; 6.9절 참조)이다.

fzero의 인자들에 관한 추가 세부사항:

- x는 해이며, 스칼라이다.

- 입력인자인 function은 해를 구할 함수로서, 다음과 같은 몇 가지 방법으로 입력이 가능하다.
  1. 가장 간단한 방법으로 수학식을 문자열로 입력하는 것이다.
  2. 먼저 함수 파일에서 함수를 사용자정의 함수로 생성한 후, 이 함수의 핸들을 입력한다(6.9.1절 참조).
  3. 함수를 먼저 익명함수(anonymous function)로 정의(6.8.1절 참조)한 후, 이 익명함수의 이름(핸들의 이름)을 입력한다(6.9.1절 참조).

  (6.9.2절에서 설명한 것처럼, 사용자정의 함수와 inline 함수를 함수 이름을 이용하여 함수 함수(function function)에 전달할 수도 있다. 그러나 함수 핸들이 더 효과적이고 사용하기도 더 쉬우므로, 함수 핸들을 사용하는 것이 좋다.)

- 함수는 표준 형식으로 써야 한다. 예를 들어, 해를 구할 함수가 $xe^{-x} = 0.2$이면, $f(x) = xe^{-x} - 0.2 = 0$으로 써야 한다. 만일 이 함수를 fzero 명령어에 문자열로 입력한다면, 'x*exp(-x)-0.2'와 같이 입력한다.

- 함수를 식(문자열)으로 입력하는 경우, 미리 정의된 변수는 식에 포함될 수 없다. 예를 들어, 입력할 함수가 $f(x) = xe^{-x} - 0.2$일 때, $b = 0.2$로 정의한 후 'x*exp(-x)-b'로 입력하는 것은 허용되지 않는다.

- x0는 스칼라 또는 두 원소의 벡터가 될 수 있다. 만일 x0가 스칼라로 입력된다면, x0 값은 함수가 x축과 교차하는 점 근처의 x 값이다. 만일 x0가 벡터로 입력

된다면, 두 원소는 $f(x0(1))$과 $f(x0(2))$가 서로 다른 부호를 갖도록 해의 반대쪽에 있는 점들이어야 한다. 함수가 한 개 이상의 해를 갖는 경우에는 fzero 함수에 각 해의 근처에 있는 x0 값들을 입력함으로써 각 해를 분리하여 구할 수 있다.

- 함수의 해의 위치를 대략적으로 파악하는 좋은 방법은 함수의 그래프를 그리는 것이다. 과학 및 공학의 많은 응용분야에서 해의 정의역이 추정될 수 있다. 함수가 한 개 이상의 해를 가질 때, 한 개의 해만이 물리적인 의미를 갖는 경우가 종종 있다.

예제 10.1 비선형방정식의 풀이

방정식 $xe^{-x} = 0.2$ 의 해를 구하라.

풀이

먼저 방정식을 함수 $f(x) = xe^{-x} - 0.2$ 의 형식으로 쓴다. 우측의 함수 그래프로부터 함수는 0과 1 사이에 해를 한 개 가지며, 2와 3 사이에 또 다른 해를 가짐을 알 수 있다. 이 그래프는 명령어 창에 다음 명령어를 입력하여 얻을 수 있다.

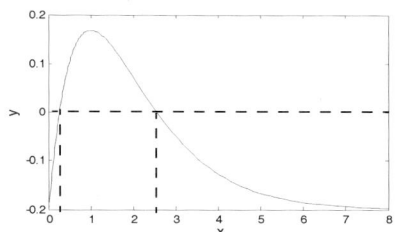

```
>> fplot('x*exp(-x)-0.2',[0 8])
```

fzero 명령어를 두 번 사용하여 함수의 두 해를 구한다. 첫 번째 해의 경우, fzero에 식을 문자열로 입력하고, 0과 1 사이의 x0 값으로 0.7을 입력한다. 두 번째 해의 경우, 풀어야 할 방정식을 익명함수로 쓰고 이 익명함수를 2와 3 사이의 x0 값인 2.8과 함께 fzero에 입력한다. 이 과정은 다음과 같다.

```
>> x1=fzero('x*exp(-x)-0.2',0.7)         함수를 문자열 표현으로 입력함
x1 =
    0.2592                               첫 번째 해는 0.2592 임
>> F=@(x)x*exp(-x)-0.2
F =
    @(x)x*exp(-x)-0.2                    익명함수를 생성함
>> fzero(F,2.8)                          fzero에 익명함수의 이름을 사용함
ans =
    2.5426                               두 번째 해는 2.5426 임
```

추가 설명:

- `fzero` 명령어는 함수가 x축과 교차하는 점에서만 함수의 영점(zero)을 구한다. 이 명령어는 함수가 x축에 닿지만 교차하지 않는 점들에서는 영점을 구하지 않는다.

- 해를 구할 수 없으면, NaN이 x에 할당된다.

- `fzero` 명령어는 추가 옵션들을 가지고 있는데(도움말 창 참조), 그 중 두 가지 중요한 옵션은 다음과 같다.
  `[x fval]=fzero(function, x0)`는 x0 근방에서 구한 영점 x에서 함수의 값을 계산하여 변수 `fval`에 할당한다.
  `x=fzero(function, x0, optimset('display','iter'))`는 해를 찾는 과정에서 반복을 할 때마다 결과를 화면에 출력한다.

- 함수를 다항식의 형식으로 쓸 수 있는 경우에는 해, 즉 근들은 8장에서 설명한 것처럼(8.1.2절 참조) `roots` 명령어로 구할 수 있다.

- `fzero` 명령어는 함수가 특정 값을 갖는 x의 값을 찾는 데 사용될 수도 있다. 이 것은 함수를 위나 아래로 평행 이동시키면 되는데, 예를 들어 예제 10.1의 함수에서, 함수가 0.1과 같게 되는 첫 번째 x의 값은 식 $xe^{-x} - 0.3 = 0$을 풀어서 구할 수 있다. 명령어 창에서 실행하면 다음과 같다.

```
>> x=fzero('x*exp(-x)-0.3',0.5)
x =
   0.4894
```

10.2 함수의 최소값 또는 최대값 구하기

많은 응용에서 $y = f(x)$ 형식인 함수의 극소값이나 최대값을 구할 필요가 있다. 미적분학에서, 극소값이나 최대값에 해당하는 x의 값은 함수의 도함수의 영점(zero)을 찾음으로써 구할 수 있다. y의 값은 이 x를 함수에 대입하여 구할 수 있다. MATLAB에서, 변수가 하나인 일변수 함수 $f(x)$가 구간 $x_1 \leq x \leq x_2$에서 최소값을 갖는 x의 값은 다음 형식을 갖는 `fminbnd` 명령어로 구할 수 있다.

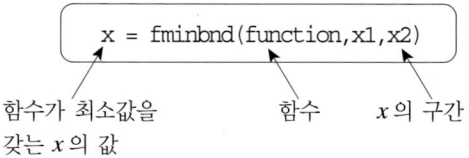

```
x = fminbnd(function,x1,x2)
```

함수가 최소값을   함수 x의 구간
갖는 x의 값

- 함수는 fzero 명령어의 경우와 같은 방법으로 문자열 표현이나 함수 핸들로 입력할 수 있다. 자세한 내용은 10.1 절을 참조하라.

- 다음 옵션을 사용하여 출력에 함수의 최소값을 추가할 수 있다.

$$[\text{x fval}]=\text{fminbnd}(\text{function},\text{x1},\text{x2})$$

  여기서 x에서의 함수 값은 변수 fval에 할당된다.

- 주어진 구간에서, 함수의 최소값은 구간의 양쪽 경계점 중의 한 점 또는 함수의 기울기가 0(극소값)인 구간 내의 한 점에서 얻어질 수 있다. fminbnd 명령어가 실행되면, MATLAB은 극소값을 구한다. 극소값이 구해지면, MATLAB은 이 값을 구간의 양쪽 경계점에서의 함수 값들과 비교하여 구간의 실제 최소값을 가진 점을 돌려준다.

예를 들어, 함수 $f(x) = x^3 - 12x^2 + 40.25x - 36.5$를 고려해 보자. 오른쪽 그림에 구간 $0 \le x \le 8$에 대한 함수의 그래프를 나타내었다. 그래프로부터 5와 6 사이에 극소값이 있으며, $x = 0$에서 최소값이 존재한다는 것을 알 수 있다. 구간 $3 \le x \le 8$에서 fminbnd 명령어를 이용하여 함수의 극소값의 위치와 극소값을 구하면 다음과 같다.

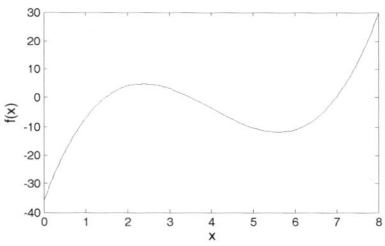

```
>> [x fval] = fminbnd('x^3-12*x^2+40.25*x-36.5',3,8)
x =
    5.6073
fval =
    -11.8043
```

극소값은 $x = 5.6073$에서 얻어지며, 이 점에서의 함수 값은 -11.8043이다.

fminbnd 명령어는 극소값을 구한다는 점에 유의하라. 만일 구간이 $0 \le x \le 8$로 바뀐다면, fminbnd는 다음 값을 구해준다.

```
>> [x fval] = fminbnd('x^3-12*x^2+40.25*x-36.5',0,8)
x =
    0
fval =
    -36.5000
```

최소값은 $x = 0$에서 얻어지며, 이 점에서의 함수 값은 -36.5이다.

이 구간에 대해, fminbnd 명령어는 경계점 $x = 0$에서 최소값을 구해준다.

- fminbnd 명령어는 함수의 최대값을 구하는 데도 사용될 수 있다. 이것은 함수에 -1을 곱한 후 최소값을 구하면 된다. 예를 들어, 구간 $0 \leq x \leq 8$에서 함수 $f(x) = xe^{-x} - 0.2$(예제 10.1)의 최대값은 아래와 같이 함수 $f(x) = -xe^{-x} + 0.2$의 최소값을 구하여 얻을 수 있다.

```
>> [x fval] = fminbnd('-x*exp(-x)+0.2',0,8)
x =
    1.0000
fval =
    -0.1679
```

> 최소값은 $x = 1.0$에서 얻어지며, 이 점에서 함수의 값은 0.1679 이다.

10.3 수치적분

적분은 과학과 공학에서 흔한 수학연산이다. 면적과 체적의 계산, 가속도로부터 속도의 계산, 힘과 변위로부터 일의 계산 등은 적분이 사용되는 몇 가지 예를 든 것뿐이다. 간단한 함수들의 적분은 해석적으로 할 수 있지만, 좀 더 복잡한 함수들은 해석적으로 적분하는 것이 어렵거나 불가능한 경우가 많다. 미적분 교과과정에서, 적분 대상은 일반적으로 함수이다. 과학 및 공학 응용에서는 적분 대상이 함수이거나 데이터 점들의 집합일 수 있다. 예를 들어, 유속을 불연속적으로 측정한 데이터 점들을 체적 계산에 사용할 수 있다.

다음 내용은 적분식과 적분에 대한 지식을 갖추고 있음을 전제로 한다. a에서 b까지 함수 $f(x)$의 정적분은 다음 형식을 갖는다.

$$q = \int_a^b f(x)dx$$

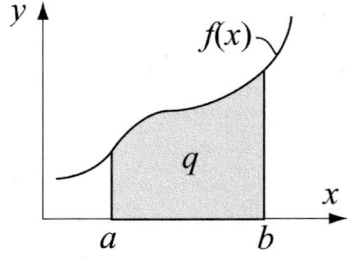

함수 $f(x)$는 피적분함수(integrand)라 불리며, 수 a와 b는 적분의 하한과 상한이다. 그래프에서 보면, 적분 값 q는 함수의 그래프와 x축, 양쪽 극한 a와 b 사이의 면적(그림의 음영 처리된 부분)이다. 정적분이 해석적으로 계산되면, $f(x)$는 항상 함수이다. 정적분이 수치적으로 계산되면, $f(x)$는 함수나 점들의 집합이 될 수 있다. 수치적분에서 전체 면적은 면적을 미소 면적들로 나누고 각 미소 면적을 계산한 후 이들을 모두 더해서 구해진다. 다양한 수치 방법들이 이 목적을 위해

개발되었는데, 각 방법들의 차이점은 면적을 미소 면적들로 나누는 방법과 각 미소 면적을 계산하는 방법에 있다. 수치해석 기법의 상세한 내용은 수치해석에 관한 책을 참조하도록 하라.

다음에서 MATLAB의 세 내장적분함수 quad, quadl, trapz의 사용 방법에 대해 기술한다. quad와 quadl 명령어는 $f(x)$가 함수인 경우의 적분에 사용되는데, trapz는 $f(x)$가 데이터 점들로 주어지는 경우에 사용된다.

quad 명령어

적응형(adaptive) Simpson 방법을 사용하여 적분을 하는 quad 명령어의 형식은 다음과 같다.

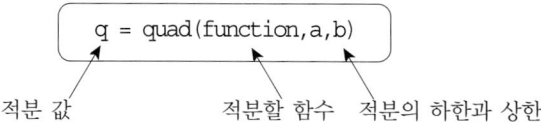

적분 값　　　　적분할 함수　적분의 하한과 상한

- 함수는 fzero 명령어의 경우와 같이 문자열 표현이나 함수 핸들로 입력될 수 있다. 자세한 내용은 10.1절을 참조하라. 다음 예제 10.2에서 두 방법을 예로 보일 것이다.

- 함수 $f(x)$는 벡터인 인자 x를 고려하기 위해 원소별 연산을 이용하여 작성함으로써 x의 각 원소에 대한 함수의 값을 계산할 수 있도록 해야 한다.

- 사용자는 함수가 a와 b 사이에서 수직 점근선을 갖지 않음을 확인해야 한다.

- quad는 10^{-6}보다 작은 절대 오차로 적분을 계산한다. 이 값은 다음과 같이 옵션인 tol 인자를 명령어에 추가함으로써 변경이 가능하다.

    q = quad('function',a,b,tol)

  tol은 최대 오차를 정의하는 수이다. tol을 더 크게 하면 적분은 덜 정확하게 계산되지만 그 대신 더 빠르게 계산된다.

quadl 명령어

quadl(마지막 글자는 L의 소문자임) 명령어의 형식은 quad 명령어와 똑같다. 즉,

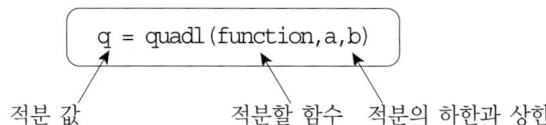

적분 값　　　　적분할 함수　적분의 하한과 상한

quad 명령어에 대해 전술한 모든 설명들이 quadl 명령어에 대해서도 유효하다. 두 명령어 사이의 차이점은 적분 계산에 사용되는 수치 방법이다. quadl 명령어는 적응형 Lobatto 방법을 사용하는데, 이 방법은 높은 정밀도와 매끄러운 적분에 좀 더 효과적일 수 있다.

예제 10.2 함수의 수치적분

수치적분을 이용하여 다음 적분을 계산하라.

$$\int_0^8 (xe^{-x^{0.8}} + 0.2)\,dx$$

풀이

설명을 위해 구간 $0 \le x \le 8$에 대한 함수의 그래프를 오른쪽에 나타내었다. quad 명령어를 사용하여 해를 구하며, 두 가지 방법으로 함수를 명령어에 입력하는 것을 보여줄 것이다. 첫째 방법에서는, 적분할 식을 입력 인자에 직접 입력한다. 둘째 방법에서는 익명함수를 먼저 생성하고 이 함수의 이름을 명령어에 입력한다.

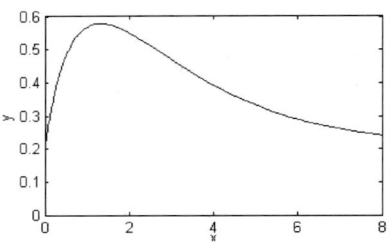

명령어 창에서 적분할 함수를 quad 명령어에 문자열로 입력하여 적분하는 것을 다음에 나타내었다. 원소별 연산이 가능하도록 함수를 나타낸 점에 유의하라.

```
>> quad('x.*exp(-x.^0.8)+0.2',0,8)
ans =
     3.1604
```

둘째 방법은 적분 대상인 함수를 계산하는 사용자정의 함수를 먼저 생성하는 것이다. 함수 파일(파일이름: y=Chap10Sam2(x))은 다음과 같다.

```
function y=Chap10Sam2(x)
y=x.*exp(-x.^0.8)+0.2;
```

인자 x가 벡터가 될 수 있도록 원소별 연산을 고려하여 함수를 작성하였다는 점에 다시 한 번 유의하라. 그 다음, 적분은 다음과 같이 명령어 창에서 quad의 인자 function

자리에 핸들 @Chap10Sam2를 입력하여 구할 수 있다.

```
>> q=quad(@Chap10Sam2,0,8)
q =
      3.1604
```

trapz 명령어

trapz 명령어는 데이터 점들로 주어진 함수의 적분에 사용될 수 있다. 이 명령어는 수치 사다리꼴 방법으로 적분을 한다. 명령어의 형식은 다음과 같다.

$$q = \text{trapz}(x,y)$$

여기서 x와 y는 각각 점들의 x, y 좌표를 가진 벡터이다. 두 벡터의 길이는 같아야 한다.

10.4 상미분방정식

미분방정식은 공학 응용분야에 포함된 거의 모든 물리현상의 기반이므로 과학과 공학에서 중대한 역할을 한다. 제한된 수의 미분방정식들만이 해석적으로 풀릴 수 있는데, 이에 반해 수치 방법은 거의 모든 식에 근사해를 제공할 수 있다. 그러나 수치해는 간단한 작업이 아닐 수도 있는데, 이는 어떤 식이라도 풀 수 있는 수치 방법은 존재하지 않기 때문이다. 그 대신, 다른 유형의 식들을 푸는 데 적당한 많은 방법들이 있다. MATLAB은 미분방정식을 푸는 데 사용할 수 있는 방대한 도구들을 가지고 있다. 그러나 MATLAB의 파워를 충분히 이용하기 위해서는 미분방정식과 이들을 푸는 데 사용할 수 있는 다양한 수치 방법들에 대한 지식이 필요하다.

이 절은 MATLAB을 사용하여 1계 상미분방정식(ordinary differential equation, ODE)을 푸는 방법에 대해 자세히 기술한다. 이러한 방정식을 푸는 데 사용할 수 있는 가능한 수치 방법들에 대해 언급하며, 수학적인 관점으로 설명하지 않고 일상적인 말로 기술한다. 이 절은 풀기 쉬운 간단한 1계 미분방정식의 풀이를 위한 정보를 제공한다. 이 해는 고차 계의 미분방정식과 연립미분방정식의 풀이에 대한 기초를 제공한다.

상미분방정식(ODE)은 독립변수 한 개와 종속변수 한 개, 종속변수의 도함수들을 포함하는 방정식이다. 여기서 고려하는 방정식들은 다음 형식의 1계 미분방정식이다.

$$\frac{dy}{dx} = f(x, y)$$

여기서 x와 y는 각각 독립변수와 종속변수이다. 해는 방정식을 만족하는 함수 $y = f(x)$이다. 일반적으로 많은 함수들이 주어진 ODE를 만족할 수 있으며, 특정 문제의 해를 결정하기 위해서는 더 많은 정보가 필요하다. 추가 정보는 독립변수의 어떤 값에서의 함수(종속변수)의 값이다.

1계 ODE의 풀이 방법

이 절의 나머지 부분에서는 독립변수를 시간 t로 한다. 이는 많은 응용 분야에서 시간이 독립변수이기 때문이며, MATLAB의 **Help** 메뉴에 있는 정보와의 일관성을 위해서다.

단계 1: 문제를 표준 형식으로 작성한다.

식을 다음 형식으로 쓴다.

$$\frac{dy}{dt} = f(t, y) \quad \text{정의역}: t_0 \le t \le t_f, \quad \text{초기값}: y(t_0) = y_0$$

위의 식과 같이, 1계 ODE를 풀기 위해서는 세 개의 정보, 즉 t에 대한 y의 도함수 식, 독립 변수의 정의역, 그리고 y의 초기값이 필요하다. 해는 t_0와 t_f 사이의 독립변수 t의 함수인 y의 값이다.

풀어야 할 문제의 예를 들면 다음과 같다.

$$\frac{dy}{dt} = \frac{t^3 - 2y}{t} \quad \text{정의역}: 1 \le t \le 3 \quad \text{초기값}: y(1) = 4.2$$

단계 2: 사용자정의 함수를 함수파일로 생성하거나 익명함수를 생성한다.

풀어야 할 ODE를 사용자정의 함수(함수파일로)나 익명함수로 작성해야 한다. 두 함수 모두 t와 y의 주어진 값에 대해 $\frac{dy}{dt}$를 계산한다. 위에서 예로 든 문제에 대한 사용자정의 함수(이 함수는 별도의 파일에 저장됨)는 다음과 같다.

```
function dydt = ODEexp1(t,y)
dydt = (t^3-2*y)/t
```

익명함수를 사용하는 경우에는 명령어 창에서 정의하거나 스크립트 파일 안에 작성할 수 있다. 위에서 예로 든 문제에 대한 익명함수(함수 이름: ode1)는 다음과 같다.

```
>> ode1 = @(t,y)(t^3-2*y)/t
ode1 =
      @(t,y)(t^3-2*y)/t
```

단계 3: 풀이 방법을 선택한다.

MATLAB이 풀이에 사용하게 될 수치 방법을 선택한다. 1계 ODE를 풀기 위해 많은 수치 방법들이 개발되었으며, 여러 방법들이 MATLAB의 내장함수로 이용 가능하다. 전형적인 수치 방법에서, 시간 구간은 작은 시간 스텝들로 나누어진다. 해는 알려진 점 y_0에서 시작하여, 적분 방법들 중 하나를 이용하여 각 시간 스텝마다 y의 값을 계산한다. 표 10.1은 1계 ODE를 푸는 데 사용할 수 있는 MATLAB 내장함수로서 일곱 개의 ODE solver 명령어들을 나타낸 것이다. 각 solver에 대한 간단한 설명을 표에 나타내었다.

일반적으로 solver들은 경직성 문제(stiff problem)를 풀 수 있는가의 여부와 단일 스텝 또는 다중 스텝 방법을 사용하는지의 여부에 따라 두 그룹으로 나뉠 수 있다. 경직성 문제는 빠르고 느리게 변하는 성분들을 포함하며 풀이 과정에서 작은 시간 스텝이 필요한 문제이다. 단일 스텝(one-step) solver는 한 포인트에서의 정보를 이용하여 다음 포인트에서의 해를 구한다. 다중 스텝(multi-step) solver는 이전의 여러 포인트에서의 정보를 이용하여 다음 포인트에서의 해를 구한다. 다른 방법들에 대한 자세한 사항은 이 책의 범위를 넘어선다.

특정 문제에 대해 어떤 solver가 가장 적당한지를 미리 아는 것은 불가능하다. 한 가지 제안을 하면, 많은 문제들에 대해 좋은 결과를 주는 ode45를 맨 처음 시도하라

표 10.1 MATLAB ODE Solver

ODE Solver 이름	설명
ode45	비경직성 문제(nonstiff problem)에 대한 단일 스텝의 solver. 대부분의 문제에 대한 첫 시도용으로 적용하기에 최적임. 명시적(explicit) Runge-Kutta 방법에 바탕을 두고 있음.
ode23	비경직성 문제에 대한 단일 스텝의 solver. 명시적(explicit) Runge-Kutta 방법에 바탕을 두고 있음. 종종 ode45보다 빠르지만 정확도가 떨어짐.
ode113	비경직성 문제에 대한 다중 스텝 solver.
ode15s	경직성 문제(stiff problem)에 대한 다중 스텝의 solver. ode45가 실패하는 경우에 사용함. 가변차수(variable order) 방법을 이용함.
ode23s	경직성 문제에 대한 단일 스텝의 solver. ode15가 풀 수 없는 일부 문제들을 풀 수 있음.
ode23t	반경직성 문제(moderately stiff problem)에 대한 solver.
ode23tb	경직성 문제에 대한 solver. 종종 ode15s보다 더 효율적임.

는 것이다. 만일 문제가 경직성이어서 해가 얻어지지 않으면, ode15s solver를 시도해 보기를 제안한다.

단계 4: ODE를 푼다.

초기값(initial value)을 가진 ODE 문제의 풀이에 사용되는 명령어의 형식은 풀려는 모든 방정식과 모든 solver에 대해 동일하다. 그 형식은 다음과 같다.

$$[\text{t,y}] = \text{solver\_name}(\text{ODEfun,tspan,y0})$$

추가정보

solver_name   사용할 solver(수치 방법)의 이름(예: ode45 또는 ode23s)

ODEfun   **단계 2**의 함수로서 주어진 t와 y의 값에 대해 $\dfrac{dy}{dt}$를 계산하는 함수이다. 사용자정의 함수로 작성된 경우, 함수 핸들이 입력된다. 익명함수로 작성된 경우, 익명함수의 이름이 입력된다(다음 예제 참조).

tspan   해의 구간을 지정하는 벡터. 이 벡터는 최소한 두 원소를 가져야 하며, 그 이상을 가질 수도 있다. 벡터가 두 원소만을 가진 경우, 두 원소는 [t0 tf]이어야 하며, 두 원소는 해의 구간의 시점과 종점이다. 벡터 tspan은 시점과 종점 사이에 추가로 점을 더 가질 수도 있다. tspan의 원소 개수는 명령어의 결과에 영향을 미친다. 아래의 [t,y]를 참조하라.

y0 y의 초기값(구간의 첫 번째 점에서의 y값)

[t,y]   출력으로서 ODE의 해이다. t와 y는 열(column)벡터이다. 첫 번째 점과 마지막 점은 구간의 시작점과 끝점이다. 사이에 있는 점들의 개수와 간격은 입력 벡터 tspan에 의해 좌우된다. tspan이 두 원소(시작점과 끝점)로 이루어져 있다면, 벡터 t와 y는 solver가 계산한 모든 적분 스텝에서의 해를 포함한다. 만일 tspan이 두 점 이상(첫 번째와 마지막 점 사이에 추가점)을 갖는다면, 벡터 t와 y는 이들 점에서의 해만을 포함한다. tspan의 점들의 개수는 프로그램에 의해 해에 사용되는 시간 스텝에는 영향을 주지 않는다.

예를 들어, **단계 1**에서 언급한 문제에 대한 해를 생각해 보자.

$$\frac{dy}{dt} = \frac{t^3 - 2y}{t} \quad \text{정의역:} 1 \le t \le 3 \quad \text{초기값:} \ y(1) = 4.2$$

ODE 함수가 사용자정의 함수로 작성된다면(**단계 2** 참조), MATLAB의 내장함수 ode45에 의한 해는 다음 방법으로 얻을 수 있다.

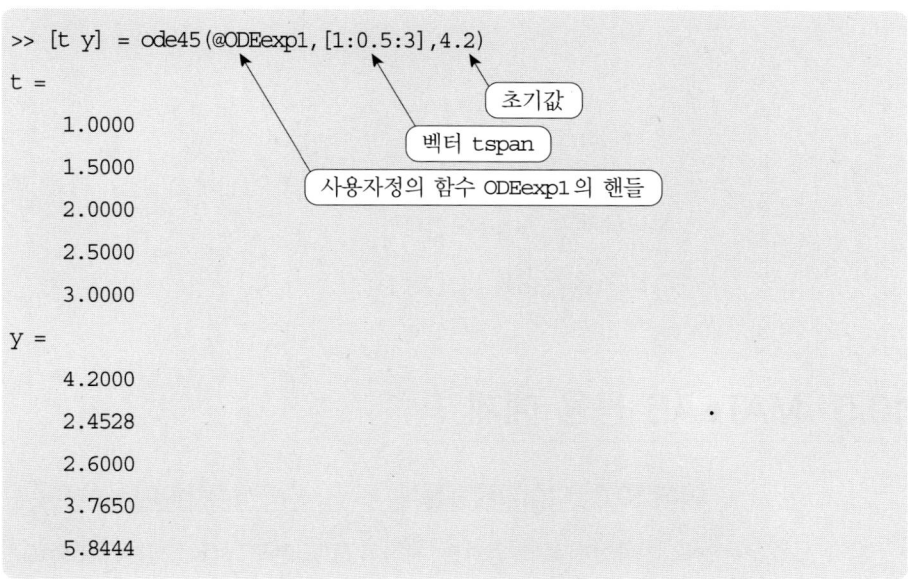

해는 solver ode45로 구한다. 단계 2의 사용자정의 함수 이름은 ODEexp1이다. tspan에 따라 해는 벡터 $t = 1$에서 시작하며 0.5씩 증가하여 $t = 3$에서 끝난다. 해를 보여주기 위해 더 작은 간격의 tspan을 이용하여 문제를 다시 풀고, 해를 plot 명령어로 그래프를 그리는 명령어는 다음과 같다.

```
>> [t y] = ode45(@ODEexp1,[1:0.01:3],4.2)
>> plot(t,y)
>> xlabel('t'), ylabel('y')
```

생성된 그래프는 다음과 같다.

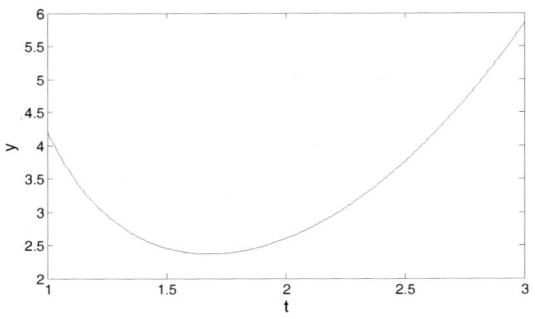

만일 ODE 함수를 익명함수 ode1로 쓰면(**단계 2** 참조), 다음 명령어의 입력으로 위와 동일한 해를 얻을 수 있다.

```
[t y] = ode45(ode1,[1:0.5:3],4.2)
```

10.5 MATLAB 응용 예제

예제 10.3 이상기체방정식

이상기체방정식에 의하면 체적 $V(\text{L})$, 온도 $T(\text{K})$, 압력 $p(\text{atm})$, 기체의 양(몰 수 n) 사이의 관계는 다음과 같다.

$$p = \frac{nRT}{V}$$

여기서 $R = 0.08206$ L-atm/mol-K은 기체상수이다.

반데르발스(van der Waals) 방정식은 실제 기체에 대한 이들 양 사이의 관계를 다음 식으로 나타낸다.

$$\left(P + \frac{n^2 a}{V^2}\right)(V - nb) = nRT$$

여기서 a와 b는 기체에 따라 정해지는 상수이다.

fzero 함수를 이용하여 온도 50°C, 압력 6 atm에서의 CO_2 2몰의 체적을 계산하라. CO_2의 경우, $a = 3.59$ L^2-atm/mol^2, $b = 0.0427$ L/mol이다.

풀이

스크립트 파일로 작성된 해는 다음과 같다.

```
global P T n a b R
R=0.08206;
P=6; T=323.2; n=2; a=3.59; b=0.047;
Vest=n*R*T/P;
V=fzero(@Waals, Vest)
```

> *V*의 추정값을 계산함

> 사용자정의 함수 Waals를 fzero에 전달하기 위해 함수 핸들 @Waals를 사용함.

프로그램은 이상기체방정식을 이용하여 체적의 추정값을 먼저 계산하고, fzero 명령어에 이 값을 이용하여 해를 추정한다. 반데르발스(van der Waals) 방정식은 다음과 같이 사용자정의 함수 Waals로 작성하였다.

```
function fofx=Waals(x)
global P T n a b R
fofx = (P+n^2*a/x^2)*(x-n*b)-n*R*T;
```

스크립트 파일과 함수 파일이 제대로 실행될 수 있도록 변수 P, T, n, a, b, R을 모두 전역변수로 선언하였다. 스크립트 파일(파일이름: **Chap10SamPro3**)을 명령어 창에서 실행하면, 다음과 같이 *V*의 값이 출력된다.

```
>> Chap10SamPro3
V =
    8.6613
```

> 기체의 체적은 8.6613 L이다.

예제 10.4 최대 시야각

영화를 최적으로 관람하기 위해서는 스크린으로부터의 거리 x가 시야각 θ를 최대로 하는 위치가 되어야 한다. 그림의 구성에 대해, θ가 최대가 되는 거리 x를 구하라.

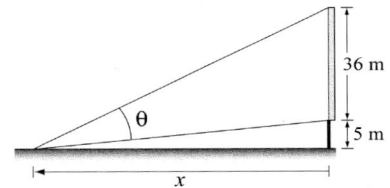

풀이

각 θ를 x의 함수로 나타낸 후 각이 최대가 되는 x를 찾음으로써 문제의 해를 구할 수 있다. 그림에서 보듯이, θ를 포함한 삼각형에서 한 변(스크린의 높이)이 주어지고 나머지 두 변은

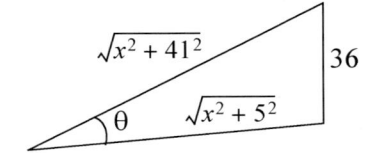

x의 함수로 표시될 수 있다. x에 의해 θ를 나타내는 한 가지 방법은 다음과 같이 코사인 법칙을 이용하는 것이다.

$$\cos(\theta) = \frac{(x^2 + 5^2) + (x^2 + 41^2) - 36^2}{2\sqrt{x^2 + 5^2}\sqrt{x^2 + 41^2}}$$

각 θ는 0과 $\pi/2$ 사이에 있을 것이다. $\cos(0)$ $= 1$이고 코사인은 θ가 증가함에 따라 감소하므로, 최대각은 $\cos(\theta)$의 최소값에 해당한다. $\cos(\theta)$를 x의 함수로 그래프를 그리면, 함수는 10과 20 사이에서 최소값을 가짐을 알 수 있다. 그래프 출력을 위한 명령어는 다음과 같다.

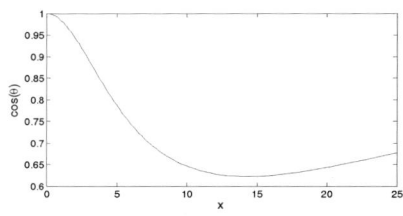

```
>>fplot('((x^2+5^2)+(x^2+ 41^2)-36^2)/(2*sqrt(x^2+5^2)*sqrt(x^2+41^2))',...
    [0 25])
>>xlabel('x'); ylabel('cos(\theta)')
```

최소값은 fminbnd 명령어로 구할 수 있다.

```
>>[x anglecos]=fminbnd('((x^2+5^2)+(x^2+41^2)-36^2)/...
    (2*sqrt(x^2+5^2)*sqrt(x^2+41^2))',10,20)
X=
    14.3178
anglecos =
    0.6225
>> angle = anglecos*180/pi
angle =
    35.6674
```

최소값은 $x = 14.3178$ m에서 $\cos(\theta) = 0.6225$이다.

각은 $35.6674°$이다.

예제 10.5 강물의 유동

1년 동안 강에 흐르는 강물의 양을 추정하기 위해, 강의 단면을 그림과 같이 직사각형 단면을 갖도록 구성하였다. 1월 1일부터 시작하여 매월 초에 물의 높이 h와 유동 속도 v를 측정한다. 측정 첫날을 1로

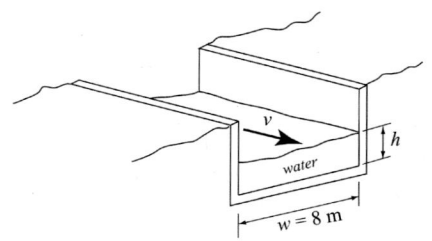

하면, 마지막 날인 다음 해의 1 월 1 일은 366 이다. 측정 데이터는 다음과 같다.

일	1	32	60	91	121	152	182	213	244	274	305	335	366
h (m)	2.0	2.1	2.3	2.4	3.0	2.9	2.7	2.6	2.5	2.3	2.2	2.1	2.0
v (m/s)	2.0	2.2	2.5	2.7	5	4.7	4.1	3.8	3.7	2.8	2.5	2.3	2.0

데이터를 이용하여 유량(flow rate)을 계산한 후, 유량을 적분하여 1 년 동안 강에 흐르는 강물의 전체 양을 추정하라.

풀이

각 데이터 포인트에서 유량 Q(시간당 물의 체적)는 강에 흐르는 물의 단면적의 높이와 폭에 유속을 곱하여 구할 수 있다. 즉,

$$Q = vwh \quad (\text{m}^3/\text{s})$$

흘러간 전체 강물의 양은 다음 적분으로 추정할 수 있다.

$$V = (60 \cdot 60 \cdot 24) \int_{t_1}^{t_2} Q\,dt$$

유량은 초당 세제곱미터(m^3/s)로 주어지므로 시간은 초 단위를 가져야 한다. 데이터가 일로 주어졌으므로, 적분에 $(60 \cdot 60 \cdot 24)$ s/day를 곱하였다.

스크립트 파일로 작성되는 다음 프로그램은 Q를 먼저 계산하고 trapz 명령어를 이용하여 적분을 수행한다. 이 프로그램은 시간에 대한 유속 그래프도 출력한다.

```
w=8;
d=[1 32 60 91 121 152 182 213 244 274 305 335 366];
h=[2 2.1 2.3 2.4 3.0 2.9 2.7 2.6 2.5 2.3 2.2 2.1 2.0];
speed=[2 2.2 2.5 2.7 5 4.7 4.1 3.8 3.7 2.8 2.5 2.3 2];
Q=speed.*w.*h;
Vol=60*60*24*trapz(d,Q);
fprintf('일 년 동안 흐른 강물의 추정 양은 %g 세제곱미터이다.\n',Vol)
plot(d,Q)
xlabel('Day'), ylabel('Flow Rate (m^3/s)')
```

파일(파일이름: Chap10SamPro5)을 명령어 창에서 실행하면, 다음과 같이 강물의 추정 양이 출력되고 그래프가 생성된다.

>> Chap10SamPro5
일 년 동안 흐른 강물의 추정 양은 2.03095e+009 세제곱미터이다.

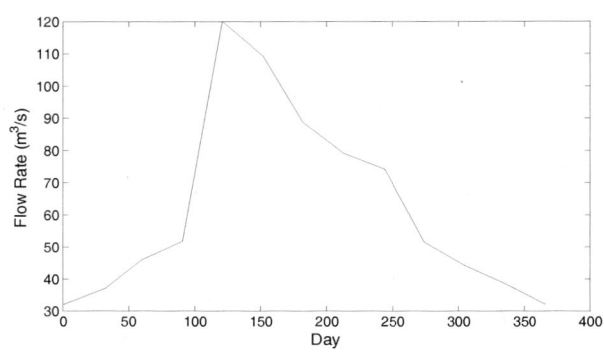

예제 10.6 자동차와 안전범퍼의 충돌

통제력을 상실한 자동차를 정지시키기
위해 경주장 트랙 끝에 안전범퍼가 설
치되어 있다. 범퍼가 자동차에 가하는
힘 F 가 다음 식과 같이 속도 v 와 범퍼

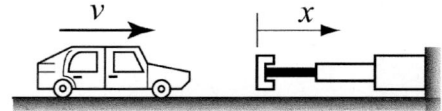

앞쪽 면의 변위 x 의 함수가 되도록 안전범퍼를 설계한다.

$$F = Kv^3(x+1)^3$$

여기서 K 는 상수로서 $K = 30$ s-kg/m^5 이다.
질량 m 이 1500 kg 인 자동차가 90 km/h 의 속도로 범퍼와 충돌한다. $0 \leq x \leq 3$ m
에 대해, 자동차의 속도를 범퍼 변위의 함수로 구하고 그래프로 나타내라.

풀이

자동차가 범퍼와 부딪친 후의 감속도는 다음과 같이 뉴턴의 제2법칙으로부터 구할
수 있다.

$$ma = -Kv^3(x+1)^3$$

이 식으로부터 가속도 a 를 v 와 x 의 함수로 나타낼 수 있다. 즉,

$$a = \frac{-Kv^3(x+1)^3}{m}$$

가속도를 다음 식,

$$vdv = adx$$

에 대입하면, 속도를 x의 함수로 구할 수 있다.

$$\frac{dv}{dx} = \frac{-Kv^2(x+1)^3}{m}$$

위 식은 1계 ODE로서 초기 조건은 $x = 0$에서 $v = 90$ km/h이며 정의역은 $0 \le x \le 3$이다.

MATLAB에 의한 미분방정식의 수치해는 스크립트 파일로 작성된 다음 프로그램으로 구할 수 있다.

```
global k m
k=30; m=1500; v0=90;
xspan=[0:0.2:3];
v0mps=v0*1000/3600;
[x v]=ode45(@bumper,xspan,v0mps)
plot(x, v)
xlabel('x (m)'); ylabel('velocity (m/s)')
```

해의 정의역을 나타내는 벡터
v_0의 단위를 m/s로 변환함
ODE의 풀이

사용자정의 함수 bumper를 ode45에 전달하기 위해 함수 핸들 @bumper를 사용하였다는 점에 유의하라. 미분함수를 가진 사용자정의 함수 bumper는 다음과 같다.

```
function dvdx = bumper(x,v)
global k m
dvdx=-(k*v^2*(x+1)^3)/m;
```

스크립트 파일을 Chap10SamPro6로 저장하고 실행을 하면, 벡터 x와 v가 명령어 창에 출력된다(실제로는 벡터 x가 화면에 출력된 다음, 벡터 v가 출력되지만, 지면 절약을 위해 두 벡터를 나란히 표시하였다).

```
>> Chap10SamPro6
x =              v =
       0         25.0000
  0.2000         22.0420
  0.4000         18.4478
```

0.6000	14.7561
0.8000	11.4302
1.0000	8.6954
1.2000	6.5733
1.4000	4.9793
1.6000	3.7960
1.8000	2.9220
2.0000	2.2737
2.2000	1.7886
2.4000	1.4226
2.6000	1.1435
2.8000	0.9283
3.0000	0.7607

프로그램에 의해 생성된 속도의 변위에 대한 그래프는 다음과 같다.

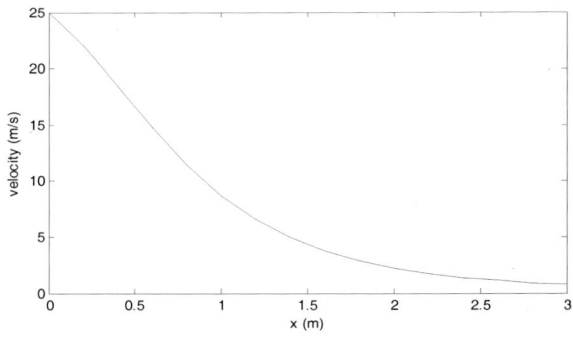

연습문제

1. 다음 방정식의 해를 구하라. $10(e^{-0.2x} - e^{-1.5x}) = 4$

2. 다음 방정식의 세 개의 양의 근(root)을 구하라. $e^{-0.2x} \cos(2x) = 0.15x^2 - 1$

3. 다음 방정식의 양의 근(root)을 모두 구하라. $x^3 - 7x^2 \cos(3x) + 3 = 0$

4. 질량 $m = 18$ kg의 상자가 로프에 의해 당겨진다. 상자를 움직이는 데 필요한

힘은 다음 식으로 주어진다.

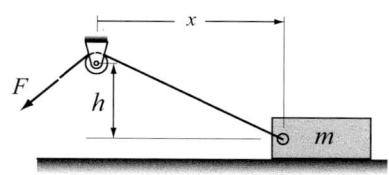

$$F = \frac{\mu mg\sqrt{x^2 + h^2}}{x + \mu h}$$

여기서 $h = 10$ m, 마찰계수 $\mu = 0.55$,
$g = 9.81$ m/s²이다. 당기는 힘이 90 N일 때, 거리 x를 구하라.

5. 저울이 그림과 같이 세 개의 스프링으로 만들어져 있다. 초기의 스프링은 변형되지 않은 상태이다. 물체가 링에 연결되면, 스프링이 늘어나서 링이 거리 x만큼 이동한다. 물체의 무게는 거리 x에 의해 다음 식으로 나타낼 수 있다.

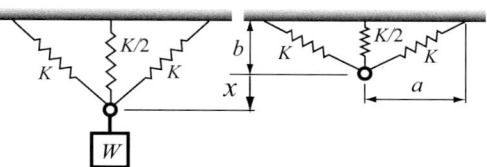

$$W = \frac{2K}{L}(L - L_0)(b + x) + \frac{K}{2}x$$

여기서 $L_0 = \sqrt{a^2 + b^2}$는 대각선 스프링의 초기 길이이며, $L = \sqrt{a^2 + (b + x)^2}$는 대각선 스프링의 늘어난 길이이다.

　주어진 저울은 $a = 0.18$ m, $b = 0.06$ m이며 스프링 상수는 $K = 2600$ N/m이다. 200 N의 물체를 저울에 달 때, 거리 x를 구하라.

6. 그림의 회로에서 다이오드는 순방향 바이어스(forward biased)되어 있다. 다이오드를 흐르는 전류 I는 다음 식으로 주어진다.

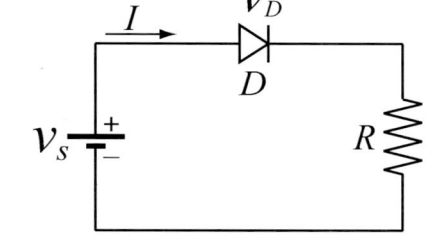

$$I = I_S\left(e^{\frac{qv_D}{kT}} - 1\right)$$

여기서 v_D는 다이오드 양단의 전압강하, T는 켈빈 온도, $I_S = 10^{-12}$ A는 포화전류(saturation current), $q = 1.6 \times 10^{-19}$ 쿨롱은 볼츠만(Boltzmann) 상수이다. 다이오드를 흐르는 전류와 동일한 회로 전류 I는 다음 식으로 나타낼 수도 있다.

$$I = \frac{v_S - v_D}{R}$$

$v_S = 2$ V, $R = 297$ K, $T = 1000$ Ω일 때, v_D를 구하라(두 방정식 중 한 방정식의 전류 I를 나머지 방정식에 대입하여 얻은 비선형방정식을 풀어라).

7. 다음 함수의 최대값을 구하라. $f(x) = 10(e^{-0.2x} - e^{-1.5x}) - 4$

8. 원뿔의 절두체(frustum) 모양인 $R_2 = 1.3 R_1$의 종이 컵이 240 cm^{3}의 체적을 갖도록 설계하려고 한다. 컵을 만드는 데 필요한 종이의 양이 최소가 되도록 R_1과 컵의 높이를 구하라.

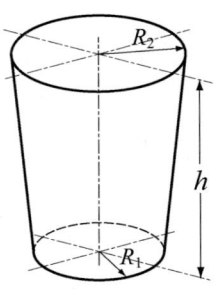

9. 문제 4에서 상자를 당기는 문제에 대해 다시 생각해 보자. 상자를 당기는 데 필요한 힘이 최소가 되는 거리 x를 구하라. 이때 힘의 크기는 얼마인가?

10. 반지름 R이 17 cm인 구의 내부에 만들어질 수 있는 체적이 최대인 원뿔의 크기(반지름 r과 높이 h)와 체적을 구하라.

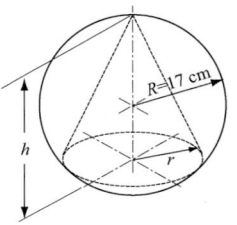

11. 플랑크의 복사법칙(Planck's radiation law)에 의하면, 분광복사율(spectral radiancy) R은 다음과 같이 파장 λ와 온도 T(K 단위)의 함수로 주어진다.

$$R = \frac{2\pi c^2 h}{\lambda^5} \frac{1}{e^{(hc)/(\lambda k T)} - 1}$$

여기서 $c = 3.0 \times 10^8$ m/s는 빛의 속도, $h = 6.63 \times 10^{-34}$ J-s는 플랑크(Planck) 상수, $k = 1.38 \times 10^{-23}$ J/K는 볼츠만(Boltzmann) 상수이다.

$T = 1500$ K에서 $0.2 \times 10^{-6} \le \lambda \le 6.0 \times 10^{-6}$ m에 대해 R을 λ의 함수로 그래프를 그리고, 같은 온도에서 R이 최대가 되는 파장 λ를 구하라.

12. MATLAB을 이용하여 다음 적분을 계산하라.

$$\int_1^6 \frac{3 + e^{0.5x}}{0.3x^2 + 2.5x + 1.6} dx$$

13. 현수교의 주 지지케이블의 길이 L은 다음 식으로 계산할 수 있다.

$$L = 2 \int_0^a \left(1 + \frac{4h^2}{a^4}x^2\right)^{1/2} dx$$

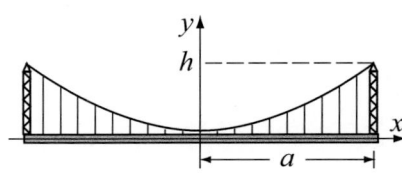

여기서, a는 다리 길이의 반이고, h는 상판에서 케이블이 부착된 주탑 꼭대기까지의 거리이다. $a = 60$ m, $h = 15$ m인 현수교의 케이블 길이 L을 구하라.

14. 대전체인 원형 디스크의 축을 따라 z만큼 떨어진 점에서의 디스크의 전하(charge)로 인한 전기장 (electric field) E는 다음 식으로 주어진다.

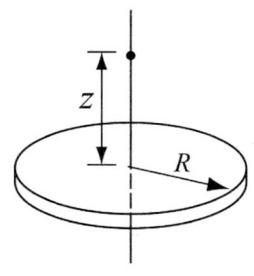

$$E = \frac{\sigma z}{4\varepsilon_0} \int_0^R (z^2 + r^2)^{-3/2} (2r) \, dr$$

여기서 σ는 전하 밀도이고, ε_0는 유전율로서 $\varepsilon_0 = 8.85 \times 10^{-12}$ C²/N-m²이며, R은 디스크의 반지름이다. 반지름이 6 cm인 디스크로부터 5 cm 떨어진 점에서의 전기장을 구하라. $\sigma = 300$ μC/m²로 대전된 반지름 6 cm의 디스크로부터 5 cm 떨어진 점에서의 전기장을 구하라.

15. 중력 가속도 g의 높이 y에 따른 변화는 다음 식으로 주어진다.

$$g = \frac{R^2}{(R + y)^2} g_0$$

여기서, $R = 6371$ km는 지구의 반지름이며, $g_0 = 9.81$ m/s²은 해수면에서의 중력 가속도이다. 지구로부터 위로 올라가는 물체의 중력에 의한 위치에너지 변화 ΔU는 다음 식으로 주어진다.

$$\Delta U = \int_0^h mg \, dy$$

지구 표면에서 800 km의 높이까지 올라가는 질량 500 kg의 인공위성의 위치에너지 변화를 구하라.

16. 일리노이 주의 대략적인 지도는 그림과 같다. 일리노이 주의 폭에 대한 측정치가 30마일 간격으로 표시되어 있다. 수치적분을 이용하여 주의 면적을 추정하라. 추정 결과와 일리노이의 실제 면적인 57,918 제곱마일을 비교하라.

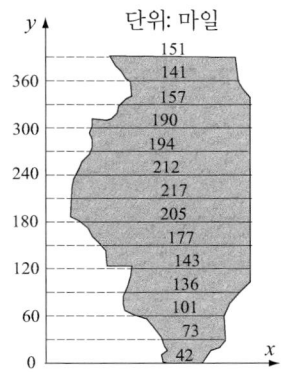

17. 많은 생리물질의 시간에 따른 완화탄성률 $G(t)$는 다음과 같은 Fung의 환산완화함수에 의해 기술될 수 있다.

$$G(t) = G_\infty \left(1 + c \int_{\tau_1}^{\tau_2} \frac{e^{(-t)/x}}{x} \, dx \right)$$

수치적분을 이용하여 10 s, 100 s, 1000 s에서의 완화탄성률을 구하라. $G_\infty =$ 5 ksi, $c = 0.05$, $\tau_1 = 0.05$ s, $\tau_2 = 500$ s로 가정하라.

18. 명왕성의 궤도는 $a = 5.9065 \times 10^9$ km와 $b = 5.7208 \times 10^9$ km인 타원형 형상이다. 타원의 원주는 다음 식으로 계산할 수 있다.

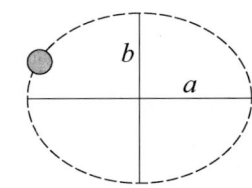

$$P = 4a \int_0^{\pi/2} \sqrt{1 - k^2 \sin^2\theta} \, d\theta$$

여기서 $k = \dfrac{\sqrt{a^2 - b^2}}{a}$ 이다. 명왕성이 궤도를 한 바퀴 돌 때 지나간 거리를 구하라. 명왕성이 궤도를 한 바퀴 도는 데 약 248년이 걸린다면, 명왕성의 평균 속도를 km/h로 계산하라.

19. $y(1) = 2$일 때, $1 \le x \le 4$에 대해 다음 방정식을 풀고 해를 그래프로 그려라.

$$\frac{dy}{dx} = x + \frac{xy}{3}$$

20. $y(0) = 2.5$일 때, $0 \le x \le 4$에 대해 다음 방정식을 풀고 해를 그래프로 그려라.

$$\frac{dy}{dx} = 0.6x\sqrt{y} + 0.5y\sqrt{x}$$

21. 뒤집힌 절두체(frustum) 원뿔 형상의 물탱크가 그림과 같이 옆면 바닥 쪽에 원형 구멍을 가지고 있다. 토리첼리의 법칙(Torricelli's law)에 의하면, 구멍에서 방출되는 물의 속력 v는 다음 식으로 주어진다.

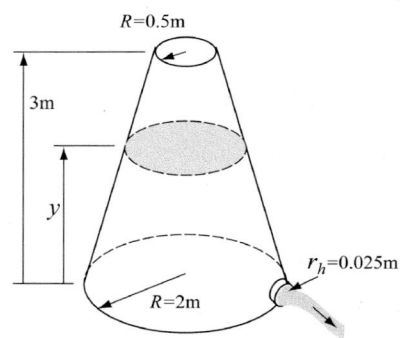

$$v = \sqrt{2gh}$$

여기서 h는 물의 높이이며 $g = 9.81$ m/s²이다. 물이 구멍으로 흘러나가면서 탱크의 물 높이 y가 변하는 비율은 다음 식으로 주어진다.

$$\frac{dy}{dt} = \frac{\sqrt{2gy}\,r_h^2}{(2 - 0.5y)^2}$$

여기서 r_h는 구멍의 반지름이다.

   y에 대한 미분방정식을 풀어라. 물의 초기 높이는 $y = 2$ m이다. 시간 별로 문제를 풀고 $y = 0.1$ m가 되는 시간을 구하라. 시간의 함수인 y의 그래프를 그려라.

22. 곤충 개체군의 갑작스런 급증은 다음 식으로 모델링될 수 있다.

$$\frac{dN}{dt} = RN\left(1 - \frac{N}{C}\right) - \frac{rN^2}{N_c^2 + N^2}$$

첫째 항은 잘 알려진 개체군 성장 논리학 모델과 관련이 있으며, 여기서 N은 곤충의 수, R은 잠재 성장률, C는 지역 환경의 수용력이다. 둘째 항은 새의 포식(捕食) 효과를 나타내며, 이 효과는 개체군이 임계 크기 N_c에 도달할 때 중요해진다. r은 N이 큰 값을 가질 때 둘째 항이 도달하게 되는 최대값이다.

   두 성장률 $R = 0.55$와 $R = 0.58$ days^{-1}, $N(0) = 10,000$과 $0 \leq t \leq 50$ days에 대해 미분방정식을 풀어라. 나머지 매개변수들은 $C = 10^4$, $N_c = 10^4$, $r = 10^4$ 1/day이다. 두 해를 한 그래프에 표시하여 비교하고 이 모델이 왜 '급증(outbreak)' 모델이라 불리는지에 대해 논의하라.

23. 물고기의 성장은 종종 다음과 같은 폰 베르탈란피의 성장 모델(von Bertalanffy's growth model)로 모델링된다.

$$\frac{dw}{dt} = aw^{2/3} - bw$$

여기서 w는 무게이고 a와 b는 상수이다. $a = 5$ lb$^{1/3}$, $b = 2$ day^{-1}, $w(0) = 0.5$ lb일 때, w에 대해 위 식을 풀어라. 최대 무게에 접근할 수 있도록 선택한 시간 간격을 충분히 길게 하도록 한다. 이 경우 최대 무게는 얼마인가? 시간의 함수인 w를 그래프로 그려라.

24. 비행기가 착륙 후 활주로에서 속도를 감속하면서 낙하산과 다른 제동 수단들을 이용한다. 비행기의 가속도는 $a = -0.0035\,v^2 - 3$ m/s^{2}로 주어진다. $a = \dfrac{dv}{dt}$이므로 속도의 변화율은 다음 식으로 주어진다.

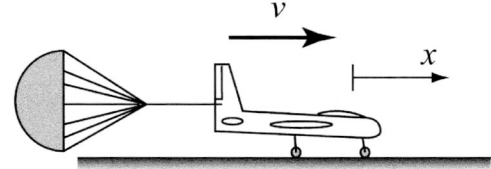

$$\frac{dv}{dt} = -0.0035v^2 - 3$$

낙하산을 펼치고 $t = 0$에서 감속을 시작한 시속 300 km/h의 비행기에 대해 다음을 구하라.

a) 미분방정식을 풀어서 $t = 0$에서 비행기가 정지할 때까지 시간의 함수인 속도를 구하고 그래프를 그려라.

b) 수치적분을 이용하여 비행기가 주행한 거리 x를 시간의 함수로 구하고 시간에 대한 x의 그래프를 그려라.

25. 그림과 같이 RC 회로가 전압원 v_s, 저항기 $R = 50\ \Omega$, 커패시터 $C = 0.001$ F을 포함하고 있다. 회로의 응답을 기술하는 미분방정식은 다음과 같다.

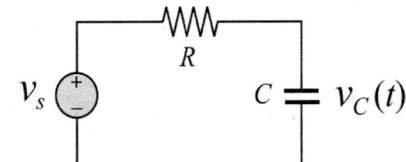

$$\frac{dv_c}{dt} + \frac{1}{RC}v_c = \frac{1}{RC}v_s$$

여기서 v_c는 커패시터의 전압이다. 초기에는 $v_s = 0$이며, 그 다음 $t = 0$에서 전압원이 변한다. 다음 세 경우에 대해 회로의 응답을 구하라.

a) $t \geq 0$에 대해 $v_s = 12$ V인 경우

b) $t \geq 0$에 대해 $v_s = 12\sin(2 \cdot 60\pi t)$ V인 경우

c) $0 \leq t \leq 0.01$ s에 대해 $v_s = 12$ V, $t \geq 0.01$ s에 대해 $v_s = 0$인 경우(사각형 펄스).

위의 각 경우의 미분방정식은 서로 다르다. 해는 시간의 함수인 커패시터의 전압이다. $0 \leq t \leq 0.2$ s에 대해 각 경우를 풀어라. 각 경우에 대해 시간에 대한 v_s와 v_c의 그래프를 그려라(두 그래프를 같은 페이지에 그려라).

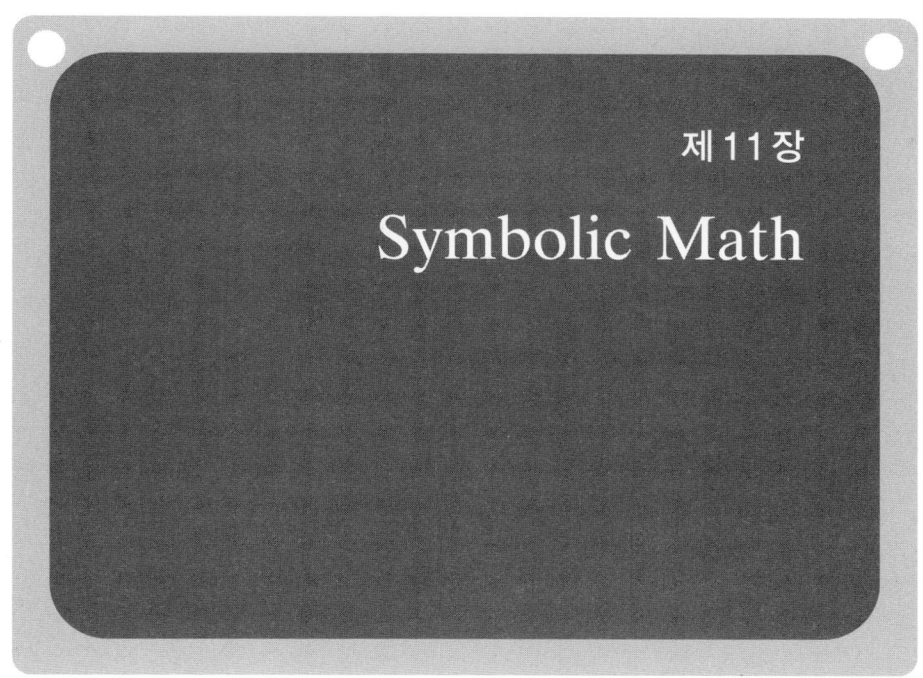

제11장

Symbolic Math

앞의 1~10장에서 행해진 모든 수학연산은 수치연산이었다. 수치연산은 수와 미리 값이 할당된 변수들이 포함된 수치식을 입력함으로써 수행되었다. 수치식이 MATLAB 에 의해 실행되면, 결과 역시 수치(단일 수 또는 수치 배열)이다. 수 또는 수들은 정확한 수이거나 부동소수점의 근사값이다. 예를 들어, 1/4을 입력하면 0.2500의 정확한 값이 출력되며, 1/3을 입력하면 0.3333으로 근사값이 출력된다.

수학과 과학, 공학의 많은 응용들은 기호연산(symbolic operation)을 요구하는데, 기호연산은 기호변수들(symbolic variables), 즉 연산이 수행될 때 특정 수치값을 갖지 않은 변수들이 포함된 식으로 하는 수학적인 연산이다. 이러한 기호연산의 결과 또한 기호변수들로 표현된 수학식이다. 한 가지 간단한 예로는 여러 변수들이 포함된 대수방정식에서 한 변수를 나머지 변수들에 의해 푸는 것이다. a, b, x가 기호변수이고 $ax - b = 0$이라면, x를 a와 b에 의해 풀어서 $x = b/a$를 얻을 수 있다. 기호연산의 다른 예로는 수학식의 해석적 미분이나 적분이 있다. 예를 들어, t에 대한 $2t^3 + 5t - 8$의 미분은 $6t^2 + 5$이다.

MATLAB은 많은 종류의 기호연산 수행 능력을 가지고 있다. 기호연산의 수치 부분은 수치값이 근사화되지 않고 MATLAB에 의해 정확하게 수행된다. 예를 들어, $\frac{x}{4}$와 $\frac{x}{3}$를 더한 결과는 $0.5833x$가 아니라 $\frac{7}{12}x$이다.

기호연산은 Symbolic Math Toolbox가 설치되어 있어야 MATLAB에 의해 수행될 수 있다. **Symbolic Math Toolbox**는 기호연산의 수행에 사용되는

MATLAB 함수들을 모아놓은 것이다. 기호연산을 위한 명령어들과 함수들은 수치연산의 경우와 같은 형식과 문법을 갖는다. 기호연산 자체는 이런 목적으로 설계된 수학 소프트웨어인 Maple®에 의해 주로 수행된다. Maple 소프트웨어는 MATLAB 속에 내장되어 있으며, MATLAB 기호함수가 실행되면 자동으로 활성화된다. Maple은 별개의 독립 소프트웨어로도 존재한다. 그러나 이 소프트웨어는 MATLAB과는 완전히 다른 구조와 명령어들을 갖고 있다. Symbolic Math Toolbox는 MAT-LAB의 학생용 버전에 포함되어 있으며, 표준 버전에서는 툴박스를 별도로 구입해야 한다. 명령어 창에서 ver 명령어를 입력하면, Symbolic Math Toolbox가 컴퓨터에 설치되어 있는지 확인할 수 있다. 또한 현재 설치된 툴박스들의 목록뿐만 아니라 사용되고 있는 버전에 대한 정보도 출력된다.

기호연산을 위한 출발점은 기호개체(symbolic object)이다. 기호개체는 변수와 수로 만들어지며, 수학식에 사용되면 MATLAB이 그 수학식을 기호연산으로 수행하도록 만든다. 일반적으로, 필요한 기호변수(기호개체)들을 먼저 정의(생성)한 후, 이 기호변수들을 사용하여 기호식을 생성하며, 이어서 기호연산을 하게 된다. 필요한 경우, 기호연산을 수치연산에 사용할 수 있다.

이 장의 첫 번째 절에서는 기호개체를 정의하는 방법과 기호개체를 이용하여 기호식을 생성하는 방법에 대해 기술한다. 두 번째 절은 이미 존재하는 식의 형식을 바꾸는 방법을 보여준다. 일단 기호식이 존재하게 되면 이 기호식은 수학연산에 사용될 수 있으며, MATLAB은 이를 위한 다양한 종류의 함수들을 갖고 있다. 다음 네 절 (11.3 ~ 11.6)은 MATLAB을 이용하여 대수방정식을 푸는 방법과 미적분을 하는 방법, 그리고 미분방정식을 푸는 방법에 대해 기술한다. 11.7절은 기호식을 그래프로 그리는 방법에 대해 다룬다. 11.8절에서는 기호식을 이어지는 수치계산에 어떻게 이용하는지에 대해 설명한다.

11.1 기호개체와 기호식

수치값이 아직 할당되지 않은 변수나 수(numbers), 기호변수와 수로 만들어진 기호식은 기호개체가 될 수 있다. 기호식은 한 개 이상의 기호개체를 포함한 수학식이다. 기호식을 쓰면, 겉으로 보기에는 일반적인 수치식으로 보일 수 있다. 그러나 기호식은 기호개체들을 포함하고 있으므로, 기호식은 MATLAB에 의해 기호연산으로 수행된다.

11.1.1 기호개체의 생성

기호개체는 변수 또는 수일 수 있다. 기호개체는 sym이나 syms 명령어를 이용하여 만들 수 있다. 한 개의 기호개체는 다음과 같이 sym 명령어로 생성된다.

$$object\_name = sym('문자열')$$

여기서 기호개체인 문자열이 object_name에 할당된다. 문자열이 될 수 있는 것은 다음과 같다.

- 한 개의 글자 또는 공백 없는 여러 글자들의 조합. 예: 'a', 'x', 'yad'

- 글자로 시작하는, 공백 없는 글자들과 숫자들의 조합. 예: 'xh12', 'r2d2'

- 한 개의 수. 예: '15', '4'

위의 첫 두 경우(문자열이 한 개의 글자 또는 여러 글자들의 조합, 글자들과 숫자들의 조합일 때)에서 기호개체는 기호변수이다. 이 경우 필수적인 것은 아니지만 개체 이름은 문자열과 같게 하는 것이 편리하다. 예를 들어, *a*, *bb*, *x*는 다음에 의해 기호변수로 정의될 수 있다.

```
>> a=sym('a')            기호개체 a를 생성하여 a에 할당함
a =
a
>> bb=sym('bb')          기호개체의 출력은 수치 출력과는 달리
bb =                     들여쓰기(indent)가 되지 않는다.
bb
>> x=sym('x');           세미콜론이 명령어 끝에 추가되었으므로 기호변수
>>                       x를 생성하되 출력은 하지 않는다.
```

기호개체의 이름을 변수 이름과 다르게 할 수도 있다. 예를 들면,

```
>> g=sym('gamma')        기호개체는 gamma이며
g =                      개체의 이름은 g이다.
gamma
```

앞에서 언급한 것처럼, 기호개체는 수일 수도 있다. 수는 문자열로 입력할 필요가 없다. 다음 예에서는 sym 명령어를 이용하여 수 5와 7로 기호개체를 생성한 후, 변수 *c*와 *d*에 할당한다.

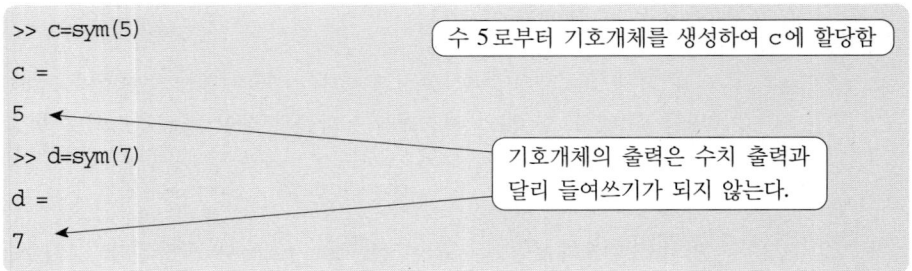

```
>> c=sym(5)
c =
5
>> d=sym(7)
d =
7
```

수 5로부터 기호개체를 생성하여 c에 할당함

기호개체의 출력은 수치 출력과 달리 들여쓰기가 되지 않는다.

위와 같이 기호개체를 생성할 때 세미콜론을 명령어 끝에 붙이지 않으면, MATLAB은 다음 두 줄에 걸쳐 개체의 이름과 개체 자체를 출력한다. 기호개체의 출력은 해당 줄의 첫째 칸부터 시작되며 수치변수의 출력과는 달리 들여쓰기가 되지 않는다. 수치변수를 생성하는 아래의 예로부터 차이점을 알 수 있다.

```
>> e = 13
e =
    13
```

13이 수치변수 e에 할당된다.

수치변수의 값은 들여쓰기로 출력된다.

여러 개의 기호변수들은 다음 형식의 syms 명령어를 사용하여 한 개의 명령어로 생성될 수 있다.

```
syms  variable_name  variable_name  variable_name
```

명령어는 기호변수와 동일한 이름의 기호개체를 생성한다. 예를 들어, 세 변수 y, z, d는 다음과 같이 입력함으로써 한 명령어에 의해 모두 기호변수로 생성될 수 있다.

```
>> syms  y  z  d
>> y
y =
y
```

syms 명령어로 생성된 변수들은 자동으로 출력되지 않는다. 변수 이름을 입력하면 변수가 생성되었음을 볼 수 있다.

syms 명령어가 실행되면, 생성된 변수들은 명령어 끝에 세미콜론이 추가되지 않아도 자동으로 출력되지 않는다.

11.1.2 기호식의 생성

기호식은 기호변수들에 의해 작성된 수학식이다. 기호변수들이 생성되면 이 변수들을 이용하여 기호식을 생성할 수 있다. 기호식은 기호개체이며, 화면에 출력될 때 들여쓰기가 되지 않는다. 기호식을 생성하기 위한 형식은 다음과 같다.

$$\boxed{\text{Expression\_name = 수학식}}$$

몇 가지 예를 들면 다음과 같다.

```
>> syms a b c x y                    ┤ a, b, c, x, y를 기호변수로 정의함

>> f=a*x^2+b*x + c                   ┤ 기호식 ax² + bx + c를
                                        생성하여 f에 할당함
f=

a*x^2+b*x+c
      ↖ 기호식의 출력은 들여쓰기가 되지 않는다.
```

실행 가능한 수학연산(덧셈, 뺄셈, 곱셈, 나눗셈)이 포함된 기호식이 입력되면, MAT-LAB은 식의 생성과 함께 연산을 수행한다. 예를 들면, 다음과 같다.

```
>> g=2*a/3+4*a/7-6.5*x+x/3+4*5/3-1.5     ┤ (2a)/3 + (4a)/7 − 6.5x + x/3 + 4·5/3 − 1.5
                                            가 입력된다.
g =
26/21*a-37/6*x+31/6                       ┤ (26/21)a − (37/6)x + 31/6
                                            이 출력된다.
```

모든 계산이 수치적으로 어림셈 없이 정확하게 수행된 점에 유의하라. 위의 예에서 $\frac{2}{3}a$와 $\frac{4}{7}a$가 MATLAB에 의해 더해져서 $\frac{26}{21}a$가 되었으며, $-6.5x + \frac{x}{3}$가 더해져서 $-\frac{37}{6}x$가 되었다. 기호식에서 수만 포함된 항들의 연산이 정확히 계산되었다. 위의 예에서 $4 \cdot \frac{5}{3} + 1.5$는 $\frac{31}{6}$로 계산되었다.

다음 예에서 정확한 계산과 근사적인 계산 사이의 차이를 보여준다. 동일한 수학연산을 한 번은 기호변수로 하고 한 번은 수치변수로 한다.

```
>> a=sym(3); b=sym(5);               ┤ a와 b를 각각 기호 3과 5로 정의함

>> e=b/a+sqrt(2)                      ┤ a와 b가 포함된 식을 생성함

e =                                  ┤ e의 정확한 값이 기호개체로 출력
                                        된다(들여쓰기 없이 출력됨).
5/3+2^(1/2)

>> c=3; d=5;                         ┤ c와 d를 각각 수치 3과 5로 정의함

>> f=d/c+sqrt(2)                     ┤ c와 d가 포함된 식을 생성함

f =

   3.0809                            ┤ f의 근사 값이 수로 출력된다(들여쓰기로 출력됨).
```

생성되는 식은 기호개체와 수치변수 모두를 포함할 수 있다. 그러나 식이 한 개 이상의 기호개체를 포함하게 되면, 모든 수학연산이 정확하게 수행된다. 예를 들어, 위의 마지막 식에서 c가 a로 바뀌면, 결과는 처음 예와 같이 정확한 계산값을 얻게 된다.

```
>> g=d/a+sqrt(2)
g =
5/3+2^(1/2)
```

기호식과 기호개체에 대한 추가 설명

- 기호식은 수치식을 실행하여 얻은 수치변수들을 포함할 수 있다. 이 변수들이 기호식에 삽입되면 이전에는 근사값으로 출력이 되었을지라도 기호식에서는 변수들의 정확한 값이 사용된다. 예를 들면, 다음과 같다.

```
>> h=10/3                           ( h가 10/3(수치변수)으로 정의된다. )
h =
     3.3333                         ( h의 근사값(수치변수)이 출력된다. )
>> k=sym(5) ; m=sym(7) ;            ( k와 m을 각각 기호 5와 7로 정의함 )
>> p=k/m+h                          ( h, k, m이 식에서 사용된다. )
p=                                  ( p의 계산에 h의 정확한 값이 사용된다.
85/21                                기호개체 p의 정확한 값이 출력된다. )
```

- double(S) 명령어를 이용하여 정확한 형태로 쓰인 기호식(개체) S를 수치 형태로 변환할 수 있다. (double 이란 이름은 명령어가 S의 값을 배정밀도 부동 소수점으로 돌려준다는 사실에서 나온 것이다). 다음에서 두 가지 예를 보인다. 첫 번째에서는 위의 예에서의 p를 수치 형태로 변환하며, 두 번째에서는 기호개체를 생성한 후 수치 형태로 변환한다.

```
>> pN=double(p)                     ( p가 수치 형태로 변환된 후, pN에 할당된다. )
pN =
     4.0476
>> y=sum(10)*cos(5*pi/6)            ( 기호식 y를 생성함 )
y =
-5*3^(1/2)                          ( y의 정확한 값이 출력된다 )
>> yN=double(y)                     ( y가 수치 형태로 변환된 후, yN에 할당된다. )
yN =
    -8.6603
```

- 변수들을 기호개체로 먼저 생성하지 않고 이 변수들을 이용하여 작성한 기호식을 기호개체로 생성할 수도 있다. 예를 들어, sym 명령어를 이용하여 다음과 같이 2차식 $ax^2 + bx + c$ 를 f 라는 이름의 기호개체로 생성할 수 있다.

```
>> f=sym('a*x^2+b*x+c')
f =
a*x^2+b*x+c
```

이 경우, 개체에 포함된 변수 a, b, c, x 는 각각 독립적인 개체로 존재하지 않고 전체 식이 한 개의 개체라는 것을 이해하는 것이 중요하다. 이것은 기호개체의 각 변수들과 관련된 기호수학연산을 수행하는 것은 불가능하다는 것을 의미한다. 예를 들어, 위의 예에서 f 를 x 에 대해 미분하는 것은 가능하지 않다. 이것은 11.1.2절의 첫 번째 예에서 2차식을 생성한 방법과는 다르다. 그 때는 개별 변수들을 먼저 기호개체로 생성한 다음, 2차식에 사용하였다.

- 기존 기호식을 이용하여 새로운 기호식을 생성할 수 있다. 아래의 예와 같이 기존 기호식의 이름을 새 식에서 사용하면 된다.

```
>> syms x y                          ┤x와 y를 기호변수로 정의함├
>> SA=x+y, SB=x-y                    ┤두 기호식 SA와 SB를 생성함├
SA =
x+y                                      $SA = x + y$
SB =                                     $SB = x - y$
x-y
>> F=SA^2/SB^3+x^2          ┤SA와 SB를 이용하여 새 기호식 F를 생성함├
F =
(x+y)^2/(x-y)^3+x^2      $F = (SA^2)/(SB^3) + x^2 = \dfrac{(x+y)^2}{(x-y)^3} + x^2$
```

11.1.3 findsym 명령어와 기본 설정 기호변수

findsym 명령어는 현재 기호식에서 어떤 기호변수들이 존재하는지를 알아내는 데 사용될 수 있다. 명령어의 형식은 다음과 같다.

$$\boxed{\text{findsym(S)}} \quad \text{또는} \quad \boxed{\text{findsym(S,n)}}$$

findsym(S) 명령어는 기호식 S 에 있는 모든 기호변수들의 이름을 알파벳 순서대로 콤마로 분리하여 출력한다. findsym(S,n) 명령어는 기호식 S 에 있는 n개의 기호변수를 기본 설정된 순서에 따라 출력한다. 한 글자로 이루어진 기호변수의 경우, 기본 설정 순서는 x에서 시작하여 x에 가까운 글자 순이다. x로부터 똑같이 떨어져 있는 두 글자의 경우, 알파벳 순서에 따라 x 뒤에 오는 글자가 우선이다(w보다 y가, v보다 z가 우선임). 기호식에서 기본 설정된 기호변수는 기본 설정 순서의 첫 번째 변수이다. 식 S에서 기본으로 설정된 기호변수의 확인은 명령어 findsym(S,1)의 실행으로 알 수 있다. 예를 들면, 다음과 같다.

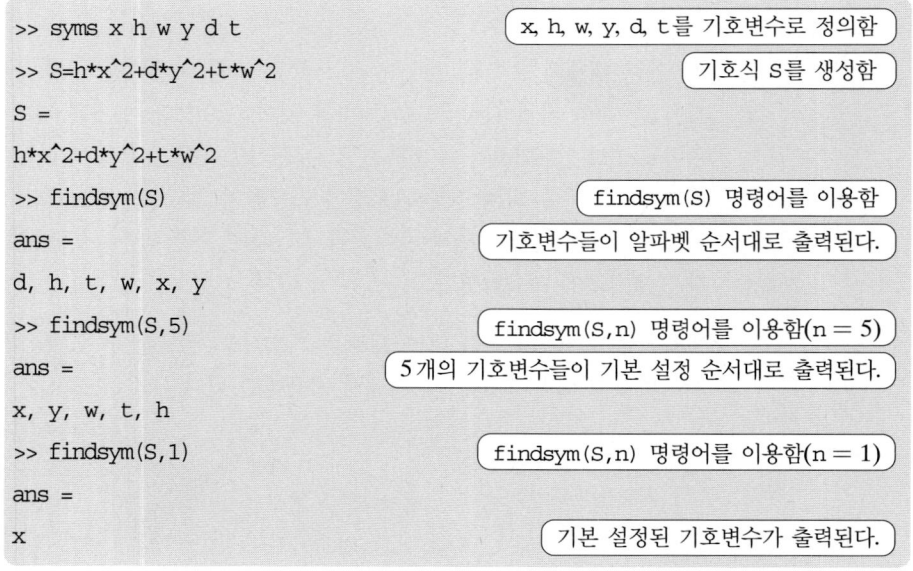

11.2 기호식의 형태 변환

기호식은 사용자에 의해 생성되거나 기호연산의 결과로 MATLAB에 의해 생성된다. MATLAB에 의해 생성된 식은 가장 간단한 형태나 사용자가 선호하는 형태가 아닐 수도 있다. 같은 지수(power)의 항끼리 모으고, 곱을 전개하고 인수분해하며, 수학 및 삼각함수 항등식과 다른 많은 연산들을 이용함으로써 기존 기호식의 형태를 바꿀 수 있다. 다음의 하위 절들은 기존 기호식의 형태를 바꾸는 데 사용할 수 있는 명령어 몇 개에 대해 기술한다.

11.2.1 collect, expand, factor 명령어

collect, expand, factor 명령어는 각각 자신의 이름이 암시하는 수학연산을 수행하는 데 사용될 수 있다.

collect **명령어**

collect 명령어는 식에서 같은 지수의 변수 항들을 모아서 지수가 감소하는 내림 차순으로 식을 돌려준다. 명령어의 형식은 다음과 같다.

$$\boxed{\text{collect(S)}} \qquad \boxed{\text{collect(S, variable\_name)}}$$

여기서 S는 기호식이다. collect(S) 형식은 기호식에 기호변수가 한 개만 있을 때 가장 효과적이다. 식이 두 개 이상의 변수를 가지고 있으면, MATLAB은 먼저 한 변수의 항들을 모은 후, 두 번째 항들을 모으고 계속해서 나머지 변수들에 대해 진행한다. 변수들의 순서는 MATLAB에 의해 결정된다. 사용자는 collect(S, variable_name) 형식의 명령어를 사용하여 첫 번째 변수를 지정할 수 있다. 다음에 예를 나타낸다.

```
>> syms x y                          ┤ x와 y를 기호변수로 정의함
>> S=(x^2+x-exp(x))*(x+3)       ┤ 기호식 S: (x² + x − eˣ)(x + 3)을 생성함
S =
(x^2 + x-exp(x))*(x + 3)
>> F = collect(S)                    ┤ collect 명령어를 이용함
F =
x^3+4*x^2+(-exp(x)+3)*x-3*exp(x)
```
MATLAB이 식 $x^3 + 4x^2 + (-e^x + 3)x - 3e^x$을 돌려준다.

```
>> T=(2*x^2+y^2)*(x+y^2+3)      ┤ 기호식 T: (2x² + y²)(x + y² + 3)을 생성함
T =
(2*x^2+y^2)*(x+y^2+3)
>> G=collect(T)                      ┤ collect(T) 명령어를 이용함
```
MATLAB이 $2x^3 + (2y^2 + 6)x^2 + xy^2 + y^2(y^2 + 3)$ 식을 돌려준다.

```
G =
2*x^3+(2*y^2+6)*x^2+x*y^2+y^2*(y^2+3)
>> H=collect(T,y)                    ┤ collect(T,y) 명령어를 이용함
H =
y^4+(2*x^2+x+3)*y^2+2*x^2*(x+3)
```
MATLAB이 식 $y^4 + (2x^2 + x + 3)y^2 + 2x^2(x + 3)$을 돌려준다.

위의 예에서 collect(T)를 사용하여 얻은 식은 x의 내림차순으로 쓰였지만, collect(T,y)를 사용하여 얻은 식은 y의 내림차순으로 쓰였다는 점에 유의하라.

expand 명령어

expand 명령어는 두 가지 방법으로 식을 전개한다. 이 명령어는 항들 중에서 최소한 한 개 이상의 항에 덧셈이 포함되어 있는 경우 이 항들의 곱셈을 수행하며, 삼각함수 항등식과 지수 및 로그 법칙을 이용하여 덧셈이 포함된 해당 항들을 전개한다. 명령어의 형식은 다음과 같다.

$$expand(S)$$

여기서 S는 기호식이다. 다음은 두 개의 예이다.

```
>> syms a x y                          a, x, y를 기호변수로 정의함
>> S=(x+5)*(x-a)*(x+4)                 기호식 S: (x + 5)(x − a)(x + 4)를 생성함
S =
(x+5)*(x-a)*(x+4)
>> T=expand(S)                         expand 명령어를 이용함
T =                                    MATLAB이 식 x³ + 9x² − ax² −
x^3+9*x^2-x^2*a-9*x*a+20*x-20*a        9ax + 20x − 20a를 돌려준다.
>> expand(sin(x-y))                    expand 명령어를 이용하여 sin(x − y)를 전개함
ans =                                  MATLAB이 삼각항등식을 이용하여 전개함
sin(x)*cos(y)-cos(x)*sin(y)
```

factor 명령어

factor 명령어는 다항식을 더 낮은 차수의 다항식들의 곱으로 변환한다. 명령어의 형식은 다음과 같다.

$$factor(S)$$

여기서 S는 기호식이다. 예제는 다음과 같다.

```
>> syms x                              x를 기호변수로 정의함
>> S=x^3+4*x^2-11*x-30                 기호식 S: x³ + 4x² − 11x − 30을 생성함
S =
x^3+4*x^2-11*x-30
>> factor(S)                           factor 명령어를 이용함
ans =                                  MATLAB이 식
(x+2)*(x-3)*(x+5)                      (x + 2)(x − 3)(x + 5)를 돌려준다.
```

11.2.2 `simplify`와 `simple` 명령어

`simplify`와 `simple` 명령어는 모두 식의 형태를 간단하게 하기 위한 일반적인 도구이다. `simplify` 명령어는 내장된 단순화 공식을 이용하여 원래의 식보다 더 간단한 형태의 식을 만들어준다. `simple` 명령어는 최소 개수의 글자들을 가진 식의 형태를 만들도록 프로그래밍되어 있다. 최소 글자 수를 가진 형태가 가장 간단하다는 보장은 없지만, 실제로는 흔한 경우이다.

`simplify` 명령어

`simplify` 명령어는 수학연산(덧셈, 곱셈, 분수 법칙, 거듭제곱, 로그 등)과 함수, 삼각항등식을 이용하여 식을 더 간단한 형태로 만든다. `simplify` 명령어의 형식은 다음과 같다.

$$\boxed{\text{simplify(S)}}$$

S는 간단하게 할 기존   또는   간단하게 만들 식을 S 대신
식의 이름이다.   직접 써 넣을 수 있다.

다음은 두 개의 예이다.

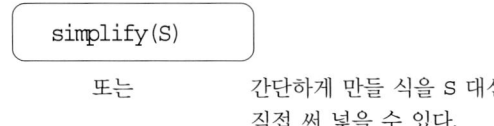

```
>> syms x y                              x, y를 기호변수로 정의함
>> S=x*(x*(x-8)+10)-5     기호식 x(x(x − 8) + 10) − 5)를 생성하고 S에 할당함
S =
x*(x*(x - 8) + 10) - 5
>> SA = simplify(S)          simplify 명령어를 사용하여 S를 간단하게 함
SA =
x^3-8*x^2+10*x-5             MATLAB이 식을 x³ − 8x² + 10x − 5로 간단하게 한다.
>> simplify((x+y)/(1/x+1/y))     (x + y)/(1/x + 1/y)을 간단하게 함
ans =
x*y                          MATLAB이 식을 xy로 간단하게 한다.
```

`simple` 명령어

`simple` 명령어는 글자 수를 최소로 하는 식의 형태를 찾는다. 많은 경우 이런 형태가 역시 가장 간단하다. 명령어가 실행되면, MATLAB은 `collect`, `expand`, `factor`, `simplify` 등의 명령어와 여기서 다루지 않은 다른 단순화 함수들을 적용하여 여러 가지 형태의 식들을 생성한다. 그 다음 MATLAB은 이들 중에서 가장 짧은 형태의 식을 돌려준다. `simple` 명령어는 다음 세 형식을 갖는다.

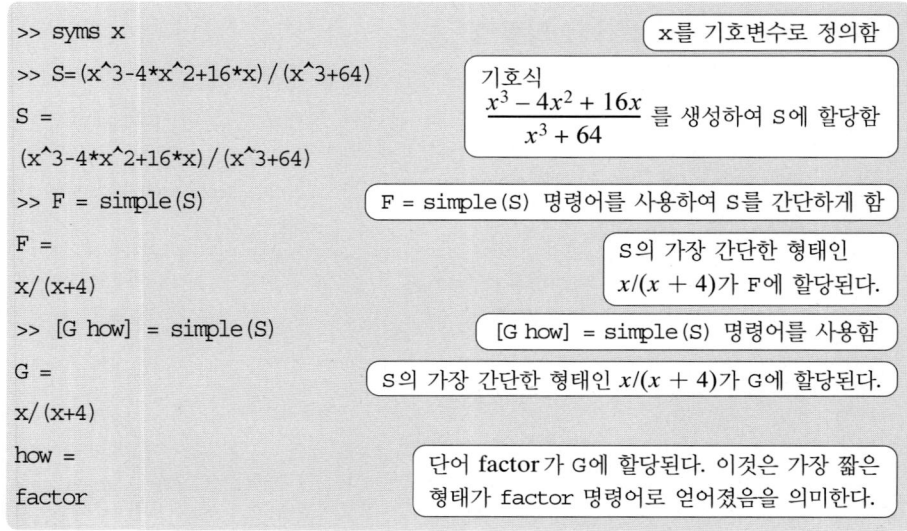

위 형식들 사이의 차이점은 출력에 있다. 다음은 두 형식의 사용 예이다.

```
>> syms x                              x를 기호변수로 정의함
>> S=(x^3-4*x^2+16*x)/(x^3+64)
S =                                    기호식
(x^3-4*x^2+16*x)/(x^3+64)              $\dfrac{x^3 - 4x^2 + 16x}{x^3 + 64}$ 를 생성하여 S에 할당함
>> F = simple(S)                       F = simple(S) 명령어를 사용하여 S를 간단하게 함
F =
x/(x+4)                                S의 가장 간단한 형태인
                                       $x/(x + 4)$가 F에 할당된다.
>> [G how] = simple(S)                 [G how] = simple(S) 명령어를 사용함
G =
x/(x+4)                                S의 가장 간단한 형태인 $x/(x + 4)$가 G에 할당된다.
how =
factor                                 단어 factor가 G에 할당된다. 이것은 가장 짧은
                                       형태가 factor 명령어로 얻어졌음을 의미한다.
```

simple(S) 형식의 명령어는 결과의 출력이 길어서 여기서는 사용 예를 보이지 않는다. MATLAB은 열 가지의 다른 단순화 방법 적용 결과를 출력하며 이 중에서 가장 짧은 형태를 ans에 할당한다. 독자들도 이 명령어를 실행하고 결과 출력을 조사해보기 바란다.

11.2.3 pretty 명령어

pretty 명령어는 일반적으로 수학식을 쓰는 형태와 닮은 형태로 기호식을 출력한다. 명령어의 형식은 다음과 같다.

$$pretty(S)$$

예를 들면, 다음과 같다.

```
>> syms a b c x                        a, b, c, x를 기호변수로 정의함
>> S=sqrt(a*x^2 + b*x + c)             기호식 $\sqrt{ax^2 + bx + c}$ 를 생성하고 S에 할당함
```

```
S =
(a*x^2+b*x+c)^(1/2)
>> pretty(S)
                 2           1/2
          (a x + b x + c)
```

pretty 명령어가 기호식을 수학형식으로 출력한다.

11.3 대수방정식의 풀이

solve 함수를 이용하여 단일 대수방정식을 단일 변수에 대해, 연립방정식을 여러 변수에 대해 풀 수 있다.

단일 방정식의 풀이

대수방정식은 한 개 이상의 기호변수를 가질 수 있다. 방정식이 한 개의 변수를 가지면, 방정식은 수치해를 갖는다. 방정식이 여러 개의 기호변수를 갖는 경우, 임의의 변수에 대한 해를 나머지 변수들에 의해 구할 수 있다. 해는 다음 형식을 갖는 solve 명령어를 이용하여 구한다.

$$h = \text{solve(eq)} \qquad \text{또는} \qquad h = \text{solve(eq,var)}$$

- 인자 eq는 이미 생성된 기호식의 이름이거나 직접 입력할 식이다. 이전에 생성된 기호식 S를 인자 eq 대신 입력하거나 = 부호가 포함되지 않은 식을 eq 대신 입력하면, MATLAB은 식 eq = 0을 푼다.

- $f(x) = g(x)$ 형태의 식은 = 부호가 포함된 식을 eq 대신 문자열로 입력하여 풀수 있다.

- 해를 구할 식이 둘 이상의 변수를 갖고 있는 경우, solve(eq) 명령어는 기본 설정된 기호변수에 대해 해를 구한다(11.1.3절 참조). 임의의 변수에 대한 해는 solve(eq,var) 명령어에서 var에 해당 변수 이름을 입력하여 구할 수 있다.

- solve(eq)로 입력하면 해는 변수 ans에 할당된다.

- 식이 두 개 이상의 해를 갖는 경우, 출력 h는 각 원소가 해인 기호 열벡터이다. 벡터의 원소는 기호개체이다. 기호개체 배열이 출력될 때, 배열의 각 행(row)은 대괄호([ ]) 안에 표시된다(다음 예제 참조).

다음은 solve 명령어의 사용 예를 보여준다.

```
>> syms a b x y z
>> h=solve(exp(2*z)-5)
h =
1/2*log(5)
>> S=x^2-x-6
S =
x^2-x-6
>> k=solve(S)
k =
[ -2]
[  3]
>> solve('cos(2*y)+3*sin(y)=2')
ans =
[ 1/2*pi]
[ 1/6*pi]
[ 5/6*pi]
>> T= a*x^2+5*b*x+20
T =
a*x^2+5*b*x+20
>> solve(T)
ans =
[ 1/2/a*(-5*b+(25*b^2-80*a)^(1/2))]
[ 1/2/a*(-5*b-(25*b^2-80*a)^(1/2))]
>> M = solve(T,a)
M =
-5*(b*x+4)/x^2
```

a, b, x, y, z를 기호변수로 정의함

solve 명령어를 이용하여 $e^{2x} - 5 = 0$을 푼다.

해가 h에 할당된다.

기호식 $x^2 - x - 6$을 생성하고 S에 할당함

solve(S) 명령어를 이용하여 $x^2 - x - 6 = 0$을 푼다.

해는 두 개이며 k에 할당된다. k는 기호개체를 가진 열벡터이다.

solve 명령어를 이용하여 식 $\cos(2y) + 3\sin(y) = 2$를 푼다. (식은 명령어에 문자열로 입력되었다.)

해가 ans에 할당된다.

기호식 $ax^2 + 5bx + 20$을 생성하고 T에 할당함

solve(S) 명령어를 이용하여 $T = 0$을 푼다.

기본 설정된 변수인 x에 대해 식 $T = 0$을 푼다.

solve(eq,var) 명령어를 이용하여 $T = 0$을 푼다.

변수 a에 대해 식 $T = 0$을 푼다.

- 식에 포함된 변수들을 기호개체로 먼저 생성하지 않고도 solve 명령어를 이용하여 식을 문자열로 입력하는 것이 가능하다. 그러나 식이 둘 이상의 변수를 가져서 변수들이 해에 포함되는 경우, 이 변수들은 기호개체로서 별도로 존재하지는 않는다. 예를 들어 보자.

```
>> ts=solve('4*t*h^2+20*t-5*g')


ts =
```

식 $4th^2 + 20t - 5g$가 solve 명령어에 입력되었다.

solve 명령어에 식을 입력하기 전에 변수 t, h, g를 기호변수로 생성하지 않았다.

```
5/4*g/(h^2+5)
>> g
??? Undefined function or variable 'g'.
```

> MATLAB이 t에 대해 식 $4th^2 + 20t - 5g = 0$을 푼다.

> 변수 g가 기호개체로 존재하지 않는다.

다른 변수에 대해 식을 풀 수도 있다. 예를 들어, g에 대한 해를 구하려면 다음과 같이 한다.

```
>> gs=solve('4*t*h^2+20*t-5*g','g')
gs =
4/5*t*h^2+4*t
```

연립방정식의 풀이

solve 명령어를 이용하여 연립방정식을 풀 수도 있다. 방정식과 변수의 개수가 같으면, 수치해를 얻는다. 변수의 개수가 방정식의 개수보다 많으면, 원하는 변수에 대한 해는 나머지 변수들로 표현된 기호해가 된다. 연립방정식은 식의 종류에 따라 한 개 또는 여러 개의 해를 가질 수 있다. 만일 연립방정식의 해가 한 개이면, 연립방정식이 풀리게 하는 각 변수의 값은 한 개의 수치값(또는 식)을 갖는다. 만일 연립방정식이 둘 이상의 해를 갖는다면, 각 변수들은 여러 개의 값을 가질 수 있다.

방정식이 n개인 연립방정식을 풀기 위한 solve 명령어의 형식은 다음과 같다.

> output = solve(eq1,eq2,....,eqn)

또는

> output = solve(eq1,eq2,....,eqn,var1,var2,....varn)

- 인자 eq1,eq2,....,eqn은 해를 구할 식들이다. 각 인자는 이전에 생성된 기호식의 이름이거나 문자열로 입력할 식이다. 이전에 생성된 기호식 S가 입력되면, 풀어야 할 방정식은 S = 0이다. = 부호가 포함되지 않은 문자열이 입력되면, 풀어야 할 방정식은 식 = 0이다. = 부호가 포함된 식은 반드시 문자열로 입력되어야 한다.

- 첫 번째 형식에서, 방정식의 개수 n이 방정식의 변수 개수와 같으면, MATLAB은 모든 변수에 대해 수치해를 준다. 변수의 개수가 식의 개수 n보다 많으면, MATLAB은 n개의 변수들의 해를 나머지 변수들에 의해 나타낸다. 해가 구해지는 변수들은 기본 설정된 순서에 따라 MATLAB에 의해 선택된다 (11.1.3절 참조).

- 변수의 개수가 식의 개수 n 보다 많으면, 사용자는 연립방정식을 어떤 변수들에 대해 풀 것인지를 결정할 수 있다. 이것은 두 번째 형식의 solve 명령어에서 변수들의 이름 var1,var2,....varn을 입력하면 된다.

solve 명령어에서 연립방정식에 대한 해인 output은 두 개의 다른 형태를 가질 수 있다. 하나는 셀 배열(cell array)이고 나머지 하나는 구조체(structure)이다. 셀 배열은 각 원소들이 하나의 배열일 수 있는 형태의 배열이다. 구조체는 필드(field)라 불리는 원소들을 텍스트 필드 지정자로 주소 지정을 하는 배열이다. 구조체의 필드들은 서로 다른 크기와 종류의 배열들일 수 있다. 셀 배열과 구조체에 대해서는 이 책에서 자세히 설명하지 않는다. 그러나 간단한 설명이 아래에 주어지므로, solve 명령어와 함께 사용하는 데 문제는 없을 것이다.

셀 배열이 solve 명령어의 출력에 사용될 때, 명령어는 다음 형식을 갖는다(방정식이 세 개인 경우).

$$[varA, varB, varC] = solve(eq1,eq2,eq3)$$

- 명령어가 실행되면, 해가 변수 varA, varB, varC에 할당되고 변수들이 할당된 해와 함께 출력된다. 각 변수는 연립방정식의 해가 한 개인지 또는 여러 개인지에 따라 한 개 또는 여러 개의 값을 열벡터로 갖는다.

- 사용자는 varA, varB, varC 대신에 임의의 이름을 선택할 수 있다. MATLAB은 방정식의 변수들에 대한 해를 알파벳 순서대로 할당한다. 예를 들어, 풀려는 식의 변수가 x, u, t 라면, t 에 대한 해는 varA에, u 에 대한 해는 varB에, x 에 대한 해는 varC에 할당된다.

다음 예는 셀 배열이 출력에 사용되는 경우 solve 명령어를 사용하는 방법을 보여준다.

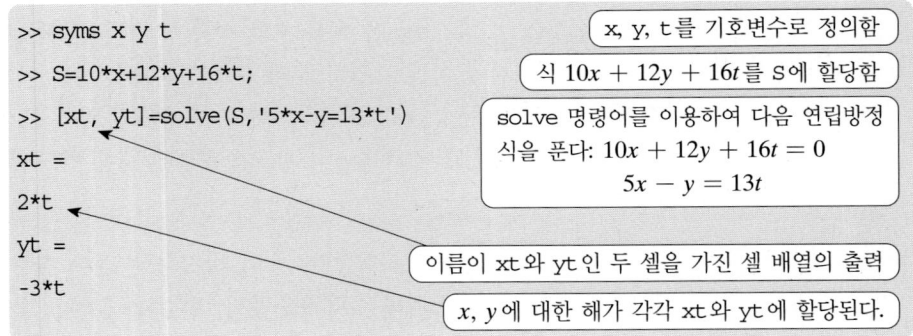

위의 예에서 유의할 점은 x, y 가 기본 설정순서의 첫 두 변수이므로 MATLAB은 x, y 에 대해 연립방정식을 풀고 t 에 의해 해를 나타내었다는 점이다. 그러나 다른 변수

들에 대해 연립방정식을 풀 수도 있다. 다음 예에서는 두 번째 형식의 solve 명령어를 이용하여 연립방정식의 y와 t에 대한 해를 x에 의해 구한다.

```
>> [tx yx]=solve(S,'5*x-y=13*t',y,t)        연립방정식을 풀 변수($y$와 $t$)가 입력된다.

tx =
                            연립방정식에서 구한 변수들의 해는 알파벳 순서대
1/2*x                       로 출력변수에 할당된다. 첫 번째 셀은 $t$에 대한 해
                            를, 두 번째 셀은 $y$에 대한 해를 갖는다.
yx =

-3/2*x
```

구조체가 solve 명령어의 출력에 사용될 때, 명령어는 다음 형식을 갖는다(방정식이 세 개인 경우).

$$AN = solve(eq1,eq2,eq3)$$

- AN은 구조체의 이름이다.

- 명령어가 실행되면 해가 AN에 할당된다. MATLAB은 구조체의 이름과 구조체의 필드의 이름(방정식의 해를 어떤 변수에 대해 구했는지를 나타내는 그 변수 이름)을 출력한다. 각 필드의 크기와 종류는 필드 이름 옆에 출력된다. 변수에 대한 해인 각 필드의 내용은 출력되지 않는다.

- 필드의 내용(변수에 대한 해)을 출력하기 위해서는 필드 주소를 입력해야 한다. 필드 주소의 입력을 위한 형식은 다음과 같다: structure_name.field_name (아래의 예 참조).

다음 예에서는 직전 예에서 다룬 연립방정식을 구조체가 출력이 되도록 하여 다시 푼다.

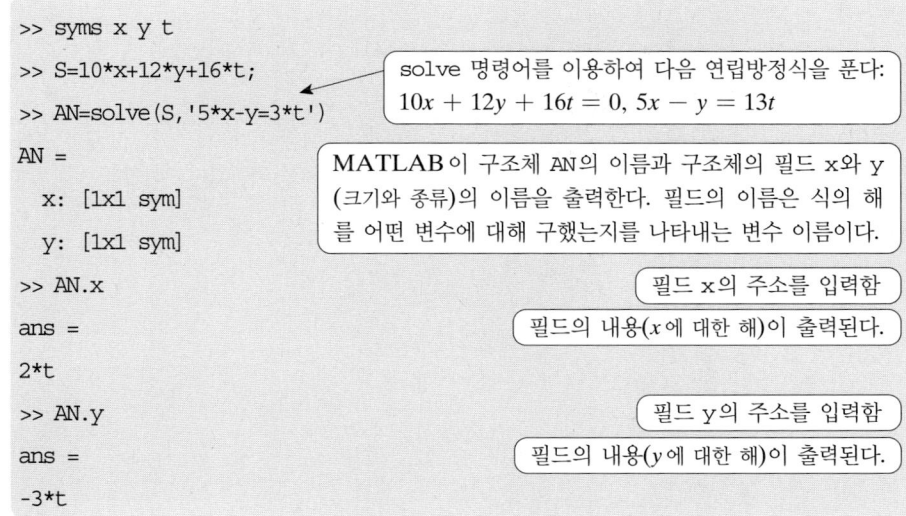

```
>> syms x y t

>> S=10*x+12*y+16*t;                solve 명령어를 이용하여 다음 연립방정식을 푼다:
                                    $10x + 12y + 16t = 0, \ 5x - y = 13t$
>> AN=solve(S,'5*x-y=3*t')

AN =
                                    MATLAB이 구조체 AN의 이름과 구조체의 필드 x와 y
   x: [1x1 sym]                     (크기와 종류)의 이름을 출력한다. 필드의 이름은 식의 해
                                    를 어떤 변수에 대해 구했는지를 나타내는 변수 이름이다.
   y: [1x1 sym]

>> AN.x                                       필드 x의 주소를 입력함

ans =                                 필드의 내용($x$에 대한 해)이 출력된다.

2*t

>> AN.y                                        필드 y의 주소를 입력함

ans =                                 필드의 내용($y$에 대한 해)이 출력된다.

-3*t
```

예제 11.1은 두 개의 해를 갖는 연립방정식의 해를 보여준다.

예제 11.1 원과 직선의 교차

반지름이 R이고 중심이 점 $(2, 4)$인 x-y평면상의 원의 방정식은 $(x - 2)^2 + (y - 4)^2 = R^2$이다. 평면상의 직선 식은 $y = \dfrac{x}{2} + 1$이다. 직선과 원이 교차하는 지점의 좌표를 R의 함수로 구하라.

풀이

두 식의 연립방정식을 x, y에 대해 풀면, 해를 R에 의해 나타낼 수 있다. solve 명령어의 출력에서 셀 배열을 이용하는 것과 구조체를 이용하는 것의 차이를 보여주기 위해 연립방정식을 두 번 푼다. 첫 번째 해는 셀 배열로 출력한다.

```
>> syms x y R
                                          두 방정식이 solve 명령어에 입력된다.
>> [xc,yc]=solve('(x-2)^2+(y-4)^2=R^2','y=x/2+1')
xc =           셀 배열 출력
[ 14/5+2/5*(-16+5*R^2)^(1/2)]
[ 14/5-2/5*(-16+5*R^2)^(1/2)]        두 셀의 이름이 xc와 yc인 셀 배
yc =                                 열로 출력되며, 각 셀은 기호 열벡
[ 12/5+1/5*(-16+5*R^2)^(1/2)]        터로서 두 개의 해를 포함한다.
[ 12/5-1/5*(-16+5*R^2)^(1/2)]
```

두 번째 해는 구조체로 출력한다.

```
>> COORD=solve('(x-2)^2+(y-4)^2=R^2','y = x/2+1')
                    구조체 출력
COORD =                      이름이 COORD이고 두 개의 필드 x, y를 가진 구조
    x: [2x1 sym]             체로 출력되며, 각 필드는 2 × 1의 기호벡터이다.
    y: [2x1 sym]
>> COORD.x                                   필드 x의 주소를 입력함
ans =
[ 14/5+2/5*(-16+5*R^2)^(1/2)]
[ 14/5-2/5*(-16+5*R^2)^(1/2)]                필드의 내용(x에 대한 해)이 출력됨
>> COORD.y                                   필드 y의 주소를 입력함
ans =
[ 12/5+1/5*(-16+5*R^2)^(1/2)]
[ 12/5-1/5*(-16+5*R^2)^(1/2)]                필드의 내용(y에 대한 해)이 출력됨
```

11.4 미분

기호 미분은 diff 명령어로 수행될 수 있으며, 명령어의 형식은 다음과 같다.

$$\boxed{\texttt{diff(S)}} \qquad \text{또는} \qquad \boxed{\texttt{diff(S,var)}}$$

- S는 이미 생성된 기호식의 이름이나 S 대신 입력될 수 있는 식이다.

- diff(s) 명령어에서 식에 한 개의 기호변수만 포함되어 있으면, 미분은 그 변수에 대해 수행된다. 식에 둘 이상의 변수가 포함되어 있으면, 미분은 기본 설정된 기호변수에 대해 수행된다(11.1.3절 참조).

- diff(S,var) 명령어는 여러 개의 기호변수가 포함된 식의 미분에 사용되며, 미분은 변수 var에 대해 수행된다.

- 2차 또는 고차(n차) 미분은 diff(S,n) 또는 diff(S,var,n) 명령어로 구할 수 있다. 여기서 n은 양수이다. 2차 미분은 $n = 2$, 3차 미분은 $n = 3$ 등과 같이 한다.

다음에 몇 가지 예를 나타낸다.

```
>> syms x y t
```
x, y, t를 기호변수로 정의함
```
>> S=exp(x^4)
```
식 e^{x^4}을 S에 할당함
```
>> diff(S)
```
diff(S) 명령어를 이용하여 S를 미분한다.
```
ans =
4*x^3*exp(x^4)
```
답 $4x^3 e^{x^4}$이 출력된다.
```
>> diff((1-4*x)^3)
```
diff(S) 명령어를 이용하여 $(1 - 4x)^3$을 미분한다.
```
ans =
```
답 $-12(1 - 4x)^2$이 출력된다.
```
-12*(1-4*x)^2
```
```
>> R=5*y^2*cos(3*t);
```
식 $5y^2 \cos(3t)$를 R에 할당함
```
>> diff(R)
```
diff(R) 명령어를 사용하여 R을 미분한다.
```
ans =
10*y*cos(3*t)
```
MATLAB이 y(기본설정 기호변수)에 대해 R을 미분하고 답 $10y \cos(3t)$를 출력한다.
```
>> diff(R,t)
```
diff(R,t) 명령어를 이용하여 t에 대해 R을 미분한다.
```
ans =
-15*y^2*sin(3*t)
```
답 $-15y^2 \sin(3t)$가 출력된다.
```
>> diff(S,2)
```
diff(S,2)를 이용하여 S의 2차 미분을 얻는다.

```
ans =
12*x^2*exp(x^4)+16*x^6*exp(x^4)
```

답 $12x^2 e^{x^4} + 16x^6 e^{x^4}$이 출력된다.

- 미분할 식에 포함된 변수들을 기호개체로 먼저 생성하지 않고 식을 문자열로 직접 입력하여 diff 명령어를 사용할 수도 있다. 그러나 미분된 식에 포함된 변수들은 별도의 기호개체로 존재하지 않는다.

11.5 적분

기호 적분은 int 명령어를 이용하여 수행될 수 있다. 명령어를 이용하여 부정적분(미분의 반대)과 정적분을 구할 수 있다. 부정적분을 위한 명령어의 형식은 다음과 같다.

$$\boxed{\text{int(S)}} \qquad \text{또는} \qquad \boxed{\text{int(S,var)}}$$

- S는 이전에 생성된 기호식의 이름 또는 S 대신 입력할 수 있는 식이다.

- int(S) 명령어에서 식에 한 개의 기호변수만 포함되어 있으면, 적분은 그 변수에 대하여 수행된다. 식에 둘 이상의 변수가 포함되어 있으면, 적분은 기본 설정된 기호변수에 대해 수행된다(11.1.3절 참조).

- int(S,var) 명령어는 여러 개의 기호변수가 포함된 식의 적분에 사용되며, 적분은 변수 var에 대해 수행된다.

다음에 몇 가지 예를 든다.

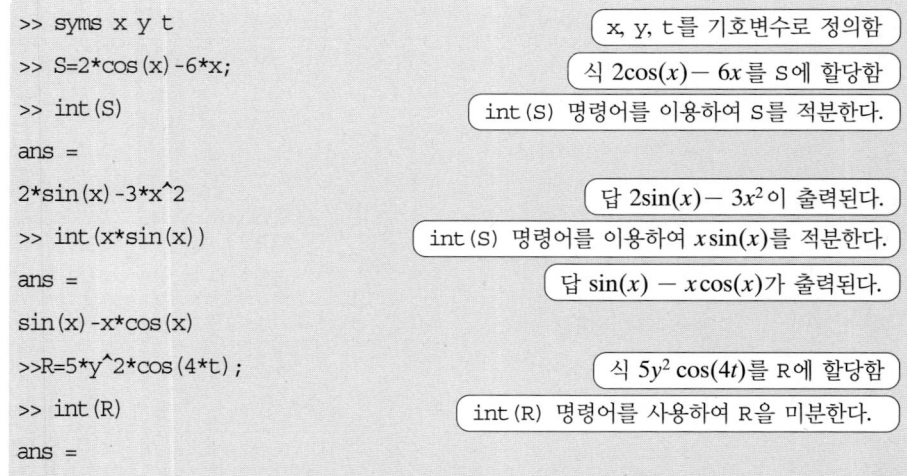

```
>> syms x y t
```
x, y, t를 기호변수로 정의함
```
>> S=2*cos(x)-6*x;
```
식 $2\cos(x) - 6x$를 S에 할당함
```
>> int(S)
```
int(S) 명령어를 이용하여 S를 적분한다.
```
ans =
2*sin(x)-3*x^2
```
답 $2\sin(x) - 3x^2$이 출력된다.
```
>> int(x*sin(x))
```
int(S) 명령어를 이용하여 $x\sin(x)$를 적분한다.
```
ans =
```
답 $\sin(x) - x\cos(x)$가 출력된다.
```
sin(x)-x*cos(x)
>>R=5*y^2*cos(4*t);
```
식 $5y^2 \cos(4t)$를 R에 할당함
```
>> int(R)
```
int(R) 명령어를 사용하여 R을 미분한다.
```
ans =
```

```
5/3*y^3*cos(4*t)
>> int(R,t)
ans =
5/4*y^2*sin(4*t)
```

> MATLAB이 기본 설정된 변수 y에 대해 R을 적분하고, 답 $5y^3\cos(4t)/3$을 출력한다.

> `int(R,t)` 명령어를 이용하여 t에 대해 R을 미분한다.

> 답 $5y^2\sin(4t)/4$가 출력된다.

정적분을 위한 명령어의 형식은 다음과 같다.

$$\boxed{\texttt{int(S,a,b)}} \qquad \text{또는} \qquad \boxed{\texttt{int(S,var,a,b)}}$$

- a와 b는 적분의 구간이며 수 또는 기호변수일 수 있다.

예를 들어, 정적분 $\int_0^\pi (\sin y - 5y^2)dy$를 MATLAB으로 구하면 다음과 같다.

```
>> syms y
>> int(sin(y)-5*y^2,0,pi)
ans =
2-5/3*pi^3
```

- 적분할 식에 포함된 변수들을 기호개체로 먼저 생성하지 않고 직접 문자열에 식을 입력하여 int 명령어를 사용할 수도 있다. 그러나 적분된 식에 포함된 변수들은 별도의 기호개체로 존재하지는 않는다.

- 적분을 구하는 것이 가끔 어려울 수 있다. 닫힌 형태(closed form)의 해가 존재하지 않을 수도 있고, 존재한다고 하더라도 MATLAB이 찾지 못할 수도 있다. 이런 경우가 발생하면, MATLAB은 int(S)와 메시지 `'Explicit integral could not be found.'`를 돌려준다.

11.6 상미분방정식의 풀이

상미분방정식(ODE)의 기호해는 dsolve 명령어를 이용하여 구할 수 있다. 이 명령어는 단일 방정식이나 연립방정식을 푸는 데 사용될 수 있다. 여기서는 단일 방정식에 대해서만 다루기로 한다. 10장에서는 MATLAB을 이용하여 1계 ODE를 수치적으로 푸는 것에 대해 논의하였다. 이 절에서는 미분방정식에 대해서는 이미 익숙한 것으로 가정한다. 이 절의 목적은 미분방정식을 풀기 위해 MATLAB을 어떻게 사용하는지를 보여주는 것이다.

1계 ODE는 종속변수의 미분을 포함하는 식이다. 시간 t가 독립변수이고 y가 종속변수라면, 다음의 형태로 식을 작성할 수 있다.

$$\frac{dy}{dt} = f(t, y)$$

2계 ODE는 종속변수의 2차 미분을 포함하며 1차 미분도 포함할 수 있다. 2계 ODE의 일반적인 형태는 다음과 같다.

$$\frac{d^2y}{dt^2} = f\left(t, y, \frac{dy}{dt}\right)$$

해는 식을 만족하는 함수 $y = f(t)$이다. 해는 일반해이거나 특수해일 수 있다. 일반해는 상수를 포함한다. 특수해의 상수는 해가 특정 초기조건이나 경계조건을 만족할 수 있도록 특정 수치값을 구한다.

명령어 dsolve를 이용하여 일반해를 구할 수 있으며, 초기조건이나 경계조건이 주어지면 특수해를 구할 수 있다.

일반해

일반해를 얻기 위한 dsolve 명령어의 형식은 다음과 같다.

> dsolve('eq')   또는   dsolve('eq','var')

- eq는 풀어야 할 방정식이며, 변수들이 기호개체일지라도 문자열로 입력되어야 한다.

- 방정식의 변수들을 미리 기호개체로 생성할 필요는 없다. (그러나 이 경우 해에 포함된 변수들은 기호개체가 되지 않을 것이다.)

- D를 제외한 어떤 글자(소문자 또는 대문자)도 종속변수로 사용될 수 있다.

- dsolve('eq') 명령어에서 독립 변수는 기본적으로 **MATLAB**에 의해 t로 가정된다.

- dsolve('eq','var') 명령어에서 var 대신 독립변수를 문자열로 입력하여 정의할 수 있다.

- 식을 입력할 때 글자 D는 미분을 나타낸다. y가 종속변수이고 t가 독립변수이면, Dy는 $\frac{dy}{dt}$를 나타낸다. 예를 들어, 식 $\frac{dy}{dt} + 3y = 100$은 'Dy+3*y=100'으로 입력한다.

- 2차 미분은 D2, 3차 미분은 D3 등과 같이 입력한다. 예를 들어, 식 $\frac{d^2y}{dt^2} + 3\frac{dy}{dt} + 5y = \sin(t)$는 'D2y+3*Dy+5*y=sin(t)'로 입력한다.

- dsolve 명령어에 입력되는 ODE 방정식의 변수들이 미리 생성된 기호변수일 필요는 없다.

- MATLAB은 해에서 적분 상수로 C1, C2, C3, ... 등을 사용한다.

예를 들면, 1계 ODE인 $\dfrac{dy}{dt} = 4t + 2y$의 일반해는 다음과 같이 얻을 수 있다.

```
>> dsolve('Dy=4*t+2*y')
ans =
-2*t-1+exp(2*t)*C1
```
답 $y = -2t - 1 + C_1 e^{2t}$이 출력된다.

2계 ODE인 $\dfrac{d^2x}{dt^2} + 2\dfrac{dx}{dt} + x = 0$의 일반해는 다음과 같이 얻을 수 있다.

```
>> dsolve('D2x+2*Dx+x=0')
ans =
C1*exp(-t)+C2*exp(-t)*t
```
답 $x = C_1 e^{-t} + C_2 t e^{-t}$이 출력된다.

다음은 종속변수와 독립변수에 덧붙여 기호변수까지 포함하는 미분방정식들의 해를 예로 보여준다.

```
>> dsolve('Ds=a*x^2')
ans =
a*x^2*t+C1
```
독립 변수는 t(기본 설정)이다.
MATLAB이 방정식 $\dfrac{ds}{dt} = ax^2$을 푼다.

해 $s = ax^2 t + C_1$이 출력된다.

```
>> dsolve('Ds=a*x^2','x')
ans =
1/3*a*x^3+C1
```
독립 변수를 x로 정의한다.
MATLAB이 방정식 $\dfrac{ds}{dx} = ax^2$을 푼다.

해 $s = \dfrac{1}{3} ax^3 + C_1$이 출력된다.

```
>> dsolve('Ds=a*x^2','a')
ans =
1/2*a^2*x^2+C1
```
독립 변수를 x로 정의한다.
MATLAB이 방정식 $\dfrac{ds}{da} = ax^2$을 푼다.

해 $s = \dfrac{1}{2} a^2 x^2 + C_1$이 출력된다.

특수해

경계조건이나 초기조건이 주어지면 ODE의 특수해를 구할 수 있다. 1계 방정식은 한 개의 조건이 필요하고, 2계 방정식은 두 개의 조건이 필요하며, 같은 식으로 n계방정식은 n개의 조건이 필요하다. 특수해를 구하기 위한 dsolve 명령어의 형식은 다음과 같다.

1계 ODE: dsolve('eq','cond1','var')

고계 ODE: dsolve('eq','cond1','cond2',....,'var')

- 고계 미분방정식을 풀기 위해, 추가 경계조건들이 명령어에 입력되어야 한다. 경계조건의 개수가 방정식의 계(order)의 수보다 작으면, MATLAB은 적분 상수(C1, C2, C3 등)를 포함한 해를 돌려준다.

- 경계조건은 다음과 같이 문자열로 입력된다.

수학 형식	MATLAB 형식
$y(a) = A$	'y(a)=A'
$y'(a) = A$	'Dy(a)=A'
$y''(a) = A$	'D2y(a)=A'

- 인자 'var'은 옵션이며, 식에서 독립 변수를 정의하는 데 사용된다. 입력을 하지 않는 경우, 기본 설정값은 t이다.

예를 들어, 초기조건이 $y(0) = 5$인 1계 ODE $\dfrac{dy}{dt} + 4y = 60$은 MATLAB에 의해 다음과 같이 풀 수 있다.

```
>> dsolve('Dy+4*y=60','y(0)=5')
ans =
15-10*exp(-4*t)
```
답 $y = 15 - 10e^{-4t}$이 출력된다.

초기조건이 $y(0) = 1$과 $\dfrac{dy}{dt}\bigg|_{t=0} = 0$인 2계 ODE $\dfrac{d^2y}{dt^2} - 2\dfrac{dy}{dt} + 2y = 0$의 해를 MATLAB에 의해 구하면 다음과 같다.

```
>> dsolve('D2y-2*Dy+2*y=0','y(0)=1','Dy(0)=0')
```
답 $y = -e^t \sin(t) + e^t \cos(t)$이 출력된다.
```
ans =
-exp(t)*sin(t)+exp(t)*cos(t)
>> factor(ans)
```
factor 명령어로 답을 간단하게 정리할 수 있다.
```
ans =
-exp(t)*(sin(t)-cos(t))
```
정리한 답 $y = -e^t(\sin(t) - \cos(t))$가 출력된다.

예제 11.5에서 추가로 미분방정식의 풀이에 대한 예를 보여줄 것이다.

MATLAB이 해를 찾지 못하면 빈 기호개체와 메시지 'Warning: explicit solution could not be found.'를 돌려준다.

11.7 기호식의 그래프 그리기

많은 경우, 기호식을 그래프로 그릴 필요가 있는데, 이것은 ezplot 명령어로 쉽게 할 수 있다. 한 개의 변수 var이 포함된 기호식 S의 경우, MATLAB은 이 기호식을 함수 $S(var)$로 간주하며, ezplot 명령어는 var에 대한 $S(var)$의 그래프를 생성한다. 두 기호변수 var1과 var2를 포함한 기호식의 경우, MATLAB은 식을 $S(var1,var2) = 0$의 형태를 가진 함수로 간주하며, ezplot 명령어는 한 변수 대 나머지 변수들에 대한 그래프를 생성한다.

한 개 또는 두 개의 변수가 포함된 기호식 S를 그리기 위한 ezplot 명령어의 형식은 다음과 같다.

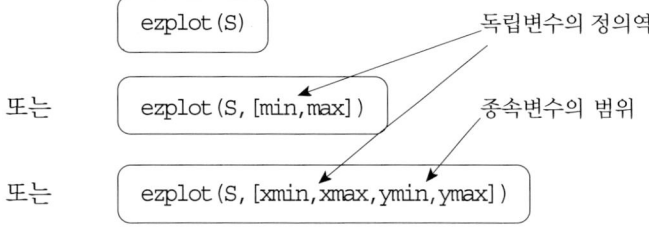

- S는 그래프로 나타낼 기호식으로, 이전에 생성된 기호식의 이름이거나 S 대신 입력될 수 있는 식이다.

- 그래프로 그릴 식에 포함된 변수들을 기호개체로 먼저 생성하지 않고 문자열로 식을 직접 입력하는 것도 가능하다.

- 만일 기호식 S가 한 개의 기호변수를 가지면, var에 대한 $S(var)$의 그래프가 생성된다. 여기서 독립변수인 var의 값은 가로좌표(수평축)에, $S(var)$의 값은 세로좌표(수직축)에 사용된다.

- 만일 기호식 S가 두 개의 기호변수 var1, var2를 가지면, 식은 $S(var1, var2)$ = 0의 형태를 가진 함수로 간주된다. MATLAB은 한 변수 대 나머지 변수의 그래프를 생성한다. 알파벳 순서로 먼저인 변수가 독립변수로 취급된다. 예를 들어, S의 변수가 x와 y라면, x는 독립변수로서 가로좌표에, y는 종속변수로 세로좌표에 그려진다. S의 변수가 u와 v라면, u는 독립변수이고 v는 종속변수이다.

- ezplot(S) 명령어에서 S의 변수가 한 개이면, 즉 $S(var)$이면, 그래프는 기본 설정된 정의역인 $-2\pi < var < 2\pi$에 대해 그려지며 $S(var)$의 범위는 MAT-LAB에 의해 정해진다. S의 변수가 두 개로 $S(var1, var2)$이면, 그래프는 $-2\pi < var1 < 2\pi$과 $-2\pi < var2 < 2\pi$에 대해 그려진다.

- ezplot(S, [min,max]) 명령어에서, 독립변수에 대한 정의역은 min과 max에 의해 $min < var < max$로 정의되며 S의 범위는 MATLAB에 의해 정해진다.

- ezplot(S, [xmin,xmax,ymin,ymax]) 명령어에서, 독립변수에 대한 정의역은 xmin과 xmax에 의해 정의되며 종속변수의 범위는 ymin과 ymax에 의해 정의된다.

ezplot 명령어는 매개변수 형태로 주어지는 함수의 그래프 출력에도 사용될 수 있다. 이 경우 두 기호식 S1과 S2가 명령어에 포함되며, 각 기호식은 같은 기호변수(독립 매개변수)에 의해 표현된다. 예를 들어, $x = x(t)$와 $y = y(t)$가 주어질 때 x에 대한 y의 그래프를 그리는 경우, ezplot 명령어의 형식은 다음과 같다.

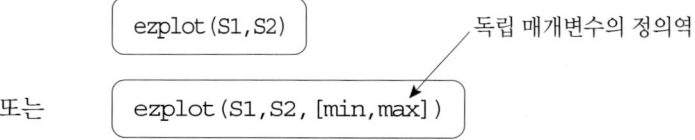

또는

- S1과 S2는 동일한 한 개의 기호변수인 독립 매개변수를 포함한 기호식이다. S1과 S2는 이전에 생성된 기호식의 이름 또는 입력될 수 있는 식이다.

- 명령어는 $S1(var)$에 대한 $S2(var)$의 그래프를 생성한다. 명령어에 먼저 입력되는 기호식(위의 정의에서 S1)은 수평축에 사용되며, 두 번째로 입력되는 식(위의 정의에서 S2)은 수직축에 사용된다.

- ezplot(S1,S2) 명령어에서 독립변수에 대한 정의역은 $0 < var < 2\pi$(기본 설정된 정의역)이다.

- ezplot(S1,S2, [min,max]) 명령어에서, 독립변수에 대한 정의역은 min과 max에 의해 $min < var < max$로 정의된다.

추가 설명

그래프가 일단 생성되면, plot이나 fplot 형식으로 생성된 그래프와 같은 방식으로 그래프 형식을 지정할 수 있다. 여기에는 두 가지 방법이 있는데, 명령어를 이용하는 방법과 그래프 편집기(5.4절 참조)를 이용하는 방법이 있다. 그래프가 생성될 때, 그래프에 사용된 식은 그래프 상단에 자동으로 표시된다. MATLAB은 추가로 2차원 극좌표 그래프와 3차원 그래프를 위한 쉬운 그래프 출력 함수들을 가지고 있다. 좀더 많은 정보를 위해서는 Symbolic Math Toolbox의 도움말 메뉴를 참조하라. ezplot 명령어의 사용에 대한 몇 가지 예를 표 11.1에 나타내었다.

표 11.1 ezplot 명령어에 의한 그래프

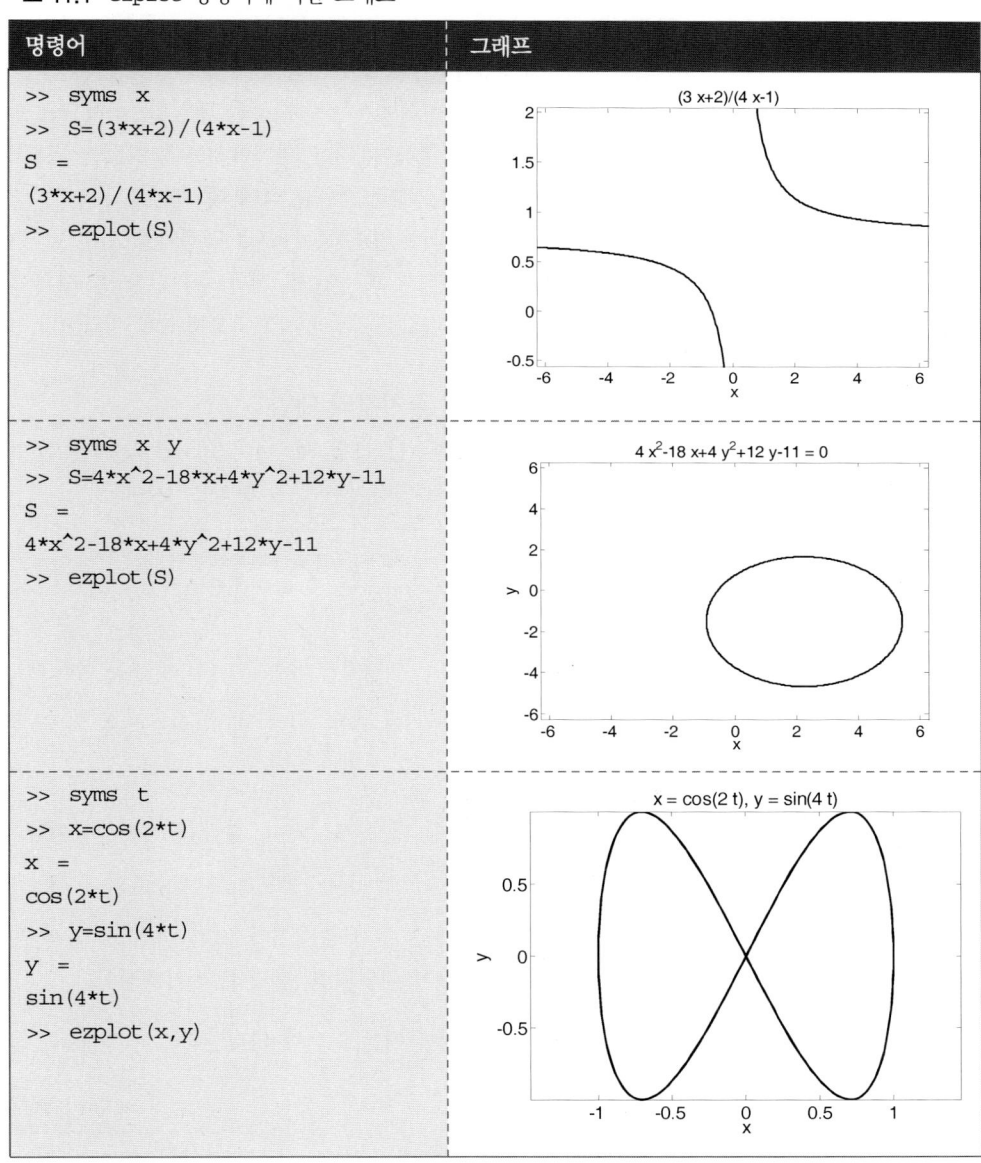

명령어	그래프

`>> syms x`
`>> S=(3*x+2)/(4*x-1)`
`S =`
`(3*x+2)/(4*x-1)`
`>> ezplot(S)`	

`>> syms x y`
`>> S=4*x^2-18*x+4*y^2+12*y-11`
`S =`
`4*x^2-18*x+4*y^2+12*y-11`
`>> ezplot(S)`	

`>> syms t`
`>> x=cos(2*t)`
`x =`
`cos(2*t)`
`>> y=sin(4*t)`
`y =`
`sin(4*t)`
`>> ezplot(x,y)`	

11.8 기호식에 의한 수치 계산

일단 사용자에 의해 또는 MATLAB의 기호연산 결과로 기호식이 생성되면, 기호변수에 수를 대입하여 식의 수치값을 계산할 필요가 있을 수 있다. 이러한 수치 계산은 subs 명령어로 할 수 있다. subs 명령어는 여러 가지 형식을 가지고 있으며 여러 가지 방식으로 사용될 수 있다. 다음에서 사용하기 쉽고 대부분의 응용에 적당한 몇 가지 형식을 기술한다. 한 가지 형식에서는 수치값을 대입할 변수(또는 변수들)와 수치값 자체를 subs 명령어 안에 입력하며, 다른 형식에서는 수치값을 별도의 명령어에서 변수(또는 변수들)에 할당한 다음, 해당 변수를 식에 대입한다.

변수와 변수의 값을 명령어 안에 입력하는 subs 명령어를 먼저 나타낸다. 두 가지 경우가 제시되는데, 첫 번째는 한 개 또는 여러 개의 수치값을 한 개의 기호변수에 대입하며, 두 번째는 여러 개의 수치값을 둘 이상의 기호변수에 대입한다.

단일 기호변수에 대한 단일 수치값의 대입

기호식이 한 개 이상의 기호변수를 가질 때, 수치값(또는 값들)을 한 개의 기호변수에 대입할 수 있다. 이 경우 subs 명령어는 다음 형식을 갖는다.

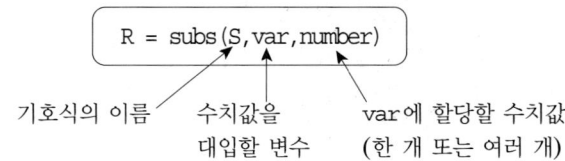

- number는 한 개의 수(스칼라)일 수도 있고 많은 원소들을 가진 배열(벡터 또는 행렬)일 수도 있다.

- S의 값이 number의 각 값에 대해 계산되며, 결과가 R에 할당된다. R은 number (스칼라, 벡터 또는 행렬)와 같은 크기를 갖는다.

- S가 단일 변수를 가지면, R은 수치 출력이다. S가 여러 개의 변수를 가지며 그 중 한 개의 변수에만 수치값이 대입되면, 출력 R은 기호식이다.

단일 기호변수가 포함된 식에 대한 예를 다음에 나타낸다.

```
>> SD=diff(S)
```
diff(S) 명령어를 이용하여 S를 미분한다.

```
SD =
```
답 $12x^2/5 + 2e^{(0.5x)}$이 SD에 할당된다.

```
12/5*x^2+2*exp(1/2*x)
>> subs(SD, x, 2)
```
subs 명령어를 이용하여 SD에 $x = 2$를 대입한다.

```
ans =
```

```
    15.0366
```
SD의 값이 출력된다.

```
>> SDU=subs(SD, x, [2:0.5:4])
```
subs 명령어를 이용하여 SD에 $x = [2, 2.5, 3, 3.5, 4]$(벡터)를 대입한다.

```
SDU =
    15.0366    21.9807    30.5634    40.9092    53.1781
```
x의 각 값에 대한 SD의 값들(SDU에 할당됨)이 벡터로 출력된다.

위의 예에서 기호식의 수치값이 계산되면, 답이 수치값(들여쓰기로 표시됨)임에 유의하라. 여러 개의 기호변수가 포함된 식에서 한 개의 기호변수에 대해 수치값을 대입하는 예를 다음에 나타낸다.

```
>> syms a g t v
```
a, g, t, v를 기호변수로 정의함

```
>> Y=v^2*exp(a*t)/g
```
기호식 $v^2 e^{(at)}/g$를 생성하고 Y에 할당함

```
Y =
v^2*exp(a*t)/g
>> subs(Y,t,2)
```
subs 명령어를 이용하여 SD에 $t = 2$를 대입한다.

```
ans =
v^2*exp(2*a)/g
```
답 $v^2 e^{(2a)}/g$가 출력된다.

```
>> Yt=subs(Y,t,[2:4])
```
subs 명령어를 이용하여 Y에 $t = [2, 3, 4]$(벡터)를 대입한다.

```
Yt =
[ v^2*exp(2*a)/g, v^2*exp(3*a)/g, v^2*exp(4*a)/g]
```
답은 t의 각 값에 대한 기호식의 원소들을 가진 벡터이다.

둘 이상의 변수에 대한 수치값의 대입

여러 개의 기호변수들이 기호식에 포함되어 있는 경우, 수치값(또는 값들)을 둘 이상의 기호변수에 대입할 수 있다. 이 경우 subs 명령어는 다음 형식을 갖는다(여기서는 두 변수에 대해 나타내지만, 더 많은 변수에 대해서도 같은 형식으로 사용할 수 있다).

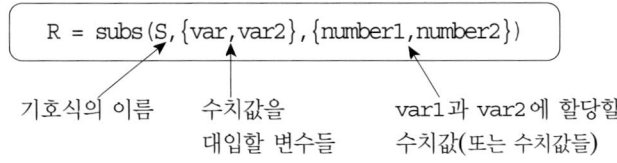

```
R = subs(S,{var,var2},{number1,number2})
```

기호식의 이름   수치값을 대입할 변수들   var1과 var2에 할당할 수치값(또는 수치값들)

- 변수 var1과 var2는 수치가 대입될 식 S의 변수들이며, 중괄호 { } 안에 셀 배열로 입력한다. 셀 배열의 각 셀은 수치 배열 또는 텍스트의 배열이 될 수 있다.

- 변수들에 대입할 수인 number1, number2도 중괄호 { } 안에 셀 배열로 입력할 수 있다. 수는 스칼라, 벡터, 또는 행렬일 수 있다. 수치 셀 배열의 첫 번째 셀인 number1은 변수 셀 배열의 첫 번째 셀 변수인 var1에 대입되며, 나머지도 같은 식으로 대입된다.

- 변수에 대입되는 모든 수가 스칼라이면, 결과는 한 개의 수이거나 한 개의 식(일부 변수가 기호변수로 남아있는 경우)이 될 것이다.

- 적어도 한 개의 변수에 대해 대입할 수치가 배열이면, 원소별로 수학 연산이 수행되며 결과는 수치 배열 또는 기호식들의 배열이 된다. 식 S가 원소별 표기법으로 입력되지 않아도 계산은 원소별로 수행된다는 사실을 명심하라. 이 사실은 또한 다른 변수들에 대입되는 배열들도 모두 같은 배열크기를 가져야 함을 의미한다.

- 어떤 변수들에게는 같은 크기의 배열들을 대입하고, 다른 변수들에게는 스칼라를 대입하는 것이 가능하다. 이 경우, MATLAB은 원소별 연산의 수행을 위해 스칼라들을 배열로 확장(모든 원소가 1인 배열에 스칼라를 곱함)하며 결과를 배열로 출력한다.

다음 예에서 둘 이상의 변수에 수치값을 대입하는 것을 볼 수 있다.

```
>> syms a b c e x                                      a, b, c, e, x를 기호변수로 정의함
>> S=a*x^e+b*x+c                            기호식 ax^e + bx + c를 생성하고 S에 할당함
S =
a*x^e+b*x+c
>> subs(S,{a,b,c,e,x},{5,4,-20,2,3})      S의 모든 기호변수에 대해 스칼라를 대입함
          셀 배열        셀 배열

ans =
     37                                                          S의 값이 출력된다.
>> T=subs(S,{a,b,c},{6,5,7})                        S의 기호변수 a, b, c에 대해
T =                                                          스칼라를 대입함
6*x^e+5*x+7                                      결과는 변수 x와 e가 포함된 기호식이다.
>> R=subs(S,{b,c,e},{[2 4 6],9,[1 3 5]})           식 S에서 c에는 스칼라를,
R =                                                       b와 e에는 벡터를 대입함
[ a*x+2*x+9, a*x^3+4*x+9, a*x^5+6*x+9]              결과는 기호식들의 벡터이다.
```

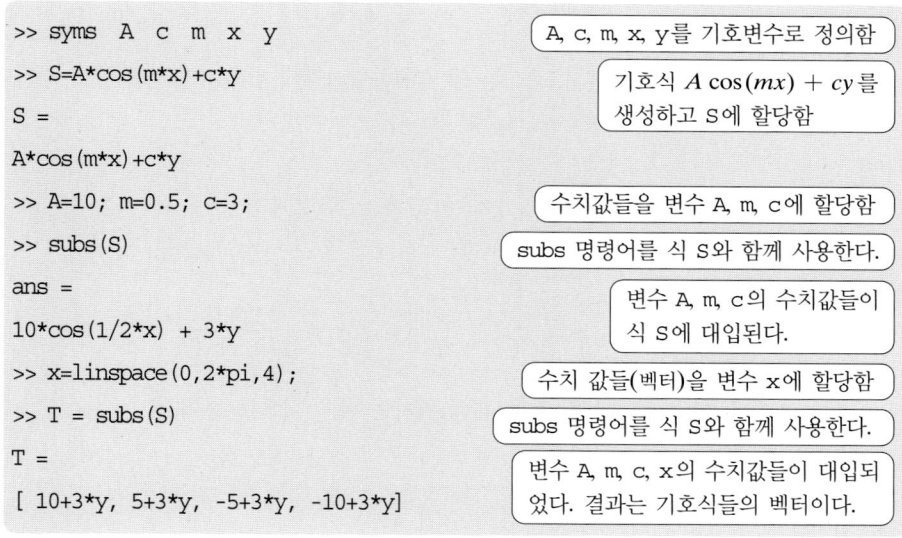

```
>> W=subs(S,{a,b,c,e,x},{[4 2 0],[2 4 6],[2 2 2],[1 3 5],[3 2 1]})
```

S의 모든 변수들에 대해 벡터를 대입함

```
W =
    20    26    8
```

결과는 수치 벡터이다.

기호식의 기호변수에 수치값을 대입하기 위한 두 번째 방법은 먼저 수치값을 변수에 할당한 다음 subs 명령어를 이용하는 것이다. 이 방법에서는 이미 존재하는 기호식의 기호변수들에 수치값을 할당한 후, 다음 형식의 subs 명령어를 사용한다.

R = subs(S)

기호식의 이름

기호변수가 일단 수치변수로 재정의되고 나면 더 이상은 기호변수로 사용될 수 없다. 다음에서 위의 방법을 예로 보여준다.

```
>> syms A c m x y
```
A, c, m, x, y를 기호변수로 정의함

```
>> S=A*cos(m*x)+c*y
S =
A*cos(m*x)+c*y
```
기호식 $A\cos(mx) + cy$ 를 생성하고 S에 할당함

```
>> A=10; m=0.5; c=3;
```
수치값들을 변수 A, m, c에 할당함

```
>> subs(S)
```
subs 명령어를 식 S와 함께 사용한다.

```
ans =
10*cos(1/2*x) + 3*y
```
변수 A, m, c의 수치값들이 식 S에 대입된다.

```
>> x=linspace(0,2*pi,4);
```
수치 값들(벡터)을 변수 x에 할당함

```
>> T = subs(S)
```
subs 명령어를 식 S와 함께 사용한다.

```
T =
[ 10+3*y, 5+3*y, -5+3*y, -10+3*y]
```
변수 A, m, c, x의 수치값들이 대입되었다. 결과는 기호식들의 벡터이다.

11.9 MATLAB 응용 예제

예제 11.2 발사체의 발사각

발사체가 각 θ에서 210 m/s 의 속도로 발사된다. 발사체의 예정 목표물은 2600 m 떨어진 거리에 발사지점보다 350 m 높은 지점에 있다.

a) 발사체가 목표물을 맞히 게 될 각 θ를 구하기 위 해 풀어야 할 방정식을 유도하라.

b) MATLAB을 이용하여 *a)*에서 유도된 방정식을 풀어라.

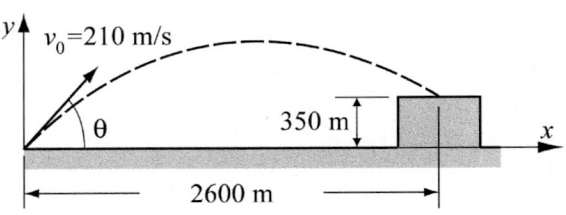

c) *b)*에서 구한 각에 대해, ezplot 명령어를 이용하여 발사체의 궤적을 그래프로 그 려라.

풀이

a) 수평 성분과 수직 성분을 고려하면 발사체의 운동을 해석할 수 있다. 초기 속도 v_0 를 수평 성분과 수직 성분으로 분해하면, 다음과 같다.

$$v_{0x} = v_0\cos(\theta), \quad v_{0y} = v_0\sin(\theta)$$

수평 방향에서, 속도는 일정하며 발사체의 위치는 다음과 같이 시간의 함수로 주어진다.

$$x = v_{0x}t$$

발사체가 목표물까지 이동하는 수평거리 x에 $x = 2600$ m를 대입하고 v_{0x}에 $210\cos(\theta)$를 대입한 후, t에 대해 풀면 다음과 같다.

$$t = \frac{2600}{210\cos(\theta)}$$

수직 방향에서, 발사체의 위치는 다음 식으로 주어진다.

$$y = v_{0y}t - \frac{1}{2}gt^2$$

목표물의 수직좌표 y에 $y = 350$ m를, v_{0x}에 $210\sin(\theta)$를, $g = 9.81$과 위에서 구한 t를 대입하면, 다음 식을 얻을 수 있다.

$$350 = 210\sin(\theta)\frac{2600}{210\cos(\theta)} - \frac{1}{2}9.81\left(\frac{2600}{210\cos(\theta)}\right)^2$$

즉,

$$350 = 2600\tan(\theta) - \frac{1}{2}9.81\left(\frac{2600}{210\cos(\theta)}\right)^2$$

이 방정식의 해는 발사체가 발사되어야 할 각 θ를 준다.

b) 명령어 창에서 solve 명령어를 이용하여 *a*)에서 유도된 식의 해를 구하면 다음과 같다.

```
>> syms theta
>> Angle=solve('2600*tan(theta)-0.5*9.81*(2600/(210*cos(theta)))^2=350')
Angle =
[ -2.6823398465577220256847788629067]
[ -1.8962381563523770701488298026235]
[  1.2453544972374161683138135806560]
[  .45925280703207121277786452037279]
>> Angle1 = Angle(3)*180/pi

Angle1 =
224.163809502734910296486444451808/pi
>> Angle1=double(Angle1)
Angle1 =
   71.3536
>> Angle2=Angle(4)*180/pi

Angle2 =
82.665505265772818300015613667102/pi
>>Angle2=double(Angle2)
Angle2 =
   26.3132
```

MATLAB이 네 개의 해를 출력한다. 양의 두 해가 문제에 적절하다.

Angle의 세 번째 원소의 해를 라디안에서 각도로 변환함

MATLAB이 답을 π에 의한 기호개체로 출력한다.

double 명령어를 이용하여 Angle1의 수치값을 구한다.

Angle의 네 번째 요소에 있는 해를 라디안에서 각도로 전환함

MATLAB이 답을 π에 의한 기호개체로 출력한다.

double 명령어를 이용하여 Angle2의 수치값을 구한다.

c) *b*)의 해로부터 가능한 각이 두 개이며 따라서 두 궤적이 있을 수 있음을 알 수 있다. 궤적의 그래프를 그리기 위해 발사체의 *x*, *y* 좌표를 다음과 같이 *t*에 의해 매개변수 형태로 쓴다.

$$x = v_0\cos(\theta)t, \quad y = v_0\sin(\theta)t - \frac{1}{2}gt^2$$

*t*에 대한 정의역은 $t = 0$에서 $t = \dfrac{2600}{210\cos(\theta)}$ 까지이다.

스크립트 파일로 작성된 다음 프로그램과 같이, 위 식들을 ezplot 명령어에 사용하여 그래프를 그릴 수 있다.

```
xmax=2600; v0=210; g=9.81;
theta1=1.24535; theta2=.45925;
t1=xmax/(v0*cos(theta1));
t2=xmax/(v0*cos(theta2));
syms t
X1=v0*cos(theta1)*t;
X2=v0*cos(theta2)*t;
Y1=v0*sin(theta1)*t-0.5*g*t^2;
Y2=v0*sin(theta2)*t-0.5*g*t^2;
ezplot(X1,Y1,[0,t1])
hold on
ezplot(X2,Y2,[0,t2])
hold off
```

b)의 두 해를 theta1과 theta2에 할당함

첫 번째 궤적을 그림

두 번째 궤적을 그림

이 프로그램이 실행되면, 다음 그래프가 그림 창에 생성된다.

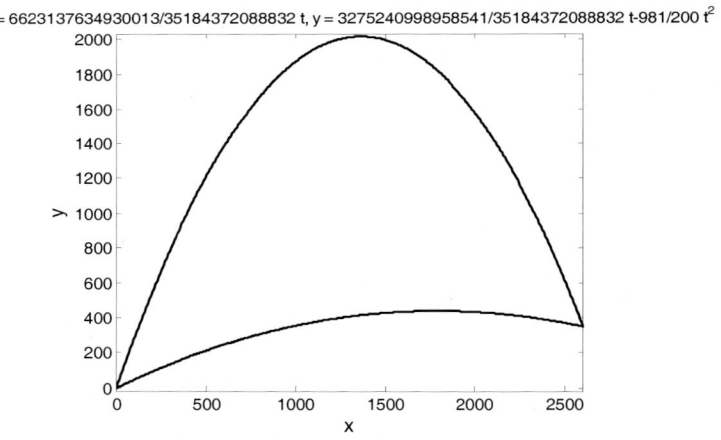

$x = 6623137634930013/35184372088832\ t,\ y = 3275240998958541/35184372088832\ t-981/200\ t^2$

예제 11.3 보의 굽힘 저항

폭이 b 이고 높이가 h 인 직사각형 보(beam)의 굽힘 저항은 $I = \dfrac{1}{12} bh^3$ 으로 정의되는 보의 관성모멘트 I 에 비례한다. 직사각형 보를 반지름 R 의 원통형 통나무로부터 잘라내려고 한다. 보의 I 가 최대가 되는 b 와 h 를 R 의 함수로 구하라.

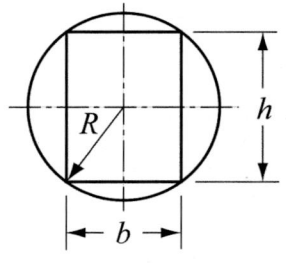

풀이

다음 단계에 따라 문제를 푼다.

a: *R*과 *h*, *b* 사이의 관계식을 쓴다.

b: *h*에 의해 *I*에 대한 식을 유도한다.

c: *h*에 대해 *I*를 미분한다.

d: 미분을 0과 같다고 놓고 *h*에 대해 푼다.

e: 해당하는 *b*를 구한다.

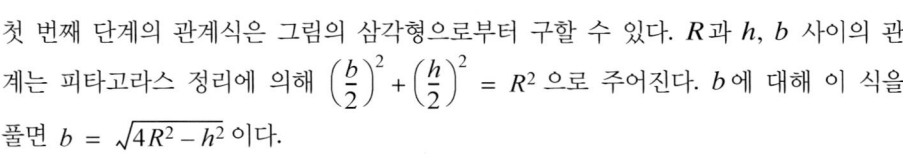

첫 번째 단계의 관계식은 그림의 삼각형으로부터 구할 수 있다. *R*과 *h*, *b* 사이의 관계는 피타고라스 정리에 의해 $\left(\dfrac{b}{2}\right)^2 + \left(\dfrac{h}{2}\right)^2 = R^2$ 으로 주어진다. *b*에 대해 이 식을 풀면 $b = \sqrt{4R^2 - h^2}$ 이다.

나머지 단계들은 다음과 같이 **MATLAB**을 이용하여 수행한다.

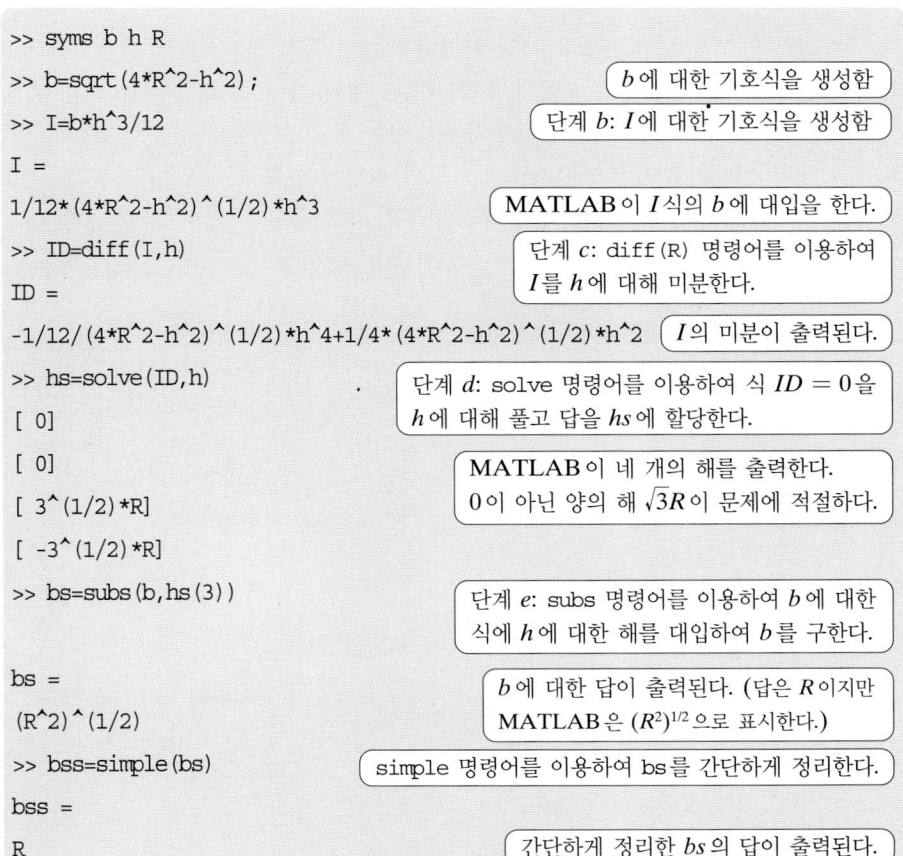

```
>> syms b h R
>> b=sqrt(4*R^2-h^2);                         ( b에 대한 기호식을 생성함 )
>> I=b*h^3/12                                  ( 단계 b: I에 대한 기호식을 생성함 )
I =
1/12*(4*R^2-h^2)^(1/2)*h^3                     ( MATLAB이 I식의 b에 대입을 한다. )
>> ID=diff(I,h)                               ( 단계 c: diff(R) 명령어를 이용하여
ID =                                            I를 h에 대해 미분한다. )
-1/12/(4*R^2-h^2)^(1/2)*h^4+1/4*(4*R^2-h^2)^(1/2)*h^2   ( I의 미분이 출력된다. )
>> hs=solve(ID,h)                             ( 단계 d: solve 명령어를 이용하여 식 ID = 0을
[ 0]                                            h에 대해 풀고 답을 hs에 할당한다. )
[ 0]                                          ( MATLAB이 네 개의 해를 출력한다.
[ 3^(1/2)*R]                                    0이 아닌 양의 해 √3R이 문제에 적절하다. )
[ -3^(1/2)*R]
>> bs=subs(b,hs(3))                           ( 단계 e: subs 명령어를 이용하여 b에 대한
                                                식에 h에 대한 해를 대입하여 b를 구한다. )
bs =                                          ( b에 대한 답이 출력된다. (답은 R이지만
(R^2)^(1/2)                                     MATLAB은 (R²)^{1/2}으로 표시한다.) )
>> bss=simple(bs)                             ( simple 명령어를 이용하여 bs를 간단하게 정리한다. )
bss =
R                                             ( 간단하게 정리한 bs의 답이 출력된다. )
```

예제 11.4 탱크의 연료 레벨

그림의 수평 원통탱크가 연료의 저장에 사용된다. 탱크의 지름은 6 m이고 길이는 8 m이다. 탱크의 연료량은 탱크 앞면의 좁은 수직 유리창을 통해 본 연료레벨로 추정할 수 있다. 유리창 옆에 표시된 눈금은 1000 리터 단위로 40, 80, 120, 160, 200에 해당하는 연료의 레벨을 나타낸다. 지면으로부터 측정된 눈금 선들의 수직 위치를 구하라.

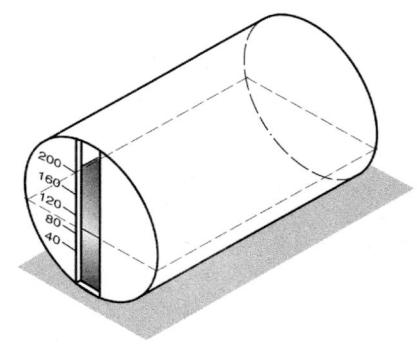

풀이

연료의 레벨과 체적 사이의 관계는 정적분의 형태로 쓸 수 있다. 일단 적분을 수행하면, 연료의 높이에 의해 체적에 대한 식을 구할 수 있다. 그다음, 높이에 대해 식을 풀면 특정 체적에 해당되는 높이를 구할 수 있다.

연료의 체적 V는 연료의 횡단면(음영 부분)의 면적 A와 탱크의 길이 L을 곱하여 구할 수 있다. 단면적은 다음 적분으로 계산할 수 있다.

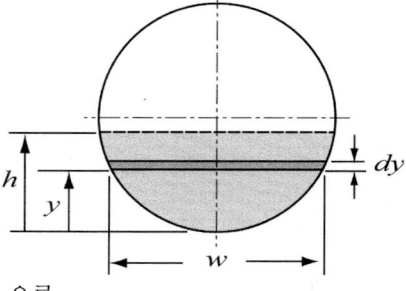

$$V = AL = L \int_0^h w\,dy$$

연료 윗면의 폭 w를 y의 함수로 쓸 수 있다. 오른쪽 그림의 삼각형으로부터 변수 y, w, R의 관계는 다음과 같다.

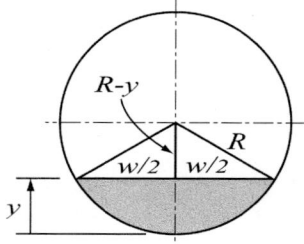

$$\left(\frac{w}{2}\right)^2 + (R-y)^2 = R^2$$

위 식을 w에 대해 풀면, 다음과 같다.

$$w = 2\sqrt{R^2 - (R-y)^2}$$

이제 체적에 대한 식의 적분에 위의 w를 대입하고 적분을 수행하면 높이가 h일 때의 연료 체적을 계산할 수 있다. 결과는 h의 함수식인 체적 V이다. 주어진 V에 대한 h의 값은 h에 대한 식을 풀어서 구한다. 이 문제에서는 40, 80, 120, 160, 200의 체적

(1000 리터 단위)에 대한 h의 값을 구해야 한다. 해는 다음 MATLAB 프로그램(스크립트 파일)에 주어진다.

```
R=3; L=8;
syms w y h
w=2*sqrt(R^2-(R-y)^2)          w에 대한 기호식을 생성함
S = L*w                        적분할 기호식을 생성함
V = int(S,y,0,h)               int 명령어를 이용하여 0에서 h까지 S를 적
                               분한다. 결과로 h의 함수인 V를 돌려준다.

Vscale=[40:40:200]             눈금의 V 값들을 벡터로 생성함
for i=1:5                      루프를 반복할 때마다 V의 각 값에 대해 h를 푼다.
    Veq=V-Vscale(i);           풀어야 할 h에 대한 식을 생성함
    h_ans(i)=solve(Veq);       solve 명령어를 이용하여 h에 대해 푼다.
end                            h_ans는 벡터 Vscale의 V의 값에 해당하
                               는 h의 값들을 기호로 가진 벡터이다.

h_scale=double(h_ans)          double 명령어를 이용하여 벡터 h_ans
                               의 원소들에 대한 수치값을 구한다.
```

스크립트 파일이 실행되면, 세미콜론이 붙어있지 않은 명령어의 결과가 출력된다. 명령어 창의 화면은 다음과 같다.

```
>> w =                                              w에 대한 기호식이 출력된다.
2*(6*y-y^2)^(1/2)
S =                                                 S는 적분될 식이다.
16*(6*y-y^2)^(1/2)
V =
8*(6*h-h^2)^(1/2)*h-24*(6*h-h^2)^(1/2)+72*asin(-1+1/3*h)+36*pi
                                        h의 함수인 V가 적분 결과로 출력된다.
Vscale =                                눈금의 V 값들이 출력된다.
   40 80 120 160 200
h_scale =
   1.3972  2.3042  3.1439  3.9957  4.9608    눈금 선의 위치가 출력된다.
```

단위: 위의 해에서 길이의 단위는 m이며, 해당 체적 단위는 m^3이다(1 m^3 = 1,000 L).

예제 11.5 인체에서의 약물의 양

인체에 존재하는 약물의 양 M은 약물이 인체에 의해 소비되는 비율과 약물이 인체에 투여되는 비율에 의존하며, 여기서 약물이 소비되는 비율은 인체에 남아있는 양에 비례한다. M에 대한 미분방정식은 다음과 같다.

$$\frac{dM}{dt} = -kM + p$$

여기서 k는 비례상수이고, p는 약물이 인체에 주입하는 비율이다.

$a)$ 약물의 반감기(half-life)가 3시간인 경우, k를 구하라.

$b)$ 환자가 병원에 입원하여 시간당 50 mg의 비율로 약물이 투여된다. 초기어 환자의 신체에는 약물이 없다. M에 대한 식을 시간의 함수로 유도하라.

$c)$ 처음 24시간 동안에 대해 M을 시간의 함수로 그래프를 그려라.

풀이

$a)$ 새로운 약물의 투여 없이 인체에서 약물이 소비되는 경우를 고려하여 비례상수를 구할 수 있다. 이 경우 미분방정식은 다음과 같다.

$$\frac{dM}{dt} = -kM$$

$t = 0$에서 $M = M_0$인 초기조건으로 다음과 같이 위 식을 풀 수 있다.

```
>> syms M M0 k t
>> Mt=dsolve('DM=-k*M','M(0)=M0')
Mt =
M0*exp(-k*t)
```

> dsolve 명령어를 이용하여 $\frac{dM}{dt} = -kM$ 을 푼다.

방정식의 해로부터 다음의 시간함수 M을 구할 수 있다.

$$M(t) = M_0 e^{-kt}$$

3시간의 반감기는 $t = 3$시간에서 $M(t) = \frac{1}{2}M_0$임을 의미한다. 이 정보를 위의 해에 대입하면 $0.5 = e^{-3k}$이며, 이 식을 풀면 상수 k를 구할 수 있다.

```
ks=solve('0.5=exp(-k*3)')
ks =
.23104906018664843647241070715273
```

> solve 명령어를 이용하여 $0.5 = e^{-3k}$를 푼다.

b) 이 문제에 대한 M의 미분방정식은 다음과 같다.

$$\frac{dM}{dt} = -kM + p$$

상수 k는 위의 *a)*에서 구하였고, $p = 50$ mg/h는 문제에서 주어졌다. 초기조건은 초기에 환자의 신체에 약물이 없다는 것, 즉 $t = 0$에서 $M = 0$이라는 것이다. MATLAB에 의한 이 식의 해는 다음과 같다.

```
>> syms p
>> Mtb=dsolve('DM=-k*M+p','M(0)=0')
Mtb =
p/k-p/k*exp(-k*t)
```
dsolve 명령어를 이용하여 $\frac{dM}{dt} = -kM + p$ 을 푼다.

c) ezplot 명령어를 이용하여 Mtb의 그래프를 시간의 함수로서 $0 \le t \le 24$에 대해 그릴 수 있다.

```
>> pgiven=50;
>> Mtt=subs(Mtb,{p,k},{pgiven,ks})
Mtt =
216.404-216.404*exp(-.231049*t)
>> ezplot(Mtt,[0,24])
```
수치값을 p와 k에 대입함

위에서 MATLAB에 의해 생성된 식 Mtt의 실제 출력(Mtt = ...)은 위에 적힌 것보다 훨씬 많은 소수점 자리수를 갖지만, 여기서는 지면관계상 페이지에 맞도록 소수점 숫자들을 줄여서 표시하였다.

생성된 그래프는 다음과 같다.

216.40425613334451110398870215028-216.40425613334451110398870215028 exp(-.23104906018664843647241070715273 t)

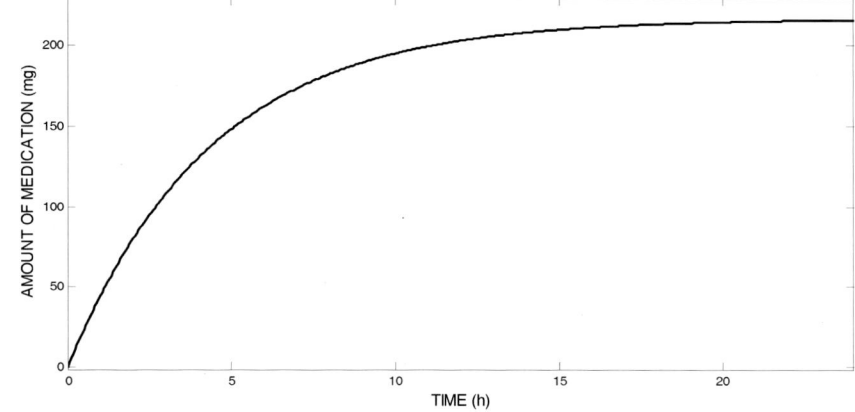

연습문제

1. x를 기호변수로 정의하고 다음 두 기호식을 생성하라.

$$S_1 = (x-4)^2 - (x+3)^2 + 16x - 4, \quad S_2 = x^3 - 6x^2 - x + 30$$

기호연산을 이용하여 다음 식들을 가장 간단한 형태로 구하라.
a) $S_1 \cdot S_2$
b) $\dfrac{S_1}{S_2}$
c) $S_1 + S_2$
d) subs 명령어를 이용하여 c)의 결과의 수치값을 $x = 2$에 대해 계산하라.

2. y를 기호변수로 정의하고 다음 두 기호식을 생성하라.

$$S_1 = (\sqrt{3}+x)^2 - 2\left(\sqrt{3}x + \frac{x}{2} + \frac{x^2}{2}\right), \quad S_2 = x^2 + 3x + 9$$

기호연산을 이용하여 다음 식들을 가장 간단한 형태로 구하라.
a) $S_1 \cdot S_2$
b) $\dfrac{S_1}{S_2}$
c) $S_1 + S_2$
d) subs 명령어를 이용하여 c)의 결과의 수치값을 $x = 4$에 대해 계산하라.

3. u를 기호변수로 정의하고 다음 두 기호식을 생성하라.

$$Q = u^3 + 2u^2 - 25u - 50, \quad R = 3u^3 + 4u^2 - 75u - 100$$

기호연산을 이용하여 나눗셈 Q/R의 가장 간단한 형태를 구하라.

4. x를 기호변수로 정의하라.
a) factor 명령어를 이용하여 다음 다항식의 근들이 1, 2, 5, -3, -4임을 보여라.

$$f(x) = x^5 - x^4 - 27x^3 + 13x^2 + 134x - 120$$

b) 근이 $x = 5$, $x = -3$, $x = -2$, $x = 4$인 다항식을 구하라.

5. 11.2절의 명령어들을 이용하여 다음을 보여라.
a) $\cos(3x) = 4\cos^3 x - 3\cos x$
b) $\sin x \cos y = \dfrac{1}{2}[\sin(x-y) + \sin(x+y)]$

$$c) \quad \begin{aligned} \cos(x + y + z) &= \cos x \cos y \cos z - \sin x \sin y \cos z \\ &\quad - \sin x \cos y \sin z - \cos x \sin y \sin z \end{aligned}$$

6. 그림의 그래프는 데카르트(Descartes)의 엽선(folium)이며 매개변수 형태로 식을 나타내면 다음과 같다.

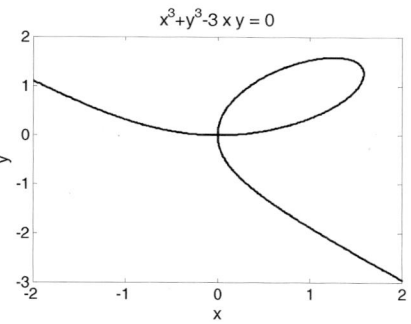

$x^3 + y^3 - 3xy = 0$

$$x = \frac{3t}{1 + t^3}, \quad y = \frac{3t^2}{1 + t^3}, \quad 단, \ t \neq -1$$

a) MATLAB을 이용하여 데카르트의 엽선의 식을 다음과 같이 쓸 수도 있음을 보여라.

$$x^3 + y^3 = 3xy$$

b) ezplot 명령어를 이용하여 그림에서 보이는 범위에 대해 엽선의 그래프를 그려라.

7. 높이가 $h = 8$ m인 원통형 사일로와 높이가 $2h$인 원뿔 모양 지붕에 대한 전체 표면적이 370 m²이다. 밑면의 반지름 R을 구하라. (표면적에 대한 식을 반지름과 높이에 의해 나타낸 후, 반지름에 대해 식을 푼다. 그 다음 double 명령어를 이용하여 수치값을 구한다.)

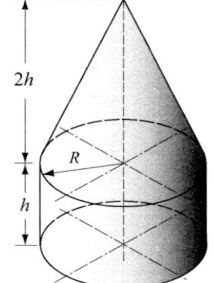

8. 근육에서 장력 T와 정상(steady) 수축 속도 v 사이의 관계는 다음과 같이 힐(Hill) 방정식으로 주어진다.

$$(T + a)(v + b) = (T_0 + a)b$$

여기서 a와 b는 양의 상수이며, T_0는 등척성 장력(isometric tension), 즉 $v = 0$일 때의 근육의 장력이다. 최대 수축 속도는 $T = 0$일 때 발생한다.

a) 기호연산을 이용하여 힐 방정식을 기호식으로 생성하라. 그 다음 subs 명령어를 이용하여 $T = 0$을 대입하고, v에 대해 풀어서 $v_{max} = (bT_0)/a$임을 보여라.

b) a)의 v_{max}를 이용하여 힐 방정식으로부터 상수 b를 소거하고, $v = \dfrac{a(T_0 - T)}{T_0(T + a)} v_{max}$임을 보여라.

9. 다음 두 식으로 주어지는 x-y 평면상의 두 원에 대해 다음 물음에 답하라.

$$(x - 2)^2 + (y - 3)^2 = 16, \quad x^2 + y^2 = 25$$

a) ezplot 명령어를 이용하여 두 원을 같은 그래프에 나타내라.

b) 두 원의 교점들의 좌표를 구하라.

10. 4 ft 길이의 막대가 그림과 같이 지지점 A로부터 거리가 x인 지점에서 무게 W를 지지한다. 다음 식으로부터 케이블의 장력 T와 A점에서의 반력의 x, y 성분 (F_{Ax}와 F_{Ay})을 구할 수 있다.

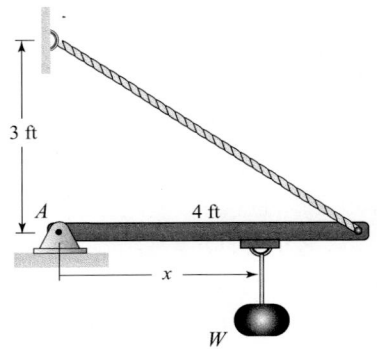

$$\frac{12}{5}T - Wx = 0$$

$$F_{Ax} - \frac{4}{5}T = 0$$

$$F_{Ay} + \frac{3}{5}T - W = 0$$

a) MATLAB을 이용하여 힘 T와 F_{Ax}, F_{Ay}에 대한 식을 x와 W에 의해 유도하라.

b) subs 명령어를 이용하여 *a*)에서 유도된 식들에 $W = 2000\,\text{lb}$를 대입하라. 그러면 힘들을 거리 x의 함수로 얻을 수 있다.

c) ezplot 명령어를 이용하여 $0 \leq x \leq 4\,\text{ft}$에 대해 세 힘의 그래프를 x의 함수로 하여 같은 그림에 모두 나타내라.

11. 수축하는 근육에서의 기계적인 파워출력은 다음 식으로 주어진다.

$$P = Tv = \frac{kvT_0\left(1 - \dfrac{v}{v_{max}}\right)}{k + \dfrac{v}{v_{max}}}$$

여기서 T는 근육의 장력, v는 수축 속도(최대값은 v_{max}), T_0는 등척성 장력(isometric tension), 즉 $v = 0$에서의 장력이며, k는 대부분의 근육에 대해 0.15와 0.25 사이에 있는 무차원상수이다. 무차원 형태로 식을 작성하면 다음과 같다.

$$p = \frac{ku(1 - u)}{k + u}$$

여기서 $p = (Tv)/(T_0 v_{max})$이고 $u = v/v_{max}$이다. $k = 0.25$인 경우를 고려하라.

a) $0 \leq u \leq 1$에 대해 u에 대한 p의 그래프를 그려라.

b) 미분을 하여 p가 최대값을 갖는 u의 값을 구하라.

c) p의 최대값을 구하라.

12. 타원의 방정식은 $\dfrac{x^2}{a^2} + \dfrac{y^2}{b^2} = 1$ 이다. 여기서 $2a$와 $2b$는 각각 장축과 단축의 길이이다. $-a < x_0 < a$, $0 < y_0$를 만족하는 타원 윗부분의 한 점 (x_0, y_0)에서의 접선의 식을 기호식으로 유도하고, a, b, x_0, y_0의 특정값에 대해 오른쪽 그림과 같이 타원과 접선의 그래프를 그리는 프로그램을 스크립트 파일로 작성하라. 또 $a = 10$, $b = 7$, $x_0 = 8$에 대해 프로그램을 실행하라.

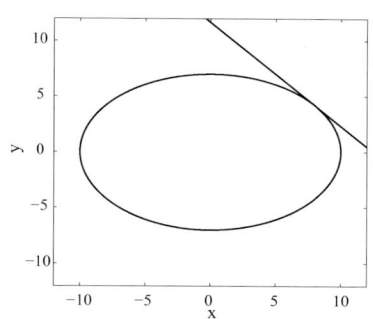

13. 5 km의 일정한 고도를 유지하면서 540 km/h의 일정한 속도로 날아가는 비행기를 추적레이더가 자동 추적한다. 비행기는 레이더 위를 정확하게 지나가는 경로를 따라 비행한다. 비행기가 100 km 떨어져 있을 때 추적을 시작한다.

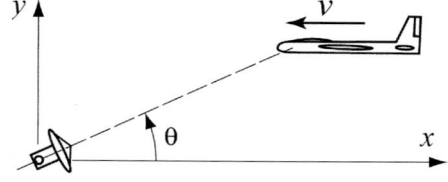

a) 시간의 함수로 레이더 안테나의 각 θ에 대한 식을 유도하라.

b) 시간의 함수로 안테나의 각속도 $\dfrac{d\theta}{dt}$에 대한 식을 유도하라.

c) 시간에 대한 각 θ의 그래프와 시간에 대한 $\dfrac{d\theta}{dt}$의 그래프를 같은 페이지에 그려라. 여기서 각은 도(degree) 단위이며, 시간은 분 단위로 $0 \le t \le 20$분이다.

14. 부정적분 $I = \displaystyle\int \dfrac{\sin^2 x \cos x}{(2 + 3\sin x)^2}\, dx$ 를 계산하라.

15. 그림에서 보이는 원뿔의 미분 체적요소가 다음 식으로 주어짐을 보여라.

$$dV = \pi R^2 \left(1 - \dfrac{y}{H}\right)^2 dy$$

MATLAB을 이용하여 0에서 H까지 dV를 기호적분하고, 원뿔의 체적이 $V = \dfrac{1}{3}\pi R^2 H$임을 증명하라.

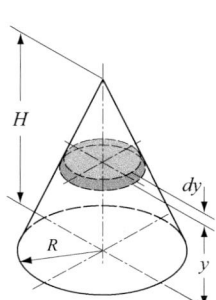

16. 타원의 방정식은 $\dfrac{x^2}{a^2} + \dfrac{y^2}{b^2} = 1$ 이다. 타원의 내부 면적이 $A = \pi ab$임을 보여라.

17. 세라믹 타일이 그림과 같은 디자인되어 있다. 음영 부분은 빨간색으로 칠해져 있고 타일의 나머지 부분은 흰색이다. 빨간색과 흰색의 경계선은 다음 식을 따른다.

$$y = A \sin(x)$$

흰색 부분과 빨간색 부분의 면적이 같게 되는 A를 구하라.

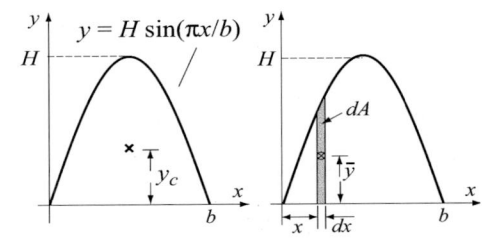

18. 단면적의 중심 y_c의 위치가 $y_c = \dfrac{H\pi}{8}$임을 보여라. 좌표 y_c는 다음 식에 의해 계산될 수 있다.

$$y_c = \frac{\int \bar{y}\, dA}{\int dA}$$

19. AC 전압의 *rms* 값은 다음 식에 의해 정의된다.

$$v_{rms} = \sqrt{\frac{1}{T}\int_0^T v^2(t')\,dt'}$$

여기서 T는 파형의 주기이다.

a) 전압이 $v(t) = V\cos(\omega t)$로 주어질 때, $v_{rms} = \dfrac{V}{\sqrt{2}}$이며 ω에 대해 독립적임을 보여라. 주기 T와 라디안 주파수 ω 사이의 관계는 $T = \dfrac{2\pi}{\omega}$이다.

b) 전압이 $v(t) = 2.5\cos(350t) + 3$ V로 주어질 때, v_{rms}를 구하라.

20. 한 사람으로부터 감염되지 않은 N명의 집단으로의 전염병의 전파는 다음 식에 의해 기술할 수 있다.

$$\frac{dx}{dt} = -Rx(N + 1 - x)\,, \quad \text{초기 조건: } x(0) = N$$

여기서 x는 감염되지 않은 사람들의 수이고 R은 양의 비율상수이다. 이 미분방정식의 $x(t)$에 대한 기호해를 구하라. 또한 감염률 dx/dt가 최대가 되는 시간 t를 기호식으로 구하라.

21. 0.4 Ω의 저항기 R과 0.08 H의 인덕터 L이 그림처럼 연결되어 있다. 초기에

스위치는 점 A에 연결되어 있으며 회로에는 전류가 흐르지 않는다. $t = 0$에서 스위치가 A에서 B로 이동하여 저항기와 인덕터가 6 V의 v_S에 연결되며, 회로에 전류가 흐르기 시작한다. 스위치는 저항기의 전압

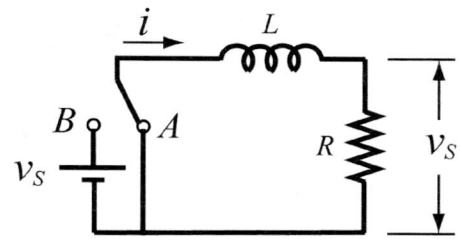

이 5 V에 이를 때까지 B에 연결된 채로 유지된다. 저항기 전압이 5 V에 도달하게 되는 시각(t_{BA})에서 스위치는 다시 A로 돌아간다.

회로의 전류 i는 다음 미분방정식을 풀어서 구할 수 있다.

$$iR + L\frac{di}{dt} = v_S : \quad t = 0\text{으로부터 스위치가 } A\text{로 다시 돌아올 때까지}$$

$$iR + L\frac{di}{dt} = 0 : \quad \text{스위치가 } A\text{로 다시 돌아온 이후부터}$$

임의의 시간에서 저항기 양단의 전압 v_R은 $v_R = iR$로 주어진다.

a) 첫 번째 미분방정식을 풀어서 $0 \le t \le t_{BA}$에 대해 R, L, v_S, t에 의해 전류 i에 대한 식을 유도하라.

b) i에 대한 식에 R, L, v_S의 값들을 대입하고 저항기 양단의 전압이 5 V에 도달하게 되는 시간 t_{BA}를 구하라.

c) 두 번째 미분방정식을 풀어서 $t_{BA} \le t$에 대해 R, L, t에 의한 전류 i의 식을 유도하라.

d) $0 \le t \le t_{BA}$에 대해 t에 대한 v_R의 그래프와 $t_{BA} \le t \le 2t_{BA}$에 대해 t에 대한 v_R의 그래프를 같은 페이지에 그려라.

22. 낙하산이 아직 펴지지 않았을 때 스카이다이버의 속도는 공기저항이 속도에 비례한다고 가정하여 모델링할 수 있다. 뉴턴의 운동 제2법칙으로부터 스카이다이버의 질량 m과 속도 v 사이의 관계는 다음 식으로 주어진다(아래쪽이 양방향임).

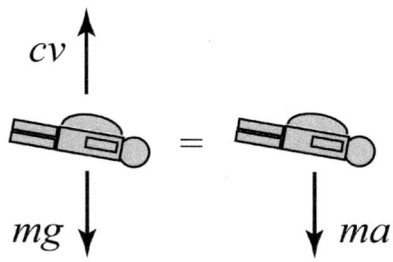

$$mg - cv = m\frac{dv}{dt}$$

여기서 c는 항력(drag)상수이며, g는 중력상수 $g = 9.81 \text{ m/s}^2$이다.

a) 스카이다이버의 초기속도를 0으로 가정하여, m, g, c와 t에 의해 v에 대한

식을 풀어라.

b) 90 kg의 스카이다이버가 비행기로부터 점프한 후 4초 뒤의 스카이다이버의 낙하속도가 28 m/s로 관측될 때, 상수 *c*를 구하라.

c) 스카이다이버의 속도 그래프를 $0 \le t \le 30 \, \text{s}$에 대해 속도의 함수로 그려라.

23. 다음 미분방정식의 일반해를 구하라.

$$x^2 \frac{d^2 y}{dx^2} + 3x \frac{dy}{dx} - 1 = 0$$

해의 1차 및 2차 미분을 유도한 후 식에 다시 대입함으로써 위에서 구한 해가 올바른 해임을 보여라.

24. 주어진 초기조건을 만족하는 다음 미분방정식의 해를 구하라. 또 $0 \le x \le 5$에 대해 해를 그래프로 그려라.

$$\frac{d^3 y}{dx^3} + 5 \frac{dy}{dx} + 0.5x = 0, \quad y(0) = 0, \quad \left. \frac{dy}{dx} \right|_{x=0} = 0, \quad \left. \frac{d^2 y}{dx^2} \right|_{x=0} = 1$$

25. 감쇠자유진동은 그림과 같이 스프링과 감쇠기가 붙어 있는 질량 *m*의 블록을 대상으로 하여 모델링할 수 있다. 뉴턴의 운동 제2법칙으로부터, 시간의 함수인 질량의 변위 *x*는 다음 미분방정식으로부터 구할 수 있다.

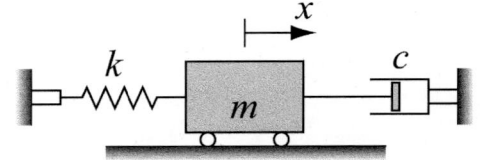

$$m \frac{d^2 x}{dt^2} + c \frac{dx}{dt} + kx = 0$$

여기서 *k*는 스프링상수이고 *c*는 감쇠기의 감쇠계수이다. 질량을 평형위치로부터 이동시켰다가 놓으면, 질량은 좌우로 진동하기 시작할 것이다. 진동의 특성은 질량의 크기 및 *k*와 *c*의 값에 의존한다.

그림의 시스템에서 $m = 10 \, \text{kg}$, $k = 28 \, \text{N/m}$이다. 시간 $t = 0$에서, 질량을 $x = 0.18 \, \text{m}$까지 이동시킨 후, 정지 상태에서 놓는다. 시간의 함수로서 질량의 변위 *x*와 속도 *v*에 대한 식을 각각 유도하라. 다음의 두 경우를 고려해 보자.

a) $c = 3 \, \text{N-s/m}$

b) $c = 50 \, \text{N-s/m}$

각 경우에 대해, 시간에 대한 위치 *x*의 그래프와 속도 *v*의 그래프를 같은 페이지에 그려라. *a*)의 정의역은 $0 \le t \le 20 \, \text{s}$로, *b*)의 정의역은 $0 \le t \le 10 \, \text{s}$로 한다.

부록: 문자들과 명령어들, 함수들의 요약

다음 표들은 이 책에서 사용되는 MATLAB의 글자들과 명령어들, 그리고 함수들을 열거한 것으로 항목들을 주제별로 분류하였다.

Characters and arithmetic operators

Character	Description
+	Addition.
−	Subtraction.
*	Scalar and array multiplication.
.*	Element-by-element multiplication of arrays.
/	Right division.
\	Left division.
./	Element-by-element right division.
.\	Element-by-element left division.
^	Exponentiation.
.^	Element-by-element exponentiation.
:	Colon; creates vectors with equally spaced elements, represents range of elements in arrays.
=	Assignment operator.
( )	Parentheses; sets precedence, encloses input arguments in functions and subscripts of arrays.
[ ]	Brackets; forms arrays. encloses output arguments in functions.
,	Comma; separates array subscripts and function arguments, separates commands in the same line.
;	Semicolon; suppresses display, ends row in array.
'	Single quote; matrix transpose, creates string.
...	Ellipsis; continuation of line.
%	Percent; denotes a comment, specifies output format.

Relational and logical operators

Character	Description
<	Less than.
>	Greater than.
<=	Less than or equal.
>=	Greater than or equal.
==	Equal.
~=	Not equal.
&	Logical AND.
|	Logical OR.
~	Logical NOT.

Managing commands

Command	Description
cd	Changes current directory.
clc	Clears the Command Window.
clear	Removes all variables from the memory.
clear x y z	Removes variables x, y, and z from the memory.
close	Closes the active Figure Window.
fclose	Closes a file.
figure	Opens a Figure Window.
fopen	Opens a file.
global	Declares global variables.
help	Displays help for MATLAB functions.
iskeyword	Displays keywords.
lookfor	Search for specified word in all help entries.
who	Displays variables currently in the memory.
whos	Displays information on variables in the memory.

Predefined variables

Variable	Description
ans	Value of last expression.
eps	The smallest difference between two numbers.
i	$\sqrt{-1}$
inf	Infinity.
j	Same as i.
NaN	Not a number.
pi	The number π.

Display formats in the Command Window

Command	Description
format bank	Two decimal digits.
format compact	Eliminates empty lines.
format long	Fixed-point format with 14 decimal digits.
format long e	Scientific notation with 15 decimal digits.
format long g	Best of 15-digit fixed or floating point.
format loose	Adds empty lines.
format short	Fixed-point format with 4 decimal digits.
format short e	Scientific notation with 4 decimal digits.
format short g	Best of 5-digit fixed or floating point.

Elementary math functions

Function	Description
abs	Absolute value.
exp	Exponential.
factorial	The factorial function.
log	Natural logarithm.
log10	Base 10 logarithm.
nthroot	Real nth root or a real number.
sqrt	Square root.

Trigonometric math functions

Function	Description	Function	Description
acos	Inverse cosine.	cos	Cosine.
acot	Inverse cotangent.	cot	Cotangent.
asin	Inverse sine.	sin	Sine.
atan	Inverse tangent.	tan	Tangent.

Hyperbolic math functions

Function	Description	Function	Description
cosh	Hyperbolic cosine.	sinh	Hyperbolic sine.
coth	Hyperbolic cotangent.	tanh	Hyperbolic tangent.

Rounding

Function	Description
ceil	Round towards infinity.
fix	Round towards zero.
floor	Round towards minus infinity.
rem	Returns the remainder after x is divided by y.
round	Round to the nearest integer.
sign	Signum function.

Creating arrays

Function	Description
diag	Creates a diagonal matrix from a vector. Creates a vector from the diagonal of a matrix.
eye	Creates a unit matrix.
linspace	Creates equally spaced vector.
ones	Creates an array with ones.
rand	Creates an array with random numbers.
randn	Creates an array with normally distributed numbers.
randperm	Creates vector with permutation of integers.
zeros	Creates an array with zeros.

Handling arrays

Function	Description
length	Number of elements in the vector.
reshape	Rearrange a matrix.
size	Size of an array.

Array functions

Function	Description
cross	Calculates cross product of two vectors.
det	Calculates determinant.
dot	Calculates scalar product of two vectors.
inv	Calculates the inverse of a function.
max	Returns maximum value.
mean	Calculates mean value.
median	Calculates median value.
min	Returns minimum value.
sort	Arranges elements in ascending order.

Array functions (Continued)

Function	Description
std	Calculates standard deviation.
sum	Calculates sum of elements.

Input and output

Command	Description
disp	Displays output.
fprintf	Displays or saves output.
input	Prompts for user input.
load	Retrieves variables to the workspace.
save	Saves the variables in the workspace.
uiimport	Starts the Import Wizard
xlsread	Imports data from Excel
xlswrite	Exports data to Excel

Two-dimensional plotting

Command	Description
bar	Creates a vertical bar plot.
barh	Creates a horizontal bar plot.
errorbar	Creates a plot with error bars.
fplot	Plots a function.
hist	Creates a histogram.
hold off	Ends hold on.
hold on	Keeps current graph open.
line	Adds curves to existing plot.
loglog	Creates a plot with log scale on both axes.
pie	Creates a pie plot.
plot	Creates a plot.
polar	Creates a polar plot.
semilogx	Creates a plot with log scale on the x axis.
semilogy	Creates a plot with log scale on the y axis.
stairs	Creates a stairs plot.
stem	Creates a stem plot.

Three-dimensional plotting

Command	Description
bar3	Creates a vertical 3-D bar plot.
contour	Creates a 2-D contour plot.
contour3	Creates a 3-D contour plot.
cylinder	Plots a cylinder.
mesh	Creates a mesh plot.
meshc	Creates a mesh and a contour plot.
meshgrid	Creates a grid for a 3-D plot.
meshz	Creates a mesh plot with a curtain.
pie3	Creates a pie plot.
plot3	Creates a plot.
scatter3	Creates a scatter plot.
sphere	Plots a sphere.
stem3	Creates a stem plot
surf	Creates a surface plot.

Three-dimensional plotting (Continued)

Command	Description
surfc	Creates a surface and a contour plot.
surfl	Creates a surface plot with lighting.
waterfall	Creates a mesh plot with a waterfall effect.

Formatting plots

Command	Description
axis	Sets limits to axes.
colormap	Sets color.
grid	Adds grid to a plot.
gtext	Adds text a plot.
legend	Adds legend to a plot.
subplot	Creates multiple plots on one page.
text	Adds text a plot.
title	Adds title to a plot.
view	Controls the viewing direction of a 3-D plot.
xlabel	Adds label to x axis.
ylabel	Adds label to y axis.

Math functions (create, evaluate, solve)

Command	Description
feval	Evaluates the value of a math function.
fminbnd	Determines the minimum of a function.
fzero	Solves an equation with one variable.
inline	Creates an inline function.

Numerical integration

Function	Description
quad	Integrates a function.
quadl	Integrates a function.
trapz	Integrates a function.

Ordinary differential equation solvers

Command	Description
ode113	Solves a first order ODE.
ode15s	Solves a first order ODE.
ode23	Solves a first order ODE.
ode23s	Solves a first order ODE.
ode23t	Solves a first order ODE.
ode23tb	Solves a first order ODE.
ode45	Solves a first order ODE.

Logical Functions

Function	Description
all	Determines if all array elements are nonzero.
and	Logical AND.
any	Determines if any array elements are nonzero.
find	Finds indices of certain elements of a vector.
not	Logical NOT.
or	Logical OR.

Logical Functions (Continued)

Function	Description
xor	Logical exclusive OR.

Flow control commands

Command	Description
break	Terminates execution of a loop.
case	Conditionally execute commands.
continue	Terminates a pass in a loop.
else	Conditionally execute commands.
elseif	Conditionally execute commands.
end	Terminates conditional statements and loops.
for	Repeats execution of a group of commands.
if	Conditionally execute commands.
otherwise	Conditionally execute commands.
switch	Switches among several cases based on expression.
while	Repeats execution of a group of commands.

Polynomial functions

Function	Description
conv	Multiplies polynomials.
deconv	Divides polynomials.
poly	Determines coefficients of a polynomial.
polyder	Determines the derivative of a polynomial.
polyval	Calculates the value of a polynomial.
roots	Determines the roots of a polynomial.

Curve fitting and interpolation

Function	Description
interp1	One-dimensional interpolation.
polyfit	Curve fit polynomial to set of points.

Symbolic Math

Function	Description
collect	Collects terms in an expression.
diff	Differentiates an equation.
double	Converts number from symbolic form to numerical form
dsolve	Solves an ordinary differential equation.
expand	Expands an expression.
ezplot	Plots an expression.
factor	Factors to product of lower order polynomials.
findsym	Displays the symbolic variables in an expression.
int	integrates an expression.
pretty	Displays expression in math format.
simple	Finds a form of an expression with fewest characters.
simplify	Simplifies an expression.
solve	Solves a single equation, or a system of equations.
subs	Substitutes numbers in an expression.
sym	Creates symbolic object.
syms	Creates symbolic object.

연습문제 짝수번호 정답

Chapter 1

2. *a*) 738.7546   *b*) -0.0732

4. *a*) 0.2846   *b*) 0.1704

6. *a*) 434.1261   *b*) -104.1014

8. *a*) 21.7080 cm *b*) 24.1799 cm

14. *a*) $\gamma = 126.8699^{\circ}$
    b) $\alpha = 16.2602^{\circ}$ $\beta = 36.8699^{\circ}$

16. $d = 3.2967$

18. *a*) $266.60
    b) $281.93
    c) $282.00

20. *a*) 3.5033   *b*) 3.5769

24. 33 years and 215 day.

26. 0.6325 Pa   17.7828

Chapter 3

2. 0 4.0000 4.4044 4.1603 3.6000
    2.8470 1.9617 0.9788 -0.0801

4. 0 7.8984 12.9328 16.1417 18.1870
    19.4907 20.3217 20.8513 21.1889
    21.4041 21.5413

6. 0 180.7792 323.3089 427.9925
    495.4815 526.8909 524.2756
    491.7770 438.6131 386.7074
    381.6201

8. 4.4861   5.4123   6.1230   6.7221
    7.2500

16.   0   0
    1.0641e+001 3.2680e+003
    2.1281e+001 6.5361e+003
    3.1922e+001 9.8041e+003
    4.2562e+001 1.3072e+004
    5.3203e+001 1.6340e+004
    6.3844e+001 1.9608e+004
    7.4484e+001 2.2876e+004
    8.5125e+001 2.6144e+004
    9.5765e+001 2.9412e+004
    1.0641e+002 3.2680e+004

18. $x = 5$, $y = 7$, $z = -2$, $u = 4$,
    $w = 8$

Chapter 4

2. theta = 37.2750 28.1630 22.0930
    18.0097 15.1373

4. 1.0000 0.7937 0.6300 0.5000 0.3969
    0.3150 0.2500 0.1984 0.1575 0.1250
    0.0992 0.0787 0.0625

6.
Time (s)	Distance (m)	Velocity (m/s)
0	0	0
1.0000	0.7750	1.5500
2.0000	3.1000	3.1000
3.0000	6.9750	4.6500
4.0000	12.4000	6.2000
5.0000	19.3750	7.7500
6.0000	27.9000	9.3000
7.0000	37.9750	10.8500
8.0000	49.6000	12.4000
9.0000	62.7750	13.9500
10.0000	77.5000	15.5000

8. The first three rows are:
Temp	SO2	SO3	O2	N2
200	45.5448	63.7192	31.1834	29.1879
220	46.0876	64.9252	31.3675	29.1762
240	46.6101	66.0801	31.5473	29.1584

10.
Resistance (Ohms)	Current (Amps)	Power (Watts)
20.00	2.40	115.20
34.00	1.41	67.76

36.00	1.33	64.00
45.00	1.07	51.20
60.00	0.80	38.40
10.00	4.80	230.40

The source current circuit is 11.811765 Amps.
The total power dissipated in the circuit is 566.964706 Watts.

12. $a = 0.4$, $b = -0.2$, $c = -8$
$d = -7$, $e = 20$

14. $a = 3$, $b = 8$, $c = 8$, $d = 3$,
$e = 3$, $f = 8$, $g = 4$

Chapter 5

2.

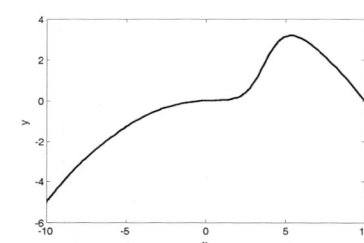

4.

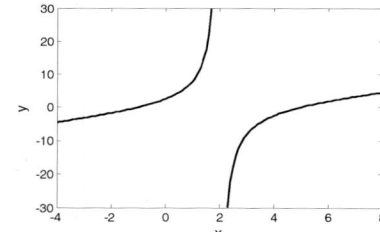

6.

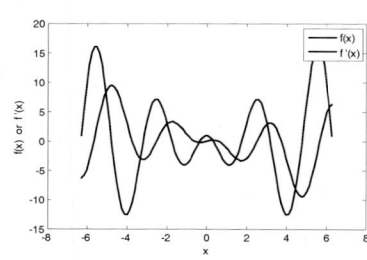

8.

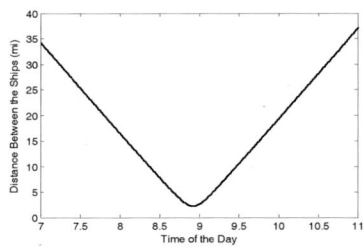

Visibility less than 8 mile from about 8.5 AM until 9.3 AM.

10.

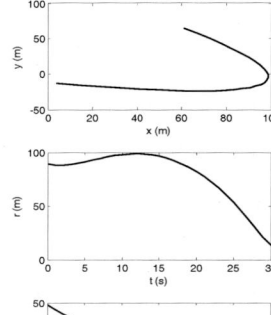

12.

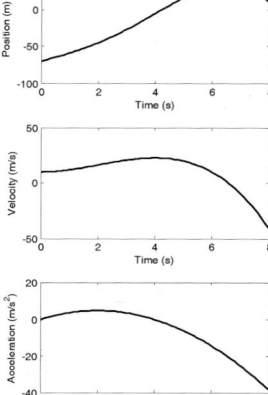

14.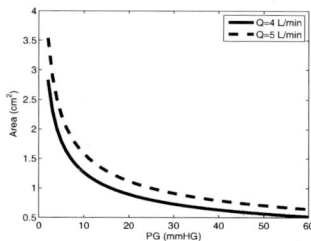

16.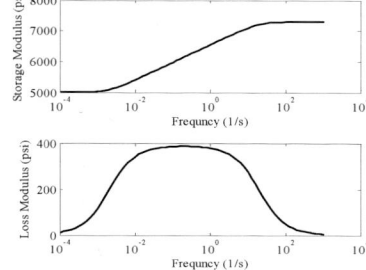

18.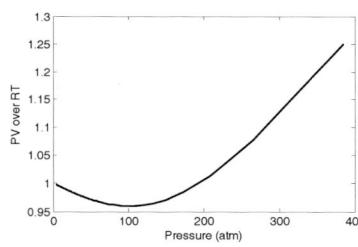

Chapter 6

2. *a)*   177.8 cm   79.3651 kg

4.   63.7941 ft/s

6. *a)*   (-2.25, -30.125)
    b)   (2.5, 68.75)

8.   0.0188 lb

10. *a)*   0.5661   0.7686   0.2979
    b)   -0.2540   -0.8890   -0.3810
    c)   -0.7071   0.7071   0

14. *a)*   82.2833
    b)   83.3667
           61.2667
           71.3500
           82.5333

16. 54.39 mm

18. 1.4374e+008 mm^4

20. *a)*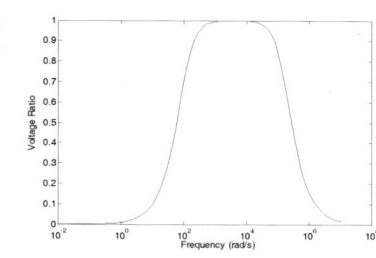

    b)

Chapter 7

2. *a)*   y = 0
    b)   y = 11
    c)   y = 0

4.   y = [0 -1 -2   3]

6. *a)*   New York 37.6774 ^{o}F
           Anchorage 33.1290 ^{o}F
    b)   New York 17
           Anchorage 13
    c)   11 days, on days: 1   7   9
           14   15   18   19   21   22   25
           26
    d)   1 day, on the 23rd.
    e)   16 days, on days: 7   8   9   13
           14   15   16   17   18   19   20
           23   24   25   26   27

8.

$$\begin{bmatrix} 0 & -0.333 & -0.5 & -0.6 & -0.6667 \\ 0.3333 & 0 & 0.2 & -0.3333 & -0.4286 \\ 0.5 & 0.2 & 0 & -0.1429 & -0.25 \end{bmatrix}$$

12. 1.0978

20. (11.3099, 15.2971)
(120.2564, 13.8924)
(207.8973, 19.2354)
(-33.0239, 11.9269)

22.

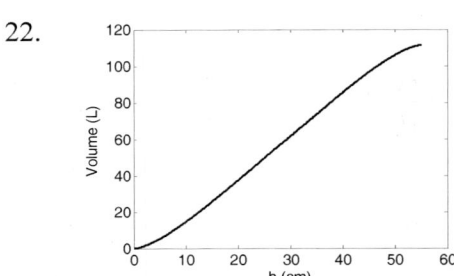

Chapter 8

2. $3x^4 - 2x^2 + 4$

4. x = 0.0022785 m

6. 0.5824 m

8. *a)* x =1.1667, y = 9.9167, W = 2
b) x = -1.1, y = 21.05, W = 1

10. 1.1987 L

12. *a)*

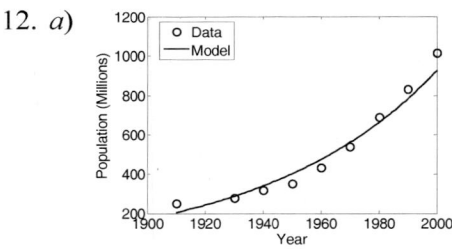

Pop1975 = 610.0063

b)

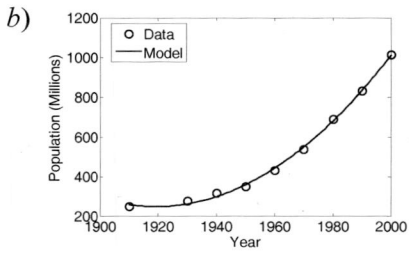

Pop1975 = 612.0681

c)

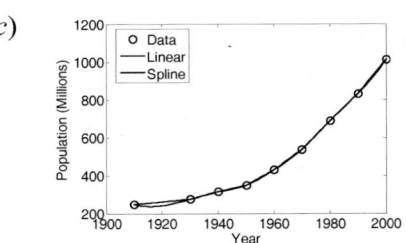

Pop1975L = 614
Pop1975S = 611.8071

14.

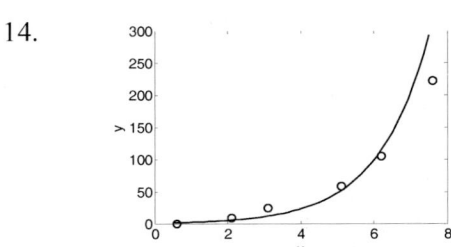

16. m = 2.1666,   b = -1.5928

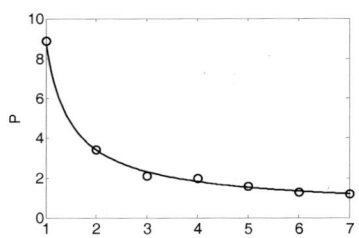

18. R = 0.08215682326924
(Units of R: L-atm/mol-K)

Chapter 9

2.

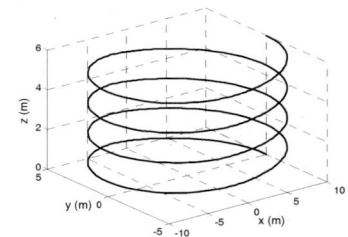

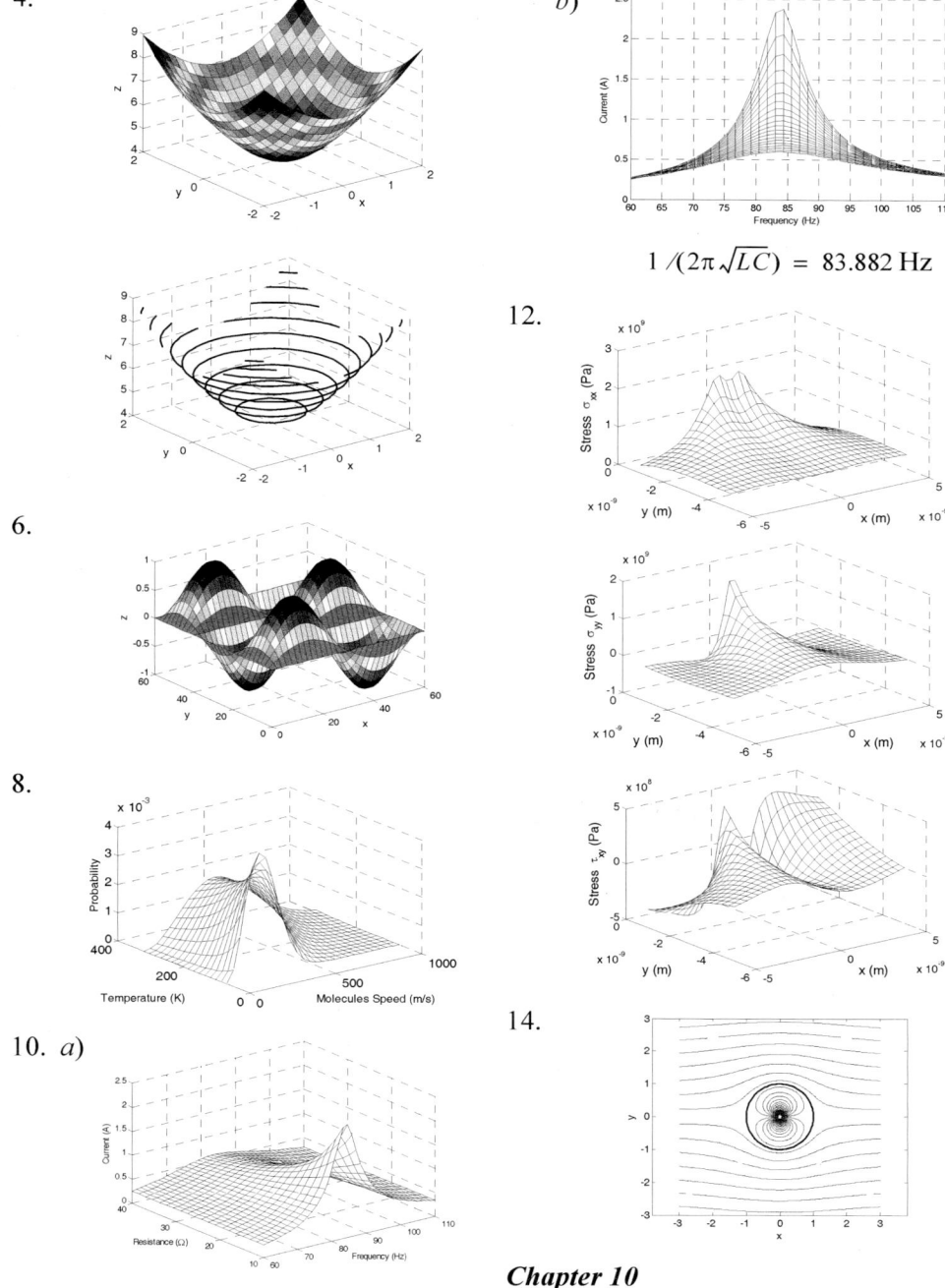

4.

b)

$$1/(2\pi\sqrt{LC}) = 83.882\ \text{Hz}$$

6.

12.

8.

10. a)

14.

Chapter 10

2.　1.3923,　2.0714,　3.1895

4.　7.2792 m

6.   0.5405 V

8. R_1 = 3.9026 cm, h = 4.18 cm.

10. h = 22.6667 cm, r = 16.0278, cm

12. 3.5933

14. E = 6.0986e+006 N/C

16. 61275 square miles

18. 3.6531e+010 km, 1.6815e+004 km/h

20.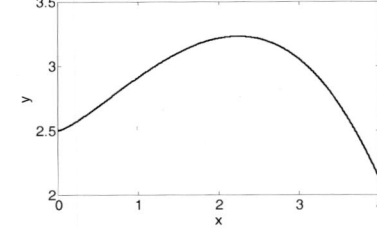

22.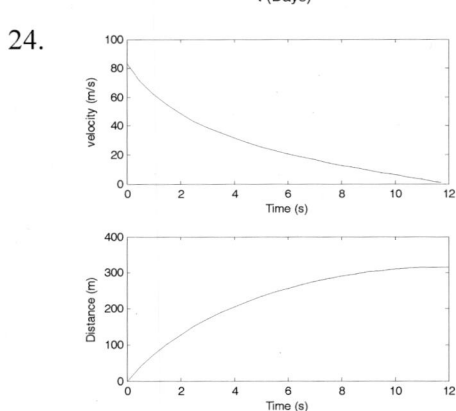

24.

Chapter 11

2.   *a*)   27-x^3
     b)   (3-x)/(9+3*x+x^2)

c)   12+x^2+2*x
d)   36

4.   *a*)   (x-1)*(x-2)*(x-5)*(x+4)*(x+3)
     b)   x^4-4*x^3-19*x^2+46*x+120

10. *a*)   T = 5/12*W*x   FAx =200/3*x
         FAy =-50*x+200
     b)   T =250/3*x
     c)

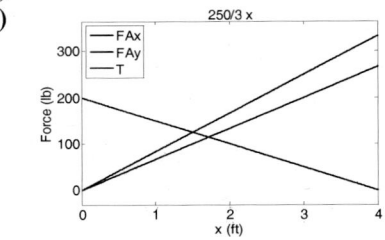

14. 1/9*sin(x)-4/27*log(2+3*sin(x))-4/
     27/(2+3*sin(x))

20. x = exp(-R*(N+1)*t)*N*(N+1)/
     (1+exp(-R*(N+1)*t)*N)
     t_max = log(N)/R/(N+1)

22. *a*)   g/c*m-exp(-c/m*t)*g/c*m
     b)   16.1489 kg/s
     c)

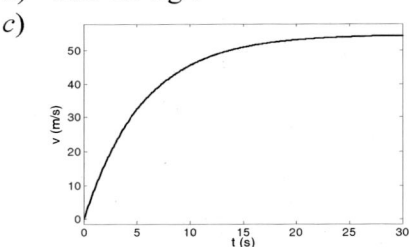

24. ys = -11/50*cos(5^(1/2)*t)+11/50-1/
     20*t^2

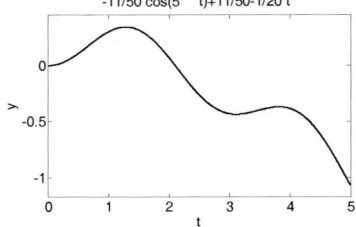

찾아보기

역자 소개

황철호 cheolho@hnu.kr
한남대학교 기계공학과 교수

김종수 cskim@sangji.ac.kr
상지대학교 컴퓨터정보공학부 교수

장봉춘 bjang@andong.ac.kr
안동대학교 기계공학부 교수

매트랩 ^{제3판} 개요와 응용

3판 1쇄 발행 : 2009년 3월 10일

지은이   Amos Gilat
옮긴이   황철호, 김종수, 장봉춘
발행인   최규학

마케팅   최복락
교정 · 교열   백주옥
본문디자인   늘푸른나무

발행처   도서출판 ITC
등록번호   제8-399호
등록일자   2003년 4월 15일

주소   경기도 파주시 교하읍 문발리 파주출판단지 535-7
세종출판벤처타운 307호
전화   031-955-4353(대표)
팩스   031-955-4355
이메일   itc@itcpub.co.kr

용지 신승지류유통 인쇄 해외정판사 제본 반도제책사

ISBN-10 : 89-6351-003-4
ISBN-13 : 978-89-6351-003-3 93560

값 20,000원